굴착기운전기능사
Craftsman Excavating Machine Operator

CONTENTS

1. 굴착기 핵심 요점정리

01. 굴착기 **작업장치** —————————————————————— 3
02. 건설기계 **유압** —————————————————————————— 8
03. 건설기계 **기관장치** ———————————————————————— 11
04. 건설기계 **전기장치** ———————————————————————— 17
05. 건설기계 **섀시장치** ———————————————————————— 22
06. 건설기계 **관리법규 및 도로교통법** ————————————————— 27
07. 안전관리 ————————————————————————————— 32

2. 적중예상문제

01. 굴착기 **작업장치** 적중예상문제 ——————————————————— 38
02. 건설기계 **유압** 적중예상문제 ———————————————————— 46
03. 건설기계 **기관장치** 적중예상문제 —————————————————— 60
04. 건설기계 **전기장치** 적중예상문제 —————————————————— 78
05. 건설기계 **섀시장치** 적중예상문제 —————————————————— 89
06. 건설기계 **관리법규 및 도로교통법** 적중예상문제 ————————————— 96
07. 안전관리 적중예상문제 ——————————————————————— 114

3. 굴착기 실전모의고사

• 실전모의고사(제1회~제3회) ————————————————————— 140

4. CBT기출복원문제 – 굴착기운전기능사

• 2022 복원문제 (제1회) ——————————————————————— 156

굴착기 실기코스·작업요령　　QR코드로 실기코스요령 동영상을 볼 수 있습니다.

Guide

→ 굴착기운전기능사란?

개 요
굴착기는 주로 도로, 주택, 댐, 간척, 항만, 농지정리, 준설 등의 각종 건설공사나 광산 작업 등에 쓰이며, 건설기계 중 가장 많이 활용된다. 이러한 굴차, 성토, 정지용 건설기계인 경우 운전하는데 특수한 기술을 요하며, 또한 안전운행과 기계수명 연장 및 작업능률 제고 등을 위해 숙련기능인력 양성이 필요.

수행직무
건설 현장의 토목 공사 등을 위하여 장비를 조종하여 터파기, 깎기, 상차, 쌓기, 메우기 등의 작업을 수행하는 직무이다.

진로 및 전망
- 주로 건설업체, 건설기계 대여업체 등으로 진출하며, 이외에도 광산, 항만, 시·도 건 설사업소 등으로 진출할 수 있다.
- 굴착기 등의 굴착, 성토, 정지용 건설기계는 건설 및 광산현장에서 주로 활용된다.

→ 출제기준

- **시행처_** 한국기술자격검정원
- **시험시간_** 1시간
- **필기검정방법_** 객관식(60문항)
- **합격기준(필기·실기)_** 100점 만점으로 하여 60점 이상

필기 과목명	주요항목	세부항목
굴착기 조종, 점검 및 안전관리	1. 점검	1. 운전 전·후 점검 2. 장비 시운전 3. 작업상황 파악
	2. 주행 및 작업	1. 주행 2. 작업 3. 전·후진 주행장치
	3. 구조 및 기능	1. 일반사항 2. 작업장치 3. 작업용 연결장치 4. 상부회전체 5. 하부회전체
	4. 안전관리	1. 안전보호구 착용 및 안전장치 확인 2. 위험요소 확인 3. 안전운반 작업 4. 장비 안전관리 5. 가스 및 전기 안전관리
	5. 건설기계 관리법 및 도로교통법	1. 건설기계관리법 2. 도로교통법
	6. 장비 구조	1. 엔진구조 2. 전기장치 3. 유압일반

→ 이 책의 특징

01 **출제기준**에 맞춰 더욱 체계적이고 핵심적인 내용으로 편성하였다.

02 QR코드를 활용한 **무료 동영상 강의**를 제공함으로써 요점정리 내용을 더욱 쉽게 이해할 수 있도록 하였다.

03 최근까지 출제된 기출문제를 분석하여 출제가 거의 없는 이론은 과감히 삭제하고, **시험에 자주 출제되는** 내용을 중점적으로 모아 **핵심 포인트만** 정리하였다.

04 출제된 각 문제마다 **상세한 해설**을 달아 초보자도 쉽게 이해할 수 있도록 하였다.

05 기출문제를 분석하여 과목별 출제 문항을 중점적으로 스스로 풀어볼 수 있는 **실전 모의고사 5회분**을 수록하였다.

굴착기(Excavator) 작업장치

1 굴착기의 용도

굴착기는 택지 조성 작업, 건물 기초 작업, 토사 적재, 화물 적재, 말뚝 박기, 고철적재, 통나무 적재, 구덩이 파기, 암반 및 건축물 파괴 작업, 도로 및 상하수도 공사 등 다양한 작업을 한다.

2 무한궤도식(크롤러형 ; crawler type)

1) 무한 궤도식의 장점

① 접지압이 낮고, 견인력이 크다.
② 습지(濕地), 사지(沙地)에서 작업이 가능하다.
③ 암석지에서 작업이 가능하다.

2) 무한 궤도식의 단점

① 주행 저항이 크다.
② 포장도로를 주행할 때 도로 파손의 우려가 있다.
③ 기동성이 나쁘다.
④ 장거리 이동이 곤란하다.

3 타이어식(휠형 ; wheel type)

1) 타이어식의 장점

① 기동성이 좋다.
② 주행저항이 적다.
③ 자력으로 이동한다.
④ 도심지 등 근거리 작업에 효과적이다.

2) 타이어식의 단점

① 평탄하지 않은 작업장소나 진흙땅 작업이 어렵다.
② 암석·암반지대에서 작업할 때 타이어가 손상된다.
③ 견인력이 약하다.

4 굴착기 구조

굴착기의 3주요부는 작업장치, 상부 회전체, 하부 주행체로 구성되어 있다.

① 하중을 지지하고 이동시키는 장치이다.
② 무한궤도형은 유압에 의하여 동력이 전달된다.

③ 구성 : 하부 롤러(트랙 롤러), 상부 롤러(캐리어 롤러), 트랙 프레임, 트랙 장력 조정기구, 프런트 아이들러(전부 유동륜), 리코일 스프링, 스프로킷 및 트랙 등으로 구성되어 있다.

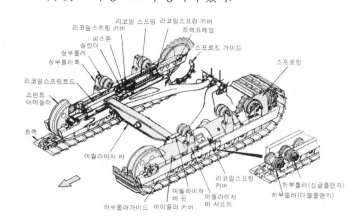

1 트랙 프레임

트랙 프레임은 하부 주행체의 몸체로서 상부 롤러, 하부 롤러, 프런트 아이들러, 스프로킷, 주행 모터 등으로 구성 되어 있다.

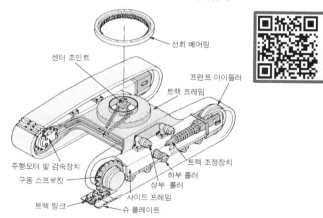

2 하부 롤러(트랙 롤러)

① 롤러, 부싱, 플로팅 실, 축, 칼라 등으로 구성되어 있다.
② 트랙 프레임 아래에 좌·우 각각 3~7개 설치되어 있다.
③ 중량을 균등하게 트랙 위에 분배하면서 트랙의 회전위치를 유지한다.
④ 프런트 아이들러와 스프로킷 쪽에는 싱글 플랜지형 롤러를 설치하여야 한다.

3 상부 롤러(캐리어 롤러)

① 아이들러와 스프로킷 사이에 1~2개가 설치된다.
② 트랙이 처지는 것을 방지한다.
③ 트랙의 회전위치를 유지하는 역할을 한다.

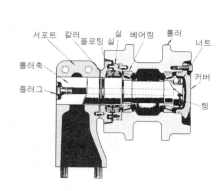

4 프런트 아이들러(전부 유동륜)

① 앞뒤로 미끄럼 운동할 수 있는 요크에 설치된다.
② 트랙의 진로를 조정하면서 주행방향으로 트랙을 유도한다.
③ 요크 축 끝에 조정 실린더가 연결되어 트랙 유격을 조정한다.

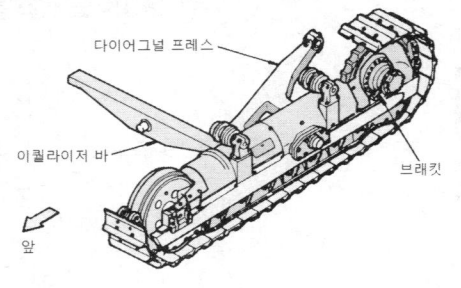

5 리코일 스프링

① 주행 중 트랙 전면에서 오는 충격을 완화시킨다.
② 차체의 파손을 방지하고 운전을 원활하게 해주는 역할을 한다.
③ 이너 스프링과 아우터 스프링으로 되어 있다.

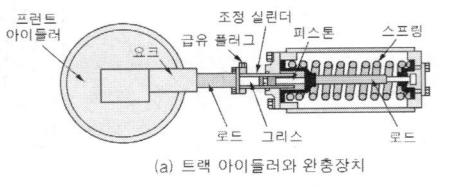

(a) 트랙 아이들러와 완충장치

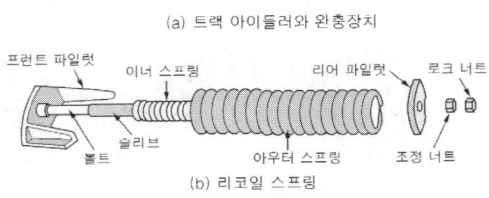

(b) 리코일 스프링

6 스프로킷(기동륜)

① 트랙에 동력을 전달해 주는 역할을 한다.
② 일체식과 분할식, 분해식이 있다.
③ 내마모성 및 내구력이 있다.

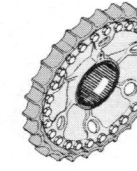

7 트랙(크롤러, 무한궤도)

1) 트랙의 구성

① 트랙은 트랙 슈, 링크, 핀, 부싱, 슈 볼트 등으로 구성되어 있다.
② 링크(link) : 링크는 2개가 1조 되어 있으며, 핀과 부싱에 의하여 연결되어 상·하부 롤러 등이 굴러 갈 수 있는 레일(rail)을 구성해 주는 부분으로 마멸되었을 때 용접하여 재사용할 수 있다.
③ 부싱(bushing) : 부싱은 링크의 큰 구멍에 끼워지며, 스프로킷 이빨이 부싱을 물고 회전하도록 되어 있다. 부싱은 마멸되면 용접하여 재사용할 수 없으며, 구멍이 나기 전에 1회 180° 돌려서 재사용할 수 있다.
④ 핀(pin) : 핀은 부싱 속을 통과하여 링크의 적은 구멍에 끼워진다. 핀과 부싱을 교환할 때는 유압 프레스로 작업하며 약 100ton 정도의 힘이 필요하다. 그리고 무한궤도의 분리를 쉽게 하기 위하여 마스터 핀(master pin)을 두고 있다.

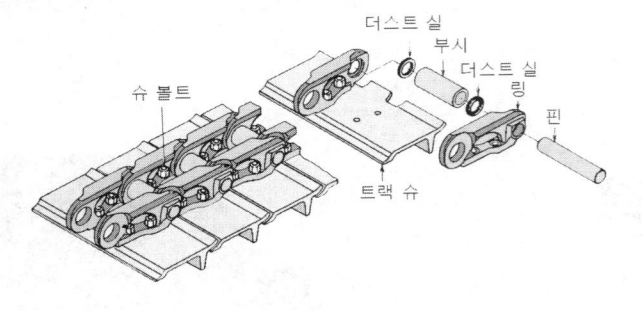

⑤ 슈(shoe) : 슈는 링크에 4개의 볼트로 고정되며, 전체 하중을 지지하고 견인하면서 회전한다. 슈에는 지면과 접촉하는 부분에 돌기(그로우저 ; grouser)가 설치되며, 이 돌기가 견인력을 증대시켜 준다. 돌기의 길이가 2cm정도 남았을 때 용접하여 재사용할 수 있다.

2) 트랙 슈의 종류

① 단일 돌기 슈(single grouser shoe) : 돌기가 1개인 것으로 견인력이 크며, 중 하중용 슈이다.
② 2중 돌기 슈(double grouser shoe) : 돌기가 2개인 것으로, 중 하중에 의한 슈의 굽음을 방지할 수 있으며, 선회 성능이 우수하다.

■ 단일 돌기 슈　　■ 2중 돌기 슈　　■ 3중 돌기 슈

③ 3중 돌기 슈(triple grouser shoe) : 돌기가 3개인 것으로 조향할 때 회전 저항이 적어 선회 성능이 양호하며 견고한 지반의 작업장에 알맞다. 굴착기에서 많이 사용되고 있다.
④ 습지용 슈 : 슈의 단면이 삼각형이며 접지 면적이 넓어 접지 압력이 작다.
⑤ 기타 슈 : 고무 슈, 암반용 슈, 평활 슈 등이 있다.

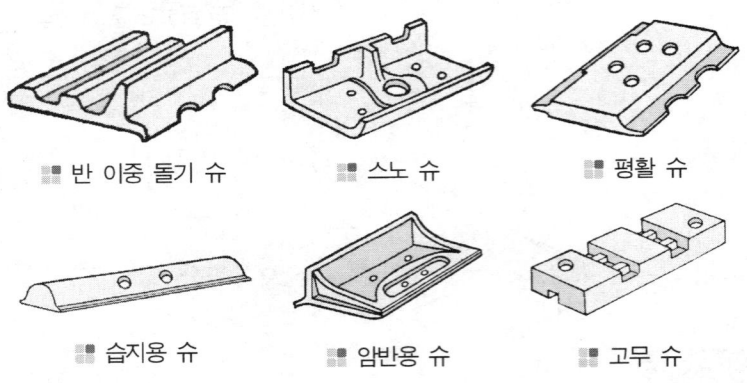

■ 반 이중 돌기 슈　　■ 스노 슈　　■ 평활 슈

■ 습지용 슈　　■ 암반용 슈　　■ 고무 슈

8 트랙이 벗겨지는 원인

① 트랙의 유격(긴도)이 너무 클 때
② 트랙을 정렬이 불량할 때(프런트 아이들러와 스프로킷의 중심이 일치되지 않았을 때)
③ 고속 주행 중 급선회를 하였을 때
④ 프런트 아이들러, 상·하부 롤러 및 스프로킷의 마멸이 클 때
⑤ 리코일 스프링의 장력이 부족할 때
⑥ 경사지에서 작업 할 때

9 트랙을 분리하여야 할 경우

① 트랙을 교환할 때
② 트랙이 벗겨졌을 때
③ 스프로킷, 프런트 아이들러를 교환할 때

10 트랙 유격(긴도)

트랙 유격은 상부 롤러와 트랙사이의 간격을 말하며, 건설기계의 종류에 따라 다소 차이는 있으나 일반적으로 유격은 25~40mm정도이다.

1) 트랙 유격을 조정하는 방법

① 건설기계를 평탄한 지면에 주차시킨다.
② 브레이크가 있는 경우에는 브레이크를 사용해서는 안 된다.
③ 전진하다가 정지시켜야 한다.(후진하다가 세우면 트랙이 팽팽해진다.)
④ 2~3회 반복 조정하여 양쪽 트랙의 유격을 똑같이 조정하여야 한다.
⑤ 트랙을 들고 늘어지는 양을 점검하기도 한다.
⑥ 그리스 실린더에 그리스를 주입하여 조정한다.

2) 트랙의 장력을 조정하여야 하는 이유

① 트랙의 이탈 방지
② 구성부품의 수명 연장
③ 스프로킷의 마모방지
④ 슈의 마모 방지

3) 트랙의 유격을 크게 하거나 작게 할 경우

① **유격을 작게(팽팽하게) 하여야 할 경우** : 굳은 지반 또는 암반을 통과할 때
② **트랙 유격을 크게 하여야 할 경우** : 습지를 통과할 때, 사지(모래 땅)를 통과할 때, 굴곡이 심한 노면 통과할 때

11 센터 조인트의 기능

① 센터 조인트(스위블 조인트)는 상부 회전체의 중심부에 설치되어 있다.
② 상부 회전체의 오일을 주행 모터로 공급하는 역할을 한다.
③ 상부 회전체가 회전하더라도 호스, 파이프 등이 꼬이지 않고 원활히 송유한다.

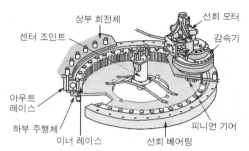

12 주행 모터

① 주행 모터는 센터 조인트로부터 유압을 받아서 회전한다.
② 감속기어・스프로킷 및 트랙을 회전시켜 주행하도록 한다.
③ 주행 모터는 양쪽 트랙을 회전시키기 위해 한쪽에 1개씩 설치되어 있다.
④ 주행 모터의 기능은 주행(travel)과 조향(steering)이다.

1) 유압식 굴착기의 주행할 때 동력전달 순서

① **동력전달 순서** : 엔진 → 메인 유압 펌프 → 컨트롤 밸브 → 센터 조인트 → 주행 모터 → 트랙
② **유압 전달 순서** : 유압 펌프 → 제어 밸브 → 센터 조인트 → 주행 모터

2) 직진 주행이 잘 안 되는 원인

① 센터 조인트의 고장
② 컨트롤 밸브의 고장
③ 2개의 유압 펌프 중 1개의 유압이 낮을 때
④ 주행 모터의 고장
⑤ 2개의 주행 레버 중 1개의 유격이 클 때
⑥ 스프로킷 이와 트랙 부싱과의 피치가 다를 때
⑦ 메인 릴리프 밸브의 고장
⑧ 트랙 유격이 다를 때
⑨ 주행 감속 기어의 고장
⑩ 트랙 정렬의 불량

3) 주행이 잘 안되거나 주행 동력이 부족한 원인

① 작동유 탱크의 작동유 부족
② 유압 펌프의 고장
③ 컨트롤 밸브의 고장
④ 주행 모터의 고장
⑤ 주행 감속 기어의 고장
⑥ 메인 릴리프 밸브의 고장
⑦ 센터 조인트의 고장

03 상부 회전체

1 상부 회전체의 구조

① 하부 주행체의 프레임에 스윙 베어링으로 결합되어 360° 선회할 수 있다.
② 메인 프레임 뒤쪽에 기관 및 유압 조정장치 등이 설치되어 있다.
③ 안전성을 유지하기 위해 평형추(밸런스 웨이트)가 프레임에 고정되어 있다.
④ **밸런스 웨이트(카운터 웨이트)** : 버킷 등에 중량물이 실릴 때 장비의 뒷부분이 들리는 것을 방지하는 역할을 한다.

2 선회 장치

① **선회 감속장치** : 선기어, 유성기어, 캐리어, 선회 피니언, 링기어로 구성되어 있다. 링기어는 하부 주행체에 고정되어 있고 스윙 피니언과 맞물려 있다. 스윙 피니언이 회전하면 상부 회전체가 회전한다.
② **선회 고정장치** : 트레일러에 의하여 운반될 때 상부 회전체와 하부 주행체를 고정시키는 역할을 한다.

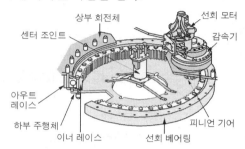

04 작업장치

굴착기의 작업장치는 붐(boom), 암(Arm), 버킷 등으로 구성되어 있으며 유압 실린더에 의해 작동된다.

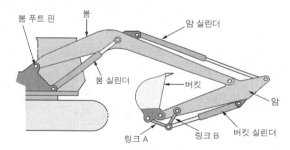

1 붐(boom)

① 붐은 강판을 사용한 용접 구조물로서 원 붐(one boom)이라고도 한다.
② 상부 회전체에 푸트 핀에 의해 설치되어 있다.
③ 2개 또는 1개의 유압 실린더에 의하여 붐이 상・하로 움직인다.
④ 붐의 길이는 푸트 핀 중심에서 붐 포인트 핀까지의 직선거리이다.

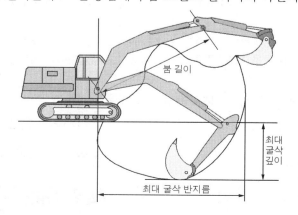

2 암(arm)

① 붐과 버킷 사이의 연결 암으로 **디퍼스틱**(dipper stick)이라고도 한다.
② 붐과 암의 각도가 80~110° 정도가 가장 굴삭력이 크다.
③ 쿠션장치는 붐 상승, 암(스틱) 오므림, 암(스틱) 펼침 등에 설치되어 있다.

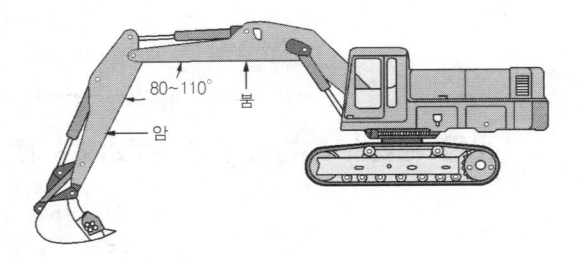

3 버킷(또는 디퍼 ; bucket or dipper)

① 버킷은 직접 작업을 하는 부분으로 고장력의 강철판으로 제작되어 있다.
② 버킷의 용량은 1회 담을 수 있는 용량을 m³(루베)로 표시한다.
③ 버킷의 굴착력을 높이기 위해 투스(tooth ; 포인트 또는 팁이라고도 함)를 부착한다.

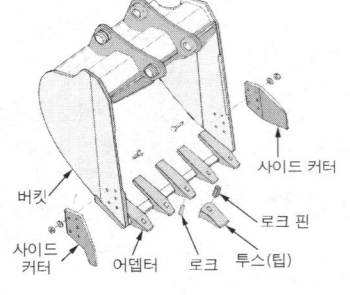

4 작업 장치의 종류

1) 셔블(shovel)

① 장비의 위치보다 높은 곳을 굴착하는데 적합하다.
② 산지에서의 토사, 암반, 점토질까지 트럭에 싣기가 편리하다.
③ 일반적으로 백호 버킷을 뒤집어 사용하기도 한다.

2) 백호(back hoe)

① 장비가 위치한 지면보다 낮은 곳의 땅을 굴착하는데 적합하다.
② 수중 굴착도 가능하다.

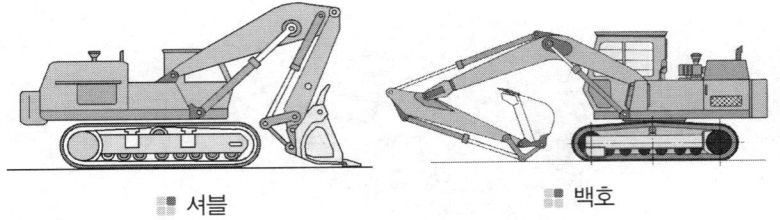

∎ 셔블   ∎ 백호

3) 브레이커(breaker)

① 브레이커는 암석, 콘크리트, 아스팔트 파괴 등에 사용한다.
② 유압식과 압축 공기식이 있다.

4) 파일 드라이브 및 어스 오거(pile drive and earth auger)

① 파일 드라이브 장치를 붐 암에 설치한다.
② 항타 및 항발 작업에 사용된다. 유압식과 공기식이 있다.

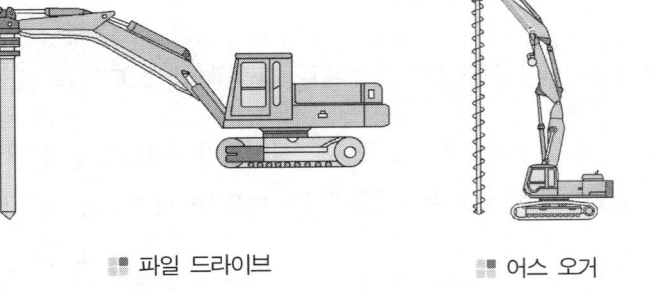

∎ 파일 드라이브   ∎ 어스 오거

---

05 작업 방법

1 굴착기의 주행 운전방법

1) 무한궤도형 굴착기

① 버킷, 암을 오므리고 붐은 낮추어서 버킷의 높이를 30~50cm 높이로 한다.
② 가능한 평탄지면을 택하여 주행하고 기관은 중속 범위가 적합하다.
③ 부정지의 암반 등 악조건 상태에서 주행하는 경우 저속으로 주행해야 한다.
④ 경사지를 주행할 때 등판 각도 7~12° 이상 될 때는 스프로킷을 뒤로 하고, 암과 버킷을 쭉 펴서 지상 30~50cm 높이로 하고 주행한다.

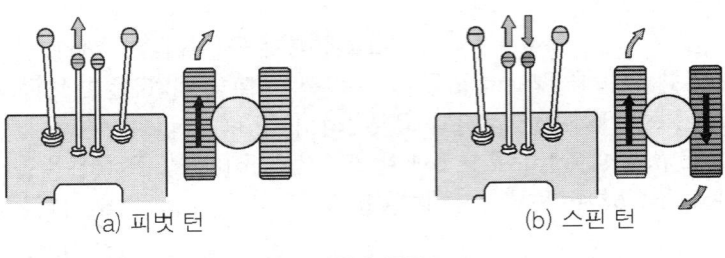

∎ 경사지 주행

⑤ 급경사지의 자력 주행이 불가능한 경우에는 버킷을 지면에 박고 당기면서 전진하면 주행이 가능하다.
⑥ 주행 중 트랙에 돌과 흙이 끼어서 주행이 불가능한 경우에는 붐과 암은 90~110° 범위로 하고 상부 회전체를 하부 주행체에 대해 90°로 선회시킨 후 버킷의 바닥으로 지면을 누른 후 트랙을 전, 후진시키면 흙과 자갈이 떨어져 나가게 된다.

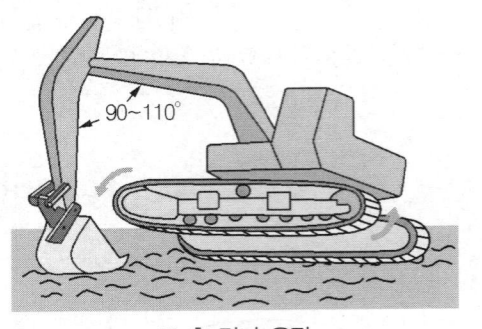

∎ 흙 털기 운전

2 크롤러형 굴착기의 조향 종류

① **피벗턴**(pivot turn, 완회전) : 좌·우측의 한쪽 주행 레버만 밀거나, 당겨서 한쪽 트랙만 전·후진시켜 조향하는 방법을 피벗 턴이라 한다.

(a) 피벗 턴   (b) 스핀 턴

∎ 조향의 종류

② **스핀턴**(spin turn, 급회전) : 좌·우측 주행 레버를 동시에 한쪽 레버는 앞으로 밀고, 다른 한쪽 레버는 조종자 앞으로 당기면 차체 중심을 기점으로 급회전이 이루어진다.

3 굴착기 작업 안전 사항

① 연료, 오일, 그리스 주유나 점검, 정비를 할 때에는 기관 시동을 끄고 버킷을 지면에 내린 다음 각 조작레버를 작동하여 유압회로 내의 압력을 개방(해제)하여야 한다.
② 엔진 과열시 냉각수를 보충할 때는 냉각수가 분출될 우려가 있으므로 주의하여야 한다.
③ 기관 시동을 하고자 할 때는 각 조작 레버가 중립에 있는지 확인하

여야 한다.
④ 각 조작 레버를 작동시키기 전에 주변에 장애물이 없는가를 확인하여야 한다.
⑤ 작업장치로 차체를 잭업(jack up)한 후 차체 밑으로 들어가지 말아야 한다.
⑥ 굴착기 전부장치에서 가장 큰 굴삭력을 발휘할 수 있는 암의 각도는 전방 50°~후방 15°까지 사이의 각도이다.
⑦ 경사지에서 기관의 시동이 정지할 때는 버킷을 땅에 속히 내리고 모든 조작레버는 중립으로 해야 한다.
⑧ 경사지 작업에서 측면절삭(병진 채굴)은 피해야 한다.
⑨ 유압 실린더의 행정 끝까지 사용해서는 안 된다. 유압 실린더 및 실린더 설치 브래킷의 파손이 올 수 있기 때문에 피스톤 행정 양단 50~80mm 여유를 두고 작업을 해야 한다.
⑩ 흙을 파면서 또는 버킷으로 비질하듯이 스윙 동작으로 정지작업을 해서는 안 된다.
⑪ 버킷을 이용하여 낙하력으로 굴착 및 선회동작과 토사 등을 버킷의 측면으로 타격을 가하는 일이 없도록 해야 한다.
⑫ 경사지 작업에서는 차체의 밸런스(평형)에 유의해야 한다.
⑬ 굴착 장소에 고압선, 수도 배관, 가스 송유관 등이 매설되어 있지 않는가 확인해야 한다.
⑭ 작업 조종(PCU) 레버를 급격하게 조작하지 않는다.
⑮ 한쪽 트랙을 들 때는 암과 붐 사이의 90~110° 범위로 해서 들어주어어야 한다.
⑯ 작업이 끝나고 조종석을 떠날 경우에는 반드시 버킷을 지면에 내려 놓아야 한다.

4 굴착기의 굴착 작업 방법

1) 굴착 작업

① 암과 버킷을 동시에 크라우드(오므리기)하면서 붐을 서서히 상승시킨다.
② 암과 버킷은 90°, 암과 붐도 90°의 범위를 유지할 때 버킷에 가득 담겨져야 한다.
③ 붐의 각도는 35~65°가 효과적이며, 정지 작업에서의 붐의 각도는 35~40°가 가장 적합하다.

2) 선회 작동

① 굴착이 완료된 후에 붐을 올리면서 암과 버킷을 약간씩 오므려 토사가 흘러내리지 않게 한다.
② 조종자의 시야가 양호한 쪽으로 선회를 하여야 한다.
③ 장애물이 없는가를 확인한 후에 선회를 하여야 안전하다.
④ 굴착 적재 작업에서 가능한 선회 거리를 짧게 해야 한다.

3) 적재 방법

암을 뻗으면서 붐을 하강시켜 덤프 위치에 근접하면 버킷을 펴면서 토사 등의 골재를 쏟아(적재)준다.

5 크롤러형 굴착기의 운반

1) 자력 주행할 때의 자세

버킷과 암을 오므리고 난 후 붐을 하강시켜 붐을 앞으로 하고 주행하는 것이 가장 좋다.

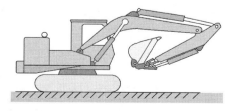

■ 크롤러형 굴착기

2) 크롤러형 굴착기를 트럭에 탑승하는 방법

① 트럭을 주차시킨 후 주차 브레이크를 걸고, 차륜에 고임목을 설치한다.
② 경사대를 10~15° 이내로 빠지지 않도록 설치한다.
③ 트럭 적재함에 받침대를 설치한다.
④ 버킷은 뒤로하고, 전부장치는 버킷과 암을 크라우드(당김)한 상태로 탑승해야 한다. 이때 주행 이외의 다른 조작은 하지 않아야 한다.

3) 크롤러형 굴착기를 트레일러에 탑승하는 방법

① **자력 주행 탑승 방법** : 트레일러 차륜에 고임목을 받치고 경사대를 10~15° 이내로 설치한 후 탑승한다.

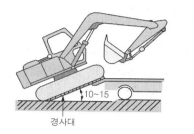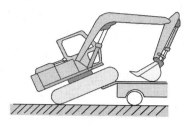

■ 트레일러에 탑재 방법

② 언덕을 이용하여 탑승한다.
③ 바닥을 파고 트레일러를 낮은 지형에 밀어 넣고 탑승하는 방법 등이 있다.
④ **기중기에 의한 탑승 방법**
㉮ 와이어는 충분한 강도가 있어야 한다.
㉯ 배관 등에 와이어가 닿지 않도록 한다.
㉰ 굴착기를 크레인으로 들어 올릴 때 수평으로 들리도록 와이어를 묶어야 한다.
㉱ 굴착기 중량에 맞는 크레인을 사용한다.

3) 탑승 후의 자세

① 상·하부 본체에 선회 고정 장치로 고정시킨다.
② 운행 중에 굴착기가 움직이지 않도록 체인 블록 등을 이용해서 고정한다.
③ 트랙의 뒤쪽에 고임목을 설치한다.
④ 굴착기의 작업장치는 트레일러 및 트럭의 뒤쪽을 향하도록 하여야 한다.

6 굴착기의 점검·정비

일상 점검은 고장 유무를 사전에 점검하여 장비의 수명 연장과 효율적인 장비의 관리를 위해서 실시하는데 목적이 있다.

1) 운전 전 점검사항

① 기관 오일량
② 작동유량 점검
③ 각 작동부분의 그리스 주입
④ 공기 청정기 커버 먼지 청소
⑤ 조종 레버 및 각 레버의 작동 이상 유무
⑥ 스위치, 등화

2) 운전 중 점검사항

① 각 접속부분의 누유 점검
② 유압계통 이상 유무
③ 각 계기류 정상작동 유무
④ 이상 소음 및 배기가스 색깔 점검

3) 운전 후 점검사항

① 연료 보충
② 상·하부 롤러 사이 이물질 제거
③ 각 연결부분의 볼트·너트 이완 및 파손여부 점검
④ 선회 서클의 청소

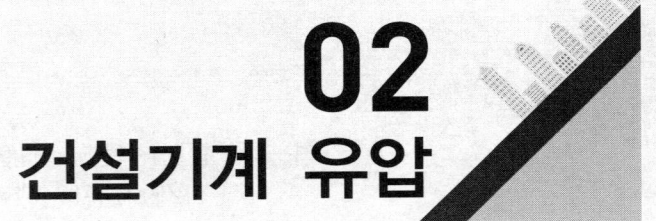

01　유압장치의 개요

1 유압장치의 정의

액체의 압력 에너지를 이용하여 기계적인 일을 하도록 하는 장치를 말한다.

2 파스칼(Pascal)의 원리

밀폐된 용기 안에 정지하고 있는 액체의 일부에 가해진 압력은 세기가 변하지 않고 용기 안의 모든 액체에 전달되며, 벽면에 수직으로 작용한다.

3 유압장치의 장점 및 단점

1. 유압장치의 장점

① 윤활성, 내마모성, 방청성이 좋다.
② 속도제어(speed control)와 힘의 연속적 제어가 용이하다.
③ 작은 동력원으로 큰 힘을 낼 수 있다.
④ 과부하에 대한 안전장치가 간단하고 정확하다.
⑤ 운동방향을 쉽게 변경할 수 있다.
⑥ 전기·전자의 조합으로 자동제어가 용이하다.
⑦ 에너지 축적이 가능하며, 힘의 전달 및 증폭이 용이하다.
⑧ 무단변속이 가능하고, 정확한 위치제어를 할 수 있다.
⑨ 미세 조작 및 원격조작이 가능하다.
⑩ 진동이 작고, 작동이 원활하다.

2. 유압장치의 단점

① 고압사용으로 인한 위험성 및 이물질에 민감하다.
② 폐유에 의한 주변 환경이 오염될 수 있다.
③ 유압장치의 점검이 어렵다.
④ 유온의 영향으로 정밀한 속도와 제어가 어렵다.
⑤ 고장원인의 발견이 어렵고, 구조가 복잡하다.

02　작동유

1 작동유(유압유)의 구비조건

① 동력을 확실히 전달하기 위하여 비압축성일 것
② 작동유 중의 물·먼지 등의 불순물과 분리가 잘 될 것
③ 장시간 사용하여도 화학적 변화가 적을 것
④ 녹이나 부식 발생이 방지될 것
⑤ 체적 탄성계수가 크고, 밀도가 작을 것
⑥ 내열성이 크고, 거품이 적을 것
⑦ 화학적 안정성 및 윤활성이 클 것
⑧ 점도지수가 클 것
⑨ 적당한 유동성과 점성을 갖고 있을 것
⑩ 유압장치에 사용되는 재료에 대해 불활성일 것

2 작동유의 열화 판정 및 과열 원인

1. 작동유의 열화 판정 방법

① 점도의 상태로 판정한다.
② 냄새로 확인(자극적인 악취)한다.
③ 색깔의 변화나 침전물의 유무로 판정한다.
④ 수분의 유무를 확인한다.

2. 작동유의 과열 원인

① 작동유의 부족
② 작동유의 점도가 높을 때
③ 유압장치 내의 작동유가 누출될 때
④ 릴리프 밸브가 닫혀 있을 때

유압회로에서 작동유의 정상 작동 온도 범위는 40~80℃이다.

3. 작동유의 온도가 과도하게 상승하면 나타나는 현상

① 작동유의 산화작용을 촉진한다.
② 실린더의 작동불량이 생긴다.
③ 기계적인 마모가 생긴다.
④ 유압 기기의 작동이 불량해진다.
⑤ 중합이나 분해가 일어난다.
⑥ 고무 같은 물질이 생긴다.
⑦ 점도가 저하된다.
⑧ 유압 펌프의 효율이 저하한다.
⑨ 작동유 누출이 증대된다.
⑩ 밸브류의 기능이 저하된다.

3 작동유 첨가제

소포제(거품 방지제), 유동점 강하제, 산화 방지제, 점도지수 향상제 등이 있다.

▶ 압력

$$유압 = \frac{힘}{면적}$$

① 단위는 PSI, kgf/cm², kPa, cmHg, bar 등이 있다.
② 1기압(atm) = 101325(Pa) = 1013.25(hPa)
　　　　　　 = 101.325(kPa) = 0.101325(MPa)
　　　　　　 = 1013250dyne/cm² = 1013.25(mbar)
　　　　　　 = 1.01325(bar) = 1.033227kgf/cm²
　　　　　　 = 14.7(psi) = 760mmHg

03 유압장치의 이상 현상

1 공동 현상(캐비테이션 현상)

① 펌프에서 소음과 진동을 발생하고, 양정과 효율이 급격히 저하되며, 날개 등에 부식을 일으키는 등 수명을 단축시키는 현상을 말한다.

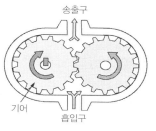

② 유동하고 있는 액체의 압력이 국부적으로 저하되어, 포화 증기압 또는 공기 분리 압력에 달하여 증기를 발생시키거나 용해 공기 등이 분리되어 기포를 일으키는 현상이

③ 유압장치 내부에 국부적인 높은 압력이 발생하여 소음과 진동 등이 발생하는 현상이다.

2 서지 압력(surge pressure)

과도적으로 발생하는 이상 압력의 최대값을 말하며, 유량 제어밸브의 가변 오리피스를 급격히 닫거나 방향 제어밸브의 유로를 급히 전환 또는 고속 실린더를 급정 지시키면 유로에 순간적으로 이상 고압이 발생하는 현상이다.

3 유압 실린더의 숨 돌리기 현상이 생겼을 때 일어나는 현상

오일 공급 부족으로 인해 피스톤 작동이 불안정하게 되고, 시간의 지연이 생기며, 서지압력이 발생한다.

04 유압장치의 구성 부품

1 작동유 탱크

1. 작동유 탱크의 기능

① 계통 내에 필요한 작동 유량 확보
② 격판(배플)에 의해 기포발생 방지 및 소멸
③ 작동유 탱크 외벽의 냉각에 의한 적정온도 유지

2. 작동유 탱크의 크기

작동유 탱크의 크기는 중력에 의하여 복귀되는 장치 내의 모든 오일을 받아들일 수 있는 크기로 하여야 한다.

2 유압 펌프

1. 유압 펌프의 기능

원동기의 기계적 에너지를 유압 에너지로 변환한다.

2. 유압펌프의 종류

(1) 기어펌프

① 외접과 내접기어 방식이 있다.
② 작동유 속에 기포 발생이 적다.
③ 구조가 간단하고 흡입 성능이 우수하다.
④ 소음과 토출량의 맥동(진동)이 비교적 크고, 효율이 낮다.
⑤ 정용량형이므로 구동되는 기어펌프의 회전속도가 변화하면 흐름 용량이 바뀐다.

■ 외접 기어 펌프   ■ 내접 기어 펌프

(2) 베인 펌프

① 날개(vane)로 펌프 작용을 시키는 것이다.
② 구조가 간단해 수리와 관리가 용이하다.
③ 소형·경량이므로 값이 싸다.
④ 자체 보상기능이 있으며, 맥동과 소음이 적다.

(3) 플런저(피스톤) 펌프

① 유압펌프 중 가장 고압·고효율이며, 맥동적 출력을 하나 다른 펌프에 비하여 일반적으로 최고압력 토출이 가능하고, 펌프효율에서도 전체 압력범위가 높아 최근에 많이 사용된다.

② 가변용량에 적합하다(토출량의 변화범위가 넓다).
③ 다른 펌프에 비해 수명이 길고, 용적효율과 최고압력이 높다.
④ 구조가 복잡하다.

3. 유압펌프의 크기

① 유압펌프의 크기는 주어진 속도와 그때의 토출량으로 표시한다.
② GPM(또는 LPM)이란 계통 내에서 이동되는 액체의 양을 말한다.

3 제어밸브(컨트롤 밸브)

1. 제어밸브의 종류

① **압력제어 밸브** : 일의 크기 결정
② **유량제어 밸브** : 일의 속도 결정
③ **방향제어 밸브** : 일의 방향 결정

2. 압력 제어밸브

(1) 릴리프 밸브(relief valve)

유압기기의 과부하를 방지하며, 유압펌프의 토출 측에 위치하여 회로 전체의 압력을 제어하는 밸브이다. 즉 유압계통의 최대압력을 제어하는 밸브이다. 설치위치는 유압펌프와 제어밸브 사이 즉, 유압펌프와 방향전환 밸브 사이이다.

(2) 감압(리듀싱, reducing valve) 밸브

유압회로에서 입구압력을 감압하여 유압실린더 출구를 설정유압으로 유지한다. 즉 감압밸브는 분기회로에서 2차측 압력을 낮게 할 때 사용한다.

(3) 시퀀스 밸브(sequence valve)

2개 이상의 분기회로가 있을 때 순차적인 작동(작동순서를 결정)을 하기 위한 압력제어 밸브이다.

(4) 언로더 밸브(무부하 밸브, unloader valve)

유압장치에서 통상 고압 소용량, 저압 대용량 펌프를 조합 운전할 때 작동압력이 규정 압력 이상으로 상승할 때 동력을 절감하기 위하여 사용하는 밸브이다.

(5) 카운터 밸런스 밸브(counter balance valve)

유압 실린더 등이 중력에 의한 자유낙하를 방지하기 위하여 배압을 유지하는 압력 제어밸브이다.

3. 유량 제어밸브

① 액추에이터의 운동속도를 조정하기 위하여 사용되는 밸브이다.

② 유량 제어밸브의 종류에는 분류 밸브(dividing valve), 니들 밸브(needle valve), 오리피스 밸브(orifice valve), 교축 밸브(throttle valve) 등이 있다.

③ 니들 밸브는 내경이 작은 파이프에서 미세한 유량을 조정하는 밸브이다.

4. 방향 제어밸브

① **디셀러레이션 밸브**(deceleration valve) : 유압 실린더를 행정 최종 단에서 실린더의 속도를 감속하여 서서히 정지시키고자 할 때 사용되는 밸브이다.

② **첵 밸브**(check valve) : 역류를 방지하는 밸브 즉, 한쪽 방향으로의 흐름은 자유로우나 역 방향의 흐름을 허용하지 않는 밸브이다.

③ **스풀 밸브**(spool valve) : 작동유 흐름 방향을 바꾸기 위해 사용하는 밸브이다.

4 유압 액추에이터

액추에이터(Actuator)는 유압을 일로 바꾸는 장치이며, 그 종류에는 유압 실린더와 유압 모터가 있다.

1. 유압 실린더

유압 실린더는 직선 왕복운동을 하는 액추에이터이다.

2. 유압 모터

회전운동을 하는 액추에이터

(1) 유압모터의 장점

① 무단변속이 용이하다.

② 소형·경량으로서 큰 출력을 낼 수 있다.

③ 변속·역전 제어도 용이하다.

④ 속도나 방향의 제어가 용이하다.

(2) 유압모터의 단점

① 작동유의 점도변화에 의하여 유압 모터의 사용에 제약이 있다.

② 작동유는 인화하기 쉽다.

③ 작동유에 먼지나 공기가 침입하지 않도록 특히 보수에 주의해야 한다.

④ 공기와 먼지 등이 침투하면 성능에 영향을 준다.

5 어큐뮬레이터(축압기, Accumulator)

① 용도는 충격압력의 흡수, 보조적 압력원, 서지압력(surge pressure)이 발생하였을 때 충격완화, 맥동류의 감쇄 등이다.

② 기액(기체 액체)형 어큐뮬레이터에 사용되는 가스는 질소이다.

6 오일 필터(Oil filter)

① 관로용 필터의 종류에는 압력 여과기, 리턴 여과기, 라인 여과기 등이 있다.

② 라인 필터의 종류에는 흡입관 필터, 압력관 필터, 복귀관 필터 등이 있다.

③ 오일 필터의 여과 입도가 너무 조밀하면(여과 입도 수(mesh)가 높으면) 공동현상(캐비테이션)이 발생한다.

7 유압 호스

유압 호스 중 가장 큰 압력에 견딜 수 있는 것은 나선 와이어 블레이드 호스이다.

05 유압기호

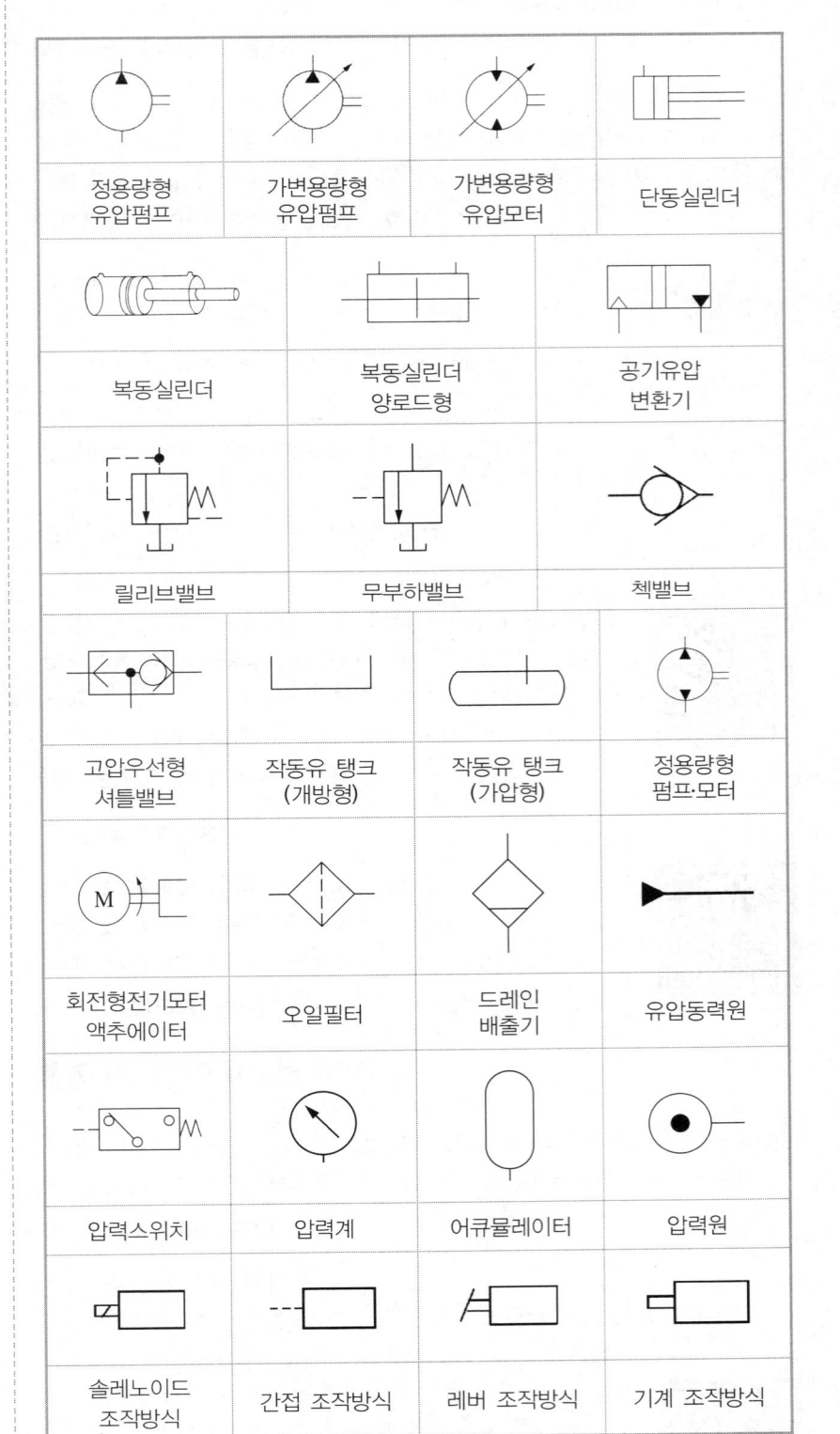

정용량형 유압펌프	가변용량형 유압펌프	가변용량형 유압모터	단동실린더
복동실린더	복동실린더 양로드형	공기유압 변환기	
릴리브밸브	무부하밸브	첵밸브	
고압우선형 셔틀밸브	작동유 탱크 (개방형)	작동유 탱크 (가압형)	정용량형 펌프·모터
회전형전기모터 액추에이터	오일필터	드레인 배출기	유압동력원
압력스위치	압력계	어큐뮬레이터	압력원
솔레노이드 조작방식	간접 조작방식	레버 조작방식	기계 조작방식

01 기초 사항

1 기관의 정의

1. 열기관과 총배기량

① **열기관**(Engine)이란 열에너지를 기계적 에너지로 변환시키는 장치이다.
② **rpm**(revolution per minute)이란 분당 엔진회전수를 나타내는 단위이다.
③ 기관의 **총배기량**이란 각 실린더 행정 체적(배기량)의 합이다.
④ **디젤기관의 압축비가 높은 이유**는 공기의 압축열로 자기 착화시키기 위함이다.

2. 내연기관의 구비조건

① 소형·경량이고 열효율이 높을 것
② 단위중량 당 출력이 클 것
③ 저속에서 회전력이 클 것
④ 저속에서 고속으로 가속도가 클 것
⑤ 연소비율이 적을 것
⑥ 가혹한 운전조건에 잘 견딜 것
⑦ 진동 및 소음이 적고, 점검과 정비가 쉬울 것
⑧ 유해 배기가스 배출이 없을 것

3. 디젤 기관의 장점

① 열효율이 높고 연료소비량이 적다.
② 전기 점화장치가 없어 고장률이 적다.
③ 인화점이 높은 경유를 사용하므로 취급이 용이하다(화재의 위험이 적다).
④ 유해 배기가스 배출량이 적다.
⑤ 흡입행정에서 펌핑 손실을 줄일 수 있다.

4. 4행정 사이클 디젤기관의 작동

(1) 4행정 사이클 디젤기관 흡입행정

① 흡입 밸브를 통하여 공기를 흡입한다.
② 실린더 내의 부압(負壓)이 발생한다.
③ 흡입 밸브는 상사점 전에 열린다.
④ 흡입 계통에는 벤투리, 초크밸브가 없다.

(2) 4행정 사이클 디젤기관 압축행정

① 압축행정의 중간부분에서는 단열압축의 과정을 거친다.
② 흡입한 공기의 압축온도는 약 400~700℃가 된다.
③ 압축행정의 끝에서 연료가 분사된다.
④ 연료가 분사되었을 때 고온의 공기는 와류 운동을 한다.

(3) 4행정 사이클 디젤기관 동력행정

① 피스톤이 상사점에 도달하기 전 소요의 각도 범위 내에서 분사를 시작한다.
② 연료분사 시작점은 회전속도에 따라 진각 된다.
③ 디젤기관의 진각에는 연료의 착화 늦음이 고려된다.
④ 연료는 분사된 후 착화지연 기간을 거쳐 착화되기 시작한다.

5. 2행정 사이클 디젤기관의 흡입과 배기행정

① 피스톤이 하강하여 소기포트가 열리면 예압된 공기가 실린더 내로 유입된다.
② 압력이 낮아진 나머지 연소가스가 압출되어 실린더 내는 와류를 동반한 새로운 공기로 가득 차게 된다.
③ 동력행정의 끝 부분에서 배기 밸브가 열리고 연소가스가 자체의 압력으로 배출이 시작된다.
④ 연소가스가 자체의 압력에 의해 배출되는 것을 **블로다운**이라고 한다.

6. 실린더 수가 많을 때의 장·단점

(1) 장점

① 회전력의 변동이 적어 기관 진동과 소음이 적다.
② 회전의 응답성이 양호하다.
③ 저속회전이 용이하고 출력이 높다.
④ 가속이 원활하고 신속하다.

(2) 단점

① 흡입공기의 분배가 어렵다.
② 연료소모가 많다.
③ 구조가 복잡하다.
④ 제작비가 비싸다.

7. 행정과 내경비

① **장행정 기관** : 실린더 내경(D)보다 피스톤 행정(L)이 큰 형식
② **스퀘어 기관** : 실린더 내경(D)과 피스톤 행정(L)의 크기가 똑같은 형식
③ **단행정 기관** : 실린더 내경(D)이 피스톤 행정(L)보다 큰 형식

2 기관의 본체 부분의 구조

1. 디젤기관 연소 4단계

① **착화 지연 기간(연소 준비 시간)** : 분사된 연료의 입자가 공기의 압축열에 의해 증발하여 연소를 일으킬 때까지의 기간.
② **화염 전파 기간(폭발 연소 시간)** : 분사된 연료의 모두에 화염이 전파되어 동시에 연소되는 기간.
③ **직접 연소 기간(제어 연소 시간)** : 연료의 분사와 거의 동시에 연소되는 기간.
④ **후기 연소 기간(후 연소 시간)** : 직접연소 기간에 연소하지 못한 연료가 연소, 팽창하는 기간.

2. 실린더 헤드(cylinder head)

(1) 실린더 헤드의 구조

실린더 헤드는 헤드 개스킷을 사이에 두고 실린더 블록에 볼트로 설치되며 피스톤, 실린더와 함께 연소실을 형성한다.

(2) 연소실

연소실은 공기와 연료의 연소 및 연소가스의 팽창이 시작되는 부분이다.

디젤기관 연소실의 종류에는 단실식(single chamber type)인 직접분사식과 복실식(double chamber type)인 예연소실식, 와류실식, 공기실식 등이 있다.

(3) 연소실의 구비조건

① 화염전파에 소요되는 시간이 짧을 것
② 연소실 내의 표면적을 최소화시킬 것
③ 가열되기 쉬운 돌출부분이 없을 것
④ 흡·배기작용이 원활하게 되도록 할 것
⑤ 압축행정에서 와류가 일어나도록 할 것
⑥ 배기가스에 유해성분이 적을 것
⑦ 출력 및 열효율이 높을 것
⑧ 노크를 일으키지 않을 것

3. 실린더 라이너(cylinder liner)

(1) 습식 라이너

습식 라이너는 냉각수가 라이너 바깥둘레에 직접 접촉하는 형식이며, 정비작업을 할 때 라이너 교환이 쉽고 냉각효과가 좋으나, 크랭크 케이스로 냉각수가 들어갈 우려가 있다.

(2) 실린더가 마멸되었을 때 미치는 영향

① 압축효율 및 폭발압력 저하
② 크랭크 실내의 윤활유 오염 및 소모량 증가
③ 기관 회전속도 저하
④ 기관의 출력저하
⑤ 연소실에 기관오일 상승

4. 피스톤(piston)

(1) 피스톤 간극이 클 때 미치는 영향

① 연료가 기관오일에 떨어져 희석되어 오염된다.
② 기관 시동성능의 저하 및 기관 출력이 감소하는 원인이 된다.
③ 블로바이에 의해 압축압력이 낮아진다.
④ 피스톤 링의 기능저하로 인하여 오일이 연소실에 유입되어 오일소비가 많아진다.
⑤ 피스톤 슬랩 현상이 발생되며, 기관출력이 저하된다.

(2) 엔진의 압축압력이 낮은 원인

① 실린더 벽이 과다하게 마모되었다.
② 피스톤 링이 파손 또는 과다 마모되었다.
③ 피스톤 링의 탄력이 부족하다.
④ 헤드 개스킷에서 압축가스가 누설된다.

(3) 피스톤 링의 3대 작용

① 기밀유지 작용(밀봉작용)
② 오일제어 작용(실린더 벽의 오일 긁어내리기 작용)
③ 열전도 작용(냉각 작용)

5. 크랭크축(crank shaft)

크랭크축은 메인저널(main journal), 크랭크 핀(crank pin), 크랭크 암(crank arm), 평형추(balance weight) 등으로 되어 있으며, 피스톤의 왕복운동을 회전운동으로 바꾼다.

6. 밸브 개폐기구(valve train)

(1) 캠축과 캠(cam shaft & cam)

4행정 사이클 기관에서는 크랭크축 2회전에 캠축이 1회전하는 구조로 되어 있기 때문에 크랭크축 기어와 캠축 기어의 지름비율은 1 : 2로 되어 있고 회전 비율은 2 : 1 이다.

(2) 유압식 밸브 리프터의 특징

① 밸브 간극을 점검·조정하지 않아도 된다.
② 밸브 개폐시기가 정확하고 작동이 조용하다.
③ 오일이 완충작용을 하므로 내구성이 향상된다.
④ 밸브기구의 구조가 복잡하다.
⑤ 윤활 장치가 고장이 나면 기관의 작동이 정지된다.

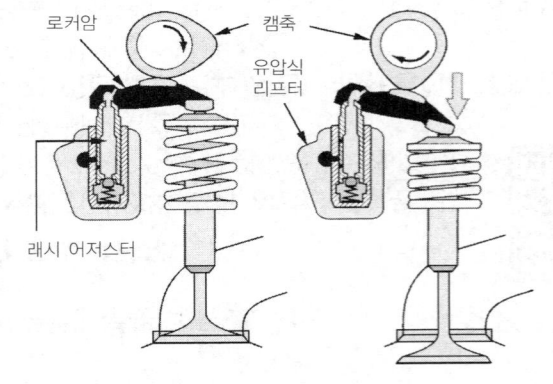

■ 유압식 밸브 리프터의 구조

(3) 흡·배기 밸브(valve)의 구비조건

① 열전도율이 좋을 것
② 열에 대한 팽창율이 적을 것
③ 열에 대한 저항력이 클 것
④ 가스에 견디고 고온에 잘 견딜 것

(4) 밸브 오버랩

밸브 오버랩이란 피스톤의 상사점 부근에서 흡입 및 배기밸브가 동시에 열려 있는 상태를 말하며, 흡입효율 증대 및 잔류 배기가스 배출을 위해 둔다.

(5) 밸브 간극

1) 너무 클 때 미치는 영향

① 정상운전 온도에서 밸브가 완전하게 열리지 못한다.(늦게 열리고 일찍 닫힌다.)
② 흡입 밸브 간극이 크면 흡입량의 부족을 초래한다.
③ 배기 밸브 간극이 크면 배기의 불충분으로 엔진이 과열된다.
④ 심한 소음이 나고 밸브기구에 충격을 준다.

2) 너무 적을 때 미치는 영향

① 일찍 열리고 늦게 닫혀 밸브 열림 기간이 길어진다.
② 블로바이로 인해 엔진의 출력이 감소한다.
③ 흡입 밸브 간극이 작으면 **역화**(back fire) 및 **실화**(miss fire)가 발생한다.
④ 배기 밸브 간극이 작으면 **후화**(after fire)가 일어나기 쉽다.

02 냉각 장치

1 냉각장치의 필요성

기관의 정상적인 작동온도는 실린더 헤드 물 재킷 내의 온도로 나타내며, 약 75~95℃이다.

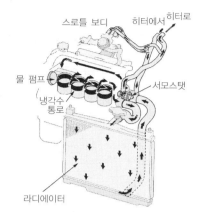

스로틀 보디
히터에서 히터로
물 펌프
서모스탯
냉각수 통로
라디에이터

2 수랭식의 주요구조와 그 기능

1. 물 펌프(water pump)

물 펌프는 팬벨트를 통하여 크랭크축에 의해 구동되며, 실린더 헤드 및 블록의 물 재킷 내로 냉각수를 순환시키는 원심력 펌프이다. 물 펌프의 능력은 송수량으로 표시하며, 펌프의 효율은 냉각수 온도에 반비례하고 압력에 비례한다. 따라서 냉각수에 압력을 가하면 물 펌프의 효율이 증대된다.

2. 전동 팬의 특징

① 엔진의 시동여부에 관계없이 냉각수 온도에 따라 작동한다.
② 팬벨트가 필요 없다.
③ 형식에 따라 차이가 있을 수 있으나, 약 85~100℃에서 간헐적으로 작동한다.
④ 정상온도 이하에서는 작동하지 않고 과열일 때 작동한다.

3. 팬벨트(drive belt or fan belt)

크랭크축 풀리, 발전기 풀리, 물 펌프 풀리 등을 연결 구동한다. 팬벨트는 각 풀리의 양쪽 경사진 부분에 접촉되어야 하며, 반드시 기관의 작동이 정지된 상태에서 걸거나 빼내야 한다.

① 냉각 팬의 벨트유격이 너무 크면(장력이 약하면) 기관 과열의 원인이 되며, 발전기의 출력이 저하한다.
② 팬벨트의 장력이 약하면 발전기 출력이 저하하고, 엔진이 과열하기 쉽다.
③ 팬벨트의 장력이 너무 강하면(팽팽하면) 발전기 베어링이 손상되기 쉽다.

4. 라디에이터 캡(radiator cap)

(1) 압력식 캡

냉각장치 내의 비등점(비점)을 높이고, 냉각범위를 넓히기 위하여 압력식 캡을 사용한다. 압력은 게이지 압력(대기압을 0으로 한 압력)으로 0.2~0.9kgf/cm² 정도이며 이때 냉각수 비등점은 112℃ 정도이다.

(2) 라디에이터 캡의 작동

① 냉각장치 내부압력이 규정보다 높을 때 열리는 압력 밸브와 내부압력이 부압이 되면(내부압력이 규정보다 낮을 때) 열리는 진공 밸브가 있다.
② 냉각장치 내부 압력이 부압이 되면(내부 압력이 규정보다 낮을 때) 진공 밸브가 열린다.
③ 냉각장치 내부 압력이 규정보다 높을 때 압력 밸브가 열린다.

5. 수온 조절기(정온기 : thermostat)

① 실린더 헤드의 물재킷 출구부에 설치되어 기관 내부의 냉각수 온도 변화에 따라 자동적으로 통로를 개폐하여 냉각수 온도를 75~95℃가 되도록 조절한다.
② 펠릿형(Pellet type)은 왁스 케이스 내에 왁스와 합성고무를 봉입하고 냉각수 온도가 상승하면 왁스가 합성고무 막을 압축하여 왁스 케이스가 스프링을 누르고 내려가므로 밸브가 열려 냉각수 통로를 열어 준다.

3 부동액

냉각수가 동결되는 것을 방지하기 위하여 냉각수와 혼합하여 사용하는 액체이며, 그 종류에는 에틸렌글리콜(ethylene glycol), 메탄올(methanol), 글리세린(glycerin) 등이 있으며 현재는 에틸렌글리콜이 주로 사용된다.

4 수랭식 기관의 과열원인

① 팬벨트의 장력이 적거나 파손되었다.
② 냉각 팬이 파손되었다.
③ 라디에이터 호스가 파손되었다.
④ 라디에이터 코어가 20% 이상 막혔다.
⑤ 라디에이터 코어가 파손되었거나 오손되었다.
⑥ 물 펌프의 작동이 불량하다.
⑦ 수온조절기(정온기)가 닫힌 채 고장이 났다.
⑧ 수온조절기가 열리는 온도가 너무 높다.
⑨ 물재킷 내에 스케일(물때)이 많이 쌓여 있다.

03 윤활장치

1 기관 오일의 주요 기능과 구비조건

1. 기관 오일의 주요 기능

① 마찰감소·마멸방지 작용 및 밀봉(기밀)작용
② 열전도(냉각)작용 및 세척(청정)작용
③ 완충(응력 분산)작용 및 부식방지(방청)작용

2. 기관 오일의 구비조건

① 점도지수가 커 온도와 점도와의 관계가 적당할 것
② 인화점 및 자연 발화점이 높을 것
③ 강인한 유막을 형성할 것
④ 응고점이 낮고 비중과 점도가 적당할 것
⑥ 기포발생 및 카본생성에 대한 저항력이 클 것

3. 기관 윤활방식

4행정 사이클 기관의 윤활방식에는 비산식, 압송식, 비산 압송식 등이 있다.

2 기관 오일 공급장치의 구성부품

1. 오일 팬(oil pan)

기관오일이 담겨지는 용기이며, 오일의 냉각작용도 한다.

2. 펌프 스트레이너(pump strainer, 오일펌프 여과기)

오일 스트레이너는 오일펌프로 들어가는 오일을 여과하는 부품이며, 일반적으로 철망으로 제작하여 비교적 큰 입자의 불순물을 여과한다. 고정식과 부동식이 있으며 일반적으로 고정식이 많이 사용하며, 불순물로 인하여 여과망이 막힐 때에는 오일이 통할 수 있도록 바이패스 밸브가 설치된 것도 있다.

3. 오일펌프(oil pump)

오일펌프는 기관의 크랭크축이나 캠축에 의해 구동되며, 오일에 압력을 가하여 윤활부분으로 보내는 작용을 한다. 오일펌프 종류에는 기어 펌프, 로터리 펌프, 플런저 펌프, 베인 펌프 등이 있다.

4. 오일 여과기(oil filter)

(1) 오일 여과기의 기능

윤활 장치 내를 순환하는 불순물을 제거하는 세정작용을 한다.
① 여과 능력이 불량하면 부품의 마모가 빠르다.
② 여과기가 막히면 유압이 높아진다.
③ 엘리먼트는 정기적으로 교환한다.
④ 작업조건이 나쁘면 교환시기를 빨리 한다.

(2) 오일 여과방식

전류식, 분류식, 샨트식 등이 있으며, 전류식(full-flow filter)은 오일펌프에서 나온 오일의 모두가 여과기를 거쳐서 윤활 부분으로 가는 방식이다.

5. 유압 조절밸브(oil pressure relief valve)

유압이 과도하게 상승하는 것을 방지하여 유압이 일정하게 유지되도록 하는 작용을 한다.

6. 유면 표시기(oil level gauge)

유면 표시기는 오일 팬 내의 오일량을 점검할 때 사용하는 금속 막대이며, 그 아래쪽에 F(Full)와 L(Low)의 표시눈금이 표시되어 있다. 오일량은 오일 게이지 Low와 Full 표시 사이에서 Full에 가까이 있으면 좋다.

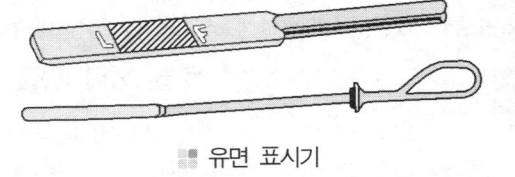

■ 유면 표시기　　　　　　■ 유압 경고등

3 윤활장치의 이상원인

1. 기관 오일이 많이 소비되는 원인

① 피스톤 링의 마모가 심할 때
② 실린더의 마모가 심할 때
③ 밸브 가이드의 마모가 심할 때

2. 기관 오일의 온도가 상승되는 원인

① 오일량이 부족하다.
② 오일의 점도가 높다.
③ 고속 및 과부하로 연속작업을 하였다.
④ 오일 냉각기가 불량하다.

3. 유압이 높아지는 원인

① 기관의 온도가 낮아 오일의 점도가 높다.
② 윤활회로의 일부가 막혔다.
③ 유압 조절 밸브 스프링의 장력이 과다하다.

4. 오일 압력이 낮은 원인

① 오일 팬 속에 오일이 부족하다.
② 크랭크축 오일틈새가 크다.
③ 오일펌프가 불량하다.
④ 유압 조절 밸브(릴리프 밸브)가 열린 상태로 고장 났다.
⑤ 기관 각부의 마모가 심하다.
⑥ 기관 오일에 경유가 혼입되었다.

⑦ 커넥팅 로드 대단부 베어링과 핀 저널의 간극이 크다.

04 연료장치

1 디젤 기관의 연료

1. 디젤 기관의 연료의 구비조건

① 발열량이 클 것
② 카본의 발생이 적을 것
③ 연소속도가 빠를 것
④ 착화가 용이할 것
⑤ 매연발생이 적을 것
⑥ 세탄가가 높고 착화점이 낮을 것

2 디젤 기관의 연료 공급장치

1. 연료 탱크(fuel tank)

겨울철에는 공기 중의 수증기가 응축하여 물이 되어 들어가므로 작업 후 연료를 탱크에 가득 채워 두어야 한다.

2. 연료 공급펌프(fuel feed pump)의 작용

① 캠축의 캠에 의해 플런저가 상승하면 연료가 배출된다.
② 플런저가 하강하면 흡입밸브가 열리면서 펌프 실에 연료가 유입된다.
③ 송출압력이 규정 값 이상 되면 플런저가 상승한 상태에서 펌프작용이 정지된다.
④ 연료계통의 공기빼기 작업에 사용하는 프라이밍 펌프(priming pump)를 두고 있다.

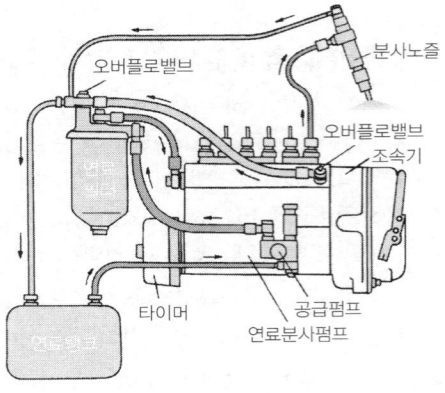

3. 연료 라인 공기빼기 작업

(1) 공기빼기 작업을 하여야 하는 경우

① 연료 탱크 내의 연료가 결핍되어 보충한 경우
② 연료 호스나 파이프 등을 교환한 경우
③ 연료 필터의 교환
④ 분사 펌프를 탈·부착한 경우

(2) 연료 라인의 공기빼기 순서

① 프라이밍 펌프 이용 : 공급 펌프 → 연료 여과기 → 분사 펌프
② 기동 전동기로 크랭킹 하면서 : 분사 노즐

4. 분사 펌프(injection pump)의 구조

(1) 분사 펌프 캠축(cam shaft)

분사 펌프 캠축은 기관의 크랭크축 기어로 구동되며, 4행정 사이클 기관은 크랭크축의 1/2로 회전한다.

(2) 플런저 배럴과 플런저

플런저 배럴 속을 플런저가 상하 미끄럼 운동하여 고압의 연료를 형성하는 부분이다. 그리고 플런저 유효행정을 크게 하면 연료 분사량이 증가한다. 플런저와 배럴사이의 윤활은 경유로 한다.

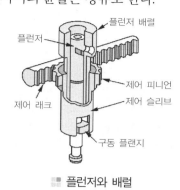

■ 플런저와 배럴

(3) 딜리버리 밸브

딜리버리 밸브는 플런저의 상승행정으로 배럴 내의 압력이 규정 값(약 10kgf/㎠)에 도달하면 열려 연료를 고압 파이프로 압송한다. 플런저의 유효행정이 완료되어 배럴 내의 연료압력이 급격히 낮아지면 스프링 장력에 의해 신속히 닫혀 연료의 역류(분사노즐에서 펌프로의 흐름)를 방지한다. 또 밸브 면이 시트에 밀착될 때까지 내려가므로 그 체적만큼 고압 파이프 내의 연료압력을 낮춰 분사노즐의 후적을 방지하며, 잔압을 유지시킨다.

(4) 조속기(governor) 기능

조속기는 기관의 회전속도나 부하의 변동에 따라 연료 분사량을 조정(가감)하는 장치이다.

(5) 타이머(timer)

기관 회전속도 및 부하에 따라 분사시기를 변화시키는 장치이다.

5. 분사 노즐(injection nozzle)

(1) 노즐의 기능 및 종류

분사 펌프에서 보내온 고압의 연료를 미세한 안개 모양으로 연소실내에 분사하는 일을 하는 장치이며, 종류에는 홀형, 핀틀형 및 스로틀형 노즐이 있다.

(2) 분사 노즐의 요구조건

① 연료를 미세한 안개 모양으로 하여 쉽게 착화하게 할 것
② 분무를 연소실 구석구석까지 뿌려지게 할 것
③ 연료의 분사 끝에서 완전히 차단하여 후적이 일어나지 않을 것
④ 고온·고압의 가혹한 조건에서 장시간 사용할 수 있을 것

3 디젤 기관 연료의 착화성과 노크

1. 연료(경유)의 착화성

세탄가(cetane number)는 연료의 착화성을 표시하는 수치이다.

2. 디젤 기관의 노크

디젤 노크는 연소 초기의 착화지연기간이 길어져 실린더 내의 연소 및 압력상승이 급격하게 일어나는 현상이다.

(1) 디젤기관 노킹 발생의 원인

① 연료의 세탄가가 낮다.
② 연료의 분사압력이 낮다.
③ 연소실의 온도가 낮다.
④ 착화지연 시간이 길다.
⑤ 분사노즐의 분무상태가 불량하다.
⑥ 기관이 과냉 되었다.
⑦ 착화 지연기간 중 연료 분사량이 많다.

(2) 노킹이 기관에 미치는 영향

① 기관 회전수(rpm)가 낮아진다.
② 기관출력이 저하한다.
③ 기관이 과열한다.
④ 흡기효율이 저하한다.

(3) 디젤기관 노크 방지방법

① 연료의 착화점이 낮은 것(착화성이 좋은)을 사용한다.
② 흡기 압력과 온도를 높인다.
③ 실린더(연소실) 벽의 온도를 높인다.
④ 압축비 및 압축압력과 온도를 높인다.
⑤ 착화지연 기간을 짧게 한다.
⑥ 세탄가가 높은 연료를 사용한다.

05 예열장치 및 과급기

1 예열 장치

예열 장치는 흡기다기관이나 연소실 내의 공기를 미리 가열하여 시동을 쉽도록 하는 장치이다.

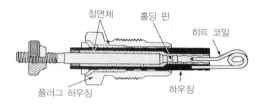

■ 예열 플러그

1. 히트 레인지(heat range)

흡기다기관에 설치된 열선에 전원을 공급하여 발생되는 열에 의해 흡입되는 공기를 가열하는 방식이다. 직접분사실식에서 히트 레인지가 이에 해당한다.

2. 예열 플러그(glow plug type) 방식

예열 플러그는 연소실 내의 압축공기를 직접 예열하는 방식으로 예연소실식, 와류실식, 공기실식에 설치된다.

(1) 예열 플러그의 단선 원인

① 예열시간이 너무 길 때
② 기관이 과열된 상태에서 빈번한 예열
③ 예열 플러그를 규정토크로 조이지 않았을 때
④ 정격이 아닌 예열플러그를 사용했을 때
⑤ 규정 이상의 과대전류가 흐를 때

(2) 예열 플러그가 심하게 오염된 원인

불완전 연소 또는 노킹이 발생하였기 때문이다.

2 과급기

1. 기능

실린더 내에 필요한 공기를 대기 압력보다 높은 압력(압축)으로 공급하는 장치를 말한다. 과급기에 의한 효과는 배기량이 동일한 엔진에서 실제로 많은 양의 공기를 공급할 수 있기 때문에 엔진의 출력이 증가된다. 과급기의 윤활은 기관 윤활장치에서 보내준 기관 오일로 이루어진다.

2. 터보차저의 설치 목적

① 엔진의 출력이 35~45% 증가된다. 단, 엔진의 무게는 10~15% 증가된다.
② 체적효율이 향상되기 때문에 평균유효 압력과 엔진의 회전력이 증대된다.
③ 높은 지대에서도 엔진 출력의 감소가 적다.
④ 압축 온도의 상승으로 착화지연 기간이 짧다.
⑤ 연소상태가 양호하기 때문에 세탄가가 낮은 연료의 사용이 가능하다.
⑥ 냉각손실이 적고, 연료 소비율이 3~5%정도 향상된다.

3. 디퓨저의 기능

디퓨저는 과급기 케이스 내부에 설치되며, 공기의 속도 에너지를 압력에너지로 바꾸는 장치이다.

06 감압장치 및 흡배기 장치

1 감압 장치(de-compression device)

디젤 기관을 시동할 때 흡입밸브나 배기 밸브를 캠축의 운동과는 관계 없이 강제로 열어 실린더 내의 압축압력을 낮춰 시동을 도와주는 장치이다.
① 한랭 시 시동할 때 원활한 회전으로 시동이 잘 될 수 있도록 하는 역할을 하는 장치이다.
② 기관의 시동을 정지할 때 사용될 수 있다.
③ 기동 전동기에 무리가 가는 것을 예방하는 효과가 있다.

2 흡기 장치

1. 흡기 장치의 요구조건

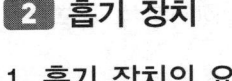

① 전 회전영역에 걸쳐서 흡입효율이 좋아야 한다.
② 연소속도를 빠르게 해야 한다.
③ 흡입부에 와류를 일으키도록 하여야 한다.
④ 균일한 분배성을 가져야 한다.

2. 공기 청정기(air cleaner)

(1) 건식 공기 청정기의 장점

① 설치 또는 분해조립이 간단하다.
② 작은 입자의 먼지나 오물을 여과할 수 있다.
③ 구조가 간단하고 여과망(엘리먼트)은 압축공기로 청소하여 사용할 수 있다.
④ 기관 회전속도의 변동에도 안정된 공기청정 효율을 얻을 수 있다.

(2) 건식 공기 청정기의 기능 및 청소

① **기능** : 흡입 공기의 먼지 등의 여과와 흡기 소음을 감소시키는 작용을 한다.
② **청소** : 엘리먼트는 압축공기로 안에서 밖으로 불어내어 청소한다.
③ 에어클리너가 막히면 배기 색은 검은색이며, 출력은 저하된다.

07 커먼레일 연료 시스템

1. 디젤기관의 커먼레일 시스템의 장점

① 각 운전 점에서 회전력의 향상이 가능하고 동력성능이 향상된다.
② 배출가스 규제수준을 충족시킬 수 있다.
③ 분사펌프의 설치공간이 절약된다.
④ 더 많은 영향변수의 고려가 가능하다.
⑤ 분사시기 보정장치 등 부가장치가 필요 없다.
⑥ 기관 소음을 감소시켜 최적화된 정숙운전이 가능하다.

2. 디젤 연료장치의 커먼레일

① 고압 펌프로부터 발생된 연료를 저장하는 부분이다.
② 실제적으로 연료의 압력을 지닌 부분이다.
③ 연료 압력은 항상 일정하게 유지한다.
④ 연료는 연료 압력 조절기(압력 제한 밸브)를 통하여 압력이 조절된다.
⑤ 고압의 연료를 저장하고 인젝터에 분배한다.

3. 커먼레일 디젤 엔진의 연료장치 구성부품

고압 펌프로 압송된 연료가 축압장치(accumulator 또는 rail)를 경유하여 인젝터에서 분사되는 시스템으로 응답성이 높은 인젝터, 커먼레일, 연료압력 조정기와 분사를 독립적으로 제어하는 전자제어 시스템으로 구성되어 있다.

4. 연료 분사장치의 저압계통

연료 계통이 저압과 고압 계통으로 구분하며, 연료의 공급 순서는 연료탱크 → 연료 필터 → 저압 펌프 → 고압 펌프 → 커먼 레일 → 인젝터 순으로 공급되며, 저압계통은 연료 탱크, 연료 필터, 저압 펌프이고 고압 계통은 고압 펌프, 커먼레일, 인젝터이다.

5. 압력 제어 밸브와 압력 제한 밸브

① **압력 제어 밸브** : 고압 펌프에 부착되어 연료 압력이 과도하게 상승되는 것을 방지 한다.
② **압력 제한 밸브** : 커먼레일에 설치되어 커먼레일 내의 연료 압력이 규정 값보다 높으면 열려 연료의 일부를 연료탱크로 복귀시킨다.

6. 각 센서의 기능

① **공기 유량 센서** : 열막 방식을 사용하며, 배기가스 재순환(EGR) 피드백 제어와 스모그 제한 부스터 압력 제어용으로 사용한다.
② **TPS(스로틀 포지션 센서)** : 운전자가 가속페달을 얼마나 밟았는지 감지하는 가변저항식 센서이며, 급가속을 감지하면 컴퓨터가 연료분사시간을 늘려 실행시키도록 한다.
③ **가속페달 포지션 센서** : 운전자의 의지를 컴퓨터로 전달하는 센서이며, 센서 1에 의해 연료 분사량과 분사시기가 결정되며, 센서 2는 센서 1을 감시하는 기능으로 차량의 급출발을 방지하기 위한 것이다.
④ **연료 압력 센서(RPS)** : 반도체 피에조 소자를 사용하며, 이 센서의 신호를 받아 컴퓨터는 연료분사량 및 분사시기 조정신호로 사용한다. 고장이 발생하면 림프 홈 모드(페일 세이프)로 진입하여 연료압력을 400bar로 고정시킨다.
⑤ **냉각수 온도 센서** : 부특성 서미스터를 사용하며 냉간 시동에서는 연료 분사량을 증가시켜 원활한 시동이 될 수 있도록 기관의 냉각수 온도를 검출한다.
⑥ **크랭크축 센서(CPS, CKP)** : 크랭크축과 일체로 되어 있는 센서 휠(sensor wheel)의 돌기를 검출하여 크랭크축의 각도 및 피스톤의 위치, 기관 회전속도 등을 검출하여 분사시기와 분사순서를 결정한다.
⑦ **연료 온도 센서** : 연료 온도에 따른 연료량의 보정 신호로 이용된다.

01 기초 전기

1 축전기(condenser)

1. 기능
① 정전 유도 작용을 이용하여 전하를 저장하는 역할을 한다.
② **정전 용량** : 2 장의 금속판에 단위 전압을 가하였을 때 저장되는 전기량(Q, 쿨롱).

2. 정전 용량
① 금속판 사이 절연체의 절연도에 정비례한다.
② 가해지는 전압에 정비례한다.
③ 상대하는 금속판의 면적에 정비례한다.
④ 상대하는 금속판 사이의 거리에는 반비례한다.

2 동전기
① **직류 전기** : 전압 및 전류가 일정값을 유지하고 흐름의 방향도 일정한 전기.
② **교류 전기** : 전압 및 전류가 시시각각으로 변화하고 흐름 방향도 정방향과 역방향으로 차례로 반복되어 흐르는 전기.

1. 전류
① 도선을 통하여 전자가 이동하는 것을 전류라 한다.
② **1 A** : 도체 단면 에 임의의 한 점을 매초 1 쿨롱의 전하가 이동할 때의 전류를 말한다.
③ **전류의 3대 작용**
• **발열 작용** : 시거라이터, 예열 플러그, 전열기, 디프로스터.
• **화학 작용** : 축전지, 전기 도금.
• **자기 작용** : 전동기, 발전기, 솔레노이드, 릴레이.

2. 전압
① 도체에 전류를 흐르게 하는 전기적인 압력을 전압이라 한다.
② **1 V 란** : 1 Ω 의 도체에 1 A 의 전류를 흐르게 할 수 있는 전기적인 압력을 말한다.
③ **기전력** : 전하를 이동시켜 끊임없이 발생 시키는 힘을 말한다.
④ **전원** : 기전력을 발생시켜 전류원이 되는 것을 말한다.

3. 저항
① 전류가 물질 속을 흐를 때 그 흐름을 방해하는 것을 저항이라 한다.
② **1 Ω 이란** : 도체에 1 A 의 전류를 흐르게 할 때 1 V 의 전압을 필요로 하는 도체의 저항을 말한다.
③ **물질의 고유 저항** : 온도, 단면적, 재질, 형상에 따라 변화된다.
④ **접촉 저항** : 접촉면에서 발생되는 저항을 접촉 저항이라 한다.

3 옴의 법칙
① 도체에 흐르는 전류는 도체에 가해진 전압에 정비례한다.
② 도체에 흐르는 전류는 도체의 저항에 반비례한다.

$$I = \frac{E}{R} \qquad E = I \times R \qquad R = \frac{E}{I}$$

I : 도체에 흐르는 전류(A)
E : 도체에 가해진 전압(V)
R : 도체의 저항(Ω)

4 직렬 접속의 특징
① 합성 저항의 값은 각 저항의 합과 같다.

$$R = R_1 + R_2 + R_3 + \cdots\cdots + R_n$$

② 각 저항에 흐르는 전류는 일정하다.
③ 각 저항에 가해지는 전압의 합은 전원의 전압과 같다.
④ 동일 전압의 축전지를 직렬 연결하면 전압은 개수 배가되고 용량은 1 개 때와 같다.
⑤ 다른 전압의 축전지를 직렬 연결하면 전압은 각 전압의 합과 같고 용량은 평균값이 된다.

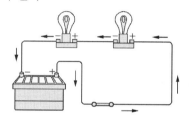

5 병렬 접속의 특징
① 합성 저항은 각 저항의 역수의 합의 역수와 같다.

$$R = \frac{1}{\dfrac{1}{R_1} + \dfrac{1}{R_2} + \dfrac{1}{R_3} \cdots + \dfrac{1}{R_n}}$$

② 각 저항에 흐르는 전류의 합은 전원에서 공급되는 전류와 같다.
③ 각 회로에 흐르는 전류는 다른 회로의 저항에 영향을 받지 않기 때문에 전류는 상승한다.
④ 각 회로에 동일한 전압이 가해지므로 전압은 일정하다.
⑤ 동일 전압의 축전지를 병렬 접속하면 전압은 1 개 때와 같고 용량은 개수 배가 된다.

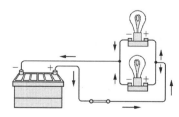

6 전력
① 전기가 단위 시간 1 초 동안에 하는 일의 양을 전력이라 한다.
② 전력을 구하는 공식

$$P = E \cdot I \qquad P = I^2 \cdot R \qquad P = \frac{E^2}{R}$$

7 퓨 즈

① 회로에 직렬로 설치된다.
② 단락 및 누전에 의해 과대 전류가 흐르면 차단되어 과대 전류의 흐름을 방지한다.
③ **재질** : 납(25%) + 주석(13%) + 창연(50%) + 카드늄(12%) - 납과 주석 합금

8 플레밍의 왼손 법칙

① 자계 내의 도체에 전류를 흐르게 하였을 때 도체에 작용하는 힘을 가리키는 법칙이다.
② 자계의 방향, 전류의 방향 및 도체가 움직이는 방향에는 일정한 관계가 있다.
③ 전자력은 전류를 공급 받아 힘을 발생시키는 기동 전동기, 전류계, 전압계 등에 이용한다.

9 플레밍의 오른손 법칙

① 자계 내에서 도체를 움직였을 때 도체에 발생하는 유도 기전력을 나타내는 법칙이다.
② 플레밍의 오른손 법칙을 발전기에 이용된다.

10 렌쯔의 법칙

① 유도 기전력은 코일 내의 자속의 변화를 방해하는 방향으로 발생된다는 법칙이다.
② 코일 속에 자석을 넣으면 자석을 밀어내는 반작용이 발생된다.
③ 전자석에 의해 코일에 전기가 발생하는 것은 반작용 때문이다.

02 기초 전자

1 반도체

① 고유 저항이 $10^{-3} \sim 10^6 \, \Omega \text{cm}$ 정도의 물체를 말한다.
② 도체와 절연체의 중간 성질로 실리콘, 게르마늄, 셀렌 등의 물체를 말한다.
③ 온도가 상승하면 저항이 감소되는 부온도 계수의 물질을 말한다.
④ **반도체의 성질**
• 온도가 상승하면 저항값이 감소하는 부온도 계수이다.
• 전원에 접속하면 빛이 발생된다.
• 미소량의 다른 원자가 혼합되면 저항이 크게 변화된다.
• 빛을 가하면 전기 저항이 변화된다.

2 반도체의 장·단점

1. 장점

① 내부에서 전력 손실이 적다.
② 진동에 잘 견디는 내진성이 크다.
③ 내부에서 전압 강하가 매우 적다.
④ 기계적으로 강하고 수명이 길다.
⑤ 예열하지 않고 곧 작동된다.
⑥ 극히 소형이고 가볍다.

2. 단점

① 역내압이 낮기 때문에 과대 전류 및 전압에 파손되기 쉽다.
② 온도 특성이 나쁘다.(접합부 온도 : Ge 은 85℃, Si 는 150℃ 이상일 때 파괴 된다)
③ 정격값 이상으로 사용하면 파손되기 쉽다.

3 다이오드

① P형과 N형 반도체를 접합시켜 양 끝에 단자를 부착한 것을 다이오드라 한다.
② 전류가 공급되는 단자는 애노드(A), 전류가 유출되는 단자를 캐소드(K)라 한다.
③ **실리콘 다이오드** : 교류를 직류로 변환시키는 정류용 다이오드이다.
④ **제너 다이오드** : 전압이 어떤 값에 이르면 역방향으로 전류가 흐르는 정전압용 다이오드이다.
⑤ **포토 다이오드** : 접합면에 빛을 가하면 역방향으로 전류가 흐르는 다이오드이다.
⑥ **발광 다이오드** : 순방향으로 전류가 흐르면 빛을 발생시키는 다이오드이다.

4 트랜지스터

① **저주파용 트랜지스터** : N 형 반도체를 중심으로 양쪽에 P 형을 접합시킨 PNP 형 트랜지스터.
② **고주파용 트랜지스터** : P 형 반도체를 중심으로 양쪽에 N 형을 접합시킨 NPN 형 트랜지스터
③ **외부의 단자** : 이미터(E), 베이스(B), 컬렉터(C)의 3 개 단자로 구성되어 있다.
④ NPN형 트랜지스터에서 접지되는 단자는 이미터 단자이다.

5 트랜지스터의 회로

① **스위칭 회로** : 베이스 전류를 ON, OFF 시켜 컬렉터 전류를 단속하는 회로.
② **증폭 회로** : 적은 베이스 전류를 이용하여 큰 컬렉터 전류로 만드는 회로.
③ **발진 회로** : 외부로 부터 주어진 신호가 아니고, 전원으로부터의 전력으로 지속적인 전기 진동을 발생 시키는 회로.
④ **지연 회로** : 입력 신호를 일정 시간 지연시켜 출력하는 회로로 아날로그 지연 회로와 디지털 지연 회로가 있다.

6 사이리스터

① 사이리스터는 PNPN 또는 NPNP의 4층 구조로 된 제어 정류기이다.
② ⊕ 쪽을 애노드(A), ⊖ 쪽을 캐소드(K), 제어 단자를 게이트(G)라 한다.
③ ON 상태에서는 PN 접합의 순방향과 같이 저항이 낮다.
④ OFF 상태에서는 순방향의 부성 저항으로 저항이 매우 높다.
⑤ 2 ~3kV 의 내압과 허용 전류가 수백 암페어의 것이 있다.
⑥ 발전기의 여자장치, 조광장치, 통신용 전원, 각종 정류장치에 사용된다.

03 축전지(Battery)

1 축전지의 역할

① 기동 장치의 전기적 부하를 부담한다.
② 발전기 고장시 주행을 확보하기 위한 전원으로 작동한다.
③ 발전기 출력과 부하와의 언밸런스를 조정한다.

2 축전지의 충방전 작용

1. 방전 중 화학 작용

① **양극판** : 과산화 납(PbO_2) → 황산납($PbSO_4$)
② **음극판** : 해면상납(Pb) → 황산납($PbSO_4$)
③ **전해액** : 묽은황산(H_2SO_4) → 물($2H_2O$)
④ 과산화납 + 해면상납 + 묽은황산 = $PbO_2 + Pb + H_2SO_4$

2. 충전 중 화학 작용

① **양극판** : 황산납($PbSO_4$) → 과산화 납(PbO_2)
② **음극판** : 황산납($PbSO_4$) → 해면상납(Pb)
③ **전해액** : 물($2H_2O$) → 묽은황산(H_2SO_4)
④ 황산납 + 황산납 + 물 = $PbSO_4 + PbSO_4 + 2H_2O$

3 축전지의 극판과 격리판

① 양극판의 과산화납은 암갈색 결정성의 미립자이다.
② 양극판이 음극판보다 1장 적다.
③ 음극판의 해면상납은 화학 반응성이 풍부하고 다공성이며, 결합력이 강하다.
④ 격리판은 양극판과 음극판의 단락을 방지하며, 다공성이고 비전도성이다.

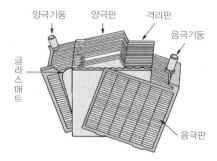

4 축전지 셀과 단자 기둥

① 몇 장의 극판을 접속편에 용접하여 터미널 포스트와 일체가 되도록 한 것.
② 완전 충전시 셀당 기전력은 2.1V 이다.
③ 단전지 6개를 직렬로 연결하면 12V의 축전지가 된다.
④ 단자 기둥 식별

구 분	양극 기둥	음극 기둥
단자의 직경	굵다	가늘다
단자의 색	적갈색	회색
표시 문자	⊕, P	⊖, N

5 전해액의 비중과 온도

① 전해액의 온도가 높으면 비중이 낮아진다.
② 전해액의 온도가 낮으면 비중은 높아진다.
③ 전해액 비중은 완전 충전된 상태 20℃ 에서 1.260 ~ 1.280 이다.
④ 축전지 전해액의 비중은 온도 1℃ 변화에 대하여 0.00074 변화한다.
⑤ 전해액 비중은 흡입식 비중계 또는 광학식 비중계로 측정한다.
⑥ 전해액의 온도가 상승되면 용량은 증가된다.
⑦ 전해액의 온도가 상승되면 기전력은 높게 된다.

6 축전지 용량

① 완전 충전된 축전지를 일정의 전류로 연속 방전하여 방전 종지 전압까지 사용할 수 있는 전기량.
② 전해액의 온도가 높으면 용량은 증가한다.
③ 용량은 극판의 크기, 극판의 형상 및 극판의 수에 의해 좌우된다.
④ 용량은 전해액의 비중, 전해액의 온도 및 전해액의 양에 의해 좌우된다.

⑤ 용량은 격리판의 재질, 격리판의 형상 및 크기에 의해 좌우된다.
⑥ 용량(Ah) = 방전 전류(A) × 방전 시간(h)

7 MF(maintenance free battery) 축전지

① 납산 축전지의 자기 방전이나 전해액의 감소를 방지하기 위한 축전지이다.
② 격자의 재질은 납과 칼슘 합금으로 되어 있다.
③ 수소 및 산소 가스를 물로 환원시키는 촉매 마개가 설치되어 있다.
④ 증류수의 보충 및 정비가 필요 없다.

8 축전지의 보충전 방법

① **정전류 충전** : 충전 시작에서부터 종료까지 일정한 전류로 충전하는 방법이다.
② **정전압 충전** : 충전 시작에서부터 종료까지 일정한 전압으로 충전하는 방법이다.
③ **단별전류 충전** : 충전이 진행됨에 따라 단계적으로 전류를 감소시켜 충전하는 방법이다.
④ **급속 충전** : 시간적 여유가 없을 때 급속 충전기를 이용하여 충전하는 방법이다.

9 급속 충전 중 주의 사항

① 충전 중 수소가스가 발생되므로 통풍이 잘되는 곳에서 충전할 것.
② 발전기 실리콘 다이오드의 파손을 방지하기 위해 축전지의 ⊕, ⊖ 케이블을 떼어낸다.
③ 충전 시간을 가능한 한 짧게 한다.
④ 충전 중 축전지 부근에서 불꽃이 발생되지 않도록 한다.
⑤ 충전 중 축전지에 충격을 가하지 말 것.
⑥ 전해액의 온도가 45℃ 이상이 되면 충전 전류를 감소시킨다.
⑦ 전해액의 온도가 45℃ 이상이 되면 충전을 일시 중지하여 온도가 내려가면 다시 충전한다.
⑧ 충전 전류는 축전지 용량의 50 % 이다.

04 기동장치

1 기동 전동기의 기능

① 기관을 구동시킬 때 사용한다.
② 플라이휠의 링 기어에 기동 전동기의 피니언을 맞물려 크랭크축을 회전시킨다.
③ 링 기어와 피니언 기어비는 10 ~ 15 : 1 정도이다.
④ 기관의 시동이 완료되면 피니언을 링 기어로부터 분리시킨다.

2 기동 전동기의 종류

① **직권 전동기** : 전기자 코일과 계자 코일이 직렬로 접속되어 있으며, 기동 토크가 크다.
② **분권 전동기** : 전기자 코일과 계자 코일이 병렬로 접속되어 있으며, 회전 속도가 거의 일정하다.
③ **복권 전동기** : 전기자 코일과 계자 코일이 직병렬로 접속되어 있으며, 토크가 크고 회전 속도가 거의 일정하기 때문에 와이퍼 모터에 사용된다.

3 직권 전동기

① 전기자 코일과 계자 코일이 직렬로 접속되어 있다.
② 기동 회전력이 크기 때문에 기동 전동기에 사용된다.
③ 부하를 크게 하면 회전 속도가 낮아지고 흐르는 전류는 증가된다.

④ 회전 속도의 변화가 크다.

4 전동기의 구조

① **전기자** : 전기자 철심, 전기자 코일, 축 및 정류자로 구성되어 있으며, 축 양끝은 베어링으로 지지되어 계저 철심 내를 회전한다.
② **전기자 철심** : 전기자 코일을 지지하고 계자 철심에서 발생한 자력선을 통과시키는 자기 회로 역할을 한다.
③ **전기자 코일** : 전자력에 의해 전기자를 회전시키는 역할을 한다.
④ **정류자** : 브러시에서 공급되는 전류를 일정한 방향으로 흐르도록 하는 역할을 한다.
⑤ **계자 철심** : 계자 코일에 전류가 흐르면 강력한 전자석이 된다.
⑥ **계자 코일** : 전류가 흐르면 계자 철심을 자화시켜 토크를 발생한다.
⑦ **브러시** : 정류자와 접촉되어 전기자 코일에 전류를 유출입시키며, 본래 길이의 ⅓ 이상 마멸되면 교환한다.

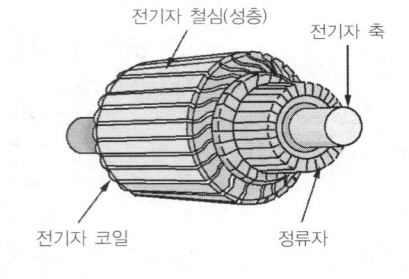

전기자 철심(성층) 전기자 축
전기자 코일 정류자

5 기동 전동기 동력전달 방식

① **벤딕스 방식** : 피니언의 관성과 전동기의 고속 회전을 이용하여 전동기의 회전력을 엔진에 전달한다.
② **피니언 섭동 방식** : 솔레노이드의 전자력을 이용하여 피니언 기어의 이동과 스위치를 계폐시킨다.
③ **전기자 섭동 방식** : 전기자 축과 계자 중심을 옵셋시켜 자력선이 가까운 거리를 통과하려는 성질을 이용하여 전기자가 이동함으로써 전동기의 회전력을 엔진에 전달된다.

6 기동 전동기 전자석 스위치

① 시프트 레버를 잡아당기기 위한 플런저와 코일로 구성되어 있다.
② **풀인 코일** : 굵은 코일로 플런저를 잡아당기는 역할을 한다.
③ **홀드인 코일** : 스위치가 ON 되었을 때 플런저의 잡아당긴 상태를 유지시키는 역할을 한다.
④ 코일에 전류가 흐르면 전자력에 의해 플런저를 잡아당긴다.
⑤ 플런저는 시프트 레버를 당겨 피니언 기어와 링 기어가 물리도록 한다.
⑥ 플런저는 스위치를 접촉시켜 축전지 전류를 전동기에 공급한다.

7 기동 전동기의 시험 항목

① **무부하 시험** : 전류와 회전수를 점검한다.
② **회전력 시험** : 기동 전동기의 정지 회전력을 측정하는 시험이다.
③ **저항 시험** : 정지 회전력의 부하 상태에서 측정한다.

05 충전장치

1 충전장치의 필요성

① 발전기와 발전 조정기로 구성된 전원 공급 장치이다.
② 방전된 축전지를 신속하게 충전하여 기능을 회복시키는 역할을 한다.

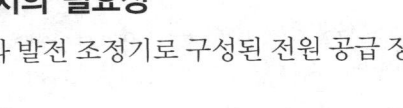

③ 각 전장품에 전기를 공급하는 역할을 한다.

2 AC(교류) 발전기의 특징

① 3 상 교류 발전기로 저속에서 충전 성능이 우수하다.
② 정류자가 없기 때문에 브러시의 수명이 길다.
③ 정류자를 두지 않아 풀리비를 크게 할 수 있다.(허용 회전속도 한계가 높다)
④ 실리콘 다이오드를 사용하기 때문에 정류 특성이 우수하다.
⑤ 발전 조정기는 전압 조정기 뿐이다.
⑥ 경량이고 소형이며, 출력이 크다.

3 교류 발전기의 구조

① **스테이터** : 고정 부분으로 스테이터 코어 및 스테이터 코일로 구성되어 3 상 교류가 유기된다.
② **로터** : 로터 코어, 로터 코일 및 슬립링으로 구성되어 있으며, 회전하여 자속을 형성한다.
③ **슬립 링** : 브러시와 접촉되어 축전지의 여자 전류를 로터 코일에 공급한다.
④ **브러시** : 로터 코일에 축전지 전류를 공급하는 역할을 한다.
⑤ **실리콘 다이오드** : 스테이터 코일에 유기된 교류를 직류로 변환시키는 정류 작용을 하여 외부로 내보낸다.

프런트 커버 로터 스테이터 IC조정기
풀리 슬립링 엔드프레임 실리콘 다이오드 커버

4 IC 전압 조정기의 장점

① 배선을 간소화 할 수 있다.
② 진동에 의한 전압 변동이 없고, 내구성이 크다.
③ 조정 전압의 정밀도 향상이 크다.
④ 내열성이 크며, 출력을 증대시킬 수 있다.
⑤ 초소형화가 가능하므로 발전기 내에 설치할 수 있다.
⑥ 축전지 충전성능이 향상되고, 각 전기부하에 적절한 전력공급이 가능하다.

06 등화장치 및 보안장치

1 배선

① **절연선** : 면이나 비닐 등을 이용하여 동선 또는 철선을 감싸서 절연시킨 전선.
② **접지선** : 동선이나 철선이 절연되지 않은 전선.
③ 전선은 단면적, 기본색(바탕색), 보조색으로 표시되어 있다.

0.5GR

0.5 : 단면적(mm²), G : 바탕색(녹색), R : 보조색(적색)

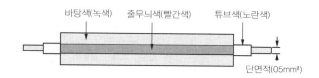

비탕색(녹색)   줄무늬색(빨간색)   튜브색(노란색)

단면적(05mm²)

기호	영문	색
B	BLACK	검정색
Be	BEIGE	베이지색
Br	BROWN	갈색
G	GREEN	녹색
Gr	GRAY	회색
L	BLUE	청색
Lg	LIGHT GREEN	연두색
Ll	LIGHT BLUE	연청색
O	ORANGE	오렌지색
P	PINK	분홍색
Pp	PURPLE	자주색
R	RED	빨간색
T	TAWNINESS	황갈색
W	WHITE	흰색
Y	YELLOW	노란색

2 조명의 용어

① **광속** : 광원에서 나오는 빛의 다발을 말하며, 단위는 루멘(lumen, 기호는 lm)이다.
② **광도** : 빛의 세기를 말하며, 단위는 칸델라(기호는 cd)이다.
③ **조도** : 빛을 받는 면의 밝기를 말하며, 단위는 룩스(lux, 기호는 Lx)이다.

3 배선의 종류

1. 단선식 배선

① 입력 쪽에만 전선을 이용하여 배선한다.
② 접지쪽은 고정 부분에 의해서 자체적으로 접지된다.
③ 적은 전류가 흐르는 회로에 이용한다.

2. 복선식 배선

① 입력 및 접지 쪽에도 모두 전선을 이용하여 배선한다.
② 전조등과 같이 큰 전류가 흐르는 회로에 이용한다.
③ 접지 불량에 의한 전압 강하가 없다.

4 전조등

1. 실드빔 전조등

① 반사경에 필라멘트를 붙이고 렌즈를 녹여 붙인 전조등이다.
② 내부에 불활성 가스를 넣어 그 자체가 1개의 전구가 되도록 한 것이다.
③ 밀봉되어 있기 때문에 광도의 변화가 적다.
④ 대기의 조건에 따라 반사경이 흐려지지 않는다.
⑤ 필라멘트가 끊어지면 전체를 교환하여야 한다.

2. 세미 실드빔 전조등

① 렌즈와 반사경이 일체로 되어 있는 전조등이다.
② 전구는 별개로 설치한다.
③ 공기가 유통되기 때문에 반사경이 흐려진다.
④ 필라멘트가 끊어지면 전구만 교환한다.

5 좌우 방향 지시등의 점멸 횟수가 다른 원인

① 전구의 용량이 규정과 다르다.
② 전구의 접지가 불량하다.
③ 하나의 전구가 단선되었다.

07 에어컨

1 R-134a의 장점

냉매는 예전에는 R-12(프레온 가스)를 사용하였으나 현재는 R-134a를 사용한다.
① 오존을 파괴하는 염소(Cl)가 없다.
② 다른 물질과 쉽게 반응하지 않은 안정된 분자 구조로 되어있다.
③ R-12와 비슷한 열역학적 성질을 지니고 있다.
④ 불연성이고 독성이 없으며, 오존을 파괴하지 않는 물질이다.

2 에어컨의 구조

냉동 사이클은 냉매가 증발기 → 압축기 → 응축기 → 팽창 밸브의 장치를 한 바퀴 돌아서 1냉동 사이클을 완료한다. 즉, 냉매는 액체 → 기체 → 액체의 상태 변화를 반복하면서 순환한다.
① **압축기** : 증발기에서 기화된 냉매를 고온·고압가스로 변환시켜 응축기로 보낸다.
② **응축기** : 고온·고압의 기체냉매를 냉각에 의해 액체냉매 상태로 변화시킨다.
③ **리시버 드라이어** : 응축기에서 보내온 냉매를 일시 저장하고 항상 액체상태의 냉매를 팽창밸브로 보낸다.
④ **팽창 밸브** : 고온·고압의 액체냉매를 급격히 팽창시켜 저온·저압의 무상(기체)냉매로 변화시킨다.
⑤ **증발기** : 주위의 공기로부터 열을 흡수하여 기체 상태의 냉매로 변환시킨다.
⑥ **송풍기** : 직류직권 전동기에 의해 구동되며 공기를 증발기에 순환시킨다.

08 에탁스(ETACS)

1 에탁스(전자제어 시간경보 장치)

전자제어 시간경보 장치(ETACS ; Electronic, Time, Alarm, Control, System)는 자동차의 전기장치 중 시간에 의하여 작동되는 장치와 경보를 발생시켜 운전자에게 알려주는 장치 등을 종합한 장치라 할 수 있다.

2 에탁스(전자제어 시간경보 장치)의 제어 기능

① 와셔연동 와이퍼 제어
② 간헐와이퍼 및 차속감응 와이퍼 제어
③ 시동키 구멍 조명제어
④ 파워윈도 타이머 제어
⑤ 안전띠 경고등 타이머 제어
⑥ 뒤 유리 열선 타이머 제어(사이드 미러 열선 포함)
⑦ 시동키 회수 제어
⑧ 미등 자동소등 제어
⑨ 감광방식 실내등 제어

01 클러치

1 클러치의 필요성

① 엔진의 동력을 변속기에 전달하거나 차단하는 역할을 한다.
② 시동시 엔진을 무부하 상태로 유지하기 위하여 필요하다.
③ 엔진의 동력을 차단하여 기어 변속이 원활하게 이루어지도록 한다.
④ 엔진의 동력을 차단하여 자동차의 관성 주행이 되도록 한다.

2 클러치의 구비 조건

① 동력의 차단이 신속하고 확실할 것.
② 동력의 전달을 시작할 경우에는 미끄러지면서 서서히 전달될 것.
③ 클러치가 접속된 후에는 미끄러지는 일이 없을 것.
④ 회전 부분은 동적 및 정적 평형이 좋을 것.
⑤ 회전 관성이 적을 것.
⑥ 방열이 양호하고 과열되지 않을 것.
⑦ 구조가 간단하고 고장이 적을 것.

3 클러치의 구성

1. 클러치 판(clutch disc)

① 플라이휠과 압력판 사이에 설치되어 마찰력으로 변속기에 동력을 전달한다.
② 중앙부의 허브 스플라인은 변속기 입력축 스플라인과 결합되어 있다.
③ 비틀림 스프링은 클러치판이 플라이휠에 접속될 때 회전충격을 흡수한다.
④ 쿠션 스프링은 클러치판의 변형, 편마모, 파손을 방지한다.

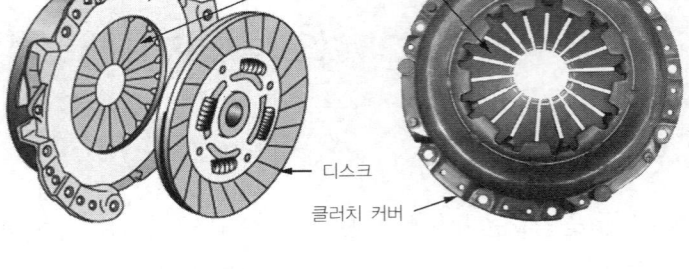

2. 압력판과 클러치 스프링

① 압력판은 플라이휠과 항상 같이 회전한다.
② 클러치 스프링은 압력판에 강력한 힘이 발생되도록 한다.
③ 스프링의 장력이 약하면 급가속시 엔진의 회전수는 상승해도 차속이 증속되지 않는다.

3. 릴리스 레버

① 릴리스 베어링에서 압력을 받아 압력판을 클러치판으로 부터 분리시키는 역할을 한다.
② 릴리스 레버 높이의 차이가 0.5mm 이상 오차가 있으면 동력전달시 진동을 발생한다.
③ 클러치가 연결되어 있을 때 릴리스 베어링과 릴리스 레버가 분리되어 있다.

4 다이어프램식 클러치의 특징

① 압력판에 작용하는 압력이 균일하다.
② 부품이 원판형이기 때문에 평형을 잘 이룬다.
③ 고속 회전시에 원심력에 의한 스프링 장력의 변화가 없다.
④ 클러치판이 어느 정도 마멸되어도 압력판에 가해지는 압력의 변화가 적다.
⑤ 클러치 페달을 밟는 힘이 적게 든다.
⑥ 구조와 다루기가 간단하다.

5 클러치 페달의 자유간극

① 클러치 페달을 놓았을 때 릴리스 베어링과 릴리스 레버 사이의 간극.
② 릴리스 베어링은 동력을 차단할 때 이외에는 접촉되어서는 안된다.
③ 페달 자유유격은 일반적으로 20~30 mm 정도로 조정한다.
④ **자유간극이 작으면** : 릴리스 베어링이 마멸되고 슬립이 발생되어 클러치판이 소손된다.
⑤ **자유간극이 크면** : 클러치 페달을 밟았을 때 동력의 차단이 불량하게 된다.

6 클러치가 미끄러지는 원인

① 클러치 페달의 유격이 작다.
② 클러치판에 오일이 묻었다.
③ 클러치 스프링의 장력이 작다.
④ 클러치 스프링의 자유고가 감소되었다.
⑤ 클러치 판 또는 압력판이 마멸되었다.

02   수동변속기

1 변속기의 필요성 및 역할

① 엔진의 회전 속도를 감속하여 회전력을 증대시키기 위하여 필요하다.
② 엔진을 시동할 때 무부하 상태로 있게 하기 위하여 필요하다.
③ 엔진은 역회전할 수 없으므로 자동차의 후진을 위하여 필요하다.
④ 주행 조건에 알맞은 회전력으로 바꾸는 역할을 한다.

2 변속기 조작기구

① **로킹 볼과 스프링** : 주행 중 물려 있는 기어가 빠지는 것을 방지한다.
② **인터록** : 기어의 이중 물림을 방지한다.

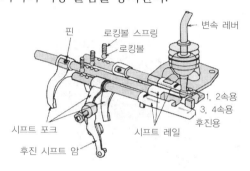

03   토크컨버터

1 유체 클러치의 구조

① **펌프** : 크랭크축에 연결되어 엔진이 회전하면 유체 에너지를 발생한다.
② **터빈** : 변속기 입력축 스플라인에 접속되어 유체 에너지에 의해 회전한다.
③ **가이드 링** : 유체의 와류를 감소시키는 역할을 한다.
④ 펌프와 터빈의 날개는 방사선상(레이디얼)으로 배열되어 있다.

2 토크 컨버터 오일의 구비조건

① 점도가 낮을 것
② 비중이 클 것
③ 착화점이 높을 것
④ 내산성이 클 것
⑤ 유성이 좋을 것
⑥ 비점이 높을 것
⑦ 융점이 낮을 것
⑧ 윤활성이 클 것

3 토크 컨버터의 구조

① **펌프** : 크랭크축에 연결되어 엔진이 회전하면 유체 에너지를 발생한다.
② **터빈** : 입력축 스플라인에 접속되어 유체 에너지에 의해 회전한다.

---

③ **스테이터** : 오일의 흐름 방향을 바꾸어 회전력을 증대시킨다.
④ 날개는 어떤 각도를 두고 와류형으로 배열되어 있다.
⑤ 토크 변환율은 2 ~ 3 : 1 이며, 동력 전달 효율은 97 ~ 98% 이다.

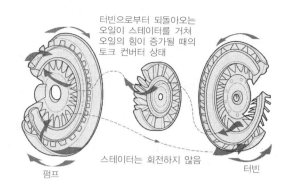

4 토크 컨버터의 특징

① 유체가 완충 작용을 하기 때문에 운전 중 소음이 없다.
② 주행 상태에 따라 자동적으로 회전력이 변화 된다.
③ 기계적인 마모가 없고 자동차의 출발이 유연하다.
④ 자동차의 출발시 충격에 의해 엔진이 정지되지 않는다.
⑤ 마찰 클러치에 비하여 연료의 소비량이 많다.
⑥ 엔진의 회전력에 의한 충격과 회전 진동을 유체에 의해 흡수 및 감쇠 된다.
⑦ 자동차의 전부하 출발시에도 최대 회전력이 발생된다.
⑧ 클러치의 설치 공간을 작게 할 수 있다.

04   자동변속기

1 유성기어 유닛의 필요성

① 큰 구동력을 얻기 위하여 필요하다.
② 엔진을 무부하 상태로 유지하기 위하여 필요하다.
③ 후진시에 구동 바퀴를 역회전시키기 위하여 필요하다.
④ 유성기어 유닛은 선 기어, 유성기어, 유성기어 캐리어, 링 기어로 구성되어 있다.

2 자동변속기의 메인 압력이 떨어지는 이유

① 오일펌프 내 공기가 생성되고 있는 경우
② 오일 필터가 막힌 경우
③ 오일이 규정보다 부족한 경우

3 자동변속기의 과열 원인

① 메인 압력이 규정보다 높은 경우
② 과부하 운전을 계속하는 경우
③ 오일이 규정량보다 적은 경우
④ 변속기 오일 쿨러가 막힌 경우

05   드라이브 라인

1 드라이브 라인

① 변속기에서 전달되는 회전력을 종감속 기어장치에 전달하는 역할을 한다.
② 자재 이음, 추진축, 슬립 이음으로 구성되어 있다.

2 자재 이음(universal joint)
① 자재 이음은 2 개의 축이 동일 평면상에 있지 않은 축에 동력을 전달할 때 사용한다.
② 각도 변화에 대응하여 피동축에 원활한 회전력을 전달하는 역할을 한다.
③ 추진축 앞뒤에 각각 1 개의 자재 이음을 설치하면 속도의 변화를 상쇄시켜 일정한 회전 속도를 유지한다.

3 슬립 이음(slip joint)
① 변속기 출력축 스플라인에 설치되어 추진축의 길이 방향에 변화를 주기 위함이다.
② 액슬축의 상하 운동에 의해 축 방향으로 길이가 변화되어 동력이 전달된다.

06 종감속 기어장치

1 종감속 기어(final drive gear)**의 역할**
① 회전력을 직각 또는 직각에 가까운 각도로 바꾸어 차축에 전달한다.
② 최종적으로 속도를 감속하여 회전력을 증대시킨다.

구동 피니언 기어
링 기어
사이드 기어
차동 피니언 기어

2 종감속비
① 종감속비는 중량, 등판 성능, 엔진의 출력, 가속 성능 등에 따라 결정된다.
② 종감속비가 크면 등판 성능 및 가속 성능은 향상된다.
③ 종감속비가 작으면 가속 성능 및 등판 성능은 저하된다.
④ 종감속비는 나누어지지 않는 값으로 정하여 이의 마멸을 고르게 한다.

3 차동기어 장치
① 래크와 피니언 기어의 원리를 이용하여 좌우 바퀴의 회전수를 변화시킨다.
② 선회시에 양쪽 바퀴가 미끄러지지 않고 원활하게 선회할 수 있도록 한다.
③ 회전할 때 바깥쪽 바퀴의 회전수를 빠르게 한다.
④ 요철 노면을 주행할 경우 양쪽 바퀴의 회전수를 변화시킨다.

4 차축(액슬축)
① 액슬축은 종감속기어 및 차동기어 장치에서 전달된 동력을 구동바퀴에 전달하는 역할을 한다.
② 안쪽 끝 부분의 스플라인은 사이드 기어 스플라인에 결합되어 있다.
③ 바깥쪽 끝 부분은 구동 바퀴와 결합되어 있다.
④ 액슬축을 지지하는 방식은 반부동식, ¾ 부동식, 전부동식으로 분류된다.

07 타이어

1 타이어 종류

1. 타이어 압력에 따른 분류
① 사용 압력에 고압 타이어, 저압 타이어, 초저압 타이어로 분류하고 있다.
② 굴착기에 사용되고 있는 타이어는 고압 타이어이다.

2 휠의 구조
① 림 : 타이어를 지지하는 부분이다.
② 디스크 : 휠을 허브에 지지하는 부분이다.
③ 림에 균열이 발생된 경우에는 교환하여야 한다.

3 타이어의 구조
① 트레드 : 노면과 직접 접촉하는 고무부분이며, 카커스와 브레이커를 보호한다.
② 카커스 : 고무로 피복된 코드를 여러 겹 겹친 층에 해당되며, 타이어 골격을 이루는 부분이다.
③ 브레이커 : 몇 겹의 코드 층을 내열성의 고무로 싼 구조로 되어 있으며, 트레드와 카커스의 분리를 방지하고 노면에서의 완충작용도 한다.
④ 비드 : 타이어가 림과 접촉하는 부분이며, 비드부가 늘어나는 것을 방지하고 타이어가 림에서 빠지는 것을 방지한다.

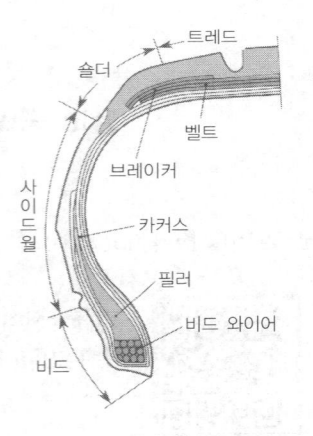

트레드
숄더
벨트
브레이커
카커스
필러
비드 와이어
사이드월
비드

4 트레드 패턴의 필요성
① 타이어 내부의 열을 발산한다.
② 트레드에 생긴 절상 등의 확대를 방지한다.
③ 전진 방향의 미끄러짐이 방지되어 구동력이 향상시킨다.
④ 타이어의 옆방향 미끄러짐이 방지되어 선회 성능이 향상된다.
⑤ 패턴과 관련 요소 : 제동력·구동력 및 견인력, 타이어의 배수 효과, 조향성·안정성 등이다.

5 타이어 호칭치수
① 저압 타이어
타이어 폭(inch) － 타이어 내경(inch) － 플라이 수
② 고압 타이어
타이어 외경(inch) × 타이어 폭(inch) － 플라이 수

11.00 － **20** － **12PR**

11.00 : 타이어 폭(inch)   **20** : 타이어 내경(inch)
12 : 플라이 수

08 현가장치

1 공기 스프링의 구조

① **공기 스프링** : 액슬 하우징과 프레임 사이에 설치되어 진동 및 충격을 완화시킨다.

② **서지 탱크** : 프레임에 설치되어 공기 스프링 내부의 압력을 변화시켜 스프링의 작용을 유연하게 하는 역할을 한다.

③ **레벨링 밸브** : 자동차의 높이를 일정하게 유지시키는 역할을 한다.

2 공기 스프링의 특징

① 고유 진동이 작기 때문에 효과가 유연하다.

② 공기 자체에 감쇠성이 있기 때문에 작은 진동을 흡수할 수 있다.

③ 하중의 변화와 관계없이 차체의 높이를 일정하게 유지할 수 있다.

④ 스프링의 세기가 하중에 비례하여 변화되기 때문에 승차감의 변화가 없다.

⑤ 공기 압축기, 레벨링 밸브 등이 설치되기 때문에 구조가 복잡하다.

⑥ 옆 방향의 작용력에 대한 강성이 없다.

⑦ 액슬 하우징을 지지하기 위한 링크 기구가 필요하다.

⑧ 제작비가 비싸다.

09 조향장치

1 조향장치의 원리

① 조향장치는 주행 방향을 임의로 변환시키는 장치이다.

② 조향장치는 애커먼 장토식의 원리를 이용한 것이다.

2 조향 핸들의 유격이 크게 되는 원인

① 조향 기어의 백래시가 크다.

② 조향 기어가 마모되었다.

③ 조향 기어 링키지 조정이 불량하다.

④ 조향바퀴 베어링 마모

⑤ 피트먼 암이 헐겁다.

⑥ 조향 너클 암이 헐겁다.

⑦ 아이들 암 부시의 마모

⑧ 타이로드의 볼 조인트 마모

⑨ 조향(스티어링) 기어박스 장착부의 풀림

3 조향 핸들의 조작을 가볍게 하는 방법

① 타이어의 공기압을 적정압으로 한다.

② 앞바퀴 정렬을 정확히 한다.

③ 조향 휠을 크게 한다.

④ 동력 조향장치를 사용한다.

⑤ 하중을 감소시킨다.

⑥ 조향기어 관계의 베어링을 잘 조정한다.

4 조향 핸들이 한쪽으로 쏠리는 원인

① 타이어 공기압이 불균일하다.

② 앞차축 한쪽의 스프링이 절손되었다.

③ 브레이크 라이닝 간극이 불균일하다.

④ 휠 얼라인먼트 조정이 불량하다.

⑤ 한쪽의 허브 베어링이 마모되었다.

⑥ 한쪽 쇽업소버의 작동이 불량하다.

5 동력 조향장치의 장점

① 작은 힘으로 조향 조작을 할 수 있다.

② 조향 기어비를 조작력에 관계없이 선정할 수 있다.

③ 굴곡 노면에서 충격을 흡수하여 핸들에 전달되는 것을 방지한다.

④ 앞바퀴의 시미 모션을 감쇄하는 효과가 있다.

⑤ 노면에서 발생되는 충격을 흡수하기 때문에 킥 백을 방지할 수 있다.

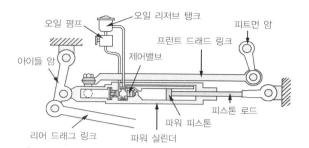

6 동력 조향핸들의 조작이 무거운 원인

① 유압계통 내에 공기가 유입되었다.

② 타이어의 공기 압력이 너무 낮다.

③ 오일이 부족하거나 유압이 낮다.

④ 조향펌프(오일펌프)의 회전속도가 느리다.

⑤ 오일펌프의 벨트가 파손되었다.

⑥ 오일호스가 파손되었다.

10 앞바퀴 정렬(휠 얼라인먼트)

1 앞바퀴 정렬의 필요성

① 조향핸들의 조작을 작은 힘으로 쉽게 할 수 있도록 한다.

② 조향핸들의 조작을 확실하게 하고 안전성을 준다.

③ 진행 방향을 변환시키면 조향핸들에 복원성을 준다.

④ 선회시 사이드슬립을 방지하여 타이어의 마멸을 최소로 한다.

2 앞바퀴 정렬의 요소

1. 캠버(camber)

앞바퀴를 앞에서 보았을 때 타이어 중심선이 수선에 대해 어떤 각도를 두고 설치되어 있는 상태를 말한다.

2. 캐스터(caster)

앞바퀴를 옆에서 보았을 때 킹핀의 중심선이 수선에 대해 어떤 각도를 두고 설치되어 있는 상태를 말하며, 캐스터의 효과는 정의 캐스터에서만 얻을 수 있다.

3. 토인(toe-in)

앞바퀴를 위에서 보았을 때 좌우 타이어 중심선간의 거리가 앞쪽이 뒤쪽보다 좁은 것으로 보통 2~6 mm 정도가 좁다. 토인의 필요성은 다음과 같다.

① 앞바퀴를 평행하게 회전시킨다.

② 앞바퀴가 옆 방향으로 미끄러지는 것을 방지한다.

③ 타이어의 이상 마멸을 방지한다.

④ 조향 링키지의 마멸에 의해 토 아웃됨을 방지한다.

⑤ 토인은 반드시 직진상태에서 측정해야 한다.
⑥ 토인은 타이로드 길이로 조정한다.

11 제동장치

1 유압식 브레이크

① 브레이크 페달의 조작력에 의해 마스터 실린더에서 유압을 발생시킨다.
② 유압은 브레이크 파이프를 통하여 휠 실린더에 전달된다.
③ 휠 실린더는 유압에 의해 피스톤이 이동되어 브레이크슈가 확장되어 제동력을 발생시킨다.

2 유압 브레이크의 구조

① **마스터 실린더** : 브레이크 페달의 조작력을 유압으로 변환시킨다. 체크 밸브는 오일 라인에 잔압을 유지시키는 역할을 한다.
② **휠 실린더** : 마스터 실린더에서 유압을 받아 브레이크 슈를 압착시키는 역할을 한다.
③ **브레이크 슈** : 휠 실린더 피스톤에 의해 브레이크 드럼을 압착시키는 역할을 한다.
④ **브레이크 드럼** : 바퀴와 함께 회전하며, 브레이크 슈와 접촉되어 제동력을 발생시킨다.
⑤ **브레이크 파이프** : 마스터 실린더의 유압을 휠 실린더에 전달한다.

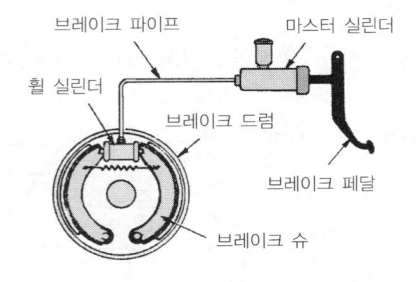

3 베이퍼 록

브레이크 회로 내의 오일이 비등·기화하여 오일의 압력전달 작용을 방해하는 현상.

(1) 원인

① 긴 내리막길에서 과도한 풋 브레이크를 사용하는 경우
② 브레이크 드럼과 라이닝의 끌림에 의해 가열되는 경우
③ 마스터 실린더, 브레이크슈 리턴 스프링 쇠손에 의한 잔압이 저하된 경우
④ 브레이크 오일 변질에 의한 비점의 저하 및 불량한 오일을 사용하는 경우

4 페이드 현상

브레이크를 연속하여 자주 사용하면 브레이크 드럼이 과열되어 마찰계수가 떨어지며, 브레이크가 잘 듣지 않는 것으로서 짧은 시간 내에 반복 조작이나 내리막길을 내려갈 때 브레이크 효과가 나빠지는 현상을 말한다.

5 배력장치

① 작은 힘으로 큰 제동력을 얻기 위한 장치이다.
② 압축공기 또는 흡기다기관의 진공을 이용하여 더욱 강한 제동력을 얻게 하는 보조기구이다.
③ **진공식(하이드로 백)** : 엔진 흡기다기관의 진공과 대기압의 압력차를 이용한다. 배력 장치에 고장이 발생하여도 통상적인 유압 브레이크는 작동한다.
④ **공기식(에어 백)** : 공기 압축기의 압력과 대기압의 압력차를 이용한 것이다.

6 공기 브레이크

① 대형 차량에서 압축공기를 이용하여 제동력을 발생시키는 형식이다.
② 브레이크 페달을 밟으면 압축공기가 캠을 이용하여 브레이크슈를 드럼에 압착시켜 제동력을 발생한다.

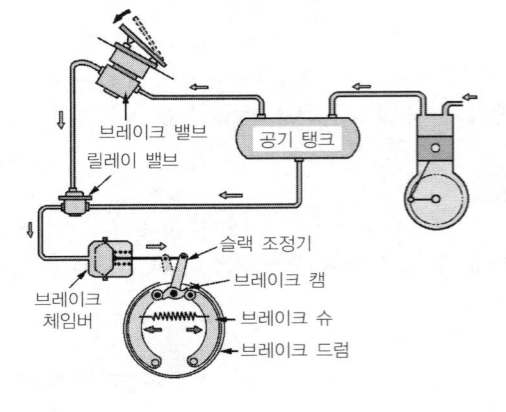

01 건설기계관리법

1 목적 및 정의

1. 목적
① 건설기계를 효율적으로 관리
② 건설기계의 안전도를 확보
③ 건설공사의 기계화를 촉진함

2. 정의
① **건설기계** : 건설공사에 사용할 수 있는 기계로서 대통령령으로 정하는 것으로 27종이 있다.
② **건설기계사업** : 건설기계 대여업, 건설기계 정비업, 건설기계 매매업 및 건설기계 해체재활용업을 말한다.
③ **건설기계 정비업** : 건설기계를 분해·조립 또는 수리하고 그 부분품을 가공제작·교체하는 등 건설기계를 원활하게 사용하기 위한 모든 행위(경미한 정비행위 등 국토교통부령으로 정하는 것은 제외한다)를 업으로 하는 것을 말한다.
④ **건설기계 매매업** : 중고 건설기계의 매매 또는 그 매매의 알선과 그에 따른 등록사항에 관한 변경신고의 대행을 업으로 하는 것을 말한다.
⑤ **건설기계 해체재활용업** : 폐기 요청된 건설기계의 인수, 재사용 가능한 부품의 회수, 폐기 및 그 등록말소 신청의 대행을 업으로 하는 것을 말한다.
⑥ **건설기계 형식** : 건설기계의 구조·규격 및 성능 등에 관하여 일정하게 정한 것을 말한다.

2 건설기계 등록

1. 건설기계 신규등록

(1) 등록 신청
① 건설기계 소유자의 주소지 또는 건설기계의 사용본거지를 관할하는 특별시장·광역시장·도지사 또는 특별자치도지사(이하 "시도지사"라 한다)에 등록을 신청하여야 한다.
② **건설기계 등록신청** : 건설기계를 취득한 날(판매를 목적으로 수입된 건설기계의 경우에는 판매한 날)부터 2월 이내에 하여야 한다.
③ **건설기계 등록신청** : 국가비상사태 하에 있어서는 5일 이내에 신청하여야 한다.

(2) 출처를 증명하는 서류
① 건설기계 제작증(국내에서 제작한 건설기계)
② 수입면장 등 수입사실을 증명하는 서류(수입한 건설기계)
③ 매수증서(행정기관으로부터 매수한 건설기계)

2. 등록사항 변경신고
① 등록사항 중 변경사항이 있는 경우에는 그 소유자 또는 점유자는 시·도지사에게 신고하여야 한다.
② 건설기계 등록사항의 변경신고는 변경이 있는 날로부터 30일(상속의 경우에는 상속개시일부터 6개월) 이내에 하여야 한다.
③ **대상** : 소유자 변경, 소유자의 주소지 변경, 건설기계의 사용본거지 변경

3. 등록말소 사유
① 거짓이나 그 밖의 부정한 방법으로 등록을 한 경우
② 건설기계가 천재지변 또는 이에 준하는 사고 등으로 사용할 수 없게 되거나 멸실된 경우
③ 건설기계의 차대가 등록 시의 차대와 다른 경우
④ 건설기계안전기준에 적합하지 아니하게 된 경우
⑤ 최고를 받고 지정된 기한까지 정기검사를 받지 아니한 경우
⑥ 건설기계를 수출하는 경우
⑦ 건설기계를 도난당한 경우
⑧ 건설기계를 폐기한 경우
⑨ 건설기계 해체재활용업자에게 폐기를 요청한 경우
⑩ 구조적 제작 결함 등으로 건설기계를 제작자 또는 판매자에게 반품한 때
⑪ 건설기계를 교육·연구 목적으로 사용하는 경우
⑫ 내구연한을 초과한 건설기계

4. 등록번호의 표시 등

(1) 표시 내용
① 등록번호표에는 등록관청·용도·기종 및 등록번호를 표시하여야 한다.
② **재질** : 철판 또는 알루미늄판

(2) 색칠과 등록번호 표시
① **자가용** : 녹색판에 흰색문자 1001~4999
② **영업용** : 주황색판에 흰색문자 5001~8999
③ **관 용** : 흰색판에 검은색문자 9001~9999

5. 등록번호표 제작·반납
① 등록번호표 제작자는 시·도지사의 지정을 받아야 한다.
② 시·도지사는 건설기계 소유자에게 등록번호표 제작 등을 할 것을 통지하거나 명령한다.
③ 시·도지사로부터 등록번호표 제작 통지서 또는 명령서를 받은 건설기계 소유자는 3일 이내에 등록번호표 제작자에게 제작 신청을 하여야 한다.
④ 등록번호표 제작자는 등록번호표 제작 등의 신청을 받은 날로부터 7일 이내에 제작하여야 한다.
⑤ 건설기계 등록번호표는 10일 이내에 시·도지사에게 반납하여야 한다.

6. 건설기계 임시운행

(1) 임시운행 사유
① 등록신청을 하기 위하여 건설기계를 등록지로 운행하는 경우
② 신규등록검사 및 확인검사를 받기 위하여 건설기계를 검사장소로 운행하는 경우
③ 수출을 하기 위하여 건설기계를 선적지로 운행하는 경우
④ 수출을 위하여 등록말소한 건설기계를 점검·정비의 목적으로 운행하는 경우
⑤ 신개발 건설기계를 시험·연구의 목적으로 운행하는 경우
⑥ 판매 또는 전시를 위하여 건설기계를 일시적으로 운행하는 경우

(2) 임시운행 기간

① 임시운행기간은 15일 이내
② 신개발 건설기계를 시험·연구의 목적으로 운행하는 경우에는 3년 이내

3 건설기계 검사

1. 검사의 종류

① **신규 등록검사** : 건설기계를 신규로 등록할 때 실시하는 검사
② **정기검사** : 건설공사용 건설기계로서 3년의 범위에서 국토교통부령으로 정하는 검사유효기간이 끝난 후에 계속하여 운행하려는 경우에 실시하는 검사와 대기환경보전법 및 진동·소음관리법에 따른 운행차의 정기검사
③ **구조변경검사** : 건설기계의 주요 구조를 변경하거나 개조한 경우 실시하는 검사
④ **수시검사** : 성능이 불량하거나 사고가 자주 발생하는 건설기계의 안전성 등을 점검하기 위하여 수시로 실시하는 검사와 건설기계 소유자의 신청을 받아 실시하는 검사

2. 정기검사 신청

① 신청기간은 건설기계의 정기검사 유효기간 만료일 전후 각각 30일 이내에 신청한다.
② 정기검사 신청을 받은 검사대행자는 5일 이내에 검사일시 및 장소를 통지하여야 한다.
③ 유효기간의 산정은 정기검사 신청 기간 내에 정기검사를 받은 경우에는 종전 검사유효기간 만료일의 다음 날부터, 그 외의 경우에는 검사를 받은 날의 다음 날부터 기산한다.
④ 정기검사를 받지 아니한 건설기계의 소유자에게 정기검사의 유효기간이 끝난 날부터 3개월 이내에 국토교통부령으로 정하는 바에 따라 10일 이내의 기한을 정하여 정기검사를 받을 것을 최고하여야 한다.

3. 검사의 연기

① **연기 사유** : 천재지변, 건설기계의 도난, 사고발생, 압류, 1월 이상에 걸친 정비, 그 밖의 부득이 한 사유로 검사 신청기간 내에 검사를 신청할 수 없는 경우
② 검사연기 불허통지를 받은 자는 검사 신청기간 만료일부터 10일 이내에 검사신청을 하여야 한다.
③ **연장 받을 수 있는 기간**
 • 남북경제협력 등으로 북한지역의 건설공사에 사용되는 건설기계와 해외임대를 위하여 일시 반출되는 건설기계의 경우 : 반출 기간 이내
 • 타워크레인 또는 천공기(터널보링식 및 실드굴진식)가 해체된 경우 : 해체되어 있는 기간
 • 압류된 건설기계의 경우 : 압류 기간 이내
 • 건설기계 대여업을 휴지 하는 경우 : 당해 사업의 개시신고를 하는 때까지

4. 구조 변경 범위

① 원동기 및 전동기의 형식변경 ② 동력전달장치의 형식변경
③ 제동장치의 형식변경 ④ 주행장치의 형식변경
⑤ 유압장치의 형식변경 ⑥ 조종장치의 형식변경
⑦ 조향장치의 형식변경
⑧ 작업장치의 형식변경(다만, 가공작업을 수반하지 아니하고, 작업장치를 선택 부착하는 경우에는 작업장치의 형식변경으로 보지 아니한다.)
⑨ 건설기계의 길이·너비·높이 등의 변경
⑩ 수상작업용 건설기계의 선체의 형식변경
⑪ 타워크레인 설치기초 및 전기장치의 형식변경

※ 건설기계의 기종변경, 육상작업용 건설기계 규격의 증가 또는 적재함의 용량증가를 위한 구조변경은 할 수 없다.

5. 검사유효기간

기종	연 식	검사유효기간
1. 굴착기(타이어식)	–	1년
2. 로더(타이어식)	20년 이하	2년
	20년 초과	1년
3. 지게차(1톤 이상)	20년 이하	2년
	20년 초과	1년
4. 덤프트럭	20년 이하	1년
	20년 초과	6개월
5. 기중기	–	1년
6. 모터그레이더	20년 이하	2년
	20년 초과	1년
7. 콘크리트 믹서 트럭	20년 이하	1년
	20년 초과	6개월
8. 콘크리트 펌프 (트럭 적재식)	20년 이하	1년
	20년 초과	6개월
9. 아스팔트 살포기	–	1년
10. 천공기	–	1년
11. 항타 및 항발기	–	1년
12. 타워크레인	–	6개월
13. 그 밖의 건설기계	20년 이하	3년
	20년 초과	1년

6. 검사소에서 검사를 받아야 하는 건설기계

① 덤프트럭
② 콘크리트 믹서트럭
③ 아스팔트 살포기
④ 트럭 지게차
⑤ 콘크리트 펌프(트럭 적재식)

7. 출장검사를 받아야 하는 건설기계

① 도서지역에 있는 경우
② 자체중량이 40톤을 초과하거나 축중이 10톤을 초과하는 경우
③ 너비가 2.5미터를 초과하는 경우
④ 최고속도가 시간당 35킬로미터 미만인 경우

4 건설기계사업

1. 건설기계사업의 등록

① 시장·군수 또는 구청장(자치구의 구청장)에게 등록하여야 한다.
② 등록한 사항이 변경되거나 사업을 개업·휴업 또는 폐업한 경우에는 시장·군수 또는 구청장에게 신고를 하여야 한다.
③ 휴업한 사업을 재개한 경우에는 시장·군수 또는 구청장에게 신고를 하여야 한다.

2. 건설기계정비업의 종류

① 종합 건설기계 정비업
② 부분 건설기계 정비업
③ 전문 건설기계 정비업

5 건설기계 조종사 면허

1. 조종사 면허

① 건설기계를 조종하려는 사람은 시장·군수 또는 구청장에게 건설기계 조종사 면허를 받아야 한다.
② 덤프트럭, 아스팔트 살포기 등 건설기계를 조종하려는 사람은 운전면허를 받아야 한다.
③ 건설기계 조종사 면허를 받으려는 사람은 국가기술자격증을 취득하고 적성검사에 합격하여야 한다.

2. 건설기계 조종사 면허의 종류

① **불도저** : 불도저
② **5톤 미만의 불도저** : 5톤 미만의 불도저

③ 굴착기 : 굴착기
④ 3톤 미만의 굴착기 : 3톤 미만의 굴착기
⑤ 로더 : 로더
⑥ 3톤 미만의 로더 : 3톤 미만의 로더
⑦ 5톤 미만의 로더 : 5톤 미만의 로더
⑧ 지게차 : 지게차
⑨ 3톤 미만의 지게차 : 3톤 미만의 지게차
⑩ 기중기 : 기중기
⑪ 롤러 : 롤러, 모터그레이더, 스크레이퍼, 아스팔트 피니셔, 콘크리트 피니셔, 콘크리트 살포기 및 골재 살포기
⑫ 이동식 콘크리트 펌프 : 이동식 콘크리트 펌프
⑬ 쇄석기 : 쇄석기, 아스팔트 믹싱 플랜트 및 콘크리트 뱃칭 플랜트
⑭ 공기 압축기 : 공기 압축기
⑮ 천공기 : 천공기(타이어식, 무한궤도식 및 굴진식을 포함한다. 다만, 트럭 적재식은 제외한다), 항타 및 항발기
⑯ 5톤 미만의 천공기 : 5톤 미만의 천공기(트럭 적재식은 제외한다)
⑰ 준설선 : 준설선 및 자갈채취기
⑱ 타워크레인 : 타워크레인
⑲ 3톤 미만의 타워크레인 : 3톤 미만의 타워크레인

3. 1종 대형면허로 조종할 수 있는 건설기계

① 덤프트럭
② 아스팔트 살포기
③ 노상 안정기
④ 콘크리트 믹서트럭
⑤ 콘크리트 펌프
⑥ 천공기(트럭 적재식을 말한다)
⑦ 특수 건설기계 중 국토교통부장관이 지정하는 건설기계

4. 건설기계 적성검사 기준

① 두 눈을 동시에 뜨고 잰 시력(교정시력을 포함)이 0.7이상일 것
② 두 눈의 시력이 각각 0.3이상일 것
③ 55데시벨(보청기를 사용하는 사람은 40데시벨)의 소리를 들을 수 있을 것.
④ 언어분별력이 80% 이상일 것
⑤ 시각은 150도 이상일 것

5. 건설기계 조종사의 면허 취소·정지 사유

① 거짓이나 그 밖의 부정한 방법으로 건설기계 조종사 면허를 받은 경우
② 건설기계 조종사 면허의 효력정지 기간 중 건설기계를 조종한 경우
③ 정신질환, 신체장애, 향정신성의약품 또는 알코올 중독에 해당하게 된 경우
④ 건설기계의 조종 중 고의 또는 과실로 중대한 사고를 일으킨 경우
⑤ 해당 분야의 기술자격이 취소되거나 정지된 경우
⑥ 건설기계조종사면허증을 다른 사람에게 빌려 준 경우
⑦ 술에 취하거나 마약 등 약물을 투여한 상태에서 조종한 경우

6. 건설기계 조종사 면허의 반납 사유

사유가 발생한 날부터 10일 이내에 주소지를 관할하는 시장·군수 또는 구청장에게 그 면허증을 반납하여야 한다.
① 면허가 취소된 때
② 면허의 효력이 정지된 때
③ 면허증의 재교부를 받은 후 잃어버린 면허증을 발견한 때

7. 특별 표지판 부착 대상 건설기계

① 길이가 16.7미터를 초과하는 건설기계
② 너비가 2.5미터를 초과하는 건설기계
③ 높이가 4.0미터를 초과하는 건설기계
④ 최소회전반경이 12미터를 초과하는 건설기계
⑤ 총중량이 40톤을 초과하는 건설기계
⑥ 총중량 상태에서 축하중이 10톤을 초과하는 건설기계

02 도로교통법

1 용어의 정의

① 도로 : 도로법에 따른 도로, 유료도로법에 따른 유료도로, 농어촌도로 정비법에 따른 농어촌도로, 그 밖에 현실적으로 불특정 다수의 사람 또는 차마가 통행할 수 있도록 공개된 장소로서 안전하고 원활한 교통을 확보할 필요가 있는 장소
② 자동차 전용도로 : 자동차만 다닐 수 있도록 설치된 도로를 말한다.
③ 중앙선 : 차마의 통행 방향을 명확하게 구분하기 위하여 도로에 황색 실선이나 황색 점선 등의 안전표지로 표시한 선 또는 중앙분리대나 울타리 등으로 설치한 시설물을 말한다. 다만, 가변차로가 설치된 경우에는 신호기가 지시하는 진행방향의 가장 왼쪽에 있는 황색 점선을 말한다.
④ 횡단보도 : 보행자가 도로를 횡단할 수 있도록 안전표지로 표시한 도로의 부분을 말한다.
⑤ 자동차 : 철길이나 가설된 선을 이용하지 아니하고 원동기를 사용하여 운전되는 차(견인되는 자동차도 자동차의 일부로 본다)
⑥ 정차 : 운전자가 5분을 초과하지 아니하고 차를 정지시키는 것으로서 주차 외의 정지 상태를 말한다.
⑦ 긴급 자동차 : 소방차, 구급차, 혈액 공급차량, 그 밖에 대통령령으로 정하는 자동차로서 그 본래의 긴급한 용도로 사용되고 있는 자동차를 말한다.
⑧ 서행 : 운전자가 차 또는 노면전차를 즉시 정지시킬 수 있는 정도의 느린 속도로 진행하는 것을 말한다.

2 신호기

1. 신호기 신호의 뜻

(1) 녹색 등화

① 차마는 직진 또는 우회전할 수 있다.
② 비보호좌회전표지 또는 비보호좌회전표시가 있는 곳에서는 좌회전할 수 있다.

(2) 황색 등화

① 차마는 정지선이 있거나 횡단보도가 있을 때에는 그 직전이나 교차로의 직전에 정지하여야 한다.
② 이미 교차로에 차마의 일부라도 진입한 경우에는 신속히 교차로 밖으로 진행하여야 한다.
③ 차마는 우회전할 수 있고 우회전하는 경우에는 보행자의 횡단을 방해하지 못한다.

(3) 적색 등화

① 차마는 정지선, 횡단보도 및 교차로의 직전에서 정지하여야 한다.
② 다만, 신호에 따라 진행하는 다른 차마의 교통을 방해하지 아니하고 우회전할 수 있다.

(4) 황색 등화의 점멸

차마는 다른 교통 또는 안전표지의 표시에 주의하면서 진행할 수 있다.

2. 신호등의 신호 순서

① 적색·황색·녹색화살표·녹색의 사색등화 : 녹색등화·황색등화·적색 및 녹색화살표등화·적색 및 황색등화·적색등화의 순서로 한다.

② **적색·황색·녹색(녹색화살표)의 삼색등화** : 녹색(적색 및 녹색화살표)등화·황색등화·적색등화의 순서로 한다.

③ **적색 및 녹색의 이색등화** : 녹색등화·녹색등화의 점멸·적색등화의 순서로 한다.

3. 신호등의 성능

① 등화의 밝기는 낮에 150미터 앞쪽에서 식별할 수 있도록 할 것

② 등화의 빛의 발산각도는 사방으로 각각 45도 이상으로 할 것

③ 태양광선이나 주위의 다른 빛에 의하여 그 표시가 방해받지 아니하도록 할 것

3 안전표지

① **주의표지** : 도로상태가 위험하거나 도로 또는 그 부근에 위험물이 있는 경우에 필요한 안전조치를 할 수 있도록 이를 도로사용자에게 알리는 표지

② **규제표지** : 도로교통의 안전을 위하여 각종 제한·금지 등의 규제를 하는 경우에 이를 도로사용자에게 알리는 표지

③ **지시표지** : 도로의 통행방법·통행구분 등 도로교통의 안전을 위하여 필요한 지시를 하는 경우에 도로사용자가 이에 따르도록 알리는 표지

④ **보조표지** : 주의표지·규제표지 또는 지시표지의 주기능을 보충하여 도로사용자에게 알리는 표지

⑤ **노면표시** : 도로교통의 안전을 위하여 각종 주의·규제·지시 등의 내용을 노면에 기호·문자 또는 선으로 도로사용자에게 알리는 표시

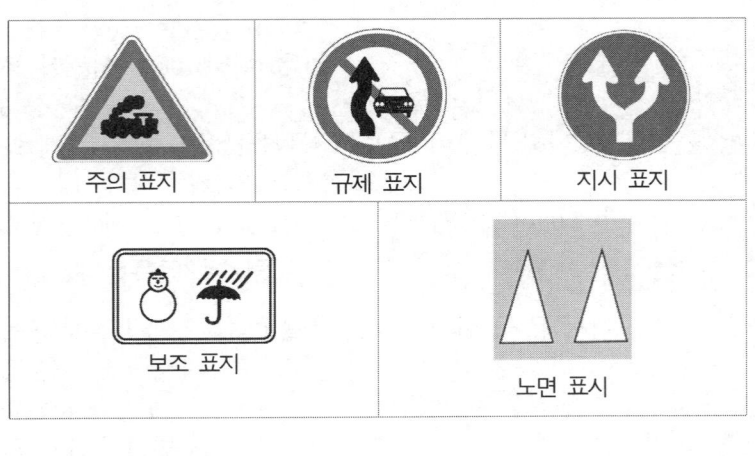

주의 표지	규제 표지	지시 표지
보조 표지		노면 표시

4 차마 또는 노면전차의 통행방법

1. 차마의 통행

① 보도와 차도가 구분된 도로에서는 차도로 통행하여야 한다.

② 다만, 도로 외의 곳으로 출입할 때에는 보도를 횡단하여 통행할 수 있다.

③ 보도를 횡단하기 직전에 일시 정지하여 좌측과 우측 부분 등을 살핀 후 보행자의 통행을 방해하지 아니하도록 횡단하여야 한다.

④ 보도와 차도가 구분된 도로에서 중앙선 우측 부분을 통행하여야 한다.

⑤ 안전지대 등 안전표지에 의하여 진입이 금지된 장소에 들어가서는 아니 된다.

2. 도로의 중앙이나 좌측 부분을 통행할 수 있는 경우

① 도로가 일방통행인 경우

② 도로의 파손, 도로공사나 그 밖의 장애 등으로 도로의 우측 부분을 통행할 수 없는 경우

③ 도로 우측 부분의 폭이 6미터가 되지 아니하는 도로에서 다른 차를 앞지르려는 경우

④ 도로 우측 부분의 폭이 차마의 통행에 충분하지 아니한 경우

⑤ 가파른 비탈길의 구부러진 곳에서 교통의 위험을 방지하기 위하여 시·도경찰청장이 필요하다고 인정하여 구간 및 통행방법을 지정하고 있는 경우에 그 지정에 따라 통행하는 경우

3. 도로의 중앙이나 좌측 부분을 통행할 수 없는 경우

① 도로의 좌측 부분을 확인할 수 없는 경우

② 반대 방향의 교통을 방해할 우려가 있는 경우

③ 안전표지 등으로 앞지르기를 금지하거나 제한하고 있는 경우

5 차로에 따른 통행차의 기준

1. 고속도로 편도 2차로

차로 구분	통행할 수 있는 차종
1차로	앞지르기를 하려는 모든 자동차. 다만, 차량 통행량 증가 등 도로상황으로 인하여 부득이하게 시속 80킬로미터 미만으로 통행할 수밖에 없는 경우에는 앞지르기를 하는 경우가 아니라도 통행할 수 있다.
2차로	모든 자동차

2. 고속도로 편도 3차로 이상

차로 구분	통행할 수 있는 차종
1차로	앞지르기를 하려는 승용자동차 및 앞지르기를 하려는 경형·소형·중형 승합자동차. 다만, 차량통행량 증가 등 도로상황으로 인하여 부득이하게 시속 80킬로미터 미만으로 통행할 수밖에 없는 경우에는 앞지르기를 하는 경우가 아니라도 통행할 수 있다.
왼쪽 차로	승용자동차 및 경형·소형·중형 승합자동차
오른쪽 차로	대형승합자동차, 화물자동차, 특수자동차, 건설기계

3. 일반도로

차로 구분	통행할 수 있는 차종
왼쪽 차로	승용자동차 및 경형·소형·합승자동차
오른쪽 차로	대형승합자동차, 화물자동차, 특수자동차, 건설기계, 이륜자동차, 원동기장치자전거

6 건설기계의 속도

1. 편도 2차로 이상 고속도로

① 최고속도는 매시 80킬로미터, 최저속도는 매시 50킬로미터

② 상향 지정한 경우 최고속도는 매시 90킬로미터 이내, 최저속도는 매시 50킬로미터

2. 비·안개·눈 등으로 인한 악천후 시 속도

(1) 최고속도의 100분의 20을 줄인 속도로 운행하여야 하는 경우

① 비가 내려 노면이 젖어있는 경우

② 눈이 20밀리미터 미만 쌓인 경우

(2) 최고속도의 100분의 50을 줄인 속도로 운행하여야 하는 경우

① 폭우·폭설·안개 등으로 가시거리가 100미터 이내인 경우

② 노면이 얼어붙은 경우

③ 눈이 20밀리미터 이상 쌓인 경우

7 앞지르기 방법·금지시기 및 금지장소

1. 앞지르기 방법

① 다른 차를 앞지르려면 앞차의 좌측으로 통행하여야 한다.
② 반대방향의 교통에 주의를 충분히 기울여야 한다.
③ 앞차 앞쪽의 교통에도 주의를 충분히 기울여야 한다.
④ 방향지시기·등화 또는 경음기를 사용하는 등 안전한 속도와 방법으로 앞지르기를 하여야 한다.
⑤ 앞지르기를 하는 차가 있을 때에는 속도를 높여 경쟁하거나 그 차의 앞을 가로막는 등의 방법으로 앞지르기를 방해하여서는 아니 된다.

2. 앞지르기 금지시기

① 앞차의 좌측에 다른 차가 앞차와 나란히 가고 있는 경우
② 앞차가 다른 차를 앞지르고 있거나 앞지르려고 하는 경우

3. 앞지르기 금지

① 명령에 따라 정지하거나 서행하고 있는 차
② 경찰공무원의 지시에 따라 정지하거나 서행하고 있는 차
③ 위험을 방지하기 위하여 정지하거나 서행하고 있는 차

4. 앞지르기 금지 장소

① 교차로   ② 터널 안
③ 다리 위   ④ 도로의 구부러진 곳
⑤ 비탈길의 고갯마루 부근   ⑥ 가파른 비탈길의 내리막
⑦ 안전표지로 지정한 곳

8 철길 건널목

1 건널목의 통과 방법

① 건널목 앞에서 일시정지 하여 안전한지 확인한 후에 통과하여야 한다.
② 신호기 등이 표시하는 신호에 따르는 경우에는 통과할 수 있다.
③ 건널목의 차단기가 내려져 있는 경우에는 통과하여서는 안된다.
④ 건널목의 차단기가 내려지려고 하는 경우에는 통과하여서는 안된다.
⑤ 건널목의 경보기가 울리고 있는 동안에는 통과하여서는 안된다.

2. 건널목 안에서 차가 고장일 경우 조치

① 즉시 승객을 하차시켜 대피시킨다.
② 비상 신호기 등을 이용하거나 그 밖의 방법으로 철도공무원이나 경찰공무원에게 그 사실을 알려야 한다.

9 교차로 통행방법

1. 교통정리가 있는 교차로

① 우회전 : 미리 도로의 우측 가장자리를 서행하면서 우회전하며, 보행자 또는 자전거에 주의하여야 한다.
② 좌회전 : 미리 도로의 중앙선을 따라 서행하면서 교차로의 중심 안쪽을 이용하여 좌회전하여야 한다.
③ 다른 차의 통행에 방해가 될 우려가 있는 경우에는 정지선 직전에 정지한다.

2. 교통정리가 없는 교차로

① 이미 교차로에 들어가 있는 다른 차가 있는 때에는 진로를 양보하여야 한다.
② 교차로에 들어가고자 하는 차가 통행하고 있는 도로의 폭보다 교차하는 도로의 폭이 넓은 경우에는 서행하여야 한다.
③ 폭이 넓은 도로로부터 교차로에 들어가려고 하는 차가 있는 때에는 그 차에 진로를 양보하여야 한다.
④ 동시에 들어가고자 하는 차는 우측도로의 차에 진로를 양보하여야 한다.
⑤ 좌회전하고자 하는 차는 그 교차로에서 직진하거나 우회전하려는 차에 진로를 양보하여야 한다.

10 정차 주차 금지장소

(1) 주정차 금지장소

① 교차로·횡단보도·건널목이나 보도와 차도가 구분된 도로의 보도
② 교차로의 가장자리 또는 도로의 모퉁이로부터 5m 이내의 곳
③ 안전지대가 설치된 도로에서는 그 안전지대의 사방으로부터 각각 10m 이내의 곳
④ 버스여객자동차의 정류를 표시하는 기둥이나 판 또는 선이 설치된 곳으로부터 10m 이내의 곳
⑤ 건널목의 가장자리 또는 횡단보도로부터 10m 이내의 곳

(2) 주차금지 장소

① 터널 안 및 다리 위
② 화재경보기로부터 3미터 이내의 곳
③ 다음 장소로부터 5미터 이내의 곳
   • 소방용기계·기구가 설치된 곳, 소방용 방화 물통
   • 소화전 또는 소화용 방화 물통의 흡수구나 흡수관을 넣는 구멍
   • 도로공사를 하고 있는 경우에는 그 공사구역의 양쪽 가장자리

01 산업 안전관리

1 안전관리의 목적

① 사고의 발생을 사전에 방지한다.
② 생산성의 향상과 손실을 최소화한다.
③ 재해로부터 인간의 생명과 재산을 보호할 수 있다.

2 안전의 3요소와 사고 예방원리 5단계

(1) 하인리히 안전의 3요소

① 관리적 요소
② 기술적 요소
③ 교육적 요소

(2) 하인리히 사고 예방 원리 5단계

① 1단계 : 안전관리 조직
안전관리 조직과 책임부여, 안전관리 규정의 제정, 안전관리 계획 수립

② 2단계 : 사실의 발견
자료수집, 작업공정의 분석 및 점검, 위험의 확인 검사 및 조사 실시

③ 3단계 : 평가분석
재해 조사의 분석, 안전성의 진단 및 평가, 작업 환경의 측정

④ 4단계 : 시정책의 선정
기술적인 개선안, 관리적인 개선안, 제도적인 개선안

⑤ 5단계 : 시정책의 적용
목표의 설정 및 실시, 재평가의 실시

3 재해 예방의 4대 원칙

① 예방가능의 원칙
② 손실우연의 원칙
③ 원인연계의 원칙
④ 대책선정의 원칙

4 재해의 발생의 직접적인 원인

(1) 불안전한 조건

① 불안전한 방법 및 공정
② 불안전한 환경
③ 불안전한 복장과 보호구
④ 위험한 배치
⑤ 불안전한 설계, 구조, 건축
⑥ 안전 방호장치의 결함
⑦ 방호장치 불량 상태의 방치.
⑧ 불안전한 조명

(2) 불안전한 행동

① 불안전한 자세 및 행동을 하는 경우
② 잡담이나 장난을 하는 경우
③ 안전장치를 제거하는 경우
④ 불안전한 속도를 조절하는 경우
⑤ 작동중인 기계에 주유, 수리, 점검, 청소 등을 하는 경우
⑥ 불안전한 기계를 사용하는 경우
⑦ 공구 대신 손을 사용하는 경우
⑧ 안전복장을 착용하지 않은 경우
⑨ 보호구를 착용하지 않은 경우

5 안전사고의 발생원인

① 안전의식 및 안전교육 부족
② 방호장치(안전장치, 보호장치)의 결함
③ 정리정돈 및 조명장치가 불량
④ 부적합한 공구의 사용
⑤ 작업 자체의 위험성

6 재해율의 정의

① **연천인율** : 1000명의 근로자가 1년을 작업하는 동안에 발생한 재해 빈도를 나타내는 것.

$$\text{연천인율} = \frac{\text{재해자수}}{\text{연평균 근로자수}} \times 1,000$$

② **도수율** : 연 근로시간 100만 시간 동안에 발생한 재해 빈도를 나타 내는 것. 연 근로 시간에 대한 재해 발생 건수를 1,000,000 시간당 발생한 재해의 빈도를 나타내는 것.

$$\text{도수율} = \frac{\text{재해발생건수}}{\text{연 근로시간}} \times 1,000,000$$

③ **강도율** : 근로 1,000 시간당 재해로 인하여 근무하지 못한 총 근로 손실일수를 나타내는 것으로 산업 재해의 경, 중의 정도를 알기 위한 재해율로 이용한다.

$$\text{강도율} = \frac{\text{근로 손실일수}}{\text{연 근로시간}} \times 1,000$$

④ **천인률** : 평균 재적 근로자 1,000 명에 대하여 발생한 재해자수를 나타내는 것으로 일정한 기간 동안에 근무한 평균 근로자수에 대한 재해자수를 나타내어 1,000 배 한 것이다.

$$\text{천인율} = \frac{\text{재해자수}}{\text{평균 근로자수}} \times 1,000$$

7 안전장치를 선정할 때 고려 사항

① 안전장치의 사용에 따라 방호가 완전할 것
② 안전장치의 기능 면에서 강도나 신뢰도가 클 것
③ 정기 점검 이외에는 사람의 손으로 조정할 필요가 없을 것
④ 위험부분에는 안전 방호장치가 설치되어 있을 것
⑤ 작업하기에 불편하지 않는 구조 일 것

8 작업장 안전수칙

① 작업 후 바닥의 오일 등을 깨끗이 청소한다.
② 모든 사용공구는 제자리에 정리정돈 한다.
③ 무거운 물건은 이동기구를 이용한다.
④ 폐기물은 정해진 위치에 모아 둔다.
⑤ 통로나 창문 등에 물건을 세워 놓지 않는다.

9 작업자의 준수사항

① 작업자는 안전 작업법을 준수한다.
② 작업자는 감독자의 명령에 복종한다.
③ 자신의 안전은 물론 동료의 안전도 생각한다.
④ 작업에 임해서는 보다 좋은 방법을 찾는다.
⑤ 작업자는 작업 중에 불필요한 행동을 하지 않는다.
⑥ 작업장의 환경 조성을 위해서 적극적으로 노력한다.

10 연삭 작업의 안전수칙

① 연삭숫돌을 교환한 후에는 시운전을 3분 이상하고 작업을 시작하여야 한다.
② 연삭숫돌에서 받침대와 숫돌 사이의 간격은 3.0mm이상 떨어지면 안 된다.
③ 숫돌을 교환할 때 나무 해머로 두들겨 균열 유무를 점검한다.
④ 안전 커버를 떼고서 작업해서는 안 된다.
⑤ 플랜지가 숫돌 차에 일정하게 밀착하도록 고정시킨다.
⑥ 회전속도를 규정 이상으로 빠르게 하면 숫돌 차가 파손될 우려가 있다.
⑦ 보안경을 반드시 사용한다.
⑧ 일감을 연삭숫돌에 세게 누르지 않는다.
⑨ 연삭 작업을 할 때 숫돌 차의 측면에 서서 작업을 하여야 한다.

11 드릴 작업의 안전수칙

① 장갑을 끼고 작업해서는 안 된다.
② 머리가 긴 사람은 안전모를 쓴다.
③ 작업 중 쇠 가루를 입으로 불어서는 안 된다.
④ 공작물을 단단히 고정시켜 따라 돌지 않게 한다.
⑤ 드릴 작업을 할 때 칩(쇠밥)제거는 회전을 중지시킨 후 솔로 제거한다.

12 방호장치의 종류

① **격리형 방호장치** : 작업장 외에 직접 사람이 접촉하여 말려들거나 다칠 위험이 있는 장소를 덮어씌우는 방호장치 방법이다.
② **완전 차단형 방호조치** : 어떠한 방향에서도 위험장소까지 도달할 수 없도록 완전히 차단하는 것이다.
③ **덮개형 방호조치** : 작업점 외에 직접 사람이 접촉하여 말려들거나 다칠 위험이 있는 위험 장소를 덮어씌우는 방법으로 V벨트나 평 벨트 또는 기어가 회전하면서 접선방향으로 물려 들어가는 장소에 많이 설치한다.
④ **위치 제한형 방호장치** : 위험을 초래할 가능성이 있는 기계에서 작업자나 직접 그 기계와 관련되어 있는 조작자의 신체부위가 위험한계 밖에 있도록 의도적으로 기계의 조작 장치를 기계에서 일정거리 이상 떨어지게 설치해 놓고, 조작하는 두 손 중에서 어느 하나가 떨어져도 기계의 동작을 멈춰지게 하는 장치이다.
⑤ **접근 반응형 방호장치** : 작업자의 신체부위가 위험한계 또는 그 인접한 거리로 들어오면 이를 감지하여 그 즉시 동작하던 기계를 정지시키거나 스위치가 꺼지도록 하는 방호법이다.

13 기중기로 물건을 운반할 때 주의할 점

① 규정 무게 보다 초과하여 사용해서는 안 된다.
② 적재 물이 떨어지지 않도록 한다.
③ 로프 등의 안전 여부를 항상 점검한다.
④ 선회 작업을 할 때에는 사람이 다치지 않도록 한다.

14 작업장에서의 복장

① 작업복은 몸에 맞는 것을 입는다.
② 상의의 옷자락이 밖으로 나오지 않도록 한다.
③ 기름이 밴 작업복은 될 수 있는 한 입지 않는다.
④ 몸에 맞을 것
⑤ 작업에 따라 보호구 및 기타 물건을 착용할 수 있을 것
⑥ 소매나 바지 자락이 조여질 수 있을 것
⑦ 작업복을 착용하는 이유는 재해로부터 작업자의 몸을 지키기 위함이다.

15 보호구

(1) 보호구의 구비 조건

① 착용이 간편할 것.
② 작업에 방해가 안될 것.
③ 구조와 끝마무리가 양호할 것.
④ 겉 표면이 섬세하고 외관상 좋을 것.
⑤ 보호 장구는 원재료의 품질이 양호한 것일 것.
⑥ 유해 위험 요소에 대한 방호 성능이 충분할 것.

(2) 보호구 선택시 유의 사항

① 보호구는 사용 목적에 적합하여야 한다.
② 무게가 가볍고 크기가 사용자에게 알맞아야 한다.
③ 사용하는 방법이 간편하고 손질하기가 쉬워야 한다.
④ 보호구는 검정에 합격된 품질이 양호한 것이어야 한다.

(3) 보호구 사용시 유의사항

① 보호구는 작업할 때 반드시 사용하도록 숙지시킨다.
② 보호구의 사용이 불편하지 않도록 보관하여야 한다.
③ 작업자에게 올바른 보호구의 사용 방법을 숙지시킨다.
④ 작업장에는 필요한 소요량의 보호구를 비치하여야 한다.
⑤ 작업의 종류에 의해서 정해진 적절한 보호구를 선택한다.

16 수공구 사용시 주의사항

(1) 수공구 사용시 안전 수칙

① 수공으로 만든 공구는 사용하지 않는다.
② 작업에 알맞은 공구를 선택하여 사용할 것.
③ 공구는 사용 전에 기름 등을 닦은 후 사용한다.
④ 공구를 보관할 때에는 지정된 장소에 보관할 것.
⑤ 공구를 취급할 때에는 올바른 방법으로 사용할 것.

(2) 드라이버 사용시 주의사항

① 드라이버 날 끝은 편평한 것을 사용하여야 한다.
② 이가 빠지거나 둥글게 된 것은 사용하지 않는다.
③ 나사를 조일 때 수직으로 대고 한 손으로 가볍게 잡고서 작업한다.
④ 드라이버의 날 끝이 홈의 너비와 길이에 맞는 것으로 사용하여야 한다.

(3) 렌치 사용시 주의사항

① 힘이 가해지는 방향을 확인하여 사용하여야 한다.
② 렌치를 잡아 당겨 볼트나 너트를 죄거나 풀어야 한다.
③ 사용 후에는 건조한 헝겊으로 닦아서 보관하여야 한다.
④ 볼트나 너트를 풀 때 렌치를 해머로 두들겨서는 안된다.
⑤ 렌치에 파이프 등의 연장대를 끼워 사용하여서는 안된다.
⑥ 산화 부식된 볼트나 너트는 오일이 스며들게 한 후 푼다.

⑦ 조정 렌치를 사용할 경우에는 조정 조에 힘이 가해지지 않도록 주의한다.

⑧ 볼트나 너트를 죄거나 풀 때에는 볼트나 너트의 머리에 꼭 맞는 것을 사용하여야 한다.

(4) 스패너 사용시 주의사항

① 스패너에 연장대를 끼워 사용하여서는 안된다.
② 작업 자세는 발을 약간 벌리고 두 다리에 힘을 준다.
③ 스패너의 입이 볼트나 너트의 치수에 맞는 것을 사용한다.
④ 스패너를 해머로 두드리거나 스패너를 해머 대신 사용해서는 안된다.
⑤ 볼트나 너트에 스패너를 깊이 물리고 조금씩 몸쪽으로 당겨 풀거나 조인다.
⑥ 높거나 좁은 장소에서는 몸의 일부를 충분히 기대고 스패너가 빠져도 몸의 균형을 잃지 않도록 한다.

(5) 해머 사용시 주의사항

① 해머를 휘두르기 전에 반드시 주위를 살핀다.
② 해머의 타격면이 찌그러진 것을 사용하지 않는다.
③ 장갑을 끼거나 기름 묻은 손으로 작업하여서는 안된다.
④ 사용 중에 해머와 손잡이를 자주 점검하면서 작업한다.
⑤ 쐐기를 박아서 손잡이가 튼튼하게 박힌 것을 사용하여야 한다.
⑥ 처음부터 큰 해머를 크게 흔들지 말고 명중되면 점차 크게 흔든다.
⑦ 좁은 곳이나 발판이 불안한 곳에서는 해머 작업을 하여서는 안된다.
⑧ 불꽃이 발생되거나 파편이 발생될 수 있는 작업을 할 경우에는 보안경을 착용하고 작업한다.
⑨ 큰 해머로 작업할 때에는 물품에 해머를 대고 몸의 위치를 조절하며, 충분히 발을 버티고 작업 자세를 취한다.

17 가스용접 안전 수칙

① 봄베 주둥이 쇠나 몸통에 녹이 슬지 않도록 오일이나 그리스를 바르면 폭발한다.
② 토치는 반드시 작업대 위에 놓고 기름이나 그리스가 묻지 않도록 한다.
③ 가스를 완전히 멈추지 않거나 점화된 상태로 방치해 두지 말 것
④ 봄베는 던지거나 넘어뜨리지 말 것
⑤ 산소 용기의 보관 온도는 40℃이하로 하여야 한다.
⑥ 반드시 소화기를 준비할 것
⑦ 아세틸렌 밸브를 먼저 열고 점화한 후 산소 밸브를 연다.
⑧ 점화는 성냥불로 직접 하지 않는다.
⑨ 산소 용접을 할 때 역류·역화가 일어나면 빨리 산소 밸브부터 잠가야 한다.
⑩ 운반을 할 때에는 운반용으로 된 전용 운반 차량을 사용한다.

18 화재의 종류 및 소화기 표식

(1) A급 화재

일반 가연물의 화재로 냉각소화의 원리에 의해서 소화되며, 소화기에 표시된 원형 표식은 백색으로 되어 있다.

(2) B급 화재

가솔린, 알코올, 석유 등의 유류 화재로 질식소화의 원리에 의해서 소화되며, 소화기에 표시된 원형의 표식은 황색으로 되어 있다.

(3) C급 화재

전기 기계, 전기 기구 등에서 발생되는 화재로 질식소화의 원리에 의해서 소화되며, 소화기에 표시된 원형의 표식은 청색으로 되어 있다.

(4) D급 화재

마그네슘 등의 금속 화재로 질식소화의 원리에 의해서 소화시켜야 한다.

19 산업안전 표지

(1) 금지 표지

① 특정의 통행을 금지시키는 표지이다.
② 출입금지, 탑승금지, 보행금지, 흡연금지, 차량 통행금지, 화기금지, 사용금지, 물체 이동금지 등
③ 적색 원형(바탕은 흰색, 기본 모형은 빨강색, 관련 부호 및 그림은 검정색)

(2) 안내 표지

① 비상구, 의무실, 구급용구 등의 위치를 알리는 표지이다.
② 녹십자 표지, 응급구호 표지, 들 것 표지, 세안장치 표지, 비상구 표지, 좌측 비상구 표지, 우측 비상구 표지 등
③ 녹색 사각형(바탕은 흰색, 기본 모형 및 관련부호는 녹색 또는 바탕은 녹색, 관련부호 및 그림은 흰색)

(3) 경고 표지

① 위험물 또는 위험물에 대한 주의를 환기시키는 표지이다.
② 인화성 물질 경고, 낙하물 경고, 산화성 물질 경고, 저온 경고, 고온 경고, 폭발물 경고, 독극물 경고, 몸 균형상실 경고, 부식성 물질 경고, 매달린 물체 경고, 위험장소 경고, 고압전기 경고, 유해물질 경고, 방사성 물질 경고, 레이저 광선 경고 등
③ 흑색 삼각형의 황색표지(바탕은 노랑색, 기본모형 관련부호 및 그림은 검정색)

(4) 지시 표지

① 보호구 착용을 지시하는 명령 표지이다.
② 안전모 착용, 보안면 착용, 안전복 착용, 보안경 착용, 안전장갑 착용, 귀마개 착용, 방진 마스크 착용, 안전화 착용, 방독 마스크 착용 등
③ 청색 원형 바탕에 백색(바탕은 파랑색, 관련 그림은 흰색)

02 도시가스 작업 안전

1 액화 천연가스(LNG) 특징

① 공기보다 가벼워 가스 누출시 위로 올라간다.
② 주성분은 메탄이다.
③ 공기와 혼합되어 폭발범위에 이르면 점화 원에 의하여 폭발한다.
④ 도시가스 배관을 통하여 각 가정에 공급되는 가스이다.

2 LP가스(액화석유가스)의 특징

① 주성분은 프로판과 부탄이다.
② 액체상태일 때 피부에 닿으면 동상의 우려가 있다.
③ 누출 시 공기보다 무거워 바닥에 체류하기 쉽다.
④ 원래 무색·무취이나 누출시 쉽게 발견하도록 부취제를 첨가한다.

3 노란색 폴리에틸렌 관(PE관)의 특징

① 배관 내 압력이 0.1MPa의 저압관이다.
② 배관 내 압력이 수주 250mm 정도로 저압이라서 가스누출시 쉽게 응급조치를 할 수 있다.
③ 플라스틱과 같은 재료이므로 쉽게 구부러지고 유연하여 시공이 쉽다.
④ 굴착공사시 파괴되었다면 배관 내 압력이 저압이므로 압착기(스퀴즈) 등으로 눌러서 가스누출을 쉽게 막을 수 있다.
⑤ 일광이나 열에 약하며, 부식되지 않는다.

4 도시가스 압력과 배관의 색상

① **저압** : 0.1MPa 미만의 압력, 배관과 보호포의 색상은 황색
② **중압** : 01MPa 이상 1MPa 미만의 압력, 배관과 보호포의 색상은 적색
③ **고압** : 1MPa 이상의 압력, 배관과 보호포의 색상은 적색

5 보호판의 설치기준

① 보호판의 재료는 KS D 3503(일반구조용 압연강재) 또는 이와 동등 이상의 성능이 있는 것으로 한다.
② 보호판에는 직경 30mm이상 50mm 구멍을 3m이하의 간격으로 뚫어 누출된 가스가 지면으로 확산이 되도록 하여야 한다.
③ 보호판은 배관의 정상부에서 30cm이상 높이에 설치하고 보호판의 재질이 금속제인 경우에는 보호판과 보호판을 가접하거나 연결 철재 고리로 고정 또는 겹침 설치하는 등에 의하여 보호판과 보호판이 이격되지 않도록 한다.
④ 보호판은 쇼트브라스팅 등으로 내·외면의 이물질을 완전히 제거하고 방청도료(Primer)를 1회 이상 도포한 후, 도막두께가 80㎛이상 되도록 에폭시타입 도료를 2회 이상 코팅하거나, 이와 동등이상의 방청 및 코팅효과를 가져야 한다.

6 도시가스 배관의 안전조치

(1) 도시가스사업자와 공동으로 표시하는 경우

① 굴착공사 예정지역의 위치를 흰색 페인트로 표시할 것
② 굴착공사자는 매설배관 위치를 매설배관 직상부의 지면에 황색 페인트로 표시할 것
③ 페인트로 매설배관 위치를 표시하는 것이 곤란한 경우에는 표시 말뚝·표시 깃발·표시판 등을 사용하여 표시할 수 있다.

(2) 굴착공사자 단독으로 표시하는 경우

① 굴착공사 예정지역의 위치를 흰색 페인트로 표시하고, 그 결과를 정보지원센터에 통지할 것
② 정보지원센터는 통지받은 사항을 도시가스사업자에게 통지할 것
③ 도시가스사업자는 통지를 받은 후 48시간 이내에 매설배관의 위치를 매설배관 직상부의 지면에 황색 페인트로 표시하고 그 사실을 정보지원센터에 통지할 것
④ 도시가스배관 손상방지 기준의 기준은 굴착공사장에 비치·부착하고 굴착공사관계자는 항상 휴대·숙지할 것

7 라인마크(line-mark)의 설치기준

①. 도로법에 의한 도로 및 공동주택 등의 부지 내 도로에 도시가스 배관을 매설하는 경우에는 라인마크를 설치하여야 한다.
② 라인마크는 배관길이 50m마다 1개 이상 설치하되, 주요 분기점·구부러진 지점 및 그 주위 50m이내에 설치하여야 한다.

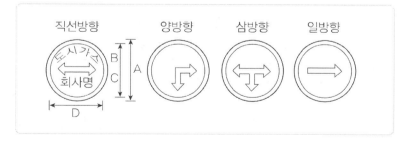

8 보호포 설치 기준

① 보호포는 배관 폭에 10cm를 더한 폭으로 설치하고 2열 이상으로 설치할 경우 보호포 간의 간격은 보호포 넓이(15~ 35cm) 이내로 한다.
② 저압인 배관의 경우에는 배관의 정상부로 부터 60cm이상 떨어진 곳에 설치

③ 중압이상인 배관의 경우에는 보호판의 상부로부터 30cm이상 떨어진 곳에 설치
④ 공동주택 등의 부지 내에 설치하는 배관의 경우에는 배관의 정상부로부터 40cm이상 떨어진 곳에 설치한다.

9 배관 설비기준

① 배관을 지하에 매설하는 경우에는 지면으로부터 0.6m 이상의 거리를 유지할 것.
② 배관 외부에 사용 가스명, 최고 사용압력 및 도시가스 흐름방향을 표시할 것.
③ 지상 배관은 부식방지 도장 후 표면 색상을 황색으로 도색할 것.
④ 지하매설 배관은 최고 사용압력이 저압인 배관은 황색으로, 중압 이상인 배관은 붉은색으로 할 것.

10 파일박기 및 빼기작업

① 공사착공 전에 도시가스사업자와 현장 협의를 통하여 공사 장소, 공사 기간 및 안전조치에 관하여 서로 확인할 것
② 도시가스배관과 수평 최단거리 2m 이내에서 파일박기를 하는 경우에는 도시가스사업자의 입회 아래 시험굴착으로 도시가스배관의 위치를 정확히 확인할 것
③ 도시가스배관의 위치를 파악한 경우에는 도시가스배관의 위치를 알리는 표지판을 설치할 것
④ 도시가스배관과 수평거리 30cm 이내에서는 파일박기를 하지 말 것
⑤ 항타기는 도시가스배관과 수평거리가 2m 이상 되는 곳에 설치할 것. 다만, 부득이하여 수평거리 2m 이내에 설치할 때에는 하중진동을 완화할 수 있는 조치를 할 것
⑥ 파일을 뺀 자리는 충분히 메울 것

11 터파기 되메우기 작업

① 도시가스 배관 주위를 굴착하는 경우 도시가스 배관의 좌우 1m 이내 부분은 인력으로 굴착할 것
② 도시가스 배관에 근접하여 굴착하는 경우로서 주위에 도시가스 배관의 부속시설물(밸브, 수취기, 전기방식용 리드선 및 터미널 등)이 있을 때에는 작업으로 인한 이탈 그 밖에 손상방지에 주의할 것
③ 도시가스 배관이 노출될 경우 배관의 코팅부가 손상되지 아니하도록 하고 코팅부가 손상될 때에는 도시가스사업자에게 통보하여 보수를 한 후 작업을 진행할 것
④ 도시가스 배관 주위에서 발파작업을 하는 경우에는 도시가스사업자의 입회아래 충분한 대책을 강구한 후 실시할 것
⑤ 도시가스 배관 주위에서 다른 매설물을 설치할 때에는 30cm 이상 이격할 것
⑥ 도시가스배관 주위를 되메우기 하거나 포장할 경우 배관주위의 모래 채우기, 보호판·보호포 및 라인마크 설치 및 도시가스배관 부속시설물의 설치 등은 굴착 전과 같은 상태가 되도록 할 것
⑦ 되메우기를 할 때에는 나중에 도시가스배관의 지반이 침하되지 않도록 필요한 조치를 할 것

12 배관의 매설 깊이와 설치 간격

① 공동주택 등의 부지 안에서는 0.6m 이상
② 폭 8m 이상의 도로에서는 1.2m 이상. 다만, 도로에 매설된 최고사용압력이 저압인 배관에서 횡으로 분기하여 수요자에게 직접 연결되는 배관의 경우에는 1m 이상으로 할 수 있다.
③ 폭 4m 이상 8m 미만인 도로에서는 1m 이상. 다만, 다음 어느 하나에 해당하는 경우에는 0.8m 이상으로 할 수 있다.

03 전기설비 작업안전

1 전선로 주변에서 작업할 때 주의사항

① 작업을 할 때 붐이 전선에 근접되지 않도록 주의한다.
② 디퍼(버켓)를 고압선으로부터 안전 이격거리 이상 떨어져서 작업한다.
③ 작업 감시자를 배치한 후 전력선 인근에서는 작업 감시자의 지시에 따른다.
④ 전력선에 접근되지 않도록 충분한 이격거리를 확보한다.
⑤ 전선이 바람에 흔들리는 정도는 바람이 강할수록 많이 흔들린다.
⑥ 전선은 철탑 또는 전주에서 멀어질수록 많이 흔들린다.
⑦ 전선은 바람의 흔들림 정도를 고려하여 작업안전거리를 증가시켜 작업한다.

2 특별 고압 송전선로

① 애자의 수가 많을수록 전압이 높다.
② 겨울철에 비하여 여름철에는 전선이 더 많이 처진다.
③ 철탑과 철탑과의 거리가 멀수록 전선의 흔들림이 크다.

3 전선로와의 안전 이격거리

① 애자수가 많을수록 멀어져야 한다.
② 전선이 굵을수록 멀어져야 한다.
③ 전압이 높을수록 멀어져야 한다.

4 인체에 감전시 위험을 결정하는 요소

① 전류가 인체에 통과한 경로
② 인체에 흐른 전류크기
③ 인체에 전류가 흐른 시간

5 감전사고의 요인

① 충전부분에 직접 접촉될 경우나 안전거리 이내로 접근하였을 때
② 콘덴서나 고압케이블 등의 잔류전하에 의할 경우
③ 전기 기계·기구의 절연변화, 손상, 파손 등에 의한 표면누설로 인하여 누전되어 있는 것에 접촉하여 인체가 통로로 되었을 경우

6 고압선로 주변에서 크레인 작업 중 발생할 수 있는 사고 유형

① 권상 로프나 훅이 흔들려 고압선과 안전이격 거리 이내로 접근하여 감전
② 붐 회전 중 측면에 위치한 고압선과 근접 접촉하여 감전
③ 작업 안전거리를 유지하지 않아 고압선에 근접 접촉하여 감전

04 안전·보건표지의 종류

1 금지표지(8종)

- 바탕 : **흰색**
- 기본모형 : **빨간색**
- 관련부호 및 그림 :**검은색**

2 경고표지(15종)

- 바탕 : **노란색**　　• 기본모형, 관련부호 및 그림 : **검은색**
- 바탕 : **무색**　　• 기본모형 : **빨간색(검은색도 가능)**

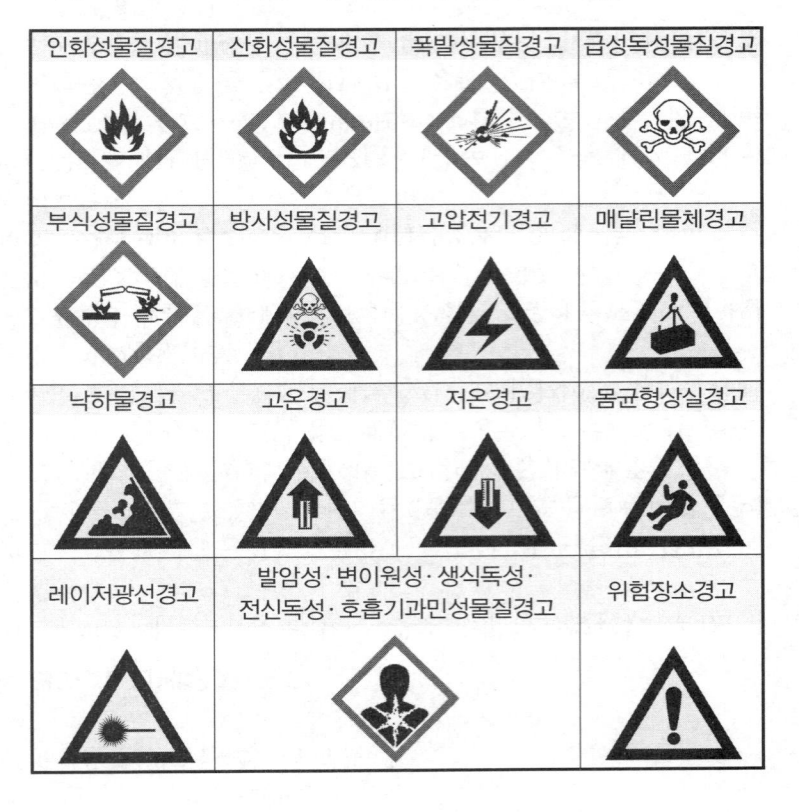

3 지시표지(9종)

- 바탕 : **파란색**　　• 관련 그림 : **흰색**

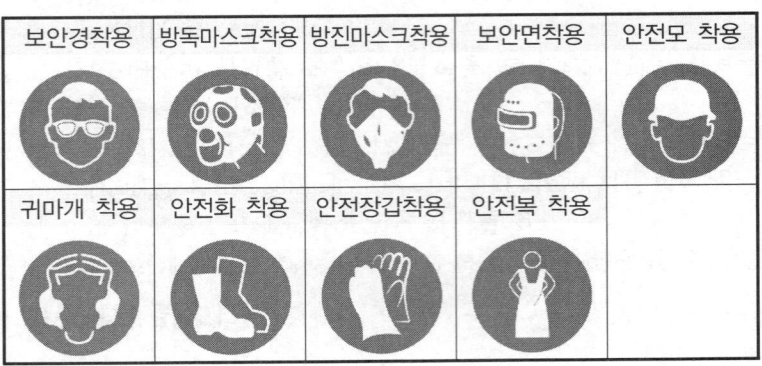

4 안내표지(7종)

- 바탕 : **흰색**　　• 기본모형 및 관련부호 : **녹색**
- 바탕 : **녹색**　　• 관련부호 및 그림 : **흰색**

적중예상문제

01. 굴착기 작업장치

02. 건설기계 유압

03. 건설기계 기관장치

04. 건설기계 전기장치

05. 건설기계 섀시장치

06. 건설기계 관리법규 및 도로교통법

07. 안전관리

굴착기 작업장치

01 일반적으로 굴착기가 할 수 없는 작업은?

① 땅고르기 작업　　　　② 차량 토사 적재
③ 경사면 굴토　　　　　④ 리핑 작업

해설 굴착기가 할 수 있는 작업은 땅고르기 작업, 차량 토사 적재, 경사면 굴토 등이다.

02 트랙식 건설기계와 비교하여 타이어식의 장점에 해당되는 것은?

① 기동성이 좋다.
② 등판능력이 크다.
③ 수명이 길다.
④ 접지압이 낮아 습지 작업에 유리하다.

해설 **타이어식 건설기계의 장·단점**
① 주행 속도가 30~40km/h 정도로 기동성이 좋다.
② 포장된 도로의 주행이 가능하다.
③ **단점** : 견인력이 적고 접지압력(2.5~3.0kg/cm²)이 커 습지·사지 및 험악지 등의 작업이 곤란하다.

03 무한궤도식 굴착기와 타이어식 굴착기의 운전 특성에 대한 설명으로 가장 거리가 먼 것은?

① 타이어식은 장거리 이동이 쉽고 기동성이 양호하다.
② 무한궤도식(crawler)은 기복이 심한 곳에서나 좁은 장소에서는 작업이 불리하다.
③ 타이어식(wheel)은 변속 및 주행 속도가 빠르다.
④ 무한궤도식은 습지, 사지에서 작업이 유리하다.

해설 타이어식 굴착기는 기복이 심한 곳이나 좁은 장소에서는 작업이 무한 궤도식보다 불리하다.

04 굴착기의 3대 주요부 구분으로 옳은 것은?

① 트랙 주행체, 하부 추진체, 중간 선회체
② 동력 주행체, 하부 추진체, 중간 선회체
③ 작업(전부)장치, 상부 선회체, 하부 추진체
④ 상부 조정장치, 하부 추진체, 중간 동력장치

해설 **굴착기의 3대 주요 구성부품**은 작업장치, 상부 선회체, 하부 추진체이다.

05 휠 타입 굴착기의 동력 전달장치에서 슬립이음(슬립 조인트)이 변화를 가능하게 하는 것은?

① 축의 길이　　　　　　② 회전속도
③ 드라이브 각　　　　　④ 축의 진동

해설 슬립이음은 축의 길이 변화를 주는 부품이다.

06 굴착기 추진축의 스플라인부가 마모되었을 때 두드러지게 나타나는 현상은?

① 신축 작용시 추진축이 구부러진다.
② 주행 중 소음을 내고 추진축이 진동한다.
③ 차동기어의 물림이 불량하게 된다.
④ 미끄럼 현상이 일어난다.

해설 굴착기 추진축의 스플라인부가 마모되면 주행 중 소음을 내고 추진축이 진동한다.

07 굴착기 동력전달 계통에서 최종적으로 구동력을 증가시키는 것은?

① 트랙 모터　　　　　　② 종감속 기어
③ 스프로켓　　　　　　④ 변속기

해설 종감속 기어는 동력 전달 계통에서 최종적으로 구동력 증가시킨다.

08 타이어형 굴착기의 액슬 허브에 오일을 교환하고자 한다. 옳은 것은?

① 오일을 배출시킬 때는 플러그를 6시 방향에, 주입할 때는 플러그 방향을 9시에 위치시킨다.
② 오일을 배출시킬 때는 플러그를 3시 방향에, 주입할 때는 플러그 방향을 9시에 위치시킨다.
③ 오일을 배출시킬 때는 플러그를 2시 방향에, 주입할 때는 플러그 방향을 12시에 위치시킨다.
④ 오일을 배출시킬 때는 플러그를 1시 방향에, 주입할 때는 플러그 방향을 9시에 위치시킨다.

해설 액슬 허브 오일을 교환할 때 오일을 배출시킬 경우에는 플러그를 6시 방향에, 주입할 때는 플러그 방향을 9시에 위치시킨다.

09 굴착기에 주로 사용되는 타이어는?

① 고압 타이어　　　　　② 저압 타이어
③ 초저압 타이어　　　　④ 강성 타이어

10 타이어식 굴착기의 브레이크 파이프 내에 베이퍼 록이 생기는 원인이다. 관계없는 것은?

① 드럼의 과열　　　　　② 지나친 브레이크 조작
③ 잔압의 저하　　　　　④ 라이닝과 드럼의 간극 과대

해설 **베이퍼록이 발생하는 원인**
① 지나친 브레이크 조작
② 드럼의 과열 및 잔압의 저하
③ 긴 내리막길에서 과도한 브레이크 사용
④ 라이닝과 드럼의 간극 과소
⑤ 오일의 변질에 의한 비점 저하
⑥ 불량한 오일 사용
⑦ 드럼과 라이닝의 끌림에 의한 가열

11 휠식 굴착기에서 아워 미터의 역할은?

① 엔진 가동시간을 나타낸다.　② 주행거리를 나타낸다.
③ 오일량을 나타낸다.　　　　④ 작동유량을 나타낸다.

해설 아워 미터는 엔진의 가동시간을 나타내는 계기이다.

12 무한궤도식 굴착기의 하부 주행체를 구성하는 요소가 아닌 것은?

① 스프로킷　　　　　　② 주행 모터
③ 트랙　　　　　　　　④ 리어 액슬

해설 **굴착기의 하부 주행체**는 트랙, 상부·하부 롤러, 프런트 아이들러, 스프로킷, 주행 모터로 구성되어 있다.

13 굴착기 하부기구의 구성요소가 아닌 것은?

① 트랙 프레임　　　　　② 주행용 유압모터
③ 트랙 및 롤러　　　　　④ 유압 회전 커플링 및 선회장치

14 무한궤도에 의해 트랙터를 주행시키는 언더 캐리지 장치에 속하지 않는 것은?

① 제동 리서브　　　　　② 평형 스프링
③ 트랙 프레임　　　　　④ 트랙 롤러

15 하부 구동체(under carriage)에서 장비의 중량을 지탱하고 완충작용을 하며, 대각지주가 설치된 것은?

① 트랙　　　　　　　　② 상부 롤러
③ 하부 롤러　　　　　　④ 트랙 프레임

해설 **트랙 프레임**은 하부 구동체에서 건설기계의 중량을 지탱하고 완충작용을 하며, 대각지주가 설치되어 있다.

16 무한궤도식 건설기계에서 균형 스프링의 형식으로 틀린 것은?

① 플랜지 형　　　　　　② 빔 형
③ 스프링 형　　　　　　④ 평 형

해설 **균형 스프링**은 강판을 겹친 판스프링(leaf spring)으로 그 양쪽 끝은 트랙 프레임에 얹혀 있고 그 중앙에 트랙터 앞부분의 중량을 받는다. 형식에는 스프링 형식과 빔 형식, 평형 스프링 형식이 있다.

17 굴착기의 스프로켓에 가까운 쪽의 롤러는 어떤 형식을 사용하는가?

① 싱글 플랜지형　　　　② 더블 플랜지형
③ 플랫형　　　　　　　④ 오프셋형

해설 굴착기의 스프로켓에 가까운 쪽의 롤러는 싱글 플랜지형을 사용한다.

18 무한궤도식 굴착기에서 상부 롤러의 설치 목적은?

① 전부 유동륜을 고정한다.　② 기동륜을 지지한다.
③ 트랙을 지지한다.　　　　④ 리코일 스프링을 지지한다.

해설 상부 롤러(캐리어 롤러)는 트랙 프레임 위에 한쪽만 지지하거나 양쪽을 지지하는 브래킷에 1~2개가 설치되어 프런트 아이들러와 스프로켓 사이에서 트랙이 처지는 것을 방지하는 동시에 트랙의 회전 위치를 정확하게 유지한다.

19 무한궤도식 장비에서 캐리어 롤러에 대한 내용으로 맞는 것은?

① 캐리어 롤러는 좌우 10개로 구성되어 있다.
② 트랙의 장력을 조정한다.
③ 장비의 전체 중량을 지지한다.
④ 트랙을 지지한다.

20 트랙 프레임 상부 롤러에 대한 설명으로 틀린 것은?

① 더블 플랜지형을 주로 사용한다.
② 트랙의 회전을 바르게 유지한다.
③ 트랙이 밑으로 처지는 것을 방지한다.
④ 전부 유동륜과 기동륜 사이에 1~2개가 설치된다.

해설 상부 롤러는 싱글 플랜지형(바깥쪽으로 플랜지가 있는 형식)을 사용한다.

21 트랙 프레임 위에 한쪽만 지지하거나 양쪽을 지지하는 브래킷에 1~2개가 설치되어 트랙 아이들러와 스프로켓 사이에서 트랙이 처지는 것을 방지하는 동시에 트랙의 회전위치를 정확하게 유지하는 역할을 하는 것은?

① 브레이스　　　　　　② 아우터 스프링
③ 스프로켓　　　　　　④ 캐리어 롤러

22 트랙에 있는 롤러에 대한 설명으로 틀린 것은?

① 상부롤러는 보통 1~2개가 설치되어 있다.
② 하부롤러는 트랙프레임의 한쪽 아래에 3~7개 설치되어 있다.
③ 상부롤러는 스프로킷과 아이들러 사이에 트랙이 처지는 것을 방지한다.
④ 하부롤러는 트랙의 마모를 방지해 준다.

해설 하부 롤러는 건설기계의 전체 하중을 지지해 준다.

23 무한궤도식 건설기계에서 프런트 아이들러의 주된 역할은?

① 동력을 전달시켜 준다.
② 공회전을 방지하여 준다.
③ 트랙의 진로 방향을 유도시켜 준다.
④ 트랙의 회전을 조정해 준다.

해설 프런트 아이들러(전부 유동륜)는 트랙의 진행방향을 유도한다.

24 무한궤도식 장비에서 프런트 아이들러의 작용에 대한 설명으로 가장 적당한 것은?

① 회전력을 발생하여 트랙에 전달한다.
② 트랙의 진로를 조정하면서 주행방향으로 트랙을 유도한다.
③ 구동력을 트랙으로 전달한다.
④ 파손을 방지하고 원활한 운전을 할 수 있도록 하여 준다.

25 트랙 장력을 조절하면서 트랙의 진행방향을 유도하는 언더 캐리지 부품은?

① 하부 롤러　　　　　　② 상부 롤러
③ 장력 실린더　　　　　④ 전부 유동륜

26 트랙장치에서 유동륜의 작용은?

① 트랙의 회전을 원활히 한다.
② 동력을 트랙으로 전달한다.
③ 트랙의 장력을 조정하면서 트랙의 진행방향을 유도한다.
④ 차체의 파손을 방지하고 원활한 운전을 하게 한다.

27 굴착기의 프런트 아이들러와 스프로킷이 일치되게 하기 위해서는 브래킷 옆에 무엇으로 조정하는가?

① 시어핀　　　　　　　② 쐐기
③ 편심볼트　　　　　　④ 심(shim)

해설 프런트 아이들러와 스프로켓이 일치되도록 하기 위해서는 브래킷 옆에 심(shim)으로 조정한다.

28 트랙장치에서 주행 중에 트랙과 아이들러의 충격을 완화시키기 위해 설치한 것은?

① 스프로킷　　　　　　② 리코일 스프링
③ 상부 롤러　　　　　　④ 하부 롤러

해설 리코일 스프링은 주행 중 트랙 전면에서 오는 충격을 완화하여 차체 파손을 방지하고 운전을 원활하게 해주는 장치이다.

29 무한궤도형 건설기계에서 리코일 스프링의 주된 역할로 맞는 것은?

① 주행 중 트랙 전면에서 오는 충격완화
② 클러치의 미끄러짐 방지
③ 트랙의 벗어짐 방지
④ 삽에 걸리는 하중 방지

정답 14.① 15.④ 16.① 17.① 18.③ 19.④ 20.① 21.④ 22.④ 23.③ 24.② 25.④ 26.③ 27.④ 28.② 29.①

30 주행 중 트랙 전면에서 오는 충격을 완화하여 차체 파손을 방지하고 운전을 원활하게 해주는 장치는?

① 트랙 롤러　　　　　② 리프트 실린더
③ 리코일 스프링　　　④ 댐퍼 스프링

31 무한궤도형 건설기계에서 리코일 스프링을 분해해야 할 경우는?

① 아이들 롤러 파손시　　② 트랙 파손시
③ 스프로킷 파손시　　　④ 스프링이나 샤프트 절손시

32 무한궤도식 굴착기에서 스프로킷이 한쪽으로만 마모되는 원인으로 가장 적합한 것은?

① 트랙 장력이 늘어났다.
② 트랙 링크가 마모되었다.
③ 상부 롤러가 과다하게 마모되었다.
④ 스프로킷 및 아이들러가 직선 배열이 아니다.

해설 스프로킷이 한쪽으로만 마모되는 원인은 스프로킷 및 아이들러가 직선배열이 아니기 때문이다.

33 트랙식 건설장비에서 트랙의 스프로킷이 이상 마모되는 원인으로 가장 적절한 것은?

① 트랙의 이완　　　　② 유압유의 부족
③ 댐퍼 스프링의 장력 약화　④ 유압이 높음

해설 무한궤도식 주행 장치의 스프로킷이 이상 마멸하는 원인은 트랙이 이완된 경우이다.

34 무한궤도식 주행 장치에서 스프로킷의 이상 마모를 방지하기 위해서 조정하여야 하는 것은?

① 슈의 간격　　　　② 트랙의 장력
③ 롤러의 간격　　　④ 아이들러의 위치

35 무한궤도식 건설기계에서 트랙의 구성 부품으로 맞는 것은?

① 슈, 조인트, 스프로킷, 핀, 슈 볼트
② 스프로킷, 트랙 롤러, 상부 롤러, 아이들러
③ 슈, 스프로킷, 하부 롤러, 상부 롤러, 감속기
④ 슈, 슈 볼트, 링크, 부싱, 핀

해설 트랙은 슈, 슈 볼트, 링크, 부싱, 핀 등으로 구성되어 있다.

36 트랙을 구성하는 부품이 아닌 것은?

① 로드　　　　② 핀
③ 부싱　　　　④ 링크

해설 트랙은 핀, 부싱, 링크, 슈로 구성된다.

37 트랙의 구성부품이 아닌 것은?

① 슈판　　　　② 스윙기어
③ 링크　　　　④ 핀

38 트랙 장치의 구성품 중 트랙 슈와 슈를 연결하는 부품은?

① 부싱과 캐리어 롤러　　② 트랙 링크와 핀
③ 아이들러와 스프로켓　　④ 하부 롤러와 상부 롤러

해설 트랙 슈와 슈를 연결하는 부품은 트랙 링크와 핀이다.

39 트랙 링크의 수가 38조라면 트랙 핀의 부싱은 몇 조인가?

① 37조　　　　② 38조
③ 39조　　　　④ 40조

해설 트랙 링크의 수가 38조라면 트랙 핀의 부싱은 38조이다.

40 트랙의 구성품을 설명한 것으로 틀린 것은?

① 링크는 핀과 부싱에 의하여 연결되어 상하부 롤러 등이 굴러갈 수 있는 레일을 구성해 주는 부분으로 마멸되었을 때 용접하여 재사용할 수 있다.
② 부싱은 링크의 큰 구멍에 끼워지며 스프로킷 이빨이 부싱을 물고 회전하도록 되어 있으며 마멸되면 용접하여 재사용할 수 있다.
③ 슈는 링크에 4개의 볼트에 의해 고정되며 장비의 전체 하중을 지지하고 견인하면서 회전하고 마멸되면 용접하여 재사용할 수 있다.
④ 핀은 부싱 속을 통과하여 링크의 작은 구멍에 끼워진다. 핀과 부싱을 교환할 때는 유압 프레스로 작업하며 약 100톤 정도의 힘이 필요하다. 그리고 무한궤도의 분리를 쉽게 하기 위하여 마스터 핀을 두고 있다.

해설 부싱은 링크의 큰 구멍에 끼워지며 스프로킷 이빨이 부싱을 물고 회전하도록 되어 있으며 마멸되면 용접하여 재사용할 수 없다.

41 다음 설명 중 틀린 것은?

① 트랙 핀과 부싱을 뽑을 때에는 유압 프레스를 사용한다.
② 트랙 슈에는 건지형, 수중형으로 구분된다.
③ 트랙은 링크, 부싱, 슈 등으로 구성되어 있다.
④ 트랙 정렬이 안되면 링크 측면의 마모원인이 된다.

해설 **트랙**
① 트랙 핀과 부싱을 뽑을 때에는 유압 프레스를 사용한다.
② 트랙 슈에는 건지형, 습지형으로 구분된다.
③ 트랙은 링크, 부싱, 슈, 링크 등으로 구성되어 있다.
④ 트랙 정렬이 안되면 링크 측면의 마모원인이 된다.

42 트랙 슈의 종류로 틀린 것은?

① 단일 돌기 슈　　② 습지용 슈
③ 이중 돌기 슈　　④ 변하중 돌기 슈

해설 **트랙 슈의 종류**: 단일돌기 슈, 2중 돌기 슈, 3중 돌기 슈, 반 이중 돌기 슈, 습지용 슈, 고무 슈, 암반용 슈, 평활 슈 등이 있다.

43 트랙 슈의 종류가 아닌 것은?

① 고무 슈　　　　② 4중 돌기 슈
③ 3중 돌기 슈　　④ 반 이중 돌기 슈

44 도로를 주행할 때 포장노면의 파손을 방지하기 위해 주로 사용하는 트랙 슈는?

① 평활 슈　　　　② 단일 돌기 슈
③ 습지용 슈　　　④ 스노 슈

45 트랙장치의 구성품 중 주유를 하지 않아도 되는 곳은?

① 상부 롤러　　　② 트랙 슈
③ 아이들러　　　④ 하부 롤러

46 굴착기의 하부 추진체와 트랙의 점검항목 및 조치 사항을 열거한 것 중 틀린 것은?

① 구동 스프로킷의 마멸 한계를 초과하면 교환한다.
② 각부 롤러의 이상 상태 및 리이닝 장치의 기능을 점검 한다.
③ 트랙 장력을 규정값으로 조정한다.
④ 리코일 스프링의 손상 등 상하부 롤러에 균열 및 마멸 등이 있으면 교환한다.

해설 리이닝 장치는 모터 그레이더에서 앞바퀴를 20~30°정도 경사시켜 선회시 회전 반경이 커지는 단점을 보완한다.

정답　30.③　31.④　32.④　33.①　34.②　35.④　36.①　37.②　38.②　39.②　40.②　41.②　42.④　43.②　44.①　45.②　46.②

47 무한궤도식 건설기계에서 트랙이 벗겨지는 원인은?

① 트랙의 서행 회전
② 트랙이 너무 이완되었을 때
③ 파이널 드라이브의 마모
④ 보조 스프링이 파손되었을 때

해설 트랙이 벗겨지는 원인
① 트랙이 너무 이완되었을 때(트랙의 유격이 크다.)
② 트랙의 정렬이 불량할 때
③ 고속주행 중 급선회를 하였을 때
④ 프런트 아이들러, 상·하부 롤러 및 스프로킷의 마멸이 클 때
⑤ 리코일 스프링의 장력이 부족할 때
⑥ 경사지에서 작업할 때

48 무한궤도식 건설기계에서 트랙이 자주 벗겨지는 원인으로 가장 거리가 먼 것은?

① 유격(긴도)이 규정보다 커 트랙이 늘어졌다.
② 트랙의 상·하부 롤러가 마모되었다.
③ 최종 구동기어가 마모되었다.
④ 트랙의 중심정렬이 맞지 않았다.

49 무한궤도식 건설기계에서 트랙의 탈선 원인과 가장 거리가 먼 것은?

① 트랙의 유격이 너무 클 때
② 하부 롤러에 주유를 하지 않았을 때
③ 스프로킷이 많이 마모되었을 때
④ 프런트 아이들러와 스프로킷의 중심이 맞지 않을 때

50 트랙이 주행 중 벗겨지는 원인이 아닌 것은?

① 트랙 장력이 너무 느슨할 때
② 상부 롤러가 마모 및 파손되었을 때
③ 고속 주행 시 급히 선회할 때
④ 타이어 트레드가 마모되었을 때

51 일반적으로 무한궤도식 장비에서 트랙을 분리하여야 할 경우가 아닌 것은?

① 트랙 교환 시
② 트랙 상부롤러 교환 시
③ 스프로킷 교환 시
④ 아이들러 교환 시

해설 트랙을 분리하여야 하는 경우
① 트랙을 교환할 때
② 아이들 롤러를 교환할 때
③ 트랙이 벗어졌을 때
④ 스프로켓을 교환할 때

52 다음 중 무한궤도식 건설기계 장비에서 트랙을 탈거하기 위해서 우선적으로 제거해야 하는 것은?

① 슈
② 마스터 핀
③ 링크
④ 부싱

해설 마스터 핀은 트랙의 분리를 쉽게 하기 위하여 둔 것이다.

53 무한궤도식 건설기계에서 트랙을 쉽게 분리하기 위해 설치한 것은?

① 슈
② 링크
③ 마스터 핀
④ 부싱

해설 마스터 핀은 트랙의 분리를 쉽게 하기 위하여 둔 것이며, 부싱의 길이가 다른 핀에 비해 짧게 되어있다.

54 트랙 장력을 조정하는 이유가 아닌 것은?

① 구성부품 수명연장
② 트랙의 이탈방지
③ 스윙 모터의 과부하 방지
④ 스프로킷 마모방지

55 무한궤도식 굴착기의 트랙 유격을 조정할 때 유의사항으로 잘못된 방법은?

① 브레이크가 있는 장비는 브레이크를 사용한다.
② 트랙을 들고 늘어지는 것을 점검한다.
③ 장비를 평지에 주차시킨다.
④ 2~3회 나누어 조정한다.

해설 트랙을 조정할 때 유의할 사항
① 장비를 평지에 정차시킨다.
② 브레이크가 있는 장비는 브레이크를 사용해서는 안 된다.
③ 2~3회 반복 조정한다.
④ 트랙을 들고 늘어지는 것을 점검한다.

56 무한궤도식 장비에서 트랙 장력 조정을 하는 기능을 가진 것은?

① 트랙 어저스터
② 스프로킷
③ 주행모터
④ 아이들러

57 무한궤도식 장비에서 트랙 장력이 느슨해졌을 때 무엇을 주입 하면서 조정하는가?

① 기어 오일
② 그리스
③ 엔진 오일
④ 브레이크 오일

해설 트랙 장력 조정은 장력 실린더에 그리스를 주입하거나 배출시켜 조정한다.

58 무한궤도식 장비에서 트랙 장력이 느슨해졌을 때 팽팽하게 조정하는 것으로 맞는 것은?

① 기어오일을 주입하여 조정한다.
② 그리스를 주입하여 조정한다.
③ 엔진오일을 주입하여 조정한다.
④ 브레이크 오일을 주입하여 조정한다.

해설 무한궤도식 장비에서 트랙 장력이 느슨해졌을 때 그리스를 주입하여 조정한다.

59 무한궤도식 건설기계에서 트랙 장력 조정은?

① 스프로킷의 조정 볼트로 한다.
② 장력 조정 실린더로 한다.
③ 상부 롤러의 베어링으로 한다.
④ 하부 롤러의 심을 조정한다.

60 무한궤도식 건설기계에서 트랙의 장력 조정(유압식)은 어느 것으로 하는가?

① 상부 롤러의 이동으로
② 하부 롤러의 이동으로
③ 스크로킷의 이동으로
④ 아이들러의 이동으로

해설 트랙의 장력은 아이들러를 이동시켜 조정한다.

61 트랙장치의 트랙유격이 너무 커졌을 때 발생하는 현상으로 가장 적합한 것은?

① 주행속도가 빨라진다.
② 슈 판의 마모가 급격해진다.
③ 주행속도가 아주 느려진다.
④ 트랙이 벗겨지기 쉽다.

해설 트랙 유격이 커지면 트랙이 벗겨지기 쉽다.

62 무한궤도식 건설기계에서 트랙 장력이 약간 팽팽하게 되었을 때 작업조건이 오히려 효과적일 경우는?

① 수풀이 있는 땅
② 진흙땅
③ 바위가 깔린 땅
④ 모래땅

해설 트랙의 장력이 약간 팽팽하게(유격을 작게) 하여야 할 경우는 굳은 지반이나 암반을 통과할 때이다.

63 무한궤도식 건설기계에서 트랙의 장력을 너무 팽팽하게 조정했을 때 미치는 영향으로 틀린 것은?

① 트랙 링크의 마모
② 프런트 아이들러의 마모
③ 트랙의 이탈
④ 구동 스프로킷의 마모

해설 트랙 장력이 너무 팽팽하면 상·하부 롤러, 트랙 링크, 프런트 아이들러, 구동 스프로킷 등 트랙의 부품이 조기에 마모되는 원인이 된다.

64 무한궤도식 건설기계에서 트랙 장력이 너무 팽팽하게 조정되었을 때 보기와 같은 부분에서 마모가 촉진되는 부분(기호)을 모두 나열한 항은?

[보기]
a. 트랙 핀의 마모   b. 부싱의 마모
c. 스프로킷 마모   d. 블레이드 마모

① a, b, c, d
② a, b, c
③ a, b, d
④ a, c

해설 트랙 장력이 너무 팽팽하게 조정 되면 트랙 핀의 마모, 부싱의 마모, 상부 및 하부 롤러의 마모, 프런트 아이들 및 스프로킷 마모 등이 발생한다.

65 하부 롤러, 링크 등 트랙 부품이 조기 마모되는 원인으로 가장 맞는 것은?

① 일반 객토에서 작업을 하였을 때
② 트랙 장력이 너무 헐거울 때
③ 겨울철에 작업을 하였을 때
④ 트랙 장력이 너무 팽팽했을 때

66 트랙의 하부 추진 장치에 대한 조치사항으로 가장 거리가 먼 것은?

① 트랙의 장력은 25~30mm로 조정한다.
② 트랙 장력 조정은 그리스 주입식이 있다.
③ 마멸 및 균열 등이 있으면 교환한다.
④ 프레임이 휘면 프레스로 수정하여 사용한다.

67 유압식 굴착기에서 센터 조인트의 기능은?

① 스티어링 링키지의 하나로 차체의 중앙 고정축 주위에 움직이는 암이다.
② 상부 회전체의 오일을 하부 주행 모터에 공급한다.
③ 전·후륜의 중앙에 있는 디퍼렌셜을 가리키는 것이다.
④ 물체가 원운동을 하고 있을 때 그 물체에 작용하는 원심력으로서 원의 중심에서 멀어지는 기능을 하는 것이다.

해설 센터(스위블) 조인트는 상부 회전체의 중심부에 설치되어 있으며, 상부 회전체의 오일을 하부 주행 모터로 공급해 주는 부품이다. 또 이 조인트는 상부 회전체가 회전하더라도 호스, 파이프 등이 꼬이지 않고 원활히 송유한다.

68 굴착기의 센터 조인트(선회 이음)의 기능으로 맞는 것은?

① 상부회전체가 회전시에도 오일 관로가 꼬이지 않고 오일을 하부 주행체로 원활히 공급한다.
② 주행 모터가 상부 회전체에 오일을 전달한다.
③ 하부 주행체에서 공급되는 오일을 상부 회전체로 공급한다.
④ 자동변속장치에 의하여 스윙모터를 회전시킨다.

69 크롤러식 굴착기에서 상부 회전체의 회전에는 영향을 주지 않고 주행 모터에 작동유를 공급할 수 있는 부품은?

① 컨트롤 밸브
② 사축형 유압모터
③ 센터 조인트
④ 언로더 밸브

70 무한궤도식 굴착기의 동력전달계통과 관계가 없는 것은?

① 주행 모터
② 최종감속기어
③ 유압 펌프
④ 추진축

71 무한궤도식 굴착기의 부품이 아닌 것은?

① 유압 펌프
② 오일 쿨러
③ 자재이음
④ 주행 모터

해설 자재이음은 타이어식 장비에서 구동 각도의 변화를 주는 부품이다.

72 유압식 굴착기의 주행 동력으로 이용되는 것은?

① 유압 모터
② 전기 모터
③ 변속기 동력
④ 차동 장치

해설 유압식 굴착기의 주행 동력으로 이용되는 것은 유압 모터이다.

73 무한궤도식 굴착기의 유압식 하부 추진체 동력전달 순서로 맞는 것은?

① 기관 → 컨트롤 밸브 → 센터 조인트 → 유압 펌프 → 주행 모터 → 트랙
② 기관 → 컨트롤 밸브 → 센터 조인트 → 주행 모터 → 유압 펌프 → 트랙
③ 기관 → 센터 조인트 → 유압 펌프 → 컨트롤 밸브 → 주행 모터 → 트랙
④ 기관 → 유압 펌프 → 컨트롤 밸브 → 센터 조인트 → 주행 모터 → 트랙

해설 무한궤도식 굴착기의 하부 추진체 동력전달 순서는 기관→유압 펌프→컨트롤 밸브→센터 조인트→주행 모터→트랙이다.

74 무한궤도식 굴착기에서 하부 주행체 동력전달 순서로 맞는 것은?

① 유압 펌프 → 제어 밸브 → 센터 조인트 → 주행 모터
② 유압 펌프 → 제어 밸브 → 주행 모터 → 자재이음
③ 유압 펌프 → 센터 조인트 → 제어 밸브 → 주행 모터
④ 유압 펌프 → 센터 조인트 → 주행 모터 → 자재이음

해설 주행 장치의 유압 전달 순서는 유압 펌프→제어 밸브→센터 조인트→주행 모터이다.

75 무한궤도식 굴착기의 조향 작용은 무엇으로 행하는가?

① 유압 모터
② 유압 펌프
③ 조향 클러치
④ 브레이크 페달

해설 무한궤도식 굴착기의 조향 작용은 유압(주행) 모터로 한다.

76 무한궤도식 굴착기의 환향은 무엇에 의하여 작동되는가?

① 주행 펌프
② 스티어링 휠
③ 스로틀 레버
④ 주행 모터

77 무한궤도식 건설기계에서 주행 불량 현상의 원인이 아닌 것은?

① 한쪽 주행모터의 브레이크 작동이 불량할 때
② 유압펌프의 토출 유량이 부족할 때
③ 트랙에 오일이 묻었을 때
④ 스프로킷이 손상되었을 때

해설 **무한궤도식 건설기계에서 주행 불량 현상의 원인**
① 한쪽 주행모터의 브레이크 작동이 불량할 때
② 유압펌프의 토출 유량이 부족할 때
③ 스프로킷이 손상되었을 때

정답 63.③ 64.② 65.④ 66.④ 67.② 68.① 69.③ 70.④ 71.③ 72.① 73.④ 74.① 75.① 76.④ 77.③

78 무한궤도식 굴착기의 주행방법 중 틀린 것은?

① 가능하면 평탄한 길을 택하여 주행한다.
② 요철이 심한 곳에서는 엔진 회전수를 높여 통과한다.
③ 돌이 주행모터에 부딪치지 않도록 한다.
④ 연약한 땅은 피해서 간다.

79 굴착기의 상부 회전체는 몇 도까지 회전이 가능한가?

① 90°　　　　　② 180°
③ 270°　　　　　④ 360°

> **해설**　굴착기의 상부 회전체는 360° 회전이 가능하다.

80 굴착기의 밸런스 웨이트(balance weight)에 대한 설명으로 가장 적합한 것은?

① 작업을 할 때 장비의 뒷부분이 들리는 것을 방지한다.
② 굴삭량에 따라 중량물을 들 수 있도록 운전자가 조절하는 장치이다.
③ 접지 압을 높여주는 장치이다.
④ 접지 면적을 높여주는 장치이다.

> **해설**　굴착기의 밸런스 웨이트는 작업을 할 때 장비의 뒷부분이 들리는 것을 방지하는 역할을 한다.

81 굴착기의 밸런스 웨이트에 대한 설명으로 가장 적합한 것은?

① 굴삭 작업시 더욱 무거운 중량을 들 수 있도록 임의로 조절하는 장치이다.
② 접지면적을 높여주는 장치이다.
③ 굴삭 작업시 앞으로 넘어지는 것을 막아 준다.
④ 접지압을 높여주는 장치이다.

82 굴착기 작업시 안정성을 주고 장비의 밸런스를 잡아 주기 위하여 설치한 것은?

① 붐　　　　　② 스틱
③ 버킷　　　　　④ 카운터 웨이트

> **해설**　굴착기 작업시 안정성을 주고 장비의 밸런스를 잡아 주기 위하여 설치한 것은 카운터 웨이트(밸런스 웨이트, 평형추)이다.

83 굴착기에서 그리스를 주입하지 않아도 되는 곳은?

① 버킷 핀　　　　　② 링키지
③ 트랙 슈　　　　　④ 선회 베어링

84 굴착기의 조종레버 중 굴삭 작업과 직접 관계가 없는 것은?

① 버킷 제어레버　　　　　② 붐 제어레버
③ 암(스틱) 제어레버　　　　　④ 스윙 제어레버

> **해설**　굴삭 작업과 직접 관계되는 것으로는 암(스틱) 제어레버, 붐 제어레버, 버킷 제어레버 등이다.

85 굴착기의 붐 제어레버를 계속하여 상승위치로 당기고 있으면 다음 중 어느 곳에 가장 큰 손상이 발생하는가?

① 엔진　　　　　② 유압 펌프
③ 릴리프 밸브 및 시트　　　　　④ 유압 모터

> **해설**　굴착기의 붐 제어레버를 계속하여 상승위치로 당기고 있으면 릴리프 밸브 및 시트에 가장 큰 손상이 발생한다.

86 굴착기의 붐의 작동이 느린 이유가 아닌 것은?

① 기름에 이물질 혼입　　　　　② 기름의 압력저하
③ 기름의 압력과다　　　　　④ 기름의 압력부족

87 장비의 위치보다 높은 곳을 굴착하는데 알맞은 것으로 토사 및 암석을 트럭에 적재하기 쉽게 디퍼 덮개를 개폐하도록 제작된 장비는?

① 파워 셔블　　　　　② 기중기
③ 굴착기　　　　　④ 스크레이퍼

> **해설**　파워 셔블은 장비의 위치보다 높은 곳을 굴착하는데 알맞은 것으로 토사 및 암석을 트럭에 적재하기 쉽게 디퍼(버킷) 덮개를 개폐하도록 제작된 장비이다.

88 작업 장치로 토사 굴토 작업이 가능한 건설기계는?

① 로더와 기중기　　　　　② 불도저와 굴착기
③ 천공기와 굴착기　　　　　④ 지게차와 모터그레이더

89 굴착기의 작업 장치 중 콘크리트 등을 깰 때 사용되는 것으로 가장 적합한 것은?

① 마그넷　　　　　② 브레이커
③ 파일 드라이버　　　　　④ 드롭 해머

> **해설**　브레이커는 아스팔트, 콘크리트, 바위 등을 깰 때 사용하는 작업 장치이다.

90 굴착기의 작업 장치에 해당되지 않는 것은?

① 브레이커　　　　　② 파일 드라이브
③ 힌지 버킷　　　　　④ 백호(back hoe)

> **해설**　힌지 버킷은 석탄, 소금, 모래 등 흘러내리기 쉬운 화물에 사용하는 지게차에 주로 사용되는 작업 장치이다.

91 셔블 굴착기의 조정과정은 5가지 동작이 반복하면서 작업이 수행된다. 순서가 맞는 것은?

① 선회 → 적재 → 굴착 → 적재 → 선회
② 굴착 → 적재 → 선회 → 굴착 → 선회
③ 선회 → 굴착 → 적재 → 선회 → 굴착
④ 굴착 → 선회 → 적재 → 선회 → 굴착

> **해설**　셔블 굴착기의 조정과정은 5가지 동작 순서는 굴착 → 선회 → 적재 → 선회 → 굴착이다.

92 굴삭 작업시 작업능력이 떨어지는 원인으로 맞는 것은?

① 트랙 슈에 주유가 안됨　　　　　② 릴리프 밸브 조정불량
③ 조향핸들 유격과다　　　　　④ 아워미터 고장

93 크롤러형의 굴착기를 주행 운전할 때 적합하지 않은 것은?

① 주행시 버킷의 높이는 30～50cm가 좋다.
② 가능하면 평탄지면을 택하고, 엔진은 중속이 적합하다.
③ 암반 통과시 엔진속도는 고속이어야 한다.
④ 주행할 때 전부장치는 전방을 향해야 좋다.

> **해설**　크롤러형의 굴착기를 주행 운전할 때 ①, ②, ④항 이외에 암반을 통과할 때는 엔진 속도는 중속이어야 한다.

94 크롤러형 굴착기가 진흙에 빠져서, 자력으로는 탈출이 거의 불가능하게 된 상태의 경우 견인방법으로 가장 적당한 것은?

① 버킷으로 지면을 걸고 나온다.
② 두 대의 굴착기 버킷을 서로 걸고 견인한다.
③ 전부장치로 잭업시킨 후, 후진으로 밀면서 나온다.
④ 하부기구 본체에 와이어로프를 걸고 크레인으로 당길 때 굴착기는 주행 레버를 견인방향으로 밀면서 나온다.

---

95 굴착기 등 건설기계 운전 작업장에서 이동 및 선회시 안전을 위해서 행하는 적절한 조치로 맞는 것은?

① 경적을 울려서 작업장 주변 사람에게 알린다.
② 버킷을 내려서 점검하고 작업한다.
③ 급방향 전환을 위하여 위험시간을 최대한 줄인다.
④ 굴착작업으로 안전을 확보한다.

해설 작업장에서 이동 및 선회시 안전을 위해서 경적을 울려서 작업장 주변 사람에게 알린다.

96 트랙식 굴착기의 한쪽 주행레버만 조작하여 회전하는 것을 무엇이라 하는가?

① 피벗 회전   ② 급회전
③ 스핀 회전   ④ 원웨이 회전

해설 **굴착기의 회전방법**
① **피벗 회전**(pivot turn) : 한쪽 주행 레버만 밀거나, 당겨서 한쪽 트랙만 전·후진시켜 조향을 하는 방법이다.
② **스핀 회전**(spin turn) : 양쪽 주행 레버를 동시에 한쪽 레버를 앞으로 밀고, 한쪽 레버를 당겨서 차체의 중심을 기점으로 급회전 조향을 하는 방법이다.

97 굴착기 스윙(선회) 동작이 원활하게 안 되는 원인으로 틀린 것은?

① 컨트롤 밸브 스풀 불량
② 릴리프 밸브 설정압력 부족
③ 터닝 조인트(Turning joint) 불량
④ 스윙(선회) 모터 내부 손상

해설 터닝 조인트는 센터 조인트라고도 부르며 무한궤도형 굴착기에서 상부 회전체의 회전에는 영향을 주지 않고 주행 모터에 작동유를 공급할 수 있는 부품이다.

98 절토작업 시 안전준수 사항으로 잘못된 것은?

① 상부에서 붕괴낙하 위험이 있는 장소에서 작업은 금지한다.
② 상·하부 동시작업으로 작업능률을 높인다.
③ 굴착 면이 높은 경우에는 계단식으로 굴착한다.
④ 부석이나 붕괴되기 쉬운 지반은 적절한 보강을 한다.

해설 절토작업 시 안전준수 사항은 ①, ③, ④항 이외에 상·하부 동시작업을 해서는 안 된다.

99 굴착기로 작업시 안전한 작업 방법에 관한 사항들이다. 가장 적절하지 않은 것은?

① 작업 후에는 암과 버킷 실린더 로드를 최대로 줄이고 버킷을 지면에 내려놓을 것
② 토사를 굴착하면서 스윙하지 말 것
③ 암석을 옮길 때는 버킷으로 밀어내지 것
④ 버킷을 들어 올린채로 브레이크를 걸어두지 말 것

해설 **굴착기로 작업 방법**
① 작업 후에는 암과 버킷 실린더 로드를 최대로 줄이고 버킷을 지면에 내려 놓을 것
② 토사를 굴착하면서 스윙하지 말 것
③ 암석을 옮길 때는 버킷으로 밀어 낼 것
④ 버킷을 들어 올린 채로 브레이크를 걸어두지 말 것

100 굴착기 운전시 작업안전 사항으로 적합하지 않은 것은?

① 스윙하면서 버킷으로 암석을 부딪쳐 파쇄하는 작업을 하지 않는다.
② 안전한 작업 반경을 초과해서 하중을 이동시킨다.
③ 굴삭하면서 주행하지 않는다.
④ 작업을 중지할 때는 파낸 모서리로부터 장비를 이동시킨다.

해설 굴착기로 작업할 때 안전사항은 ①,③,④항 이외에 작업 반경을 초과해서 하중을 이동시켜서는 안 된다.

101 굴착기 작업시 작업 안전사항으로 틀린 것은?

① 기중 작업은 가능한 피하는 것이 좋다.
② 경사지 작업시 측면절삭을 행하는 것이 좋다.
③ 타이어형 굴착기로 작업시 안전을 위하여 아웃 트리거를 받치고 작업한다.
④ 한쪽 트랙을 들 때에는 암과 붐 사이의 각도는 90~110°범위로 해서 들어주는 것이 좋다.

해설 굴착기 작업시 작업 안전사항에 대한 설명은 ①, ③, ④항 이외에 경사지에서 작업할 때 측면 절삭을 해서는 안 된다.

102 굴착기로 작업할 때 주의사항으로 틀린 것은?

① 땅을 깊이 팔 때는 붐의 호스나 버킷 실린더의 호스가 지면에 닿지 않도록 한다.
② 암석, 토사 등을 평탄하게 고를 때는 선회 관성을 이용하면 능률적이다.
③ 암 레버의 조작시 잠깐 멈췄다가 움직이는 것은 펌프의 토출량이 부족하기 때문이다.
④ 작업시는 실린더의 행정 끝에서 약간 여유를 남기도록 운전한다.

103 굴착작업 시 안전준수사항으로 틀린 것은?

① 굴착 면 및 흙막이 상태를 주의하여 작업을 진행하여야 한다.
② 지반의 종류에 따라 정해진 굴착 면의 높이와 기울기로 진행하여야 한다.
③ 굴착 면 및 굴착 심도 기준을 준수하여 작업 중에 붕괴를 예방하여야 한다.
④ 굴착 토사나 자재 등을 경사면 및 토류 벽 전단부 주변에 견고하게 쌓아두어 작업하여야 한다.

104 타이어 타입 건설기계를 조종하여 작업을 할 때 주의하여야 할 사항으로 틀린 것은?

① 노견의 붕괴방지 여부
② 지반의 침하방지 여부
③ 작업범위 내에 물품과 사람을 배치
④ 낙석의 우려가 있으면 운전실에 헤드가이드를 부착

105 건설기계를 트레일러에 상·하차 하는 방법 중 틀린 것은?

① 언덕을 이용한다.
② 기중기를 이용한다.
③ 타이어를 이용한다.
④ 건설기계 전용 상하차대를 이용한다.

106 굴착기를 트레일러에 상차하는 방법에 대한 것으로 가장 적합하지 않은 것은?

① 가급적 경사대를 사용한다.
② 트레일러로 운반시 작업장치를 반드시 앞쪽으로 한다.
③ 경사대는 10~15° 정도 경사시키는 것이 좋다.
④ 붐을 이용하여 버킷으로 차체를 들어 올려 탑재하는 방법도 이용되지만 전복의 위험이 있어 특히 주의를 요하는 방법이다.

해설 트레일러로 굴착기를 운반할 때 작업장치를 반드시 뒤쪽으로 한다.

107 전부 장치가 부착된 굴착기를 트레일러로 수송할 때 붐이 향하는 방향으로 가장 적합한 것은?

① 앞 방향   ② 뒷 방향
③ 좌측 방향   ④ 우측 방향

해설 트레일러로 굴착기를 운반할 때 작업 장치는 반드시 뒤쪽으로 한다.

108 건설기계의 안전수칙에 대한 설명으로 틀린 것은?

① 운전석을 떠날 때 기관을 정지시켜야 한다.

② 버킷이나 하중을 달아 올린 채로 브레이크를 걸어두어서는 안 된다.

③ 장비를 다른 곳으로 이동할 때에는 반드시 선회 브레이크를 풀어 놓고 장비로부터 내려와야 한다.

④ 무거운 하중은 5~10cm 들어 올려 브레이크나 기계의 안전을 확인한 후 작업에 임하도록 한다.

해설 장비를 다른 곳으로 이동할 때에는 반드시 선회 브레이크를 잠가 놓고 장비로부터 내려와야 한다.

109 굴착기 작업 중 운전자가 하차시 주의사항으로 틀린 것은?

① 버킷을 땅에 완전히 내린다.

② 엔진을 정지시킨다.

③ 타이어식인 경우 경사지에서 정차시 고임목을 설치한다.

④ 엔진 정지 후 가속레버를 최대로 당겨 놓는다.

110 예방정비에 관한 설명 중 틀린 것은?

① 사고나 고장 등을 사전에 예방하기 위해 실시한다.

② 운전자와는 관련이 없다.

③ 계획표를 작성하여 실시하면 효과적이다.

④ 장비의 수명, 성능유지 등에 효과가 있다.

해설 예방 정비는 일일정비라고도 하며, 운전자가 실시하는 정비이다.

111 굴착기의 일상점검 사항이 아닌 것은?

① 엔진 오일량   ② 냉각수 누출여부

③ 오일쿨러 세척   ④ 유압 오일량

해설 일상점검(일일점검)은 엔진오일의 양과 색, 점도, 냉각수량과 누수, 유압 오일량 등을 점검한다.

112 굴착기의 작업 중 운전자가 관심을 가져야 할 사항이 아닌 것은?

① 엔진 속도 게이지   ② 온도 게이지

③ 작업 속도 게이지   ④ 장비의 잡음 상태

113 굴착기 작업장치 연결부(작동부) 니플에 주유하는 것은?

① 그리스   ② SAE #30

③ G.O   ④ H.O

chapter 02 건설기계 유압

01 유압 일반

01 유압장치를 가장 적절히 표현한 것은?

① 오일을 이용하여 전기를 생산하는 것
② 큰 물체를 들어올리기 위해 기계적인 이점을 이용하는 것
③ 액체로 전환시키기 위해 기체를 압축시키는 것
④ 유체의 압력에너지를 이용하여 기계적인 일을 하도록 하는 것

해설) 유압장치란 유체의 압력에너지를 이용하여 기계적인 일을 하도록 하는 것을 말한다.

02 유압장치의 기본적인 구성요소가 아닌 것은?

① 유압 발생 장치　　　　② 유압 재순환 장치
③ 유압 제어 장치　　　　④ 유압 구동 장치

해설) 유압장치의 기본 구성요소는 유압 구동 장치(엔진), 유압 발생 장치(유압 펌프), 유압 제어 장치(유압 제어 밸브)이다.

03 밀폐된 용기에 채워진 유체의 일부에 압력을 가하면 유체 내의 모든 곳에 같은 크기로 전달된다는 원리는?

① 파스칼의 원리　　　　② 베르누이의 원리
③ 보일샬의 원리　　　　④ 아르키메데스의 원리

해설) **파스칼의 원리**
① 밀폐용기 속의 유체 일부에 가해진 압력은 각부에 똑같은 세기로 전달된다.
② 유체의 압력은 면에 대하여 직각으로 작용한다.
③ 각 점의 압력은 모든 방향으로 같다.

04 밀폐된 용기 내의 액체 일부에 가해진 압력은 어떻게 전달되는가?

① 유체 각 부분에 다르게 전달된다.
② 유체 각 부분에 동시에 같은 크기로 전달된다.
③ 유체의 압력이 돌출부분에서 더 세게 작용된다.
④ 유체의 압력이 홈 부분에서 더 세게 작용된다.

해설) 파스칼의 원리는 밀폐용기 속의 유체일부에 가해진 압력은 각부에 똑같은 세기로 전달된다.

05 유압기기는 작은 힘으로 큰 힘을 얻기 위해 어느 원리를 적용하는가?

① 베르누이 원리　　　　② 아르키메데스의 원리
③ 보일의 원리　　　　④ 파스칼의 원리

해설) 건설기계에 사용되는 유압장치는 파스칼의 원리를 이용한다.

06 건설기계에 사용되는 유압실린더 작용은 어떠한 것을 응용한 것인가?

① 베르누이의 정리　　　　② 파스칼의 원리.
③ 지렛대의 원리　　　　④ 후크의 법칙

해설) 건설기계에 사용되는 유압장치는 파스칼의 원리를 이용한 것이다.

07 유압장치의 장점이 아닌 것은?

① 작은 동력원으로 큰 힘을 낼 수 있다.

② 과부하 방지가 용이하다.
③ 운동방향을 쉽게 변경할 수 있다.
④ 고장원인의 발견이 쉽고 구조가 간단하다.

해설) 고장원인의 발견이 어렵고 구조가 복잡하다.

08 유압장치의 단점이 아닌 것은?

① 관로를 연결하는 곳에서 유체가 누출될 수 있다.
② 고압사용으로 인한 위험성 및 이물질에 민감하다.
③ 작동유에 대한 화재의 위험이 있다.
④ 전기·전자의 조합으로 자동제어가 곤란하다.

해설) **유압의 단점**
① 고압사용으로 인한 위험성 및 이물질에 민감하다.
② 유온의 영향에 따라 정밀한 속도와 제어가 곤란하다.
③ 폐유에 의한 주변 환경이 오염될 수 있다.
④ 오일은 가연성이 있어 화재에 위험하다.
⑤ 회로구성이 어렵고 누설되는 경우가 있다.
⑥ 오일의 온도에 따라서 점도가 변하므로 기계의 속도가 변한다.
⑦ 에너지의 손실이 크다.

09 유압기계의 장점이 아닌 것은?

① 속도제어가 용이하다.　　② 에너지 축적이 가능하다.
③ 유압장치는 점검이 간단하다.　④ 힘의 전달 및 증폭이 용이하다.

해설) **유압장치의 단점**
① 작동유의 누설 염려가 있고 공기의 유입이 쉽다.
② 배관 및 구조가 복잡하며, 고장원인의 발견 및 점검이 어렵다.

10 유압유가 갖추어야 할 성질로 틀린 것은?

① 점도가 적당할 것　　　　② 인화점이 낮을 것
③ 강인한 유막을 형성할 것　　④ 점성과 온도와의 관계가 양호할 것

해설) **유압유가 갖추어야 할 조건**
① 압축성, 밀도, 열팽창계수가 작을 것
② 체적탄성계수 및 점도지수가 클 것
③ 인화점 및 발화점이 높고, 내열성이 클 것
④ 화학적 안정성이 클 것 즉 산화 안정성이 좋을 것
⑤ 방청 및 방식성이 좋을 것
⑥ 적절한 유동성과 점성을 갖고 있을 것
⑦ 온도에 의한 점도변화가 적을 것
⑧ 소포성(기포 분리성)이 클 것

11 다음 [보기]에서 유압 작동유가 갖추어야 할 조건으로 모두 맞는 것은?

[보기]
ㄱ. 압력에 대해 비압축성 일 것　ㄴ. 밀도가 작을 것
ㄷ. 열팽창계수가 작을 것　　　ㄹ. 체적탄성계수가 작을 것
ㅁ. 점도지수가 낮을 것　　　　ㅂ. 발화점이 높을 것

① ㄱ, ㄴ, ㄷ, ㄹ　　　　② ㄴ, ㄷ, ㅁ, ㅂ
③ ㄴ, ㄹ, ㅁ, ㅂ　　　　④ ㄱ, ㄴ, ㄷ, ㅂ

해설) **작동유가 갖추어야 할 조건**
① 압축성이 작을 것　　　　② 밀도가 작을 것
③ 열팽창계수가 작을 것　　④ 체적탄성계수가 클 것
⑤ 점도지수가 높을 것　　　⑥ 발화점이 높을 것

정답 1.④ 2.② 3.① 4.② 5.④ 6.② 7.④ 8.④ 9.③ 10.② 11.④

12 작동유가 넓은 온도범위에서 사용되기 위한 조건으로 가장 알맞은 것은?

① 산화작용이 양호해야 한다.   ② 점도지수가 높아야 한다.
③ 유성이 커야 한다.   ④ 소포성이 좋아야 한다.

해설 작동유가 넓은 온도범위에서 사용되기 위해서는 점도지수가 높아야 한다.

13 유압유의 점도에 대한 설명으로 틀린 것은?

① 온도가 상승하면 점도는 저하된다.
② 점성의 정도를 나타내는 척도이다.
③ 온도가 내려가면 점도는 높아진다.
④ 점성계수를 밀도로 나눈 값이다.

14 유압회로에서 유압유의 점도가 높을 때 발생될 수 있는 현상이 아닌 것은?

① 관내의 마찰 손실이 커진다.   ② 동력 손실이 커진다.
③ 열 발생의 원인이 될 수 있다.   ④ 유압이 낮아진다.

해설 유압유의 점도가 너무 높으면 ①, ②, ③항 이외에 유압이 높아진다.

15 유압 작동유의 점도가 너무 높을 때 발생되는 현상으로 적합한 것은?

① 동력 손실의 증가   ② 내부 누설의 증가
③ 펌프 효율의 증가   ④ 마찰마모 감소

16 유압유의 점도가 지나치게 높았을 때 나타나는 현상이 아닌 것은?

① 오일 누설이 증가한다.
② 유동 저항이 커져 압력 손실이 증가한다.
③ 동력 손실이 증가하여 기계 효율이 감소한다.
④ 내부 마찰이 증가하고, 압력이 상승한다.

해설 **유압유의 점도가 너무 높으면**
① 유압이 높아지므로 유압유 누출은 감소한다.
② 유동저항이 커져 압력손실이 증가한다.
③ 동력손실이 증가하여 기계효율이 감소한다.
④ 내부마찰이 증가하고, 압력이 상승한다.
⑤ 관내의 마찰손실과 동력손실이 커진다.
⑥ 열 발생의 원인이 될 수 있다.

17 유압회로 내의 유압유 점도가 너무 낮을 때 생기는 현상이 아닌 것은?

① 오일 누설에 영향이 있다.   ② 펌프 효율이 떨어진다.
③ 시동 저항이 커진다.   ④ 회로 압력이 떨어진다.

해설 **유압유의 점도가 너무 낮으면**
① 유압 펌프의 효율이 저하된다.
② 실린더 및 컨트롤 밸브에서 누출 현상이 발생한다.
③ 계통(회로)내의 압력이 저하된다.
④ 유압 실린더의 속도가 늦어진다.

18 보기 항에서 유압 계통에 사용되는 오일의 점도가 너무 낮을 경우 나타날 수 있는 현상으로 모두 맞는 것은?

[보기]   ㄱ. 펌프 효율 저하   ㄴ. 오일 누설 증가
         ㄷ. 유압회로 내의 압력저하   ㄹ. 시동저항 증가

① ㄱ, ㄷ, ㄹ   ② ㄱ, ㄴ, ㄷ
③ ㄴ, ㄷ, ㄹ   ④ ㄱ, ㄴ, ㄹ

해설 오일의 점도가 너무 낮으면 유압펌프의 효율저하, 오일누설 증가, 유압회로 내의 압력저하 등이 발생한다.

19 유압 작동유의 점도가 지나치게 낮을 때 나타날 수 있는 현상은?

① 출력이 증가한다.   ② 압력이 상승한다.
③ 유동 저항이 증가한다.   ④ 유압 실린더의 속도가 늦어진다.

20 유압유에 점도가 서로 다른 2종류의 오일을 혼합하였을 경우에 대한 설명으로 맞는 것은?

① 오일 첨가제의 좋은 부분만 작동하므로 오히려 더욱 좋다.
② 점도가 달라지나 사용에는 전혀 지장이 없다.
③ 혼합은 권장사항이며, 사용에는 전혀 지장이 없다.
④ 열화 현상을 촉진시킨다.

21 유압장치에서 사용하는 작동유의 정상작동 온도범위로 가장 적합한 것은?

① 10~30℃   ② 40~80℃
③ 90~110℃   ④ 120~150℃

해설 작동유의 정상작동 온도범위는 40~80℃ 정도이다.

22 건설기계 유압회로에서 유압유 온도를 알맞게 유지하기 위해 오일을 냉각하는 부품은?

① 어큐뮬레이터   ② 방향 제어 밸브
③ 오일 쿨러   ④ 유압 밸브

23 유압유의 열화를 촉진시키는 가장 직접적인 요인은?

① 유압유의 온도 상승
② 배관에 사용되는 금속의 강도 약화
③ 공기 중의 습도 저하
④ 유압 펌프의 고속회전

24 유압유의 온도가 상승할 경우 나타날 수 있는 현상이 아닌 것은?

① 작동유의 열화 촉진   ② 오일 누설 저하
③ 펌프 효율 저하   ④ 오일 점도 저하

해설 유압유의 온도가 상승하면 점도가 낮아져 누설이 증가하며, 오일의 열화를 촉진하고, 유압이 저하되며, 펌프의 효율이 떨어지고, 밸브의 기능이 저하한다.

25 유압유의 온도가 과도하게 상승하였을 때 나타날 수 있는 현상과 관계없는 것은?

① 유압유의 산화작용을 촉진한다.
② 작동불량 현상이 발생한다.
③ 기계적인 마모가 발생할 수 있다.
④ 유압기계의 작동이 원활해진다.

해설 유압유의 온도가 과도하게 상승하면 ①, ②, ③항 이외에 유압기계의 작동이 불량해진다.

26 유압유가 과열되는 원인으로 가장 거리가 먼 것은?

① 유압 유량이 규정보다 많을 때
② 오일 냉각기의 냉각핀이 오손 되었을 때
③ 릴리프 밸브(Relief Valve)가 닫힌 상태로 고장일 때
④ 유압유가 부족할 때

해설 **유압유가 과열하는 원인**
① 유압유의 점도가 너무 높을 때
② 유압장치 내에서 내부마찰이 발생될 때
③ 유압회로 내의 작동압력이 너무 높을 때
④ 유압회로 내에서 캐비테이션이 발생될 때
⑤ 릴리프 밸브(relief valve)가 닫힌 상태로 고장일 때
⑥ 오일 냉각기의 냉각핀이 오손되었을 때
⑦ 유압유가 부족할 때

27 작동유 온도가 과열되었을 때 유압계통에 미치는 영향으로 틀린 것은?

① 열화를 촉진한다.
② 점도의 저하에 의해 누유되기 쉽다.
③ 유압펌프 등의 효율은 좋아진다.
④ 온도변화에 의해 유압기기가 열 변형되기 쉽다.

28 유압유를 외관상 점검한 결과 정상적인 상태를 나타내는 것은?

① 투명한 색체로 처음과 변화가 없다.
② 암흑색체이다.
③ 흰 색체를 나타낸다.
④ 기포가 발생되어 있다.

29 유압유의 점검사항과 관계없는 것은?

① 점도　　　　　② 윤활성
③ 소포성　　　　④ 마멸성

30 유압유 교환을 판단하는 조건이 아닌 것은?

① 점도의 변화　　② 색깔의 변화
③ 수분의 함량　　④ 유량의 감소

31 유압유에서 잔류탄소의 함유량은 무엇을 예측하는 척도인가?

① 포화　　　　　② 산화
③ 열화　　　　　④ 발화

32 유압유에 수분이 생성되는 주원인으로 맞는 것은?

① 유압유 누출　　② 공기 혼입
③ 슬러지 생성　　④ 기름의 열화

33 유압오일 내에 기포(거품)가 형성되는 이유로 가장 적합한 것은?

① 오일 속의 이물질 혼입　② 오일의 열화
③ 오일 속의 공기 혼입　　④ 오일의 누설
해설 오일 속에 공기가 혼입되면 거품이 형성된다.

34 작동유의 열화 및 수명을 판정하는 방법으로 적합하지 않은 것은?

① 점도상태로 확인
② 오일을 가열 후 냉각되는 시간확인
③ 냄새로 확인
④ 색깔이나 침전물의 유무확인
해설 **작동유의 열화를 판정하는 방법**
① 점도상태로 확인　② 색깔이나 침전물의 유무확인
③ 냄새로 확인

35 사용 중인 작동유의 수분함유 여부를 현장에서 판정하는 것으로 가장 적합한 방법은?

① 오일을 가열한 철판 위에 떨어뜨려 본다.
② 오일의 냄새를 맡아본다.
③ 오일을 시험관에 담아서 침전물을 확인한다.
④ 여과지에 약간(3~4 방을)의 오일을 떨어뜨려 본다.
해설 작동유의 수분함유 여부를 판정하기 위해서는 가열한 철판 위에 오일을 떨어뜨려 본다.

36 현장에서 오일의 오염도 판정 방법 중 가열한 철판 위에 오일을 떨어뜨리는 방법은 오일의 무엇을 판정하기 위한 방법인가?

① 먼지나 이물질 함유　② 오일의 열화
③ 수분 함유　　　　　④ 산성도
해설 가열한 철판 위에 오일을 떨어뜨리는 방법은 오일의 수분함유 여부를 판정하기 위한 방법이다.

37 유압유의 첨가제가 아닌 것은?

① 마모 방지제　　② 유동점 강하제
③ 산화 방지제　　④ 점도지수 방지제
해설 유압유 첨가제에는 마모방지제, 점도지수 향상제, 산화방지제, 소포제(기포 방지제), 유동점 강하제 등이다.

38 유압유에 사용되는 첨가제 중 산의 생성을 억제함과 동시에 금속의 표면에 부식억제 피막을 형성하여 산화물질이 금속에 직접 접촉하는 것을 방지하는 것은?

① 산화 방지제　　② 산화 촉진제
③ 소포제　　　　④ 방청제
해설 산화 방지제는 산의 생성을 억제함과 동시에 금속 표면에 부식억제 피막을 형성하여 산화물질이 금속에 직접 접촉하는 것을 방지하는 것이다.

39 난연성 작동유의 종류에 해당하지 않는 것은?

① 석유계 작동유　　　② 유중수형 작동유
③ 물-글리콜형 작동유　④ 인산 에스텔형 작동유

40 대기압 상태에서 측정한 압력계의 압력은?

① 표준 대기 압력　② 게이지 압력
③ 절대 압력　　　④ 진공 압력
해설 대기압 상태에서 측정한 압력계의 압력을 게이지 압력이라 한다.

41 유압의 압력을 올바르게 나타낸 것은?

① 압력=단면적×가해진 힘　② 압력=가해진 힘/단면적
③ 압력=단면적/가해진 힘　④ 압력=가해진 힘－단면적
해설 압력 $= \dfrac{\text{힘}}{\text{면적}}$ 으로 나타낸다.

42 다음 중 압력의 단위가 아닌 것은?

① bar　　　　② kgf/cm²
③ N·m　　　④ kPa
해설 압력의 단위에는 psi, kgf/cm², Pa, kPa, mmHg, bar, atm 등이 있다.

43 압력 1atm(지구 대기압)과 같지 않은 것은?

① 14.7psi　　　② 760mmHg
③ 75kgf·m/s　④ 1013mbar
해설 1기압(atm) = 101325(Pa) = 1013.25(hPa) = 101.325(kPa) = 0.101325(MPa) = 1013250dyne/cm² = 1013.25(mbar) = 1.01325(bar) = 1.033227kgf/cm² = 14.7(psi) = 760mmHg

44 유압회로의 압력을 점검하는 위치로 가장 적합한 것은?

① 실린더에서 직접 점검
② 유압 펌프에서 컨트롤 밸브 사이
③ 실린더에서 유압 오일 탱크 사이
④ 유압 오일 탱크에서 직접 점검
해설 유압회로의 압력을 점검하는 위치는 유압 펌프에서 컨트롤 밸브사이이다.

정답 27.③ 28.① 29.④ 30.④ 31.② 32.② 33.③ 34.② 35.① 36.③ 37.④ 38.① 39.① 40.② 41.② 42.③ 43.③ 44.②

45 유압라인에서 압력에 영향을 주는 요소로 가장 관계가 적은 것은?
① 유체의 흐름량
② 유체의 점도
③ 관로 직경의 크기
④ 관로의 좌우 방향

46 오일의 압력이 낮아지는 원인이 아닌 것은?
① 오일펌프 성능이 노후 되었을 때
② 오일의 점도가 높아졌을 때
③ 오일의 점도가 낮아졌을 때
④ 계통 내에서 누설이 있을 때
해설 오일의 압력이 낮아지는 원인
① 오일의 점도가 낮아졌을 때
② 계통 내에서 누설이 있을 때
③ 오일펌프의 마모
④ 오일펌프 성능이 노후 되었을 때

47 공동현상이라고도 하며 이 현상이 발생하면 소음과 진동이 발생하고, 양정과 효율이 저하되는 현상은?
① 캐비테이션
② 스트로크
③ 제로랩
④ 오버랩
해설 캐비테이션은 공동현상이라고도 하며 이 현상이 발생하면 소음과 진동이 발생하고, 양정과 효율이 저하되는 현상이다.

48 유압장치 내에 국부적인 높은 압력과 소음·진동이 발생하는 현상은?
① 필터링
② 오버랩
③ 캐비테이션
④ 하이드로 록킹
해설 캐비테이션 현상은 공동현상이라고도 부르며, 유압이 진공에 가까워짐으로서 기포가 발생하며, 기포가 파괴되어 국부적인 고압이나 소음과 진동이 발생하고, 양정과 효율이 저하되는 현상이다.

49 유압이 진공에 가까워짐으로서 기포가 생기며 이로 인해 국부적인 고압이나 소음이 발생하는 현상을 무엇이라 하는가?
① 담금질 현상
② 시효경화 현상
③ 캐비테이션 현상
④ 오리피스 현상
해설 캐비테이션 현상은 공동현상이라고도 부르며, 유압이 진공에 가까워짐으로서 기포가 생기며 이로 인해 국부적인 고압이나 소음이 발생하는 현상을 말한다.

50 필터의 여과 입도 수(mesh)가 너무 높을 때 발생 할 수 있는 현상으로 가장 적절한 것은?
① 블로바이 현상
② 맥동현상
③ 베이퍼록 현상
④ 캐비테이션 현상
해설 필터의 여과 입도 수(mesh)가 너무 높으면(필터의 눈이 작으면) 오일공급 불충분으로 캐비테이션 현상이 발생한다.

51 유압회로 내에서 서지압(surge pressure)이란?
① 과도하게 발생하는 이상 압력의 최댓값
② 정상적으로 발생하는 압력의 최댓값
③ 정상적으로 발생하는 압력의 최솟값
④ 과도하게 발생하는 이상 압력의 최솟값
해설 서지압(surge pressure)이란 유압회로에서 과도하게 발생하는 이상 압력의 최댓값을 말한다.

52 유압회로 내의 밸브를 갑자기 닫았을 때, 오일의 속도 에너지가 압력 에너지로 변하면서 일시적으로 큰 압력증가가 생기는 현상을 무엇이라 하는가?
① 캐비테이션(cavitation) 현상
② 서지(surge) 현상
③ 채터링(chattering) 현상
④ 에어레이션(aeration) 현상
해설 서지현상은 유압회로 내의 밸브를 갑자기 닫았을 때, 오일의 속도에

너지가 압력에너지로 변하면서 일시적으로 큰 압력 증가가 생기는 현상이다.

53 유압장치에서 비정상 소음이 나는 원인으로 가장 적합한 것은?
① 유압장치에 공기가 들어있다.
② 유압펌프의 회전속도가 적절하다.
③ 점도지수가 높다.
④ 무부하 운전 중이다.

54 유압 실린더의 숨 돌리기 현상이 생겼을 때 일어나는 현상이 아닌 것은?
① 작동지연 현상이 생긴다.
② 서지압이 발생한다.
③ 오일의 공급이 과대해진다.
④ 피스톤 작동이 불안정하게 된다.
해설 유압 실린더의 숨 돌리기 현상이 생겼을 때 일어나는 현상은 ①, ②, ④항 이외에 오일의 공급이 부족해진다.

02 유압장치 구성부품

01 유압장치의 구성요소가 아닌 것은?
① 유니버설 조인트
② 오일 탱크
③ 펌프
④ 제어 밸브
해설 유압장치의 구성요소는 오일 탱크, 오일 필터, 오일 펌프, 제어 밸브, 어큐뮬레이터, 유압 실린더, 유압 모터 등이다.

02 유압장치의 구성요소 중 유압 발생 장치가 아닌 것은?
① 유압 펌프
② 엔진 또는 전기모터
③ 오일 탱크
④ 유압 실린더
해설 유압장치의 기본 구성요소는 유압 구동 장치(엔진 또는 전동기), 유압 발생 장치(유압펌프, 오일탱크), 유압 제어 장치(유압제어 밸브)이다.

03 유압장치에서 유압탱크의 기능이 아닌 것은?
① 계통내의 필요한 유량확보
② 배플에 의해 기포 발생 방지 및 소멸
③ 탱크 외벽의 방열에 의한 적정온도 유지
④ 계통 내에 필요한 압력의 설정
해설 오일탱크의 기능
① 계통 내의 필요한 유량확보
② 격판(배플)에 의한 기포발생 방지 및 제거
③ 스트레이너 설치로 회로 내 불순물 혼입 방지
④ 탱크 외벽의 방열에 의한 적정온도 유지

04 보기에서 유압 작동유 탱크의 기능으로 모두 맞는 것은?

[보기] ㄱ. 오일의 저장
ㄴ. 오일의 역류 방지
ㄷ. 격판을 설치하여 오일의 출렁거림 방지
ㄹ. 오일온도 조정(방열)

① ㄱ, ㄴ, ㄷ
② ㄴ, ㄷ, ㄹ
③ ㄱ, ㄷ, ㄹ
④ ㄱ, ㄴ, ㄹ

05 오일탱크에 관련된 설명으로 가장 적합하지 않은 것은?

① 유압유 오일을 저장한다.
② 흡입구와 리턴구는 최대한 가까이 설치한다.
③ 탱크 내부에는 격판(배플 플레이트)을 설치한다.
④ 흡입 스트레이너가 설치되어 있다.

해설 흡입구와 리턴구는 멀리 두어 리턴되는 고온의 오일이 냉각된 후 흡입되도록 해야 한다.

06 유압탱크의 구비조건과 가장 거리가 먼 것은?

① 적당한 크기의 주유구 및 스트레이너를 설치한다.
② 드레인(배출 밸브) 및 유면계를 설치한다.
③ 오일에 이물질이 유입되지 않도록 밀폐되어야 한다.
④ 오일 냉각을 위한 쿨러를 설치한다.

해설 유압탱크의 구비조건은 ①, ②, ③항 이외에 탱크의 크기는 중력에 의하여 복귀되는 장치 내의 모든 오일을 받아들일 수 있는 크기로 한다.

07 유압탱크에 대한 구비조건으로 가장 거리가 먼 것은?

① 적당한 크기의 주유구 및 스트레이너를 설치한다.
② 오일 냉각을 위한 쿨러를 설치한다.
③ 오일에 이물질이 혼입되지 않도록 밀폐되어야 한다.
④ 드레인(배출밸브) 및 유면계를 설치한다.

해설 유압탱크의 구비조건은 ①, ③, ④항 이외에 탱크의 크기는 중력에 의하여 복귀되는 장치 내의 모든 오일을 받아들일 수 있는 크기로 한다.

08 유압장치에 부착되어 있는 오일탱크의 부속장치가 아닌 것은?

① 주입구 캡   ② 유면계
③ 배플   ④ 피스톤 로드

해설 작동유 탱크는 스트레이너, 드레인 플러그, 배플, 주입구 캡, 유면계 등으로 구성되어 있으며, 배플(격판)은 작동유 탱크로 귀환하는 작동유와 유압 펌프로 공급되는 작동유를 분리시키는 기능을 한다.

09 유압장치의 오일탱크에서 펌프 흡입구의 설치에 대한 설명으로 틀린 것은?

① 펌프 흡입구는 반드시 탱크 가장 밑면에 설치한다.
② 펌프 흡입구와 탱크로의 귀환구(복귀구) 사이에는 격리판(baffle plate)을 설치한다.
③ 펌프 흡입구는 탱크로의 귀환구(복귀구)로부터 될 수 있는 한 멀리 떨어진 위치에 설치한다.
④ 펌프 흡입구에는 스트레이너(오일 여과기)를 설치한다.

해설 펌프 흡입구는 탱크 가장 밑면과 공간을 두고 설치한다.

10 유압장치의 일상점검 개소가 아닌 것은?

① 오일의 양   ② 변질 상태 점검
③ 오일의 누유여부 점검   ④ 탱크 내부

11 오일탱크 내의 오일을 전부 배출시킬 때 사용하는 것은?

① 리턴 라인   ② 배플
③ 어큐뮬레이터   ④ 드레인 플러그

12 유압장치의 금속가루 또는 불순물을 제거하기 위한 것으로 맞게 짝지어진 것은?

① 여과기와 어큐뮬레이터   ② 스크레이퍼와 필터
③ 필터와 스트레이너   ④ 어큐뮬레이터와 스트레이너

13 건설기계 장비의 유압장치 관련 취급시 주의사항으로 적합하지 않은 것은?

① 오일량을 1주 1회 소량 보충한다.
② 유압장치는 워밍업 후 작업하는 것이 좋다.
③ 작동유에 이물질이 포함되지 않도록 관리 취급하여야 한다.
④ 작동유가 부족하지 않은지 점검하여야 한다.

14 유압펌프는 토출량을 나타내는 단위로 맞는 것은?

① psi   ② LPM
③ kPa   ④ W

해설 유압펌프 토출량의 단위는 L/min(LPM)이나 GPM을 사용한다.

15 펌프가 오일을 토출하지 않을 때의 원인으로 틀린 것은?

① 오일탱크의 유면이 낮다.
② 흡입관으로 공기가 유입된다.
③ 토출측 배관 체결볼트가 이완되었다.
④ 오일이 부족하다.

해설 **유압펌프가 유압유를 토출하지 않을 때의 원인**
① 유압펌프 회전속도가 너무 낮다.
② 흡입관 또는 스트레이너가 막혔다.
③ 유압펌프의 회전방향이 반대로 되어있다.
④ 유압펌프 입구에서 공기를 흡입한다.
⑤ 유압유의 양이 부족하다.
⑥ 유압유의 점도가 너무 높다.

16 유압펌프에서 펌프량이 적거나 유압이 낮은 원인이 아닌 것은?

① 오일탱크에 오일이 너무 많을 때
② 펌프 흡입라인 막힘이 있을 때(여과망)
③ 기어와 펌프 내벽사이 간극이 클 때
④ 기어 옆 부분과 펌프 내벽사이 간극이 클 때

17 유압펌프가 작동 중 소음이 발생할 때의 원인으로 틀린 것은?

① 릴리프 밸브 출구에서 오일이 배출되고 있다.
② 스트레이너가 막혀 흡입용량이 너무 작아졌다.
③ 펌프흡입관 접합부로부터 공기가 유입된다.
④ 펌프 축의 편심 오차가 크다.

18 유압펌프 점검에서 작동유 유출여부 점검사항이 아닌 것은?

① 정상작동 온도로 난기운전을 실시하여 점검하는 것이 좋다.
② 고정 볼트가 풀린 경우에는 추가 조임을 한다.
③ 작동유 유출점검은 운전자가 관심을 가지고 점검하여야 한다.
④ 하우징에 균열이 발생되면 패킹을 교환한다.

19 다음은 유압기기를 점검 중 이상 발견시 조치 사항이다. ( )안의 내용을 순서대로 나열한 것은?

> 작동유가 누출되는 상태라면 이음부를 더 조여주거나 부품을
> ( )하는 등 응급조치를 하는 것이 당연하지만, 그 원인을 조사
> 하여 재발을 방지하고 고장이 더 확대되지 않도록 유압기기 전
> 체를 ( )하는 일도 필요하다.

① 플러싱, 교환   ② 교환, 재점검
③ 열화, 재점검   ④ 재점검, 교환

20 건설기계에 사용되는 유압펌프의 종류가 아닌 것은?

① 베인 펌프   ② 플런저 펌프
③ 포막 펌프   ④ 기어 펌프

해설 유압펌프의 종류에는 기어펌프, 베인 펌프, 피스톤(플런저)펌프, 나사펌프, 트로코이드 펌프 등이 있다.

21 유압기기에서 회전펌프가 아닌 것은?

① 기어 펌프　　　　　② 피스톤 펌프
③ 베인 펌프　　　　　④ 나사 펌프

22 기어펌프에 대한 설명으로 맞는 것은?

① 가변 용량형 펌프이다.　　② 정용량 펌프이다.
③ 비정용량 펌프이다.　　　④ 날개깃에 의해 펌핑 작용을 한다.

해설 기어 펌프는 회전속도에 따라 흐름의 용량이 변화하는 정용량형이다.

23 기어식 유압펌프에서 회전수가 변하면 가장 크게 변화되는 것은?

① 오일압력　　　　　② 회전 경사단의 각도
③ 오일 흐름 용량　　　④ 오일 흐름 방향

해설 기어펌프는 회전속도에 따라 흐름 용량이 변화하는 정용량형이다.

24 구동되는 기어펌프의 회전수가 변하였을 때 가장 적합한 설명은?

① 오일의 유량이 변한다.　　② 오일 압력이 변한다.
③ 오일 흐름 방향이 변한다.　④ 회전 경사판의 각도가 변한다.

25 외접형 기어펌프의 폐입 현상에 대한 설명으로 틀린 것은?

① 폐입 현상은 소음과 진동의 원인이 된다.
② 폐입된 부분의 기름은 압축이나 팽창을 받는다.
③ 보통 기어 측면에 접하는 펌프 측판(side plate)에 홈을 만들어 방지한다.
④ 펌프의 압력, 유량, 회전수 등이 주기적으로 변동해서 발생하는 진동현상이다.

해설 폐입 현상에 대한 설명은 ①, ②, ③항 이외에 토출된 유량의 일부가 입구 쪽으로 귀환하여 토출량 감소, 축동력 증가 및 케이싱 마모 등의 원인을 유발하는 현상이다.

26 외접식 기어펌프에서 보기의 특징이 나타내는 현상은?

> 토출된 유량 일부가 입구 쪽으로 귀환하여 토출량 감소, 축동력 증가 및 케이싱 마모 등의 원인을 유발하는 현상

① 폐입 현상　　　　　② 공동 현상
③ 숨돌리기 현상　　　④ 열화 촉진 현상

해설 외접 기어펌프에서 토출된 유량 일부가 입구 쪽으로 귀환하여 토출량 감소, 축동력 증가 및 케이싱 마모 등의 원인을 유발하는 현상을 폐입 현상이라 한다.

27 다음 그림과 같이 안쪽은 내·외측 로터로 바깥쪽은 하우징으로 구성되어 있는 오일펌프는?

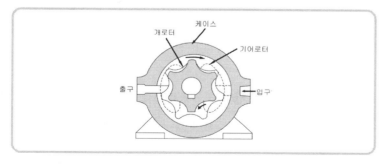

① 기어 펌프　　　　　② 베인 펌프
③ 트로코이드 펌프　　④ 피스톤 펌프

28 베인 펌프의 일반적인 특징이 아닌 것은?

① 대용량, 고속 가변형에 적합하지만 수명이 짧다.

② 맥동과 소음이 적다.
③ 간단하고 성능이 좋다.
④ 소형, 경량이다.

해설 베인 펌프의 장점 및 단점

베인 펌프의 장점	베인 펌프의 단점
① 출입력의 맥동과 소음이 적다. ② 구조가 간단하고 성능이 좋다. ③ 펌프 출력에 비해 소형경량이다. ④ 베인의 마모에 의한 압력저하가 발생하지 않는다. ⑤ 비교적 고장이 적고 수리 및 관리가 쉽다. ⑥ 수명이 길고 장시간 안정된 성능을 발휘할 수 있다.	① 제작할 때 높은 정밀도가 요구된다. ② 유압유의 점도에 제한을 받는다. ③ 유압유의 오염에 주의하고 흡입 진공도가 허용한도 이하이어야 한다.

29 그림과 같이 안쪽 날개가 편심 된 회전축에 끼워져 회전하는 유압 펌프는?

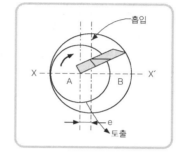

① 베인 펌프

② 피스톤 펌프

③ 트로코이드 펌프

④ 사판펌프

30 베인 펌프의 펌핑 작용과 관련되는 주요 구성요소만 나열한 것은?

① 배플, 베인, 캠링　　　② 베인, 캠링, 로터
③ 캠링, 로터, 스풀　　　④ 로터, 스풀, 배플

해설 베인 펌프의 구성부품은 베인(vane), 캠링(cam ring), 로터(rotor) 등이다

31 맥동적 토출을 하지만 다른 펌프에 비해 일반적으로 최고압 토출이 가능하고, 펌프 효율에서도 전압력 범위가 높은 펌프는?

① 피스톤 펌프　　　　② 베인 펌프
③ 나사펌프　　　　　④ 기어펌프

32 유압펌프에서 경사판의 각을 조정하여 토출유량을 변환시키는 펌프는?

① 기어 펌프　　　　　② 로터리 펌프
③ 베인 펌프　　　　　④ 플런저 펌프

33 일반적으로 유압펌프 중 가장 고압·고효율인 것은?

① 베인 펌프　　　　　② 플런저 펌프
③ 2단 베인 펌프　　　④ 기어펌프

34 피스톤식 유압펌프에서 회전 경사판(swash plate)의 기능은?

① 펌프압력을 조정　　　② 펌프출구의 개폐
③ 펌프의 용량(유량) 조정　④ 펌프의 회전속도를 조정

35 기어 펌프에 비해 피스톤 펌프의 특징이 아닌 것은?

① 구조가 복잡하다.
② 소음이 적고, 고속회전이 가능하다.
③ 효율이 높다.
④ 최고 토출압력이 높다.

해설 피스톤(플런저) 펌프의 특징

피스톤 펌프의 장점	피스톤 펌프의 단점
① 피스톤이 직선운동을 한다.	① 베어링에 부하가 크다.
② 축은 회전 또는 왕복운동을 한다.	② 구조가 복잡하고 수리가 어렵다.
③ 펌프효율이 가장 높다.	③ 흡입능력이 가장 낮다.
④ 가변용량에 적합하다.	④ 가격이 비싸다.
(토출량의 변화 범위가 크다).	
⑤ 일반적으로 토출압력이 높다.	

36 유압장치에서 피스톤 펌프의 장점이 아닌 것은?

① 효율이 가장 높다.　　② 발생압력이 고압이다.
③ 토출량의 범위가 넓다.　④ 구조가 간단하고 수리가 쉽다.

37 다음 중 플런저 펌프의 장점이 아닌 것은?

① 펌프효율이 높다.
② 맥동이 크고 플런저 수가 적다.
③ 가변용량에 적합하다.
④ 토출압력이 높다.

해설 플런저 펌프의 장점은 ①, ③, ④항 이외에 수명이 길다.

38 다음 유압펌프 중 가장 높은 압력조건에 사용할 수 있는 펌프는?

① 기어 펌프　　　　② 로터리 펌프
③ 플런저 펌프　　　④ 베인 펌프

해설 플런저 펌프는 맥동적 토출을 하지만 다른 펌프에 비해 일반적으로 최고압의 토출이 가능하고, 펌프 효율 및 압력 범위가 가장 높다.

39 다음 유압펌프에서 토출압력이 가장 높은 것은?

① 베인 펌프　　　　② 레디얼 플런저 펌프
③ 기어 펌프　　　　④ 엑시얼 플런저 펌프

해설 유압펌프의 토출압력
① 기어펌프 : 10~250kgf/cm²
② 베인 펌프 : 35~140kgf/cm²
③ 레이디얼 플런저 펌프 : 140~250kgf/cm²
④ 엑시얼 플런저 펌프 : 210~400kgf/cm²

40 유압펌프에서 회전수가 같을 때 토출량이 변하는 펌프는?

① 가변 용량형 피스톤 펌프　② 기어 펌프
③ 프로펠러 펌프　　　　　　④ 정용량형 베인 펌프

해설 가변 용량형 피스톤 펌프는 회전수가 같을 때 토출량이 변화한다.

41 유압펌프의 종류별 특징을 바르게 설명한 것은?

① 나사펌프 : 진동과 소음의 발생이 심하다.
② 피스톤 펌프 : 내부 누설이 많아 효율이 낮다.
③ 기어펌프 : 구조가 복잡하고 고압에 적당하다.
④ 베인 펌프 : 토출압력의 맥동이 적고, 수명이 길다.

해설 베인 펌프의 특징
① 토출압력의 맥동과 소음이 적다.
② 구조가 간단하고 성능이 좋다.
③ 소형경량이다.

42 유압장치에서 유압 조정 밸브의 조정방법은?

① 압력 조정 밸브가 열리도록 하면 유압이 높아진다.
② 밸브 스프링의 장력이 커지면 유압이 낮아진다.
③ 조정 스크루를 조이면 유압이 높아진다.
④ 조정 스크루를 풀면 유압이 높아진다.

해설 유압 조정 밸브의 조정 스크루를 조이면 유압이 높아지고, 풀면 유압이 낮아진다.

43 유압 컨트롤 밸브 내에 스풀형식의 밸브 기능은?

① 오일의 흐름방향을 바꾸기 위해
② 계통 내의 압력을 상승시키기 위해
③ 축압기의 압력을 바꾸기 위해
④ 펌프의 회전방향을 바꾸기 위해

44 압력제어 밸브의 역할은?

① 일의 속도 결정　　② 일의 크기 결정
③ 일의 시간 결정　　④ 일의 방향 결정

45 압력제어 밸브의 종류가 아닌 것은?

① 교축 밸브　　　　② 시퀀스 밸브
③ 감압 밸브　　　　④ 무부하 밸브

해설 압력제어 밸브의 종류에는 릴리프 밸브, 리듀싱(감압)밸브, 시퀀스(순차) 밸브, 언로드(무부하) 밸브, 카운터 밸런스 밸브 등이 있다.

46 유압회로 내에서 유압을 일정하게 조절하여 일의 크기를 결정하는 밸브가 아닌 것은?

① 카운터 밸런스 밸브　　② 언로드 밸브
③ 시퀀스 밸브　　　　　④ 서보 밸브

해설 압력제어밸브의 종류에는 릴리프 밸브, 리듀싱(감압)밸브, 시퀀스(순차) 밸브, 언로드(무부하) 밸브, 카운터 밸런스 밸브 등이 있다.

47 유압장치의 과부하 방지와 유압기기의 보호를 위하여 최고 압력을 규제하고 유압 회로내의 필요한 압력을 유지하는 밸브는?

① 압력제어 밸브　　② 유량제어 밸브
③ 방향제어 밸브　　④ 온도제어 밸브

해설 ① 압력제어밸브 : 유압을 조절하여 일의 크기를 제어한다.
① 유량제어밸브 : 유량을 변화시켜 일의 속도를 제어한다.
② 방향제어밸브 : 유압유의 흐름방향을 바꾸거나 정지시켜서 일의 방향을 제어한다.

48 일반적으로 유압장치에서 릴리프 밸브가 설치되는 위치는?

① 실린더와 여과기 사이　② 펌프와 오일 탱크 사이
③ 펌프와 제어 밸브 사이　④ 여과기와 오일 탱크 사이

49 유압장치에서 작동체의 속도를 바꾸어주는 밸브는?

① 압력 제어 밸브　　② 유량 제어 밸브
③ 방향 제어 밸브　　④ 첵 밸브

해설 유량제어 밸브
① 유압장치에서 작동체의 속도를 바꿔주는 밸브이다.
② 액추에이터(작동체)의 운동속도를 조정하기 위하여 사용되는 밸브이다.

50 액추에이터의 운동속도를 조정하기 위하여 사용되는 밸브는?

① 압력 제어 밸브　　② 온도 제어 밸브
③ 유량 제어 밸브　　④ 방향 제어 밸브

해설 ① 압력 제어 밸브–일의 크기 결정
② 유량 제어 밸브–일의 속도 결정
③ 방향 제어 밸브–일의 방향 결정

51 유압회로에 사용되는 제어밸브의 역할과 종류의 연결사항으로 틀린 것은?

① 일의 속도 제어 : 유량 조절 밸브
② 일의 시간 제어 : 속도 제어 밸브
③ 일의 방향 제어 : 방향 전환 밸브
④ 일의 크기 제어 : 압력 제어 밸브

정답 36.④ 37.② 38.③ 39.④ 40.① 41.④ 42.③ 43.① 44.② 45.① 46.④ 47.① 48.③ 49.② 50.③ 51.②

52 유량 제어 밸브가 아닌 것은?

① 속도 제어 밸브　　　　② 체크 밸브
③ 교축 밸브　　　　　　④ 급속 배기 밸브

해설 체크밸브는 방향 전환 밸브이다.

53 유압장치에서 방향제어 밸브의 설명 중 맞는 것은?

① 오일의 흐름 방향을 바꿔주는 밸브이다.
② 오일의 압력을 바꿔주는 밸브이다.
③ 오일의 유량을 바꿔주는 밸브이다.
④ 오일의 온도를 바꿔주는 밸브이다.

54 유압 작동기의 방향을 전환시키는 밸브에 사용되는 형식 중 원통형 슬리브 면에 내접하여 축 방향으로 이동하면서 유로를 개폐하는 형식은?

① 스풀 형식　　　　　　② 포핏 형식
③ 베인 형식　　　　　　④ 카운터 밸런스 밸브 형식

해설 스풀 밸브는 원통형 슬리브 면에 내접하여 축 방향으로 이동하여 유로를 개폐하여 오일의 흐름방향을 바꾼다.

55 회로 내 유체의 흐르는 방향을 조절하는데 쓰이는 밸브는?

① 압력 제어 밸브　　　　② 유량 제어 밸브
③ 방향 제어 밸브　　　　④ 유압 액추에이터

해설 ① 압력제어밸브 : 일의 크기　② 방향제어밸브 : 일의 방향
③ 유량제어밸브 : 일의 속도

56 방향 전환 밸브 포트의 구성요소가 아닌 것은?

① 유로의 연결포트 수　　② 작동방향 수
③ 작동위치 수　　　　　④ 감압위치 수

57 회로 내 유체의 흐름 방향을 제어하는데 사용되는 밸브는?

① 감압 밸브　　　　　　② 유압 액추에이터
③ 셔틀 밸브　　　　　　④ 교축 밸브

해설 방향제어 밸브의 종류에는 스풀밸브, 체크밸브, 디셀러레이션 밸브, 셔틀밸브 등이 있다.

58 방향제어 밸브의 종류가 아닌 것은?

① 셔틀 밸브(shuttle valve)
② 교축 밸브(throttle valve)
③ 첵 밸브(check valve)
④ 방향 변환 밸브(direction control valve)

해설 교축 밸브는 유량제어 밸브이다.

59 방향제어 밸브에서 내부 누유에 영향을 미치는 요소가 아닌 것은?

① 관로의 유량　　　　　② 밸브간극의 크기
③ 밸브 양단의 압력차　　④ 유압유의 점도

60 직동형, 평형 피스톤형 등의 종류가 있으며 회로의 압력을 일정하게 유지시키는 밸브는?

① 릴리프 밸브　　　　　② 메이크업 밸브
③ 시퀀스 밸브　　　　　④ 무 부하 밸브

61 유압회로 내의 유압을 설정압력으로 일정하게 유지하기 위한 압력제어 밸브는?

① 릴리프 밸브　　　　　② 감압 밸브
③ 릴레이 밸브　　　　　④ 리턴 밸브

해설 릴리프 밸브는 유압장치 내의 압력을 일정하게 유지하고, 최고압력을 제한하며 회로를 보호하며, 과부하 방지와 유압 기기의 보호를 위하여 최고 압력을 규제한다.

62 유압이 규정치보다 높아질 때 작동하여 계통을 보호하는 밸브는?

① 릴리프 밸브　　　　　② 리듀싱 밸브
③ 카운터 밸런스 밸브　　④ 시퀀스 밸브

63 릴리프 밸브에서 포펫 밸브를 밀어 올려 기름이 흐르기 시작할 때의 압력은?

① 설정 압력　　　　　　② 허용 압력
③ 크랭킹 압력　　　　　④ 전량 압력

해설 크랭킹 압력이란 릴리프 밸브에서 포펫 밸브를 밀어 올려 기름이 흐르기 시작할 때의 압력을 말한다.

64 액추에이터를 순서에 맞추어 작동시키기 위하여 설치한 밸브는?

① 메이크업 밸브(make up valve) ② 리듀싱 밸브(reducing valve)
③ 시퀀스 밸브(sequence valve) ④ 언로드 밸브(unload valve)

해설 **시퀀스 밸브(sequence valve, 순차밸브)의 기능**
① 유압회로의 압력에 의해 유압 액추에이터의 작동순서를 제어하는 밸브이다.
② 2개 이상의 분기회로가 있을 때 순차적인 작동을 하기 위한 압력 제어밸브이다.

65 두 개 이상의 분기회로에서 실린더나 모터의 작동순서를 결정하는 자동제어 밸브는?

① 리듀싱 밸브　　　　　② 릴리프 밸브
③ 시퀀스 밸브　　　　　④ 파일럿 첵 밸브

해설 시퀀스 밸브는 두 개 이상의 분기회로에서 실린더나 모터의 작동순서를 결정하는 자동제어 밸브이다.

66 유압회로의 압력에 의해 유압 액추에이터의 작동순서를 제어하는 밸브는?

① 언로더 밸브　　　　　② 시퀀스 밸브
③ 감압밸브　　　　　　④ 릴리프 밸브

해설 시퀀스 밸브는 2개 이상의 분기회로에서 실린더나 모터의 작동순서를 결정하는 자동제어 밸브이다.

67 유압유의 흐름을 한쪽으로만 허용하고 반대방향의 흐름을 제어하는 밸브는?

① 릴리프 밸브　　　　　② 첵(check)밸브
③ 카운터 밸런스 밸브　　④ 매뉴얼 밸브

해설 **첵밸브(check valve)의 기능**
① 역류를 방지하는 밸브이다.
② 회로내의 잔류압력을 유지하는 밸브이다.
③ 오일의 흐름이 한쪽 방향으로만 가능한 밸브이다.

68 유압회로에서 역류를 방지하고 회로내의 잔류압력을 유지하는 밸브는?

① 체크 밸브　　　　　　② 셔틀 밸브
③ 매뉴얼 밸브　　　　　④ 스로틀 밸브

정답 52.② 53.① 54.① 55.③ 56.④ 57.③ 58.② 59.① 60.① 61.① 62.① 63.③ 64.③ 65.③ 66.② 67.② 68.①

69 감압 밸브에 대한 설명으로 틀린 것은?

① 유압장치에서 회로일부의 압력을 릴리프 밸브의 설정압력 이하로 하고 싶을 때 사용한다.

② 상시 개방 상태로 되어 있다.

③ 상시 폐쇄 상태로 되어 있다.

④ 입구(1차측)의 주회로에서 흡구(2차측)의 감압 회로로 유압유가 흐른다.

해설 감압 밸브에 대한 설명은 ①, ②, ④항 이외에 흡구(2차측)의 압력이 감압 밸브의 설정압력보다 높아지면 밸브가 작용하여 유로를 연다.

70 유압회로에서 어떤 부분회로의 압력을 주회로의 압력보다 저압으로 해서 사용하고자 할 때 사용하는 밸브는?

① 릴리프 밸브

② 리듀싱 밸브

③ 카운터 밸런스 밸브

④ 체크밸브

해설 리듀싱(감압)밸브는 회로일부의 압력을 릴리프 밸브의 설정압력(메인 유압) 이하로 하고 싶을 때 사용하며 입구(1차 쪽)의 주 회로에서 출구(2차 쪽)의 감압회로로 유압유가 흐른다. 상시 개방상태로 되어 있다가 출구(2차 쪽)의 압력이 감압밸브의 설정압력보다 높아지면 밸브가 작용하여 유로를 닫는다.

71 유압 실린더의 행정 최종단에서 실린더의 속도를 감속하여 서서히 정지시키고자 할 때 사용되는 밸브는?

① 프레필 밸브(prefill valve)

② 디콤프레션 밸브(decompression valve)

③ 디셀러레이션 밸브(deceleration valve)

④ 셔틀 밸브(shuttle valve)

해설 디셀러레이션 밸브는 유압 실린더의 행정 최종단에서 실린더의 속도를 감속하여 서서히 정지시키고자 할 때 사용한다.

72 다음에서 설명하는 유압 밸브는?

> 액추에이터의 속도를 서서히 감속시키는 경우나 서서히 증속시키는 경우에 사용되며, 일반적으로 캠(cam)으로 조작된다. 이 밸브는 행정에 대응하여 통과 유량을 조정하며 원활한 감속 또는 증속을 하도록 되어 있다.

① 디셀러레이션 밸브

② 카운터 밸런스 밸브

③ 방향제어 밸브

④ 프레필 밸브

해설 디셀러레이션 밸브는 액추에이터의 속도를 서서히 감속시키는 경우나 서서히 증속시키는 경우에 사용되며, 일반적으로 캠(cam)으로 조작된다. 이 밸브는 행정에 대응하여 통과 유량을 조정하며 원활한 감속 또는 증속을 하도록 되어 있다.

73 일반적으로 캠(cam)으로 조작되는 유압밸브로써 액추에이터의 속도를 서서히 감속시키는 밸브는?

① 카운터 밸런스 밸브

② 프레필 밸브

③ 방향제어 밸브

④ 디셀러레이션 밸브

해설 디셀러레이션 밸브는 캠(cam)으로 조작되는 유압밸브로써 액추에이터의 속도를 서서히 감속시키고자 할 때 사용한다.

74 유압 실린더 등이 중력에 의한 자유낙하를 방지하기 위해 배압을 유지하는 압력제어 밸브는?

① 시퀀스 밸브

② 언로드 밸브

③ 카운터 밸런스 밸브

④ 감압밸브

해설 카운트 밸런스 밸브(count balance valve)는 유압실린더 등이 중력에 의한 자유낙하를 방지하기 위해 배압을 유지하는 압력제어 밸브이다.

75 크롤러 굴착기가 경사면에서 주행모터에 공급되는 유량과 관계없이 자중에 의해 빠르게 내려가는 것을 방지해 주는 밸브는?

① 포트 릴리프 밸브

② 카운터 밸런스 밸브

③ 브레이크 밸브

④ 피스톤 모터의 피스톤

해설 크롤러 굴착기가 경사면에서 주행모터에 공급되는 유량과 관계없이 자중에 의해 빠르게 내려가는 것을 방지하는 밸브는 카운터 밸런스 밸브이다.

76 체크 밸브가 내장되는 밸브로서 유압회로의 한방향의 흐름에 대해서는 설정된 배압을 생기게 하고, 다른 방향의 흐름은 자유롭게 흐르도록 한 밸브는?

① 셔틀 밸브

② 언로더 밸브

③ 슬로 리턴 밸브

④ 카운터 밸런스 밸브

해설 카운터 밸런스 밸브는 체크 밸브가 내장되는 밸브로서 유압회로의 한방향의 흐름에 대해서는 설정된 배압을 생기게 하고, 다른 방향의 흐름은 자유롭게 흐르도록 한다.

77 유압장치의 방향전환 밸브(중립상태)에서 실린더가 외력에 의해 충격을 받았을 때 발생되는 고압을 릴리프 시키는 밸브는?

① 반전 방지 밸브

② 메인 릴리프 밸브

③ 과부하(포트) 릴리프 밸브

④ 유량 감지 밸브

78 유압장치에서 두 개의 펌프를 사용하는데 있어 펌프의 전체 송출량을 필요로 하지 않을 경우, 동력의 절감과 유온 상승을 방지하는 것은?

① 압력스위치(pressure switch)

② 카운트 밸런스 밸브(count balance valve)

③ 감압밸브(pressure reducing valve)

④ 무부하 밸브(unloading valve)

해설 무부하 밸브(unloading valve)는 2개의 펌프를 사용하는데 있어 펌프의 전체 송출량을 필요로 하지 않을 경우, 동력의 절감과 유온상승을 방지하는 밸브이다.

79 유압장치에서 고압·소용량, 저압·대용량 펌프를 조합 운전할 때, 작동압이 규정압력 이상으로 상승시 동력절감을 하기 위해 사용하는 밸브는?

① 감압 밸브

② 릴리프 밸브

③ 시퀀스 밸브

④ 무부하 밸브

해설 무부하(언로드)밸브는 유압장치에서 고압·소용량, 저압·대용량 펌프를 조합 운전할 때, 작동압력이 규정압력 이상으로 상승할 때 동력절감을 하기 위해 사용한다.

80 고압·소용량, 저압·대용량 펌프를 조합 운전할 경우 회로 내의 압력이 설정압력에 도달하면 저압 대용량 펌프의 토출량을 기름 탱크로 귀환시키는데 사용하는 밸브는?

① 무부하 밸브

② 카운터 밸런스 밸브

③ 체크밸브

④ 시퀀스 밸브

해설 무부하 밸브는 유압장치에서 고압·소용량, 저압·대용량 펌프를 조합 운전할 때, 작동압력이 규정압력 이상으로 상승할 때 동력절감을 하기 위해 사용하는 밸브이다.

81 유압계통에서 릴리프 밸브 스프링의 장력이 약화될 때 발생될 수 있는 현상은?

① 채터링 현상

② 노킹 현상

③ 블로바이 현상

④ 트램핑 현상

해설 채터링(chattering) 현상이란 직동형 릴리프 밸브(Relief valve)에서 자주 일어나며, 스프링의 장력이 약화되어 볼(ball)이 밸브의 시트(seat)를 때려 소음을 발생시키는 현상이다.

01 오리피스에 대한 설명 중 틀린 것은?

① 오일이 오리피스를 통하여 흐르기 위해서는 오리피스 사이에 압력차가 있어야 한다.

② 오일의 흐름이 없으면 오리피스 사이에 압력차는 없다.

③ 오리피스 출구쪽을 차단하면 오리피스 사이의 압력차는 증가한다.

④ 오리피스 사이의 압력차는 유량에 비례한다.

02 유압회로의 속도제어회로에 속하는 것이 아닌 것은?

① 카운터밸런스　　　② 미터 아웃

③ 미터 인　　　④ 시퀀스

해설 유량제어를 통하여 작업속도를 조절하는 방식에는 미터 인(meter in)방식, 미터 아웃(meter out)방식, 브리드 오프(bleed off)방식, 카운터밸런스 방식 등이 있다.

03 유압회로에서 유량제어를 통하여 작업속도를 조절하는 방식에 속하지 않는 것은?

① 미터 인(meter in)방식　　② 미터 아웃(meter out)방식

③ 브리드 오프(bleed off)방식　　④ 브리드 온(bleed on)방식

해설 유압회로에서 유량제어를 통하여 작업속도를 조절하는 방식에는 미터 인(meter in)방식, 미터 아웃(meter out)방식, 브리드 오프(bleed off)방식 등이 있다.

04 유압 실린더의 속도를 제어하는 블리드 오프(bleed off)회로에 대한 설명으로 틀린 것은?

① 유량제어밸브를 실린더와 직렬로 설치한다.

② 펌프 토출량 중 일정한 양을 탱크로 되돌린다.

③ 릴리프 밸브에서 과잉압력을 줄일 필요가 없다.

④ 부하변동이 급격한 경우에는 정확한 유량제어가 곤란하다.

해설 블리드 오프 회로에 대한 설명은 ②, ③, ④항 이외에 유압 실린더로 유입하는 쪽에 병렬로 유량제어 밸브를 설치한다.

05 액추에이터의 입구 쪽 관로에 유량제어 밸브를 직렬로 설치하여 작동유의 유량을 제어함으로서 액추에이터의 속도를 제어하는 회로는?

① 시스템 회로(system circuit)

② 블리드 오프 회로 (bleed-off circuit)

③ 미터 인 회로(meter-in circuit)

④ 미터 아웃 회로(meter-out circuit)

해설 **속도 제어 회로**

① 미터 인(meter in)방식 : 유압 액추에이터의 입구 쪽에 유량제어밸브를 직렬로 연결하여 액추에이터로 유입되는 유량을 제어하여 액추에이터의 속도를 제어한다.

② 미터 아웃(meter out)방식 : 유압 액추에이터의 출력 쪽에 유량제어밸브를 직렬로 연결하여 액추에이터로 유입되는 유량을 제어하여 액추에이터의 속도를 제어한다.

③ 블리드 오프(bleed off)방식 : 유량제어밸브를 실린더와 병렬로 연결하여 실린더의 속도를 제어한다.

06 작업 중에 유압펌프 유량이 필요하지 않게 되었을 때 오일을 저압으로 탱크에 귀환시키는 회로는?

① 시퀀스 회로　　　② 어큐뮬레이션 회로

③ 블리드 오프 회로　　④ 언로드 회로

해설 언로드 회로는 일하던 도중에 유압펌프 유량이 필요하지 않게 되었을 때 오일을 저압으로 탱크에 귀환시킨다.

07 다음 보기에서 분기회로에 사용되는 밸브만 골라 나열한 것은?

[보기]
ㄱ. 릴리프 밸브 (relief valve)
ㄴ. 리듀싱 밸브 (reducing valve)
ㄷ. 시퀀스 밸브 (sequence valve)
ㄹ. 언로더 밸브 (unloader valve)
ㅁ. 카운터 밸런스 밸브 (counter balance valve)

① ㄱ, ㄴ　　　② ㄴ, ㄷ

③ ㄷ, ㄹ　　　④ ㄹ, ㅁ

해설 분기회로에 사용되는 밸브에는 리듀싱 밸브 (reducing valve)와 시퀀스 밸브 (sequence valve)가 있다.

08 차동회로를 설치한 유압기기에서 속도가 나지 않는다면 그 이유로 가장 적합한 것은?

① 회로 내에 감압밸브가 작동하지 않을 때

② 회로 내에 관로의 직경차가 있을 때

③ 회로 내에 바이패스 통로가 있을 때

④ 회로 내에 압력손실이 있을 때

09 유압 모터에 대한 설명 중 맞는 것은?

① 유압 발생장치에 속한다.

② 압력, 유량, 방향을 제어한다.

③ 직선운동을 하는 작동기(actuator)이다.

④ 유압 에너지를 기계적 일로 변환한다.

10 유압 모터의 특징으로 맞는 것은?

① 가변 체인구동으로 유량조정을 한다.

② 오일의 누출이 많다.

③ 밸브 오버랩으로 회전력을 얻는다.

④ 무단변속이 용이하다.

해설 유압 모터의 가장 큰 특징은 넓은 범위의 무단변속이 용이하다.

11 유압 모터의 일반적인 특징으로 가장 적합한 것은?

① 운동량을 직선으로 속도조절이 용이하다.

② 운동량을 자동으로 직선조작을 할 수 있다.

③ 넓은 범위의 무단변속이 용이하다.

④ 각도에 제한 없이 왕복 각운동을 한다.

12 유압모터의 장점이 아닌 것은?

① 작동이 신속정확하다.

② 관성력이 크며, 소음이 크다.

③ 전동모터에 비하여 급속정지가 쉽다.

④ 광범위한 무단변속을 얻을 수 있다.

13 유압 모터의 장점이 될 수 없는 것은?

① 소형, 경량으로 큰 출력을 낼 수 있다.

② 공기와 먼지 등이 침투하여도 성능에는 영향이 없다.

③ 변속, 역전의 제어도 용이하다.

④ 속도나 방향의 제어가 용이하다.

해설 **유압 모터의 장점**

① 넓은 범위의 무단변속이 용이하다.

② 소형·경량으로서 큰 출력을 낼 수 있다.

③ 과부하에 대해 안전하다. ④ 정·역회전 변화가 가능하다.

⑤ 작동이 신속·정확하다. ⑥ 전동모터에 비하여 급속정지가 쉽다.

⑦ 속도나 방향의 제어가 용이하다.

⑧ 회전체의 관성이 작아 응답성이 빠르다.

정답 1.③ 2.④ 3.④ 4.① 5.③ 6.④ 7.② 8.④ 9.④ 10.④ 11.③ 12.② 13.②

14 유압 모터의 단점에 해당되지 않는 것은?

① 작동유에 먼지나 공기가 침입하지 않도록 특히 보수에 주의해야 한다.
② 작동유가 누출되면 작업 성능에 지장이 있다.
③ 작동유의 점도변화에 의하여 유압 모터의 사용에 제약이 있다.
④ 릴리프 밸브를 부착하여 속도나 방향제어하기가 곤란하다.

해설 **유압 모터의 단점**
① 작동유의 점도변화에 의하여 유압 모터의 사용에 제약이 있다.
② 작동유는 인화하기 쉽다.
③ 작동유에 먼지나 공기가 침입하지 않도록 특히 보수에 주의해야 한다.

15 유압 모터의 용량을 나타내는 것은?

① 입구압력(kgf/cm²)당 토크
② 유압 작동부 압력(kgf/cm²)당 토크
③ 주입된 동력(HP)
④ 체적(m³)

16 유압에너지를 공급받아 회전운동을 하는 기기를 무엇이라 하는가?

① 펌프
② 롤러 리미트
③ 밸브
④ 모터

17 유압장치에서 작동유압 에너지에 의해 연속적으로 회전운동 함으로서 기계적인 일을 하는 것은?

① 유압 모터
② 유압 실린더
③ 유압 제어 밸브
④ 유압 탱크

18 다음 중 유압 모터 종류에 속하는 것은?

① 플런저 모터
② 보올 모터
③ 터빈 모터
④ 디젤 모터

해설 유압 모터의 종류에는 기어형, 베인형, 플런저(피스톤)형 등이 있다.

19 유압 모터의 종류가 아닌 것은?

① 기어 모터
② 베인 모터
③ 피스톤 모터
④ 직권형 모터

해설 유압 모터의 종류에는 기어 모터, 베인 모터, 플런저(피스톤) 모터가 있다.

20 유압장치에서 기어 모터에 대한 설명 중 잘못된 것은?

① 내부 누설이 적어 효율이 높다.
② 구조가 간단하고 가격이 저렴하다.
③ 일반적으로 스퍼기어를 사용하나 헬리컬 기어도 사용한다.
④ 유압유에 이물질이 혼입되어도 고장발생이 적다.

21 기어 모터의 장점에 해당하지 않는 것은?

① 구조가 간단하다.
② 먼지나 이물질에 의한 고장 발생율이 낮다.
③ 토크 변동이 크다.
④ 가혹한 운전조건에서 비교적 잘 견딘다.

해설 **기어모터의 장점 및 단점**

기어모터의 장점	기어모터의 단점
① 구조가 간단하고 가격이 싸다.	① 유량잔류가 많다.
② 가혹한 운전조건에서 비교적 잘 견딘다.	② 토크변동이 크다.
③ 먼지나 이물질에 의한 고장 발생율이 낮다.	③ 수명이 짧다.

22 플런저가 구동축의 직각방향으로 설치되어 있는 유압 모터는?

① 캠형 플런저 모터
② 액시얼 플런저 모터
③ 블래더 플런저 모터
④ 레이디얼 플런저 모터

해설 레이디얼 플런저 모터는 플런저가 구동축의 직각방향으로 설치되어 있다.

23 제한 된 회전각도 이내에서 유체가 회전요동 운동력으로 변환시키는 요동모터의 피스톤형에 속하지 않는 것은?

① 링크형
② 기어형
③ 래크와 피니언형
④ 체인형

24 유압 모터의 회전속도가 규정 속도보다 느릴 경우의 원인에 해당하지 않는 것은?

① 유압펌프의 오일 토출량 과다
② 유압유의 유입량 부족
③ 각 작동부의 마모 또는 파손
④ 오일의 내부 누설

25 유압계통에서 오일의 누설 점검 사항이 아닌 것은?

① 볼트의 이완
② 실(seal)의 마모
③ 오일의 윤활성
④ 실(seal)의 파손

26 유압 모터에서 소음과 진동이 발생할 때의 원인이 아닌 것은?

① 내부부품의 파손
② 작동유 속에 공기혼입
③ 체결볼트의 이완
④ 펌프의 최고 회전속도 저하

해설 **유압모터에서 소음과 진동이 발생하는 원인**
① 작동유 속에 공기가 유입되었다.
② 체결볼트가 이완되었다.
③ 내부부품이 파손되었다.

27 유압 액추에이터의 기능에 대한 설명으로 맞는 것은?

① 유압의 방향을 바꾸는 장치이다.
② 유압을 일로 바꾸는 장치이다.
③ 유압의 빠르기를 조정하는 장치이다.
④ 유압의 오염을 방지하는 장치이다.

28 유압 모터와 유압 실린더의 설명으로 맞는 것은?

① 둘 다 회전운동을 한다.
② 둘 다 왕복운동을 한다.
③ 모터는 직선운동, 실린더는 회전운동을 한다.
④ 모터는 회전운동, 실린더는 직선운동을 한다.

29 유압펌프를 통하여 송출된 에너지를 직선운동이나 회전운동을 통하여 기계적 일을 하는 기기를 무엇이라고 하는가?

① 오일 쿨러
② 제어 밸브
③ 액추에이터(작업 장치)
④ 어큐뮬레이터(축압기)

해설 액추에이터(작업 장치)는 유압펌프를 통하여 송출된 에너지를 직선운동이나 회전운동을 통하여 기계적 일을 하는 기기를 말하며 유압실린더와 유압 모터가 있다.

30 유압 실린더는 유체의 힘을 어떤 운동으로 바꾸는가?

① 회전 운동
② 직선 운동
③ 곡선 운동
④ 비틀림 운동

정답 14.④ 15.① 16.④ 17.① 18.① 19.④ 20.① 21.③ 22.④ 23.② 24.① 25.③ 26.④ 27.② 28.④ 29.③ 30.②

31 유압 실린더의 구성부품이 아닌 것은?

① 피스톤 로드　　　　　② 피스톤
③ 실린더　　　　　　　④ 커넥팅 로드

32 유압 실린더의 종류에 해당하지 않은 것은?

① 복동 실린더 더블로드형　② 복동 실린더 싱글로드형
③ 단동 실린더 램형　　　④ 단동 실린더 배플형

해설 유압 실린더의 종류에는 단동 실린더, 복동 실린더(싱글 로드형과 더블 로드형), 다단 실린더, 램형 실린더 등이 있다.

33 일반적인 유압 실린더의 종류에 해당하지 않는 것은?

① 다단 실린더　　　　　② 단동 실린더
③ 레디얼 실린더　　　　④ 복동 실린더

해설 유압 실린더의 종류에는 단동 실린더, 복동 실린더, 다단 실린더, 램형 실린더 등이 있다.

34 그림과 같은 실린더의 명칭은?

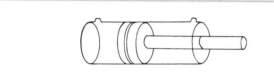

① 단동 실린더　　　　　② 단동 다단 실린더
③ 복동 실린더　　　　　④ 복동 다단 실린더

해설 유압유의 입출입구가 2개이므로 복동 실린더이며, 피스톤 로드가 1개이므로 싱글 로드형이다.

35 실린더의 피스톤이 고속으로 왕복 운동할 때 행정의 끝에서 피스톤이 커버에 충돌하여 발생하는 충격을 흡수하고, 그 충격력에 의해서 발생하는 유압회로의 악영향이나 유압기기의 손상을 방지하기 위해서 설치하는 것은?

① 쿠션 기구　　　　　② 밸브 기구
③ 유량제어 기구　　　　④ 셔틀 기구

해설 쿠션기구는 유압실린더에서 피스톤 행정이 끝날 때 발생하는 충격을 흡수하기 위해 설치하는 장치이다.

36 유압 실린더의 지지방식이 아닌 것은?

① 플랜지형　　　　　② 푸트형
③ 트러니언형　　　　　④ 유니언형

해설 유압실린더 지지방식에는 푸트형, 플랜지형, 트러니언형, 클레비스형이 있다.

37 유압 실린더 피스톤에 많이 사용되는 링은?

① O 링형　　　　　② V 링형
③ C 링형　　　　　④ U 링형

38 유압 실린더 내부에 설치된 피스톤의 운동속도를 빠르게 하기 위한 가장 적절한 제어방법은?

① 회로의 유량을 증가 시킨다.
② 회로의 압력을 낮게 한다.
③ 고점도 유압유를 사용한다.
④ 실린더 출구 쪽에 카운터 밸런스 밸브를 설치한다.

해설 유압 실린더 내부에 설치된 피스톤의 운동속도를 빠르게 하려면 회로의 유량을 증가 시킨다.

39 유압 실린더의 작동속도가 정상보다 느릴 경우 예상되는 원인으로 가장 적절한 것은?

① 계통 내의 흐름용량이 부족하다.
② 작동유의 점도가 약간 낮아짐을 알 수 있다.
③ 작동유의 점도지수가 높다.
④ 릴리프밸브의 조정압력이 너무 높다.

해설 유압 실린더의 작동속도가 정상보다 느린 원인은 계통 내의 흐름용량이 부족하기 때문이다

40 유압 실린더의 움직임이 느리거나 불규칙 할 때의 원인이 아닌 것은?

① 피스톤 링이 마모되었다.
② 유압유의 점도가 너무 높다.
③ 회로 내에 공기가 혼입되고 있다.
④ 체크 밸브의 방향이 반대로 설치되어 있다.

41 유압식 작업 장치의 속도가 느릴 때의 원인으로 가장 맞는 것은?

① 오일 쿨러의 막힘이 있다.　② 유압펌프의 토출압력이 높다.
③ 유압 조정이 불량하다.　　④ 유량 조정이 불량하다.

해설 유량이 부족하면 작업 장치의 속도가 느려진다.

42 유압 실린더에서 실린더의 과도한 자연 낙하현상이 발생될 수 있는 원인이 아닌 것은?

① 작동 압력이 높을 때　　② 실린더 내의 피스톤 실링의 마모
③ 컨트롤 밸브 스풀의 마모　④ 릴리프 밸브의 조정 불량

해설 실린더의 과도한 자연 낙하현상이 발생하는 원인은 ②, ③, ④항 이외에 작동압력이 낮을 때 발생한다.

43 유압 실린더를 교환하였을 경우 조치해야 할 작업으로 가장 거리가 먼 것은?

① 오일 교환　　　　　② 공기빼기 작업
③ 누유 점검　　　　　④ 공회전하여 작동상태 점검

해설 액추에이터(작업 장치)를 교환하였을 경우 반드시 해야 할 작업은 공회전하여 작동상태 점검, 공기빼기 작업, 누유 점검, 오일보충이다.

44 측압기(Accumulator)의 사용목적이 아닌 것은?

① 보조 동력원으로 사용　② 압력 보상
③ 유체의 맥동 감쇠　　　④ 유압회로 내 압력제어

해설 어큐뮬레이터(accumulator, 축압기)는 유압펌프에서 발생한 유압을 저장하고(유압 에너지 저장), 충격흡수, 맥동을 소멸시키는 장치이다.

45 축압기의 용도로 적합하지 않은 것은?

① 유압 에너지 저장　　　② 충격 흡수
③ 유량 분배 및 제어　　　④ 압력 보상

46 유압 에너지의 저장·충격흡수 등에 이용되는 것은?

① 축압기(accumulator)　② 스트레이너(strainer)
③ 펌프(pump)　　　　④ 오일탱크(oil tank)

해설 어큐뮬레이터(accumulator, 축압기)는 유압펌프에서 발생한 유압을 저장하고(유체 에너지 저장), 충격흡수, 맥동을 소멸시키는 장치이다.

47 유압펌프에서 발생한 유압을 저장하고 맥동을 소멸시키는 장치는?

① 어큐뮬레이터　　　　② 스트레이너
③ 언로딩 밸브　　　　④ 릴리프 밸브

해설 어큐뮬레이터(accumulator, 축압기)는 유압펌프에서 발생한 유압을 저장하고(유체 에너지 저장), 충격 흡수, 맥동을 소멸시키는 장치이다.

정답　31.④　32.④　33.③　34.③　35.①　36.④　37.①　38.①　39.①　40.④　41.④　42.①　43.①　44.④　45.③　46.①　47.①

48 축압기의 종류 중 공기 압축형이 아닌 것은?

① 스프링 하중식(spring loaded type)

② 피스톤식(piston type)

③ 다이어프램식(diaphragm type)

④ 블래더식(bladder type)

49 강철제의 용기에 기체를 봉입한 고무주머니를 넣은 구조로 되어 있는 축압기는?

① 스프링 가압식   ② 다이어프램식

③ 블래더식   ④ 피스톤식

해설 블래더식 축압기는 강철제의 용기에 기체(질소)를 봉입한 고무주머니를 넣은 구조로 되어 있다

50 유압장치에 사용되는 블래더형 어큐뮬레이터(축압기)의 고무주머니 내에 주입되는 물질로 맞는 것은?

① 압축공기   ② 유압 작동유

③ 스프링   ④ 질소

51 유압장치에서 피스톤 로드에 있는 먼지 또는 오염물질 등이 실린더 내로 혼입되는 것을 방지하는 것은?

① 필터(filter)   ② 더스트 실(dust seal)

③ 밸브(valve)   ④ 실린더 커버(cylinder cover)

해설 유압장치에서 피스톤 로드에 있는 먼지 또는 오염물질 등이 실린더 내로 혼입되는 것을 방지하는 것을 더스트 실(dust seal)이라 한다.

52 일반적으로 유압계통을 수리할 때마다 항상 교환해야 하는 것은?

① 샤프트 실(shaft seals)   ② 커플링(couplings)

③ 밸브 스풀(valve spools)   ④ 터미널 피팅(terminal fitting)

04 오일필터 및 유압기호

01 유압유에 포함된 불순물을 제거하기 위해 유압펌프 흡입관에 설치하는 것은?

① 부스터   ② 스트레이너

③ 공기청정기   ④ 어큐뮬레이터

해설 스트레이너(strainer)는 유압펌프의 흡입관에 설치하여 여과작용을 하는 필터이다.

02 유압펌프의 흡입 측에 붙여 여과작용을 하는 필터의 명칭은?

① 리턴 필터(return filter)   ② 스트레이너(strainer)

③ 기계적 필터(mechanical filter)   ④ 라인필터(line filter)

해설 스트레이너(strainer)는 유압펌프의 흡입 측에 붙여 여과작용을 하는 필터이다.

03 건설기계에 사용하고 있는 필터의 종류가 아닌 것은?

① 배출 필터   ② 흡입 필터

③ 고압 필터   ④ 저압 필터

04 다음 중 여과기를 설치위치에 따라 분류할 때 관로용 여과기에 포함되지 않는 것은?

① 라인 여과기   ② 리턴 여과기

③ 압력 여과기   ④ 흡입 여과기

해설 유압 관로용 여과기의 종류에는 압력 여과기, 라인 여과기, 리턴(복귀) 여과기 등으로 구성되어 있다.

05 건설기계 장비 유압계통에 사용되는 라인(line) 필터의 종류가 아닌 것은?

① 복귀관 필터   ② 누유관 필터

③ 흡입관 필터   ④ 압력관 필터

06 유압장치에서 금속 등 마모된 찌꺼기나 카본 덩어리 등의 이물질을 제거하는 장치는?

① 오일 팬   ② 오일 필터

③ 오일 쿨러   ④ 오일 클리어런스

07 호이스트형 유압호스 연결부에 가장 많이 사용하는 것은?

① 엘보 조인트   ② 니플 조인트

③ 소켓 조인트   ④ 유니온 조인트

08 유압장치에서 내구성이 강하고 작동 및 움직임이 있는 곳에서 사용하기 적합한 호스는 무엇인가?

① 플렉시블 호스   ② 구리 파이프 호스

③ 강 파이프 호스   ④ PVC 호스

해설 플렉시블 호스는 내구성이 강하고 작동 및 움직임이 있는 곳에 사용하기 적합하다.

09 유압호스 중 가장 큰 압력에 견딜 수 있는 형식은?

① 고무 형식

② 나선 와이어 형식

③ 와이어리스 고무 블레이드 형식

④ 직물 블레이드 형식

해설 유압장치에 사용하는 유압호스로 가장 큰 압력에 견딜 수 있는 것은 나선 와이어 블레이드 형식이다

10 유압 건설기계의 고압호스가 자주 파열되는 원인으로 가장 적합한 것은?

① 유압펌프의 고속회전   ② 오일의 점도저하

③ 릴리프 밸브의 설정압력 불량   ④ 유압 모터의 고속회전

해설 릴리프 밸브의 설정압력 불량하면 고압호스가 자주 파열된다.

11 유압 모터와 연결된 감속기의 기어오일 수준을 점검시 유의사항으로 틀린 것은?

① 오일수준을 점검하기 전에 항상 오일수준 점검 게이지 주변을 깨끗하게 청소한다.

② 오일수준을 점검시는 오일의 정상적인 작업온도에서 점검해야 한다.

③ 오일량이 너무 적으면 모터 유닛(unit)이 올바르게 작동하지 않거나 손상될 수 있으므로 오일량 수준은 정량유지가 필요하다.

④ 오일량이 냉간 상태에서 가득 채우는 수준이다.

해설 유압 모터의 감속기 오일수준을 점검할 때 유의사항은 ①, ②, ③ 항이다.

12 유압장치에서 회전축 둘레의 누유를 방지하기 위하여 사용되는 밀봉장치(seal)는?

① 오일(O-ring)   ② 개스킷(gasket)

③ 더스트 실(dust seal)   ④ 기계적 실(mechanical seal)

13 유압장치의 기호 회로도에 사용되는 유압기호의 표시방법으로 적합하지 않은 것은?

① 기호에는 흐름의 방향을 표시한다.
② 각 기기의 기호는 정상상태 또는 중립상태를 표시한다.
③ 기호는 어떠한 경우에도 회전하여서는 안 된다.
④ 기호에는 각 기기의 구조나 작용압력을 표시하지 않는다.

해설: 기호 회로도에 사용되는 유압기호의 표시방법은 ①, ②, ④항 이외에 기호는 오해의 위험이 없는 경우에는 기호를 회전하거나 뒤집어도 된다.

14 유압 공기압 도면기호에서 유압(동력)원의 기호표시는?

해설: ①항은 유압 필터, ②항은 압력계, ④항은 어큐뮬레이터이다.

15 공유압 기호 중 그림이 나타내는 것은?

① 유압 동력원 　　② 공기압 동력원
③ 전동기 　　　　④ 원동기

16 그림에서 체크밸브를 나타낸 것은?

17 유압 압력계의 기호는?

① ✳ 　　② PF
③ MV 　　④

18 그림과 같은 유압기호는?

① 유압 밸브
② 차단 밸브
③ 오일 탱크
④ 유압 실린더

19 공유압 기호 중 그림이 나타내는 것은?

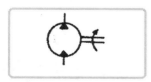

① 정용량형 펌프·모터
② 가변용량형 펌프·모터
③ 요동형 액추에이터
④ 가변형 액추에이터

20 다음 그림에서 일반적으로 사용하는 유압기호로 맞는 것은?

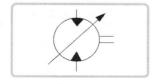

① 정용량형 유압모터
② 가변용량형 유압모터
③ 요동형 액추에이터
④ 가변형 액추에이터

21 방향전환 밸브의 조작방식에서 단동 솔레노이드 기호는?

해설: ①항은 솔레노이드 조작방식　②항은 간접 조작방식
③항은 레버 조작방식　④항은 기계 조작방식

22 복동 실린더 양 로드형을 나타내는 유압기호는?

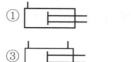

23 그림의 유압 기호는 무엇을 표시하는가?

① 유압 실린더 로드
② 오일 탱크
③ 어큐뮬레이터
④ 유압 실린더

24 공유압 기호 중 그림이 나타내는 것은?

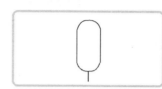

① 단독 가변식 전자 액추에이터
② 회전형 전기 액추에이터
③ 복동 가변식 전자 액추에이터
④ 직접 파일럿 조작 액추에이터

25 그림의 유압기호는 무엇을 표시하는가?

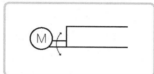

① 공기 유압 변환기
② 증압기
③ 촉매컨버터
④ 어큐뮬레이터

26 다음 유압기호가 나타내는 것은?

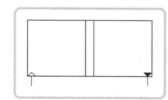

① 릴리프 밸브 (relief valve)
② 감압 밸브 (reducing valve)
③ 순차 밸브 (sequence valve)
④ 무부하 밸브 (unloader valve)

27 아래 그림에서 "A" 부분은?

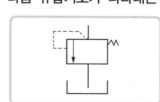

① 유압모터
② 오일 스트레이너
③ 가변용량 유압펌프
④ 가변용량 유압모터

28 그림의 유압 기호는 무엇을 표시하는가?

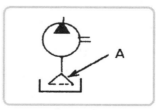

① 고압 우선형 셔틀 밸브
② 저압 우선형 셔틀 밸브
③ 급속 배기 밸브
④ 급속 흡기 밸브

chapter 03 건설기계 기관장치

01 기관 기초

01 다음 중 회전력의 단위는?
① kgf-m
② TON
③ kgf/cm²
④ mmHg
해설 회전력의 단위는 kgf-m이다

02 1kW는 몇 PS인가?
① 0.75
② 1.36
③ 75
④ 736
해설 1kW=1.36PS

03 기관의 총배기량에 대한 내용으로 옳은 것은?
① 1번 연소실 체적과 실린더 체적의 합이다.
② 각 실린더 행정 체적의 합이다.
③ 행정 체적과 실린더 체적의 합이다.
④ 실린더 행정 체적과 연소실 체적의 곱이다.
해설 기관의 총배기량이란 각 실린더 행정 체적(배기량)의 합이다.

04 열에너지를 기계적 에너지로 변환시켜주는 장치는?
① 펌프
② 모터
③ 엔진
④ 밸브

05 열기관이란 어떤 에너지를 어떤 에너지로 바꾸어 유효한 일을 할 수 있도록 한 기계인가?
① 열에너지를 기계적 에너지로
② 전기적 에너지를 기계적 에너지로
③ 위치 에너지를 기계적 에너지로
④ 기계적 에너지를 열에너지로
해설 열기관(엔진)이란 열에너지(연료의 연소)를 기계적 에너지(크랭크 축의 회전)로 변환시켜주는 장치이다.

06 엔진의 회전수를 나타낼 때 rpm이란?
① 시간당 엔진회전수
② 분당 엔진회전수
③ 초당 엔진회전수
④ 10분간 엔진회전수
해설 rpm(revolution per minute)이란 분당 엔진회전수를 나타내는 단위이다.

07 일반적으로 디젤기관의 점화(착화) 방법은?
① 전기착화
② 마그넷 점화
③ 압축착화
④ 전기점화
해설 디젤기관의 점화(착화)방법은 압축착화(또는 자기착화)이다.

08 일반적으로 디젤기관에서 흡입공기 압축시 압축온도는 약 얼마인가?
① 300~350℃
② 500~550℃
③ 1,100~1,150℃
④ 1,500~1,600℃
해설 디젤기관에서 흡입공기를 압축할 때 압축온도는 500~550℃이다.

09 디젤기관의 압축비가 높은 이유는?
① 연료의 무화를 양호하게 하기 위하여
② 공기의 압축열로 착화시키기 위하여
③ 기관 과열과 진동을 적게 하기 위하여
④ 연료의 분사를 높게 하기 위하여
해설 디젤기관의 압축비가 높은 이유는 공기의 압축열로 자기 착화시키기 위함이다.

10 다음 중 내연기관의 구비조건으로 틀린 것은?
① 단위중량 당 출력이 적을 것
② 열효율이 높을 것
③ 저속에서 회전력이 클 것
④ 점검 및 정비가 쉬울 것
해설 **내연기관의 구비조건**
① 소형경량이고 열효율이 높을 것 ② 단위중량 당 출력이 클 것
③ 저속에서 회전력이 클 것 ④ 저속에서 고속으로 가속도가 클 것
⑤ 연소비율이 적을 것 ⑥ 가혹한 운전조건에 잘 견딜 것
⑦ 진동 및 소음이 적고, 점검과 정비가 쉬울 것
⑧ 유해 배기가스 배출이 없을 것

11 디젤기관의 장점이 아닌 것은?
① 가속성이 좋고 운전이 정숙하다.
② 열효율이 높다.
③ 화재의 위험이 적다.
④ 연료소비율이 낮다.
해설 **디젤기관의 장점**
① 열효율이 높고 연료소비량이 적다.
② 전기 점화장치가 없어 고장률이 적다.
③ 인화점이 높은 경유를 사용하므로 취급이 용이하다(화재의 위험이 적다).
④ 유해 배기가스 배출량이 적다.
⑤ 흡입행정에서 펌핑 손실을 줄일 수 있다.

12 다음 중 가솔린 엔진에 비해 디젤 엔진의 장점으로 볼 수 없는 것은?
① 열효율이 높다.
② 압축압력, 폭압압력이 크기 때문에 마력당 중량이 크다.
③ 유해 배기가스 배출량이 적다.
④ 흡입행정 시 펌핑 손실을 줄일 수 있다.

13 기관에서 피스톤의 행정이란?
① 피스톤의 길이
② 실린더 벽의 상하 길이
③ 상사점과 하사점과의 총면적
④ 상사점과 하사점과의 거리
해설 피스톤 행정이란 상사점과 하사점과의 거리이다.

14 기관에서 상사점과 하사점까지를 무엇이라고 하는가?
① 행정
② 사이클
③ 소기
④ 과급
해설 피스톤의 행정이란 상사점과 하사점까지의 거리이다.

정답 1.① 2.② 3.② 4.③ 5.① 6.② 7.③ 8.② 9.② 10.① 11.① 12.② 13.④ 14.①

15 4행정으로 1사이클을 완성하는 기관에서 각 행정의 순서는?

① 압축 → 흡입 → 폭발 → 배기
② 흡입 → 압축 → 폭발 → 배기
③ 흡입 → 압축 → 배기 → 폭발
④ 흡입 → 폭발 → 압축 → 배기

해설 4행정으로 1사이클 기관의 행정순서는 흡입 → 압축 → 폭발 → 배기이다.

16 4행정 사이클 엔진은 피스톤이 흡입 압축 폭발 배기의 4행정을 하면서 1사이클을 완료하며, 크랭크축은 몇 회전 하는가?

① 2회전
② 3회전
③ 1회전
④ 4회전

해설 4행정 사이클 엔진이 1사이클을 완료하면 크랭크축은 2회전한다.

17 4행정 사이클 디젤기관의 흡입행정에 관한 설명 중 맞지 않는 것은?

① 흡입 밸브를 통하여 혼합기를 흡입한다.
② 실린더 내의 부압(負壓)이 발생한다.
③ 흡입밸브는 상사점 전에 열린다.
④ 흡입계통에는 벤투리, 초크밸브가 없다.

해설 4행정 사이클 디젤기관의 흡입행정에 대한 설명은 ②, ③, ④항 이외에 흡입밸브를 통하여 공기만을 흡입한다.

18 4행정 디젤엔진에서 흡입행정 시 실린더 내에 흡입되는 것은?

① 혼합기
② 연료
③ 공기
④ 스파크

해설 4행정 사이클 디젤기관은 흡입행정에서 흡입밸브를 통하여 공기만을 흡입한다.

19 4행정 사이클 디젤기관의 압축행정에 관한 설명으로 틀린 것은?

① 흡입한 공기의 압축온도는 약 400~700℃가 된다.
② 압축행정의 끝에서 연료가 분사된다.
③ 압축행정의 중간부분에서는 단열압축의 과정을 거친다.
④ 연료가 분사되었을 때 고온의 공기는 와류운동을 하면 안 된다.

해설 연료가 분사되었을 때 고온의 공기는 와류 운동을 하여 연소를 촉진시켜야 한다.

20 4행정 사이클 디젤기관의 동력행정에 관한 설명 중 틀린 것은?

① 연료는 분사됨과 동시에 연소를 시작한다.
② 피스톤이 상사점에 도달하기 전 소요의 각도 범위 내에서 분사를 시작한다.
③ 연료분사 시작점은 회전속도에 따라 진각 된다.
④ 디젤기관의 진각에는 연료의 착화 늦음이 고려된다.

해설 연료는 분사된 후 착화지연 기간을 거쳐 착화되기 시작한다.

21 디젤기관에서 흡입밸브와 배기밸브가 모두 닫혀있을 때는?

① 소기행정
② 배기행정
③ 흡입행정
④ 동력행정

해설 동력행정(폭발행정)은 압축행정 말기에 분사노즐로부터 실린더 내로 연료를 분사하여 연소시켜 동력을 얻는 행정으로 피스톤은 상사점에서 하사점으로 내려가고, 흡·배기밸브는 모두 닫혀 있으며, 크랭크축은 540°회전한다.

22 2행정 사이클 기관에만 해당되는 과정(행정)은?

① 소기
② 압축
③ 흡입
④ 동력

해설 소기란 잔류배기 가스를 내보내고 새로운 공기를 실린더 내에 유입시키는 과정이며, 2행정 사이클 기관에서만 해당된다.

23 2행정 사이클 디젤기관의 흡입과 배기행정에 관한 설명 중 맞지 않는 것은?

① 피스톤이 하강하여 소기포트가 열리면 예압된 공기가 실린더 내로 유입된다.
② 연소가스가 자체의 압력에 의해 배출되는 것을 블로바이라고 한다.
③ 압력이 낮아진 나머지 연소가스가 압출되어 실린더 내는 와류를 동반한 새로운 공기로 가득 차게 된다.
④ 동력행정의 끝 부분에서 배기 밸브가 열리고 연소가스가 자체의 압력으로 배출이 시작된다.

해설 연소가스가 자체의 압력에 의해 배출되는 것을 블로다운이라고 한다.

24 폭발행정 끝 부분에서 실린더 내의 압력에 의해 배기가스가 배기밸브를 통해 배출되는 현상은?

① 블로백(blow back)
② 블로바이(blow by)
③ 블로업(blow up)
④ 블로다운(blow down)

해설 블로다운이란 폭발행정 끝 부분에서 실린더 내의 압력에 의해 배기가스가 배기밸브를 통해 배출되는 현상이다

25 기관의 실린더 수가 많은 경우 장점이 아닌 것은?

① 회전의 응답성이 양호하다.
② 회전력의 변동이 적다.
③ 소음이 감소된다.
④ 흡입공기의 분배가 간단하고 쉽다.

해설 실린더 수가 많으면 ①, ②, ③항의 장점이 있으며, 흡입공기의 분배가 어려운 결점이 있다.

26 6기통 기관이 4기통 기관보다 좋은 점이 아닌 것은?

① 가속이 원활하고 신속하다.
② 기관 진동이 적다.
③ 저속회전이 용이하고 출력이 높다.
④ 구조가 간단하며 제작비가 싸다.

해설 실린더 수가 많을 때의 특징
① 회전력의 변동이 적어 기관 진동과 소음이 적다.
② 회전의 응답성이 양호하다.
③ 저속회전이 용이하고 출력이 높다.
④ 가속이 원활하고 신속하다.
⑤ 흡입공기의 분배가 어렵고 연료소모가 많다.(단점)
⑥ 구조가 복잡하여 제작비가 비싸다.(단점)

27 실린더의 내경이 행정보다 작은 기관을 무엇이라고 하는가?

① 스퀘어 기관
② 단행정 기관
③ 장행정 기관
④ 정방행정 기관

해설 실린더 내경과 행정비에 의한 분류
① 장행정기관 : 실린더 내경(D)보다 피스톤 행정(L)이 큰 형식이다.
② 스퀘어 기관 : 실린더 내경(D)과 피스톤 행정(L)의 크기가 똑같은 형식이다.
③ 단행정기관 : 실린더 내경(D)이 피스톤 행정(L)보다 큰 형식이다.

정답 15.② 16.① 17.① 18.③ 19.④ 20.① 21.④ 22.① 23.② 24.④ 25.④ 26.④ 27.③

02 기관 본체 구조

01 디젤기관 연소과정에서 연소 4단계와 거리가 먼 것은?
① 전기연소기간(전 연소기간)
② 화염전파기간(폭발연소시간)
③ 직접연소기간(제어연소시간)
④ 후기연소기간(후 연소시간)

해설 디젤기관의 연소 4단계 과정의 순서는 착화지연기간(연소준비시간) → 화염전파기간(폭발연소시간) → 직접연소기간(제어연소시간) → 후기연소기간(후 연소시간)이다.

02 기관 연소실이 갖추어야 할 구비조건이다. 가장 거리가 먼 것은?
① 연소실내의 표면적은 최대가 되도록 한다.
② 돌출부가 없어야 한다.
③ 압축 끝에서 혼합기의 와류를 형성하는 구조이어야 한다.
④ 화열전파 거리가 짧아야 한다.

해설 **연소실의 구비조건**
① 화염전파에 소요되는 시간이 짧을 것
② 연소실 내의 표면적을 최소화시킬 것
③ 가열되기 쉬운 돌출부분이 없을 것
④ 흡·배기작용이 원활하게 되도록 할 것
⑤ 압축행정에서 와류가 일어나도록 할 것
⑥ 배기가스에 유해성분이 적을 것
⑦ 출력 및 열효율이 높을 것
⑧ 노크를 일으키지 않을 것

03 다음 중 연소실과 연소의 구비조건이 아닌 것은?
① 분사된 연료를 가능한 한 긴 시간 동안 완전연소 시킬 것
② 평균유효압력이 높을 것
③ 고속회전에서 연소상태가 좋을 것
④ 노크발생이 적을 것

해설 연소실의 구비조건은 ②, ③, ④항 이외에 분사된 연료를 가능한 한 짧은 시간 내에 완전연소 시킬 것

04 디젤기관의 연소실은 열효율이 높은 구조이어야 하는데 잘못 설명된 것은?
① 압축비를 높인다.
② 연소실의 구조를 간단히 한다.
③ 열효율을 높이면 연료소비율도 증가한다.
④ 연소실 벽의 온도를 높인다.

해설 열효율을 높이기 위한 연소실의 구조는 ①, ②, ④항 이외에 열효율을 높이면 연료소비율이 감소한다.

05 기관의 연소실 모양과 관련이 적은 것은?
① 기관 출력   ② 열효율
③ 엔진 속도   ④ 운전 정숙도

해설 기관의 연소실 모양에 따라 기관 출력, 열효율, 운전 정숙도, 노크발생 빈도 등이 관련된다.

06 디젤기관에서 부실식과 비교할 경우 직접분사식 연소실의 장점이 아닌 것은?
① 냉간 시동이 용이하다.   ② 연소실 구조가 간단하다.
③ 연료소비율이 낮다.   ④ 저질 연료사용이 가능하다.

해설 **직접분사식의 단점**
① 연료 분사압력이 가장 높아 분사펌프와 노즐의 수명이 짧다.
② 저질연료의 사용이 어렵다(사용연료의 변화에 민감하다).
③ 노크발생이 크다.

④ 연료계통의 연료누출 염려가 크다.

07 디젤기관에서 직접분사실식 장점이 아닌 것은?
① 연료소비량이 적다.
② 냉각손실이 적다.
③ 연료계통의 연료누출 염려가 적다.
④ 구조가 간단하여 열효율이 높다.

해설 ①, ②, ④항 이며, 연료계통의 연료누출 염려가 큰 결점이 있다.

08 보기에 나타낸 것은 어느 구성품을 형태에 따라 구분한 것인가?

> [보기]   직접분사식, 예연소식, 와류실식, 공기실식

① 연료 분사장치   ② 연소실
③ 기관구성   ④ 동력전달장치

해설 디젤기관의 연소실은 단실식인 직접분사실식과 복실식인 예연소실식, 와류실식, 공기실식 등으로 나누어진다.

09 기관의 연소실에서 발생하는 스퀴시(squish)의 설명으로 옳은 것은?
① 연소가스가 크랭크 케이스로 누출되는 현상
② 흡입밸브에 의한 와류현상
③ 압축행정 말기에 발생하는 와류현상
④ 압축공기가 피스톤 링 사이로 누출되는 현상

해설 스퀴시란 압축행정 말기에 발생하는 와류현상이다.

10 헤드 개스킷에 관한 설명으로 관계없는 것은?
① 고온·고압에 견딜 수 있어야 한다.
② 가스나 물 등의 누출을 방지한다.
③ 기름 등의 누출을 방지한다.
④ 오버랩을 방지한다.

해설 헤드 가스켓은 실린더 헤드와 블록 사이에 삽입하여 압축과 폭발가스의 기압을 유지하고 냉각수와 엔진오일이 누출되는 것을 방지하는 역할을 한다.

11 실린더 헤드와 블록 사이에 삽입하여 압축과 폭발가스의 기밀을 유지하고 냉각수와 엔진오일이 누출되는 것을 방지하는 역할을 하는 것은?
① 헤드 워터 재킷   ② 헤드 오일 통로
③ 헤드 가스켓   ④ 헤드 펌프

12 실린더 헤드의 변형 원인으로 틀린 것은?
① 기관의 과열
② 실린더 헤드 볼트 조임 불량
③ 실린더 헤드 커버 개스킷 불량
④ 제작 시 열처리 불량

해설 실린더 헤드가 변형되는 원인은 기관이 과열된 경우, 실린더 헤드 볼트 조임 불량, 제작할 때 열처리 불량 등이다.

13 실린더 헤드 개스킷이 손상되었을 때 일어나는 현상으로 가장 적절한 것은?
① 엔진 오일의 압력이 높아진다.
② 피스톤 링의 작용이 느려진다.
③ 압축압력과 폭발압력이 낮아진다.
④ 피스톤이 가벼워진다.

해설 실린더 헤드 개스킷이 손상되면 압축가스의 누출로 인하여 압축압력과 폭발압력이 낮아진다.

정답   1.① 2.① 3.① 4.③ 5.③ 6.④ 7.③ 8.② 9.③ 10.④ 11.③ 12.③ 13.③

14 실린더 헤드 등 면적이 넓은 부분에서 볼트를 조이는 방법으로 가장 적합한 것은?

① 규정 토크로 한 번에 조인다.
② 중심에서 외측을 향하여 대각선으로 조인다.
③ 외측에서 중심을 향하여 대각선으로 조인다.
④ 조이기 쉬운 곳부터 조인다.

해설 실린더 헤드 등 면적이 넓은 부분에서 볼트를 조일 경우에는 중심에서 외측을 향하여 대각선으로 조인다.

15 라이너식 실린더에 비교한 일체식 실린더의 특징 중 맞지 않는 것은?

① 강성 및 강도가 크다.
② 냉각수 누출 우려가 적다.
③ 라이너 형식보다 내마모성이 높다.
④ 부품수가 적고 중량이 가볍다.

해설 일체식 실린더는 강성 및 강도가 크고 냉각수 누출 우려가 적으며, 부품수가 적고 중량이 가볍다.

16 실린더 라이너(cylinder liner)에 대한 설명으로 틀린 것은?

① 종류는 습식과 건식이 있다.
② 일명 슬리브(sleeve)라고도 한다.
③ 냉각효과는 습식보다 건식이 더 좋다.
④ 습식은 냉각수가 실린더 안으로 들어갈 염려가 있다.

해설 습식 라이너는 냉각수가 라이너 바깥둘레에 직접 접촉하는 형식이며, 정비작업을 할 때 라이너 교환이 쉽고 냉각효과가 좋으나, 크랭크 케이스로 냉각수가 들어갈 우려가 있다.

17 건설기계 기관에 사용되는 습식 라이너의 단점은?

① 냉각효과가 좋다.
② 냉각수가 크랭크 실로 누출될 우려가 있다.
③ 직접 냉각수와 접촉하므로 누출될 우려가 있다.
④ 라이너의 압입압력이 높다.

해설 습식 라이너는 냉각수가 라이너 바깥둘레에 직접 접촉하며, 라이너 교환이 쉽고, 냉각효과가 좋으나, 크랭크 케이스에 냉각수가 들어갈 우려가 있다.

18 기관 실린더(cylinder) 벽에서 마멸이 가장 크게 발생하는 부위는?

① 상사점 부근
② 하사점 부근
③ 중간부근
④ 하사점 이하

해설 실린더(cylinder) 벽의 마멸이 가장 큰 부위는 상사점 부근(윗부분)이다

19 실린더 벽이 마멸되었을 때 발생되는 현상은?

① 기관의 회전수가 증가한다.
② 오일소모량이 증가한다.
③ 열효율이 증가한다.
④ 폭발압력이 증가한다.

해설 **실린더 벽이 마멸되면**
① 압축효율 및 폭발압력 저하
② 크랭크 실내의 윤활유 오염 및 소모량 증가
③ 기관 회전속도 저하
④ 기관의 출력저하
⑤ 연소실에 기관오일 상승

20 실린더 마모와 가장 거리가 먼 것은?

① 출력의 감소
② 불완전 연소
③ 크랭크실의 윤활유 오손
④ 거버너의 작동불량

해설 거버너(governor, 조속기)란 디젤기관 연료 분사펌프에 설치되어 있으며, 연료 분사량을 조정하는 작용을 한다.

21 피스톤과 실린더 사이의 간극이 너무 클 때 일어나는 현상은?

① 실린더의 소결
② 압축압력 증가
③ 기관 출력향상
④ 윤활유 소비량 증가

해설 **피스톤 간극이 클 때 기관에 미치는 영향**
① 연료가 기관오일에 떨어져 희석되어 오염된다.
② 기관 시동성능의 저하 및 기관 출력이 감소하는 원인이 된다.
③ 블로바이에 의해 압축압력이 낮아진다.
④ 피스톤 링의 기능저하로 인하여 오일이 연소실에 유입되어 오일소비가 많아진다.
⑤ 피스톤 슬랩 현상이 발생되며, 기관출력이 저하된다.

22 다음 보기에서 피스톤과 실린더 벽 사이의 간극이 클 때 미치는 영향을 모두 나타낸 것은?

[보기]
a. 마찰열에 의해 소결되기 쉽다.
b. 블로바이에 의해 압축압력이 낮아진다.
c. 피스톤 링의 기능저하로 인하여 오일이 연소실에 유입되어 오일소비가 많아진다.
d. 피스톤 슬랩 현상이 발생되며, 기관출력이 저하된다.

① a, b, c
② c, d
③ b, c, d
④ a, b, c, d

해설 피스톤 간극이 작으면 마찰열에 의해 소결되기 쉽다.

23 디젤기관에서 압축압력이 저하되는 가장 큰 원인은?

① 냉각수 부족
② 엔진오일 과다
③ 기어오일의 열화
④ 피스톤 링의 마모

해설 **엔진 압축압력이 낮은 원인**
① 실린더 벽이 과다하게 마모되었다.
② 피스톤 링이 파손 또는 과다 마모되었다.
③ 피스톤 링의 탄력이 부족하다.
④ 헤드 개스킷에서 압축가스가 누설된다.

24 실린더의 압축압력이 저하하는 주요 원인으로 틀린 것은?

① 실린더 벽의 마멸
② 피스톤 링의 탄력 부족
③ 헤드 개스킷 파손에 의한 누설
④ 연소실 내부의 카본누적

25 기관에서 압축가스가 누설되어 압축압력이 저하될 수 있는 원인에 해당 되는 것은?

① 실린더 헤드 개스킷 불량
② 매니폴드 개스킷의 불량
③ 워터 펌프의 불량
④ 냉각팬의 벨트 유격 과대

26 피스톤의 형상에 의한 종류 중에 측압부의 스커트 부분을 떼어내 경량화하여 고속엔진에 많이 사용되는 피스톤은 무엇인가?

① 솔리드 피스톤
② 풀 스커트 피스톤
③ 스플릿 피스톤
④ 슬리퍼 피스톤

해설 슬리퍼 피스톤은 측압부의 스커트 부분을 떼어내 경량화 하여 고속엔진에 많이 사용한다.

27 피스톤 링의 구비조건으로 틀린 것은?

① 열팽창률이 적을 것
② 고온에서도 탄성을 유지할 것
③ 링 이음부의 압력을 크게 할 것
④ 피스톤 링이나 실린더 마모가 적을 것

해설 **피스톤 링의 구비조건**
① 높은 온도에서도 탄성을 유지할 수 있을 것
② 열팽창률이 적을 것
③ 오랫동안 사용하여도 피스톤 링 자체나 실린더 마모가 적을 것
④ 실린더 벽에 동일한 압력을 가할 것
⑤ 실린더 벽 재질보다 다소 경도가 낮아야 한다.

28 기관에서 피스톤 링의 작용으로 틀린 것은?
① 완전 연소 억제작용　② 기밀 작용
③ 오일제어 작용　④ 열전도 작용
해설 **피스톤 링**은 실린더 벽과 밀착되어 실린더와 피스톤사이에서 블로바이를 방지하는 기밀유지(밀봉) 작용과 실린더 벽과 피스톤사이의 기관오일을 긁어내리는 오일제어 작용 및 피스톤 헤드가 받은 열을 실린더 벽으로 전달하는 냉각(열전도)작용 등 3가지 작용을 한다.

29 기관주요 부품 중 밀봉작용과 냉각작용을 하는 것은?
① 베어링　② 피스톤 핀
③ 피스톤 링　④ 크랭크축

30 기관의 피스톤이 고착되는 원인으로 틀린 것은?
① 냉각수량이 부족할 때　② 기관 오일이 부족하였을 때
③ 기관이 과열되었을 때　④ 압축압력이 너무 높을 때
해설 **피스톤이 고착되는 원인**
① 피스톤 간극이 적을 때　② 기관오일이 부족하였을 때
③ 기관이 과열되었을 때　④ 냉각수량이 부족할 때

31 기관에서 크랭크축의 역할은?
① 원활한 직선운동을 하는 장치이다.
② 기관의 진동을 줄이는 장치이다.
③ 직선운동을 회전운동으로 변환시키는 장치이다.
④ 원운동을 직선운동으로 변환시키는 장치이다.
해설 기관에서 크랭크축의 역할은 피스톤의 직선운동을 회전운동으로 변환시키는 장치이다.

32 크랭크축의 위상각이 180도 이고 5개의 메인 베어링에 의해 크랭크 케이스에 지지되는 엔진은?
① 4실린더 엔진　② 3실린더 엔진
③ 2실린더 엔진　④ 5실린더 엔진
해설 4실린더 엔진은 크랭크축의 위상각이 180도 이고 5개의 메인 베어링에 의해 크랭크 케이스에 지지된다.

33 동력을 전달하는 계통의 순서를 바르게 나타낸 것은?
① 피스톤 → 커넥팅 로드 → 클러치 → 크랭크축
② 피스톤 → 클러치 → 크랭크축 → 커넥팅 로드
③ 피스톤 → 크랭크축 → 커넥팅 로드 → 클러치
④ 피스톤 → 커넥팅 로드 → 크랭크축 → 클러치
해설 **실린더 내에서 폭발이 일어나면** 피스톤 → 커넥팅 로드 → 크랭크축 → 플라이휠(클러치) 순서로 전달된다.

34 크랭크축의 비틀림 진동에 대한 설명 중 틀린 것은?
① 각 실린더의 회전력 변동이 클수록 크다.
② 크랭크축이 길수록 크다.
③ 회전부분의 질량이 클수록 커진다.
④ 강성이 클수록 크다.
해설 **크랭크축에서 비틀림 진동발생의 관계**
① 기관의 회전력 변동이 클수록, 크랭크축의 길이가 길수록 크다.
② 크랭크축의 강성이 적을수록, 기관의 회전속도가 느릴수록 크다.
③ 기관의 주기적인 회전력 작용에 의해 발생한다.

35 기관의 맥동적인 회전을 관성력을 이용하여 원활한 회전으로 바꾸어 주는 역할을 하는 것은?
① 크랭크 축　② 피스톤
③ 플라이휠　④ 커넥팅로드
해설 플라이휠은 기관의 맥동적인 회전을 관성력을 이용하여 원활한 회

전으로 바꾸어주는 역할을 한다.

36 4행정 기관에서 크랭크축 기어와 캠축 기어와의 지름비 및 회전비는 각각 얼마인가?
① 2 : 1 및 1 : 2　② 2 : 1 및 2 : 1
③ 1 : 2 및 2 : 1　④ 1 : 2 및 1 : 2
해설 4행정 기관에서 크랭크축 기어와 캠축 기어와의 **지름비율**은 1 : 2 이고, **회전 비율**은 2 : 1 이다.

37 기관에서 밸브의 개폐를 돕는 부품은?
① 너클 암　② 스티어링 암
③ 로커 암　④ 피트먼 암
해설 기관에서 밸브의 개폐를 돕는 부품은 로커 암이다.

38 유압식 밸브 리프터의 장점이 아닌 것은?
① 밸브간극 조정은 자동으로 조절된다.
② 밸브 개폐시기가 정확하다.
③ 밸브구조가 간단하다.
④ 밸브기구의 내구성이 좋다.
해설 **유압식 밸브 리프터의 특징**
① 밸브간극을 점검조정하지 않아도 된다.
② 밸브개폐 시기가 정확하고 작동이 조용하다.
③ 오일이 완충작용을 하므로 밸브개폐 기구의 내구성이 향상된다.
④ 밸브기구의 구조가 복잡하다.
⑤ 윤활장치가 고장 나면 기관 작동이 정지된다.

39 흡·배기 밸브의 구비조건이 아닌 것은?
① 열전도율이 좋을 것
② 열에 대한 팽창률이 적을 것
③ 열에 대한 저항력이 적을 것
④ 가스에 견디고 고온에 잘 견딜 것
해설 **흡·배기 밸브의 구비조건**
① 열전도율이 좋을 것　② 열에 대한 팽창률이 작을 것
③ 열에 대한 저항력이 클 것　④ 가스에 견디고 고온에 잘 견딜 것

40 엔진의 밸브가 닫혀있는 동안 밸브 시트와 밸브 페이스를 밀착시켜 기밀이 유지되도록 하는 것은?
① 밸브 리테이너　② 밸브 가이드
③ 밸브 스템　④ 밸브 스프링
해설 밸브 스프링은 밸브가 닫혀있는 동안 밸브 시트와 밸브 페이스를 밀착시켜 기밀이 유지되도록 한다.

41 기관의 밸브 간극이 너무 클 때 발생하는 현상에 관한 설명으로 올바른 것은?
① 정상온도에서 밸브가 확실하게 닫히지 않는다.
② 밸브 스프링의 장력이 약해진다.
③ 푸시로드가 변형된다.
④ 정상온도에서 밸브가 완전히 개방되지 않는다.
해설 기관의 밸브 간극이 너무 크면 소음이 발생하며, 정상온도에서 밸브가 완전히 개방되지 않는다.

42 밸브 간극이 작을 때 일어나는 현상으로 가장 적당한 것은?
① 기관이 과열된다.
② 밸브시트의 마모가 심하다.
③ 밸브가 적게 열리고 닫히기는 꽉 닫힌다.
④ 실화가 일어날 수 있다.
해설 밸브 간극이 적으면 밸브가 열려 있는 기간이 길어지므로 실화가 발생할 수 있다.

정답 28.① 29.③ 30.④ 31.③ 32.① 33.④ 34.④ 35.③ 36.③ 37.③ 38.③ 39.③ 40.④ 41.④ 42.④

43 기관에 밸브 오버랩을 두는 이유로 가장 적합한 것은?

① 압축압력을 높이기 위해　　② 연료소모를 줄이기 위해
③ 밸브개폐를 쉽게 하기 위해　④ 흡입효율 증대를 위해

해설 밸브 오버랩이란 피스톤의 상사점 부근에서 흡입 및 배기밸브가 동시에 열려 있는 상태를 말하며, 흡입효율 증대 및 잔류 배기가스 배출을 위해 둔다.

44 건설기계기관의 압축압력 측정 시 측정방법으로 맞지 않는 것은?

① 기관의 분사노즐(또는 점화플러그)은 모두 제거한다.
② 배터리의 충전상태를 점검한다.
③ 기관을 정상온도로 작동시킨다.
④ 습식시험을 먼저하고 건식시험을 나중에 한다.

해설 습식시험이란 건식시험을 한 후 밸브 불량, 실린더 벽 및 피스톤 링, 헤드개스킷 불량 등의 상태를 판단하기 위하여 분사노즐 설치구멍이나 예열플러그 설치구멍으로 기관오일을 10cc 정도 넣고 1분 후에 다시 하는 시험이다.

03 냉각장치

01 기관의 냉각장치에 해당되지 않는 부품은?

① 수온 조절기　　② 릴리프 밸브
③ 방열기　　　　④ 팬 및 벨트

02 기관에서 워터 펌프의 역할로 맞는 것은?

① 정온기 고장 시 자동으로 작동하는 펌프이다.
② 기관의 냉각수 온도를 일정하게 유지한다.
③ 기관의 냉각수를 순환시킨다.
④ 냉각수 수온을 자동으로 조절한다.

해설 벨트에 의해서 크랭크축의 동력을 받아 회전하며, 냉각수를 실린더 블록 및 실린더 헤드의 냉각수 통로에 순환시킨다.

03 물 펌프에 대한 설명으로 틀린 것은?

① 주로 원심펌프를 사용한다.
② 구동은 벨트를 통하여 크랭크축에 의해서 된다.
③ 냉각수에 압력을 가하면 물 펌프의 효율은 증대된다.
④ 펌프효율은 냉각수 온도에 비례한다.

해설 물 펌프는 팬벨트를 통하여 크랭크축에 의해 구동되며, 실린더 헤드 및 블록의 물 재킷 내로 냉각수를 순환시키는 원심력 펌프이다. 물 펌프의 능력은 송수량으로 표시하며, 펌프의 효율은 냉각수 온도에 반비례하고 압력에 비례한다. 따라서 냉각수에 압력을 가하면 물 펌프의 효율이 증대된다.

04 냉각수 순환용 물 펌프가 고장 났을 때 기관에 나타날 수 있는 현상으로 가장 적합한 것은?

① 기관 과열　　　② 시동불능
③ 축전지의 비중 저하　④ 발전기 작동불능

해설 물 펌프가 고장 나면 냉각수가 순환하지 못하여 기관 과열의 원인이 된다.

05 기관의 온도를 측정하기 위해 냉각수의 수온을 측정하는 곳으로 가장 적절한 곳은?

① 실린더 헤드 물재킷 부　② 엔진 크랭크 케이스 내부
③ 라디에이터 하부　　　④ 수온 조절기 내부

해설 기관의 냉각수 온도는 실린더 헤드 물재킷 부분의 온도로 나타내며, 75~95℃ 정도면 정상이다.

06 기관 온도계가 표시하는 온도는 무엇인가?

① 연소실 내의 온도　　② 작동유 온도
③ 기관 오일 온도　　　④ 냉각수 온도

07 작업 중 엔진 온도가 급상승하였을 때 먼저 점검하여야 할 것은?

① 윤활유 점도지수 점검　② 고부하 작업
③ 장기간 작업　　　　　④ 냉각수의 양 점검

08 기관의 냉각 팬이 회전할 때 공기가 불어나가는 방향은?

① 방열기 방향　　　② 엔진 방향
③ 상부 방향　　　　④ 하부 방향

해설 기관의 냉각 팬이 회전할 때 공기가 불어나가는 방향은 방열기 방향이다.

09 기관의 냉각팬에 대한 설명 중 틀린 것은?

① 유체 커플링식은 냉각수 온도에 따라서 작동된다.
② 전동 팬은 냉각수 온도에 따라서 작동된다.
③ 전동 팬이 작동되지 않을 때는 물 펌프도 회전하지 않는다.
④ 전동 팬의 작동과 관계없이 물 펌프는 항상 회전한다.

10 건설기계 기관에 있는 팬벨트의 장력이 약할 때 생기는 현상으로 맞는 것은?

① 발전기 출력이 저하될 수 있다.
② 물 펌프 베어링이 조기에 손상된다.
③ 엔진이 과냉된다.
④ 엔진이 부조를 일으킨다.

해설 팬벨트의 장력이 약하면 발전기 출력이 저하하고, 엔진이 과열하기 쉽다.

11 냉각팬의 벨트 유격이 너무 클 때 일어나는 현상으로 옳은 것은?

① 발전기의 과충전이 발생된다.
② 강한 텐션으로 벨트가 절단된다.
③ 기관과열의 원인이 된다.
④ 점화시기가 빨라진다.

해설 냉각 팬의 벨트유격이 너무 크면(장력이 약하면) 기관 과열의 원인이 되며, 발전기의 출력이 저하한다.

12 기관에서 팬벨트의 장력이 너무 강할 경우에 발생될 수 있는 현상은?

① 충전부족 현상이 생긴다.
② 기관이 과열된다.
③ 발전기 베어링이 손상될 수 있다.
④ 기관의 밸브장치가 손상될 수 있다.

해설 팬벨트의 장력이 너무 강하면(팽팽하면) 발전기 베어링이 손상되기 쉽다.

13 팬벨트에 대한 점검과정이다. 가장 적합하지 않은 것은?

① 팬벨트는 눌러(약 10kgf)처짐이 13~20mm 정도로 한다.
② 팬벨트는 풀리의 밑 부분에 접촉되어야 한다.
③ 팬벨트 조정은 발전기를 움직이면서 조정한다.
④ 팬벨트가 너무 헐거우면 기관 과열의 원인이 된다.

해설 팬 벨트는 풀리의 양쪽 경사진 부분에 접촉되어야 미끄러지지 않는다.

14 기관에서 크랭크축의 회전과 관계없이 작동되는 기구는?
① 발전기　　　　　　　② 캠 샤프트
③ 워터 펌프　　　　　　④ 스타트 모터

15 기관의 전동식 냉각 팬은 어느 온도에 따라 ON/OFF 되는가?
① 냉각수　　　　　　　② 배기관
③ 흡기　　　　　　　　④ 엔진 오일
해설 전동 팬의 특징
① 엔진의 시동여부에 관계없이 냉각수 온도에 따라 작동한다.
② 팬벨트가 필요 없다.
③ 형식에 따라 차이가 있을 수 있으나, 약 85~100℃에서 간헐적으로 작동한다.
④ 정상온도 이하에서는 작동하지 않고 과열일 때 작동한다.

16 냉각장치에서 소음이 발생하는 원인으로 틀린 것은?
① 수온조절기 불량　　　② 팬벨트 장력 헐거움
③ 냉각 팬 조립 불량　　　④ 물 펌프 베어링 마모
해설 수온조절기가 닫힌 상태로 고장 나면 기관이 과열되고, 열린 상태로 고장 나면 과냉한다.

17 냉각장치에서 냉각수의 비등점을 높이기 위한 장치는?
① 진공식 캡　　　　　　② 방열기
③ 압력식 캡　　　　　　④ 정온기
해설 냉각장치 내의 비등점(비점)을 높이고, 냉각범위를 넓히기 위하여 압력식 캡을 사용한다. 압력은 게이지 압력(대기압을 0으로 한 압력)으로 0.2~0.9kgf/cm² 정도이며 이때 냉각수 비등점은 112℃ 정도이다.

18 냉각장치에서 밀봉 압력식 라디에이터 캡을 사용하는 것으로 가장 적합한 것은?
① 엔진온도를 높일 때　　② 엔진온도를 낮게 할 때
③ 압력밸브가 고장일 때　④ 냉각수의 비점을 높일 때
해설 밀봉 압력식 라디에이터 캡을 사용하는 목적은 냉각수의 비점을 높이기 위함이다.

19 라디에이터 캡(Radiator Cap)에 설치되어 있는 밸브는?
① 부압 밸브와 체크 밸브　② 압력 밸브와 진공 밸브
③ 체크 밸브와 압력 밸브　④ 진공 밸브와 체크 밸브
해설 냉각장치 내부압력이 규정보다 높을 때 열리는 압력 밸브와 내부압력이 부압이 되면(내부압력이 규정보다 낮을 때)열리는 진공 밸브가 있다.

20 압력식 라디에이터 캡에 대한 설명으로 옳은 것은?
① 냉각장치 내부압력이 규정보다 낮을 때 공기밸브는 열린다.
② 냉각장치 내부압력이 규정보다 높을 때 진공밸브는 열린다.
③ 냉각장치 내부압력이 부압이 되면 진공밸브는 열린다.
④ 냉각장치 내부압력이 부압이 되면 공기밸브는 열린다.
해설 압력식 라디에이터 캡의 작동
① 냉각장치 내부 압력이 부압이 되면(내부 압력이 규정보다 낮을) 진공 밸브가 열린다.
② 냉각장치 내부 압력이 규정보다 높을 때 압력 밸브가 열린다.

21 라디에이터 캡의 스프링이 파손되었을 때 가장 먼저 나타나는 현상은?
① 냉각수 비등점이 낮아진다.　② 냉각수 순환이 불량해진다.
③ 냉각수 순환이 빨라진다.　④ 냉각수 비등점이 높아진다.
해설 라디에이터 캡의 스프링이 파손되면 냉각수 비등점이 낮아진다.

22 방열기의 캡을 열어 보았더니 냉각수에 기름이 떠 있을 때 그 원인으로 가장 적합한 것은?
① 물 펌프 마모　　　　　② 수온 조절기 파손
③ 방열기 코어 막힘　　　④ 헤드 개스킷 파손
해설 방열기 캡을 열어 냉각수를 점검했을 때 기름이 떠 있는 원인
① 실린더 헤드 개스킷 파손　② 헤드 볼트 풀림 또는 파손
③ 수랭식 오일 냉각기에서의 누출

23 라디에이터 캡을 열었을 때 냉각수에 오일이 섞여있는 경우의 원인은?
① 실린더 블록이 과열되었다.
② 수냉식 오일 쿨러(oil cooler)가 파손되었다.
③ 기관의 윤활유가 너무 많이 주입되었다.
④ 라디에이터가 불량하다.
해설 냉각수에 오일이 섞여있는 원인은 수냉식 오일 쿨러(oil cooler)의 파손, 실린더 헤드 개스킷의 파손, 실린더 헤드 볼트의 조임 불량 등이다.

24 라디에이터의 코어 막힘이 규정보다 높을 때 발생하는 현상은?
① 기관 과열　　　　　　② 기관 과냉
③ 출력 향상　　　　　　④ 배압 발생

25 기관 방열기에 연결된 보조탱크의 역할을 설명한 것으로 가장 적절하지 않은 것은?
① 냉각수 온도를 적절하게 조절한다.
② 오버플로(over flow) 되어도 증기만 방출된다.
③ 냉각수의 체적팽창을 흡수한다.
④ 장기간 냉각수 보충이 필요 없다.
해설 방열기에 연결된 보조탱크의 기능
① 냉각수의 체적팽창을 흡수한다.
② 장기간 냉각수 보충이 필요 없다.
③ 오버플로(over flow)되어도 증기만 방출된다.

26 엔진의 온도를 항상 일정하게 유지하기 위하여 냉각계통에 설치되는 것은?
① 크랭크축 풀리　　　　② 물 펌프 풀리
③ 수온 조절기　　　　　④ 벨트 조절기
해설 수온조절기(정온기)는 실린더 헤드의 물재킷 출구부분에 설치되어 기관 내부의 냉각수 온도 변화에 따라 자동적으로 통로를 개폐하여 냉각수 온도를 75~95℃가 되도록 조절한다.

27 기관에서 수온 조절기의 설치 위치로 옳은 것은?
① 실린더 헤드 물재킷 출구부분　② 실린더 블록 물재킷 출구부분
③ 라디에이터 위 탱크 입구부분　④ 라디에이터 아래 탱크 출구부분

28 왁스실에 왁스를 넣어 온도가 높아지면 팽창 축을 올려 열리는 온도 조절기는?
① 벨로즈형　　　　　　② 펠릿형
③ 바이패스형　　　　　④ 바이메탈형
해설 수온 조절기는 주로 펠릿형을 사용하며, 펠릿형(Pellet type)은 왁스 케이스 내에 왁스와 합성고무를 봉입하고 냉각수 온도가 상승하면 왁스가 합성고무 막을 압축하여 왁스 케이스가 스프링을 누르고 내려가므로 밸브가 열려 냉각수 통로를 열어 준다.

29 냉각장치에서 수온 조절기의 열림 온도가 낮을 경우 나타나는 현상 설명으로 맞는 것은?
① 엔진의 회전속도가 빨라진다.　② 엔진이 과열되기 쉽다.
③ 워밍업 시간이 길어지기 쉽다.　④ 물 펌프에 부하가 걸리기 쉽다.

30 부동액에 대한 설명으로 옳은 것은?
① 에틸렌글리콜과 글리세린은 단맛이 있다.
② 부동액 100%인 원액 사용을 원칙으로 한다.
③ 온도가 낮아지면 화학적 변화를 일으킨다.
④ 부동액은 냉각계통에 부식을 일으키는 특징이 있다.

31 건설기계 기관의 부동액에 사용되는 종류가 아닌 것은?
① 그리스 ② 글리세린
③ 메탄올 ④ 에틸렌글리콜

32 건설기계 장비에서 기관을 시동한 후 정상운전 가능상태를 확인하기 위해 운전자가 가장 먼저 점검해야 할 것은?
① 주행 속도계 ② 엔진 오일량
③ 냉각수 온도계 ④ 오일 압력계

33 디젤기관을 시동시킨 후 충분한 시간이 지났는데도 냉각수 온도가 정상적으로 상승하지 않을 경우 그 고장의 원인이 될 수 있는 것은?
① 냉각팬 벨트의 헐거움 ② 수온 조절기가 열린 채 고장
③ 물 펌프의 고장 ④ 라디에이터 코어 막힘
해설 기관을 시동시킨 후 충분한 시간이 지났는데도 냉각수 온도가 정상적으로 상승하지 않는 원인은 수온조절기가 열린 상태로 고장 난 경우이다.

34 다음 중 냉각장치에서 냉각수가 줄어든다. 원인과 정비방법 중 설명이 틀린 것은?
① 워터펌프 불량 : 조정
② 히터 혹은 라디에이터 호스 불량 : 수리 및 부품 교환
③ 라디에이터 캡 불량 : 부품교환
④ 서머스타트 하우징 불량 : 개스킷 및 하우징 교체

35 건설기계 장비 운전 시 계기판에서 냉각수량 경고등이 점등되었다. 그 원인으로 가장 거리가 먼 것은?
① 냉각수량이 부족할 때
② 냉각계통의 물 호스가 파손되었을 때
③ 라디에이터 캡이 열린 채 운행하였을 때
④ 냉각수 통로에 스케일(물때)이 많이 퇴적되었을 때
해설 냉각수 경고등은 라디에이터 내에 냉각수가 부족할 때 점등되며, 냉각수 통로에 스케일(물때)이 많이 퇴적되면 기관이 과열한다.

36 수냉식 기관의 냉각장치에서 기관이 과열되는 원인으로 틀린 것은?
① 냉각수가 부족하다.
② 물재킷 내의 물때가 과다하게 형성되었다.
③ 라디에이터 코어가 30% 막혔다.
④ 팬벨트 장력이 너무 세다.
해설 기관 과열의 원인
① 팬벨트의 장력이 적거나 파손되었다.
② 냉각 팬이 파손되었다.
③ 라디에이터 호스가 파손되었다.
④ 라디에이터 코어가 20% 이상 막혔다.
⑤ 라디에이터 코어가 파손되었거나 오손되었다.
⑥ 물 펌프의 작동이 불량하다.
⑦ 수온조절기(정온기)가 닫힌 채 고장이 났다.
⑧ 수온조절기가 열리는 온도가 너무 높다.
⑨ 물재킷 내에 스케일(물때)이 많이 쌓여 있다.
⑩ 냉각수 양이 부족하다.

37 기관 과열 원인과 가장 거리가 먼 것은?
① 팬벨트가 헐거울 때
② 물 펌프 작동이 불량할 때
③ 크랭크축 타이밍기어가 마모되었을 때
④ 방열기 코어가 규정이상으로 막혔을 때

38 수냉식 기관이 과열되었을 때 점검하지 않아도 되는 것은?
① 벨트 장력 ② 냉각수량
③ 수온 조절기 ④ 오일펌프

39 방열기에 물이 가득 차 있는데도 기관이 과열될 때 원인으로 옳은 것은?
① 팬벨트의 장력이 세기 때문
② 사계절용 부동액을 사용했기 때문
③ 정온기가 열린 상태로 고장 났기 때문
④ 라디에이터의 팬이 고장 났기 때문

40 기관 과열 시 일어날 수 있는 현상으로 가장 적합한 것은?
① 연료가 응결될 수 있다.
② 실린더 헤드의 변형이 발생할 수 있다.
③ 흡배기 밸브의 열림량이 많아진다.
④ 밸브 개폐시기가 빨라진다.
해설 엔진이 과열하면
① 금속이 빨리 산화되고 변형되기 쉽다.
② 윤활유 점도 저하로 유막이 파괴된다.
③ 각 작동부분이 열팽창으로 고착된다.

41 엔진 과열 시 일어나는 현상이 아닌 것은?
① 각 작동부분이 열팽창으로 고착될 수 있다.
② 윤활유 점도저하로 유막이 파괴될 수 있다.
③ 금속이 빨리 산화되고 변형되기 쉽다.
④ 연료소비율이 줄고, 효율이 향상된다.
해설 엔진이 과열하면 금속이 빨리 산화되고 변형되기 쉽고, 윤활유 점도 저하로 유막이 파괴될 수 있으며, 각 작동부분이 열팽창으로 고착될 우려가 있다.

42 동절기에 기관이 동파되는 원인으로 맞는 것은?
① 냉각수가 얼어서 ② 기동전동기가 얼어서
③ 발전장치가 얼어서 ④ 엔진오일이 얼어서

04 윤활장치

01 기관에서 윤활유 사용목적이 아닌 것은?
① 발화성을 좋게 한다. ② 마찰을 적게 한다.
③ 냉각작용을 한다. ④ 실린더 내의 밀봉작용을 한다.
해설 윤활유의 주요 기능은 기밀작용, 방청 작용, 냉각작용, 마찰 및 마멸 방지작용, 응력 분산작용, 세척작용 등이 있다.

02 건설기계 기관에서 사용하는 윤활유의 주요 기능이 아닌 것은?
① 기밀 작용 ② 방청 작용
③ 냉각 작용 ④ 산화 작용

03 윤활유가 갖추어야 할 성질로 틀린 것은?

① 점도가 적당할 것　　　　② 응고점이 낮을 것
③ 인화점이 낮을 것　　　　④ 발화점이 높을 것

해설 **윤활유의 구비조건**
① 점도지수가 커 온도와 점도와의 관계가 적당할 것
② 인화점 및 자연발화점이 높을 것　③ 강인한 오일 막을 형성할 것
④ 응고점이 낮을 것　⑤ 비중과 점도가 적당할 것
⑥ 기포발생 및 카본생성에 대한 저항력이 클 것

04 엔진 윤활유에 대하여 설명한 것 중 틀린 것은?

① 응고점이 낮은 것이 좋다.
② 온도에 의한 점도 변화가 적어야 한다.
③ 인화점이 낮은 것이 좋다.
④ 유막이 끊어지지 않아야 한다.

해설 윤활유의 구비조건은 ①, ②, ④항 이외에 인화점이 높을 것

05 기관의 윤활방식 중 주로 4행정 사이클 기관에 많이 사용되고 있는 윤활방식은?

① 혼합식, 압력식, 편심식　　② 혼합식, 압력식, 중력식
③ 편심식, 비산식, 비산 압송식　④ 비산식, 압송식, 비산 압송식

06 일반적으로 기관에 많이 사용되는 윤활방법은?

① 수 급유식　　　　② 적하 급유식
③ 압송 급유식　　　④ 분무 급유식

07 오일 스트레이너(oil strainer)에 대한 설명으로 바르지 못한 것은?

① 오일필터에 있는 오일을 여과하여 각 윤활부로 보낸다.
② 보통 철망으로 만들어져 있으며 비교적 큰 입자의 불순물을 여과한다.
③ 고정식과 부동식이 있으며 일반적으로 고정식이 많이 사용되고 있다.
④ 불순물로 인하여 여과망이 막힐 때에는 오일이 통할 수 있도록 바이패스 밸브(bypass valve)가 설치된 것도 있다.

해설 오일 스트레이너는 오일펌프로 들어가는 오일을 여과하는 부품이며, 일반적으로 철망으로 제작하여 비교적 큰 입자의 불순물을 여과한다. 고정식과 부동식이 있으며 일반적으로 고정식이 많이 사용하며, 불순물로 인하여 여과망이 막힐 때에는 오일이 통할 수 있도록 바이패스 밸브가 설치된 것도 있다.

08 오일펌프 여과기(oil pump filter)와 관련된 설명으로 관련이 없는 것은?

① 오일을 펌프로 유도한다.　　② 부동식이 많이 사용된다.
③ 오일의 압력을 조절한다.　　④ 오일을 여과한다.

해설 오일압력 조절은 유압조절 밸브(릴리프 밸브)로 한다.

09 건설기계의 기관에서 오일펌프가 하는 주 기능은?

① 오일의 여과기능이다.　　② 오일의 속도를 조절한다.
③ 오일의 압력을 만들어 준다.　④ 오일 양을 조절한다.

해설 오일펌프는 기관의 크랭크축이나 캠축에 의해 구동되며, 오일에 압력을 가하여 윤활부분으로 보내는 작용을 한다.

10 디젤엔진에서 오일을 가압하여 윤활부에 공급하는 역할을 하는 것은?

① 냉각수 펌프　　　　② 진공 펌프
③ 공기압축 펌프　　　④ 오일 펌프

해설 오일펌프는 오일 팬 내의 오일을 흡입 가압하여 각 윤활부로 공급하는 장치이다.

11 오일 팬에 있는 오일을 흡입하여 기관의 각 운동부분에 압송하는 오일펌프로 가장 많이 사용되는 것은?

① 피스톤 펌프, 나사 펌프, 원심 펌프
② 나사 펌프, 원심 펌프, 기어 펌프
③ 기어 펌프, 원심 펌프, 베인 펌프
④ 로터리 펌프, 기어 펌프, 베인 펌프

해설 오일펌프의 종류에는 로터리 펌프, 기어 펌프, 베인 펌프, 플런저 펌프가 있다.

12 오일펌프로 사용되고 있는 로터리 펌프(rotary pump)에 대한 설명으로 틀린 것은?

① 기어펌프와 같은 장점이 있다.
② 바깥로터의 잇수는 안 로터 잇수보다 1개가 적다.
③ 소형화 할 수 있어 현재 가장 많이 사용되고 있다.
④ 일명 트로코이드 펌프(trochoid pump)라고도 한다.

해설 로터리 펌프의 작동은 안쪽 로터가 회전하면 안쪽 로터 중심이 편심되어 있어 안쪽 로터의 볼록 부분과 바깥 로터의 오목부분이 차례로 물리면서 바깥 로터를 회전시킨다. 바깥 로터는 안쪽 로터의 4 : 5의 속도로 회전한다.

13 오일펌프의 압력 조절 밸브(릴리프 밸브)에서 조정 스프링 장력을 크게 하면?

① 유압이 낮아진다.　　　　② 유압이 높아진다.
③ 유량이 많아진다.　　　　④ 채터링 현상이 생긴다.

해설 압력 조절 밸브의 스프링 장력을 높게 하면 유압이 높아진다.

14 디젤기관의 윤활장치에서 오일 여과기의 역할은?

① 오일의 역순환 방지작용
② 오일에 필요한 방청 작용
③ 오일에 포함된 불순물 제거작용
④ 오일계통에 압력증대 작용

15 기관에 사용되는 오일 여과기에 대한 사항으로 틀린 것은?

① 여과기가 막히면 유압이 높아진다.
② 엘리먼트는 물로 깨끗이 세척한 후 압축공기로 다시 청소하여 사용한다.
③ 여과 능력이 불량하면 부품의 마모가 빠르다.
④ 작업조건이 나쁘면 교환 시기를 빨리 한다.

해설 오일여과기 엘리먼트는 정기적으로 교환한다.

16 기관에 작동 중인 엔진 오일에 가장 많이 포함된 이물질은?

① 유입 먼지　　　　② 금속 분말
③ 산화물　　　　　④ 카본(carbon)

17 건설기계 기관에 사용되는 여과장치가 아닌 것은?

① 오일 스트레이너　　　② 인젝션 타이머
③ 오일 필터　　　　　④ 공기 청정기

18 엔진 오일량 점검에서 오일게이지에 상한선(Full)과 하한선(Low) 표시가 되어 있을 때 가장 적합한 것은?

① Low 표시에 있어야 한다.
② Low와 Full 표시 사이에서 Low에 가까이 있으면 좋다.
③ Low와 Full 표시 사이에서 Full에 가까이 있으면 좋다.
④ Full 표시 이상이 되어야 한다.

정답 3.③　4.③　5.④　6.③　7.①　8.③　9.③　10.④　11.④　12.②　13.②　14.③　15.②　16.④　17.②　18.③

19 사용 중인 엔진 오일을 점검하였더니 오일량이 처음량 보다 증가하였다. 원인에 해당될 수 있는 것은?

① 냉각수 혼입   ② 산화물 혼입
③ 오일 필터 막힘   ④ 배기가스 유입

20 오일의 여과방식이 아닌 것은?

① 자력식   ② 분류식
③ 전류식   ④ 샨트식

해설 오일의 여과방식에는 전류식, 분류식, 샨트식 등이 있다.

21 엔진 오일에 대한 설명 중 가장 알맞은 것은?

① 엔진 오일에는 거품이 많이 들어있는 것이 좋다.
② 엔진 오일 순환상태는 오일 레벨 게이지로 확인한다.
③ 겨울보다 여름에는 점도가 높은 오일을 사용한다.
④ 엔진을 시동 후 유압 경고등이 꺼지면 엔진을 멈추고 점검한다.

해설 ① 엔진오일에는 거품이 없어야 한다.
② 엔진오일 순환상태는 유압계로 확인한다.
③ 엔진을 시동 후 유압경고등이 켜지면 엔진을 멈추고 점검한다.

22 SAE 점도 분류에서 엔진 오일의 오일 점도가 가장 낮은 것은?

① 20W   ② 10W
③ 5W   ④ 40W

해설 SAE 점도 분류에서 숫자가 적고, 문자 W가 있으면 점도가 낮다.

23 겨울철에 사용하는 엔진 오일의 점도는 어떤 것이 좋은가?

① 계절에 관계없이 점도는 동일해야 한다.
② 겨울철 오일 점도가 높아야 한다.
③ 겨울철 오일 점도가 낮아야 한다.
④ 오일은 점도와는 아무런 관계가 없다.

해설 겨울철에 사용하는 엔진오일은 여름철에 사용하는 오일보다 점도가 낮아야 한다.

24 윤활유의 점도가 기준보다 높은 것을 사용했을 때의 현상으로 맞는 것은?

① 좁은 공간에 잘 스며들어 충분한 윤활이 된다.
② 동절기에 사용하면 기관 시동이 용이하다.
③ 점차 묽어지므로 경제적이다.
④ 윤활유 압력이 다소 높아진다.

해설 윤활유 점도가 기준보다 높은 것을 사용하면 유압이 높아진다.

25 엔진 오일의 점도지수가 작은 경우 온도 변화에 따른 점도 변화는?

① 온도에 따른 점도변화가 작다.
② 온도에 따른 점도변화가 크다.
③ 점도가 수시로 변화한다.
④ 온도와 점도는 무관하다.

해설 점도지수가 작으면 온도에 따른 점도변화가 크다.

26 윤활유 첨가제가 아닌 것은?

① 점도지수 향상제   ② 청정 분산제
③ 기포 방지제   ④ 에틸렌글리콜

해설 윤활유 첨가제에는 부식방지제, 유동점강하제, 극압 윤활제, 청정분산제, 산화방지제, 점도지수 향상제, 기포방지제, 유성 향상제, 형광염료 등이 있다.

27 크랭크 케이스를 환기하는 목적은?

① 출력 손실을 막기 위하여
② 오일의 증발을 막으려고
③ 오일의 슬러지 형성을 막으려고
④ 크랭크 케이스의 청소를 쉽게 하기 위해서

해설 크랭크케이스를 환기하는 목적은 오일의 슬러지(sludge)형성을 방지하기 위함이다.

28 운전석 계기판에 아래 그림과 같은 경고등이 점등되었다면 가장 관련이 있는 경고등은?

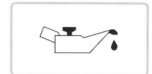

① 엔진 오일 압력 경고등
② 엔진 오일 온도 경고등
③ 냉각수 배출 경고등
④ 냉각수 온도 경고등

29 엔진오일 압력 경고등이 켜지는 경우가 아닌 것은?

① 오일이 부족할 때   ② 오일 필터가 막혔을 때
③ 가속을 하였을 때   ④ 오일회로가 막혔을 때

30 운전 중 엔진오일 경고등이 점등되었을 때의 원인이 아닌 것은?

① 오일 드레인 플러그가 열렸을 때
② 윤활계통이 막혔을 때
③ 오일 필터가 막혔을 때
④ 오일 밀도가 낮을 때

31 건설기계 장비 작업시 계기판에서 오일경고등이 점등되었을 때 우선 조치사항으로 적합한 것은?

① 엔진을 분해한다.
② 즉시 시동을 끄고 오일계통을 점검한다.
③ 엔진오일을 교환하고 운전한다.
④ 냉각수를 보충하고 운전한다.

해설 계기판의 오일경고등이 점등되면 즉시 엔진의 시동을 끄고 오일계통을 점검한다.

32 엔진오일이 우유 색을 띄고 있을 때의 주된 원인은?

① 가솔린이 유입되었다.   ② 연소가스가 섞여있다.
③ 경유가 유입되었다.   ④ 냉각수가 섞여있다.

해설 엔진오일에 냉각수가 섞이면 우유 색을 띤다.

33 엔진 오일이 많이 소비되는 원인이 아닌 것은?

① 피스톤 링의 마모가 심할 때   ② 실린더의 마모가 심할 때
③ 기관의 압축압력이 높을 때   ④ 밸브 가이드의 마모가 심할 때

해설 엔진오일이 많이 소비되는 원인
① 피스톤 링의 마모가 심할 때
② 실린더의 마모가 심할 때
③ 밸브 가이드의 마모가 심할 때

34 엔진에서 오일의 온도가 상승되는 원인이 아닌 것은?

① 유량의 과다.   ② 과부하 상태에서 연속작업
③ 오일의 점도가 부적당할 때   ④ 오일 냉각기의 불량

해설 엔진오일의 온도가 상승되는 원인
① 오일량이 부족하다.   ② 오일의 점도가 높다.
③ 고속 및 과부하로 연속작업을 하였다.
④ 오일 냉각기가 불량하다.

35 엔진의 윤활유 압력이 높아지는 이유는?

① 윤활유 펌프의 성능이 좋지 않다.
② 윤활유량이 부족하다.
③ 윤활유의 점도가 너무 높다.
④ 기관 각부의 마모가 심하다.

해설 윤활유의 점도가 너무 높으면 유압이 높아는 원인이 된다.

36 오일 압력이 높은 것과 관계없는 것은?

① 릴리프 스프링(조정 스프링)이 강할 때
② 추운 겨울철 가동할 때
③ 오일의 점도가 높을 때
④ 오일의 점도가 낮을 때

37 디젤기관의 엔진오일 압력이 규정 이상으로 높아질 수 있는 원인은?

① 엔진오일의 점도가 지나치게 낮다.
② 기관의 회전속도가 낮다.
③ 엔진오일의 점도가 지나치게 높다.
④ 엔진오일이 희석되었다.

해설 **유압이 높아지는 원인**
① 기관의 온도가 낮아 오일의 점도가 높다.
② 윤활회로의 일부가 막혔다.
③ 유압조절밸브 스프링의 장력이 과다하다.

38 오일량은 정상이나 오일 압력계의 압력이 규정치보다 높을 경우 조치사항으로 맞는 것은?

① 오일을 보충한다. ② 오일을 배출한다.
③ 유압 조절밸브를 조인다. ④ 유압 조절밸브를 풀어준다.

해설 오일량은 정상이나 오일압력계의 압력이 규정 값보다 높으면 유압조절밸브를 풀어준다.

39 엔진오일 교환 후 압력이 높아졌다면 그 원인으로 가장 적절한 것은?

① 엔진오일 교환시 냉각수가 혼입되었다.
② 오일의 점도가 낮은 것으로 교환하였다.
③ 오일회로 내 누설이 발생하였다.
④ 오일점도가 높은 것으로 교환하였다.

해설 오일의 점도가 높으면 유압이 높아진다.

40 엔진오일 압력이 떨어지는 원인으로 가장 거리가 먼 것은?

① 압력조절밸브 고장으로 열리지 않을 때
② 오일펌프 마모 및 파손 되었을 때
③ 오일 팬 속에 오일량이 부족할 때
④ 오일이 과열되고 점도가 낮을 때

해설 **기관의 오일압력이 낮은 원인**
① 오일 팬 속에 오일이 부족하다.
② 크랭크축 오일틈새가 크다.
③ 오일펌프가 불량하다.
④ 유압조절 밸브(릴리프 밸브)가 열린 상태로 고장 났다.
⑤ 기관 각부의 마모가 심하다.
⑥ 기관오일에 경유가 혼입되었다.
⑦ 커넥팅로드 대단부 베어링과 핀 저널의 간극이 크다.

---

01 디젤기관 연료의 구비조건에 속하지 않는 것은?

① 발열량이 클 것 ② 카본의 발생이 적을 것
③ 연소속도가 느릴 것 ④ 착화가 용이할 것

해설 디젤기관 연료의 구비조건은 ①, ②, ④항 외에 매연발생이 적을 것, 연소속도가 빠를 것, 세탄가가 높고 착화점이 낮을 것 등이다.

02 디젤기관에서 연료장치의 구성부품이 아닌 것은?

① 분사펌프 ② 연료 필터
③ 기화기 ④ 연료 탱크

03 디젤기관 연료장치의 분사펌프에서 프라이밍 펌프는 어느 때 사용하는가?

① 출력을 증가시키고자 할 때
② 연료계통의 공기 배출을 할 때
③ 연료의 양을 가감할 때
④ 연료의 분사 압력을 측정할 때

04 기관의 연료 분사펌프에 연료를 보내거나 공기빼기 작업을 할 때 필요한 장치는?

① 체크 밸브(check valve)
② 프라이밍 펌프(priming pump)
③ 오버플로 파이프(over flow pipe)
④ 드레인 펌프(drain pump)

해설 프라이밍 펌프는 연료 공급펌프에 설치되어 있으며 연료계통의 공기를 배출 할 때 사용한다.

05 디젤기관에서 연료장치 공기빼기 순서가 바른 것은?

① 공급 펌프 → 연료 여과기 → 분사 펌프
② 공급 펌프 → 분사 펌프 → 연료 여과기
③ 연료 여과기 → 공급 펌프 → 분사 펌프
④ 연료 여과기 → 분사 펌프 → 공급 펌프

06 디젤기관 연료장치에서 연료필터의 공기를 배출하기 위해 설치되어 있는 것으로 가장 적합한 것은?

① 벤트 플러그 ② 오버플로 밸브
③ 코어 플러그 ④ 글로 플러그

해설 ① 벤트 플러그 : 공기를 배출하기 위해 사용하는 플러그
② 드레인 플러그 : 액체를 배출하기 위해 사용하는 플러그

07 프라이밍 펌프를 이용하여 디젤기관 연료장치 내에 있는 공기를 배출하기 어려운 곳은?

① 공급펌프 ② 연료필터
③ 분사펌프 ④ 분사노즐

해설 프라이밍 펌프로는 공급펌프, 연료필터, 분사펌프 내의 공기를 빼낼 수 있다. 분사 노즐은 기동 전동기로 분사펌프를 회전시키면서 공기를 배출시켜야 한다.

08 디젤기관 연료라인에 공기빼기를 하여야 하는 경우가 아닌 것은?

① 예열이 안 되어 예열 플러그를 교환한 경우
② 연료 호스나 파이프 등을 교환한 경우
③ 연료 탱크 내의 연료가 결핍되어 보충한 경우
④ 연료 필터의 교환, 분사펌프를 탈·부착한 경우

해설: 연료라인의 공기빼기 작업은 연료탱크 내의 연료가 결핍되어 보충한 경우, 연료 호스나 파이프 등을 교환한 경우, 연료 필터의 교환, 분사펌프를 탈부착한 경우 등에 한다.

09 디젤기관의 연료장치에서 연료 여과기의 역할은?

① 연료의 역순환 방지작용
② 연료에 필요한 방청 작용
③ 연료에 포함된 불순물 제거작용
④ 연료계통에 압력증대 작용

10 연료 탱크의 연료를 분사펌프 저압부분까지 공급하는 것은?

① 연료 공급펌프　　　② 연료 분사펌프
③ 인젝션 펌프　　　　④ 로터리 펌프

해설: 연료 공급펌프는 연료탱크 내의 연료를 연료여과기를 거쳐 분사펌프의 저압부분으로 공급하는 일을 한다.

11 디젤엔진의 연료 탱크에서 분사 노즐까지 연료의 순환 순서로 맞는 것은?

① 연료 탱크 → 연료공급펌프 → 분사펌프 → 연료 필터 → 분사 노즐
② 연료 탱크 → 연료 필터 → 분사펌프 → 연료공급펌프 → 분사 노즐
③ 연료 탱크 → 연료공급펌프 → 연료 필터 → 분사 펌프 → 분사 노즐
④ 연료 탱크 → 분사펌프 → 연료 필터 → 연료공급펌프 → 분사 노즐

해설: 디젤엔진의 연료공급 순서는 연료 탱크 → 연료 공급펌프 → 연료 필터 → 분사펌프 → 분사 노즐이다.

12 디젤기관 연료계통에서 고압부분은?

① 탱크와 공급펌프 사이　　② 인젝션 펌프와 탱크 사이
③ 연료 필터와 탱크 사이　　④ 인젝션 펌프와 노즐 사이

해설: 연료 탱크–공급펌프–인젝션(분사)펌프 입구까지는 저압부분이고 인젝션펌프–분사 파이프–분사 노즐은 고압부분이다.

13 디젤기관을 예방정비 시 고압 파이프 연결부에서 연료가 샐(누유) 때 조임 공구로 가장 적합한 것은?

① 복스 렌치　　　　② 오픈 렌치
③ 파이프 렌치　　　④ 옵셋 렌치

해설: 고압 파이프 연결부분에서 연료가 샐 때 오픈렌치를 사용한다.

14 분사펌프의 플런저와 배럴사이의 윤활은?

① 유압유　　　　　② 경유
③ 그리스　　　　　④ 기관 오일

해설: 분사펌프의 플런저와 배럴사이의 윤활은 경유로 한다.

15 디젤기관 인젝션 펌프에서 딜리버리 밸브의 기능으로 틀린 것은?

① 역류 방지　　　② 후적 방지
③ 잔압 유지　　　④ 유량 조정

해설: 딜리버리 밸브는 플런저의 상승행정으로 배럴 내의 압력이 규정 값(약 10㎏f/㎠)에 도달하면 열려 연료를 고압 파이프로 압송한다. 플런저의 유효행정이 완료되어 배럴 내의 연료 압력이 급격히 낮아지면 스프링 장력에 의해 신속히 닫혀 연료의 역류(분사 노즐에서 펌프로의 흐름)를 방지한다. 또 밸브 면이 시트에 밀착될 때까지 내려가므로 그 체적만큼 고압 파이프 내의 연료 압력을 낮춰 분사 노즐의 후적을 방지하며, 잔압을 유지시킨다.

16 역류와 후적을 방지하며 고압 파이프 내의 잔압을 유지하는 것은?

① 조속기　　　　　② 니들 밸브
③ 분사 펌프　　　④ 딜리버리 밸브

17 기관에서 연료 압력이 너무 낮다. 그 원인이 아닌 것은?

① 연료 압력 레귤레이터에 있는 밸브의 밀착이 불량하여 리턴호스 쪽으로 연료가 누설되었다.
② 연료 필터가 막혔다.
③ 연료펌프의 공급 압력이 누설되었다.
④ 리턴호스에서 연료가 누설된다.

해설: **연료압력이 낮은 원인**
① 연료 보유량이 부족하다.
② 연료펌프 및 연료펌프 내의 체크 밸브의 밀착이 불량하다.
③ 연료 압력 조절기 밸브의 밀착이 불량하다.
④ 연료 필터가 막혔다.
⑤ 연료계통에 베이퍼록이 발생하였다.

18 디젤엔진에서 연료를 고압으로 연소실에 분사하는 것은?

① 프라이밍 펌프　　② 분사 노즐
③ 인젝션 펌프　　　④ 조속기

해설: 분사노즐은 분사펌프에서 보내준 고압을 연료를 연소실에 분사하는 장치이다.

19 디젤기관에 사용하는 분사노즐의 종류에 속하지 않는 것은?

① 핀틀(pintle)형　　　　② 스로틀(throttle)형
③ 홀(hole)형　　　　　④ 싱글 포인트(single point)형

20 디젤엔진의 연소실에는 연료를 어떤 상태로 공급되는가?

① 기화기와 같은 기구를 사용하여 연료를 공급한다.
② 노즐로 연료를 안개와 같이 분사한다.
③ 가솔린 엔진과 같은 연료 공급펌프로 공급한다.
④ 액체 상태로 공급한다.

해설: 디젤엔진의 연소실에는 연료를 노즐로 안개와 같이 분사한다.

21 분사 노즐(injection nozzle)의 요구조건 중 틀린 것은?

① 분무를 연소실의 구석구석까지 뿌려지게 할 것
② 연료를 미세한 안개 모양으로 쉽게 착화하게 할 것
③ 고온·고압의 가혹한 조건에서 장기간 사용할 수 있을 것
④ 연료의 분사 끝에서 후적이 일어나게 할 것

해설: 분사노즐의 구비조건은 ①, ②, ③항 이외에 후적(after drop)이 일어나지 말 것

22 디젤기관 노즐(nozzle)의 연료분사 3대 요건이 아닌 것은?

① 무화　　　　　② 관통력
③ 착화　　　　　④ 분포

해설: 분사노즐의 연료분사 3대 요건은 무화, 관통력 분포이다.

23 디젤기관에서 조속기의 기능으로 맞는 것은?

① 연료 분사량 조정　　② 연료 분사시기 조정
③ 엔진 부하량 조정　　④ 엔진 부하시기 조정

해설: 조속기(거버너)는 디젤기관에서 연료 분사량을 조정하는 부품이다.

24 기관의 속도에 따라 자동적으로 분사시기를 조정하여 운전을 안정되게 하는 것은?

① 타이머　　　　　② 노즐
③ 과급기　　　　　④ 디콤프

해설: 타이머(timer)는 기관의 회전속도에 따라 자동적으로 분사시기를 조정하여 운전을 안정되게 한다.

정답 9.③　10.①　11.③　12.④　13.②　14.②　15.④　16.④　17.④　18.②　19.④　20.②　21.④　22.③　23.①　24.①

25 4행정 사이클 디젤기관 동력행정의 연료분사 진각에 관한 설명 중 맞지 않는 것은?

① 기관 회전속도에 따라 진각 된다.
② 진각에는 연료의 착화 늦음을 고려한다.
③ 진각에는 연료자체의 압축율을 고려한다.
④ 진각에는 연료통로의 유동저항을 고려한다.

해설 연료분사 진각은 기관 회전속도에 따라 진각 되며, 연료자체의 압축율과 연료통로의 유동저항을 고려한다.

06 디젤 노크와 엔진 부조 · 진동

01 연료의 세탄가와 가장 밀접한 관련이 있는 것은?

① 열효율　　　　② 폭발압력
③ 착화성　　　　④ 인화성

해설 연료의 세탄가란 착화성을 표시하는 수치이다.

02 디젤기관에서 연료의 착화성을 표시하는 것은?

① 옥탄가　　　　② 부탄가
③ 프로판가　　　　④ 세탄가

해설 디젤기관에서 연료의 착화성은 세탄가로 나타낸다.

03 건설기계에서 사용하는 경유의 중요한 성질이 아닌 것은?

① 옥탄가　　　　② 비중
③ 착화성　　　　④ 세탄가

해설 옥탄가는 가솔린의 노크 방지성능을 나타내는 수치이다.

04 착화지연기간이 길어져 실린더 내에 연소 및 압력상승이 급격하게 일어나는 현상은?

① 디젤 노크　　　　② 조기점화
③ 가솔린 노크　　　　④ 정상연소

해설 디젤 노크는 착화지연기간이 길어져 실린더 내의 연소 및 압력상승이 급격하게 일어나는 현상이다.

05 디젤기관에서 노킹을 일으키는 원인으로 맞는 것은?

① 흡입공기의 온도가 너무 높을 때
② 착화지연 기간이 짧을 때
③ 연료에 공기가 혼입되었을 때
④ 연소실에 누적된 연료가 많아 일시에 연소할 때

해설 디젤기관에서 노킹을 일으키는 원인은 연소실에 누적된 연료가 많아 일시에 연소되기 때문이다.

06 디젤기관의 노킹발생 원인과 가장 거리가 먼 것은?

① 착화기간 중 분사량이 많다.
② 노즐의 분무상태가 불량하다.
③ 고세탄가 연료를 사용하였다.
④ 기관이 과냉 되어있다.

해설 **디젤기관 노킹발생의 원인**
① 연료의 세탄가가 낮다.　② 연료의 분사압력이 낮다.
③ 연소실의 온도가 낮다.　④ 착화지연 시간이 길다.
⑤ 분사노즐의 분무상태가 불량하다.　⑥ 기관이 과냉 되었다.
⑦ 착화 지연기간 중 연료 분사량이 많다.

07 노킹이 발생하였을 때 기관에 미치는 영향은?

① 압축비가 커진다.　　　② 제동마력이 커진다.
③ 기관이 과열될 수 있다.　④ 기관의 출력이 향상된다.

해설 **노킹이 발생되어 기관에 미치는 영향**
① 기관 회전수(rpm)가 낮아진다.　② 기관출력이 저하한다.
③ 기관이 과열한다.　④ 흡기효율이 저하한다.

08 디젤기관의 노킹 방지책으로 틀린 것은?

① 연료의 착화점이 낮은 것을 사용한다.
② 흡기 압력을 높게 한다.
③ 실린더 벽의 온도를 낮춘다.
④ 흡기 온도를 높인다.

해설 **디젤기관의 노킹을 방지책**
① 연료의 착화점이 낮은 것(착화성이 좋은)을 사용한다.
② 흡기압력과 온도를 높인다.
③ 실린더(연소실) 벽의 온도를 높인다.
④ 압축비 및 압축압력과 온도를 높인다.
⑤ 착화지연 기간을 짧게 한다.
⑥ 세탄가 높은 연료를 사용한다.

09 디젤기관에서 연료라인에 공기가 혼입되었을 때 현상으로 가장 적절한 것은?

① 분사압력이 높아진다.　　② 디젤노크가 일어난다.
③ 연료 분사량이 많아진다.　④ 기관부조 현상이 발생된다.

해설 디젤기관 연료계통 중에 공기가 흡입되면 기관의 회전이 불량해 진다. 즉 기관 부조 현상이 발생된다.

10 건설기계에서 엔진 부조가 발생되고 있다. 그 원인으로 맞는 것은?

① 인젝터 공급 파이프의 연료 누설
② 인젝터 연료 리턴 파이프의 연료 누설
③ 가속페달 케이블 조정 불량
④ 자동변속기의 고장발생

해설 인젝터(분사 노즐)로 연료를 공급하는 파이프에서 연료가 누설되면 연소실로 연료가 원활이 공급되지 못하므로 엔진 부조가 발생한다.

11 디젤기관에서 부조 발생의 원인이 아닌 것은?

① 발전기 고장　　　② 거버너 작용불량
③ 분사시기 조정불량　④ 연료의 압송 불량

12 디젤기관에서 발생하는 진동원인이 아닌 것은?

① 프로펠러 샤프트의 불균형　② 분사시기의 불균형
③ 분사량의 불균형　　　④ 분사 압력의 불균형

해설 **디젤기관의 진동원인**
① 분사시가분사 간격이 다르다.
② 각 피스톤의 중량차가 크다.
③ 각 실린더의 분사 압력과 분사량이 다르다.
④ 4실린더 엔진에서 1개의 분사 노즐이 막혔다.
⑤ 크랭크축에 불균형이 있다.
⑥ 피스톤 및 커넥팅 로드의 중량 차이가 있다.

01 다음 중 예열장치의 설치 목적으로 맞는 것은?
① 연료 분사량을 조절하기 위함이다.
② 냉각수의 온도를 조절하기 위함이다.
③ 연료를 압축하여 분무성을 향상시키기 위함이다.
④ 냉간시동시 시동을 원활히 하기 위함이다.
해설 예열장치는 겨울철에 주로 사용하는 것으로, 디젤기관에 흡입된 공기온도를 상승시켜 시동을 원활하게 한다.

02 디젤기관에서만 볼 수 있는 회로는?
① 예열 플러그 회로　　② 시동회로
③ 충전회로　　④ 등화회로

03 디젤엔진의 예열장치에서 연소실 내의 압축공기를 직접 예열하는 형식은?
① 히트 릴레이식　　② 예열 플러그식
③ 흡기 히터식　　④ 히트 레인지식
해설 예열플러그는 예열장치에서 연소실 내의 압축공기를 직접 예열하는 부품이다.

04 글로우 플러그가 설치되는 연소실이 아닌 것은?(단 전자제어 커먼레일은 제외)
① 직접분사실식　　② 예연소실식
③ 공기실식　　④ 와류실식
해설 직접분사실식에서는 시동보조 장치로 흡기다기관에 히트 레인지를 설치한다.

05 예열 플러그가 15~20초에서 완전히 가열되었을 경우의 설명으로 옳은 것은?
① 정상 상태이다.　　② 접지되었다.
③ 단락되었다.　　④ 다른 플러그가 모두 단선되었다.

06 예열 플러그를 빼서 보았더니 심하게 오염되어 있다. 그 원인은?
① 불완전 연소 또는 노킹　　② 엔진 과열
③ 플러그의 용량 과다.　　④ 냉각수 부족
해설 예열 플러그가 심하게 오염되는 경우는 불완전 연소 또는 노킹이 발생하였기 때문이다.

07 예열 플러그의 고장이 발생하는 경우로 거리가 먼 것은?
① 엔진이 과열되었을 때
② 발전기의 발전전압이 낮을 때
③ 예열시간이 길었을 때
④ 정격이 아닌 예열 플러그를 사용했을 때
해설 예열 플러그의 단선 원인
① 예열시간이 너무 길 때
② 기관이 과열된 상태에서 빈번한 예열
③ 예열 플러그를 규정 토크로 조이지 않았을 때
④ 정격이 아닌 예열 플러그를 사용했을 때
⑤ 규정이상의 과대전류가 흐를 때

01 디젤기관에서 터보차저의 기능으로 맞는 것은?
① 실린더 내에 공기를 압축 공급하는 장치이다.
② 냉각수 유량을 조절하는 장치이다.
③ 기관 회전수를 조절하는 장치이다.
④ 윤활유 온도를 조절하는 장치이다.
해설 터보차저(과급기)는 실린더 내에 필요한 공기를 대기 압력보다 높은 압력(압축)으로 공급하는 장치를 말한다.

02 디젤기관에서 터보차저를 부착하는 목적으로 맞는 것은?
① 기관의 유효압력을 낮추기 위해서
② 기관의 냉각을 위해서
③ 기관의 출력을 증대시키기 위해서
④ 배기소음을 줄이기 위해서
해설 터보차저 설치 목적
① 엔진의 출력이 35~45% 증가된다.
② 체적 효율이 향상되기 때문에 평균 유효압력이 높아진다.
③ 체적 효율이 향상되기 때문에 엔진의 회전력이 증대된다.
④ 고지대에서도 출력의 감소가 적다.
⑤ 압축 온도의 상승으로 착화 지연 기간이 짧다.
⑥ 연소 상태가 양호하기 때문에 세탄가가 낮은 연료의 사용이 가능하다.
⑦ 냉각 손실이 적고 연료 소비율이 3~5% 정도 향상된다.
⑧ 과급기를 설치하면 기관의 중량이 10~15% 정도 증가 한다.

03 과급기를 부착하였을 때의 이점으로 틀린 것은?
① 고지대에서도 출력의 감소가 적다.
② 회전력이 증가한다.
③ 기관출력이 향상된다.
④ 압축온도의 상승으로 착화지연시간이 길어진다.
해설 과급기를 부착하면 압축온도의 상승으로 착화지연시간이 짧아진다.

04 다음 디젤기관에서 과급기를 사용하는 이유로 맞지 않는 것은?
① 체적효율 증대　　② 냉각 효율 증대
③ 출력 증대　　④ 회전력 증대
해설 과급기를 사용하는 목적은 체적효율 증대, 출력증대, 회전력 증대 등이다.

05 과급기에 대해 설명한 것 중 틀린 것은?
① 배기 터빈 과급기는 주로 원심식이다.
② 흡입공기에 압력을 가해 기관에 공기를 공급한다.
③ 과급기를 설치하면 엔진 중량과 출력이 감소된다.
④ 4행정 사이클 디젤기관은 배기가스에 의해 회전하는 원심식 과급기가 주로 사용된다.
해설 과급기를 설치하면 엔진의 중량은 10~15% 정도 증가하고, 출력은 35~45% 정도 증가한다.

06 터보차저의 특징을 설명한 것으로 가장 거리가 먼 것은?
① 기관이 고출력일 때 배기가스의 온도를 낮출 수 있다.
② 고지대 작업시에도 엔진의 출력저하를 방지한다.
③ 구조가 복잡하고 무게가 무거우며, 설치가 복잡하다.
④ 과급작용의 저하를 막기 위해 터빈실과 과급실에 각각 물재킷을 두고 있다.

07 기관에서 흡입효율을 높이는 장치는?

① 압축기 　　　　② 기화기
③ 소음기 　　　　④ 과급기

해설 과급기(터보차저)는 실린더 내에 다량의 공기를 공급하여 기관의 출력을 증대시키는 부품이다.

08 다음 중 터보차저를 구동하는 것으로 가장 적합한 것은?

① 엔진의 열 　　　　② 엔진의 배기가스
③ 엔진의 흡입가스 　　　④ 엔진의 여유동력

해설 터보차저는 엔진의 배기가스에 의해 구동된다.

09 과급기 케이스 내부에 설치되며 공기의 속도 에너지를 압력 에너지로 바꾸는 장치는?

① 임펠러 　　　　② 디퓨저
③ 터빈 　　　　④ 디플렉터

해설 디퓨저는 과급기 케이스 내부에 설치되며, 공기의 속도 에너지를 압력 에너지로 바꾸는 장치이다.

10 터보식 과급기의 작동상태에 대한 설명으로 틀린 것은?

① 디퓨저에서 공기의 압력에너지가 속도에너지로 바뀌게 된다.
② 배기가스가 임펠러를 회전시키면 공기가 흡입되어 디퓨저에 들어 간다.
③ 디퓨저에서는 공기의 속도에너지가 압력에너지로 바뀌게 된다.
④ 압축공기가 각 실린더의 밸브가 열릴 때마다 들어가 충전효율이 증대된다.

해설 디퓨저는 과급기 케이스 내부에 설치되며, 공기의 속도 에너지를 압력 에너지로 바꾸는 장치이다.

11 배기터빈 과급기에서 터빈축의 베어링에 급유로 맞는 것은?

① 그리스로 윤활 　　　② 기관 오일로 급유
③ 오일리스 베어링 사용 　④ 기어 오일을 급유

해설 배기터빈 과급기(터보차저)에는 기관 오일을 공급한다.

09 시동 및 점검

01 엔진 시동 전에 해야 할 가장 중요한 일반적인 점검 사항은?

① 실린더의 오염 　　　② 충전장치
③ 유압계 지침 　　　④ 엔진 오일량과 냉각수량

02 디젤엔진의 시동을 위한 직접적인 장치가 아닌 것은?

① 예열 플러그 　　　② 터보 차저
③ 기동 전동기 　　　④ 감압 밸브

03 디젤 기관을 시동할 때 주의 사항으로 틀린 것은?

① 기온이 낮을 때는 예열 경고등이 소등되면 시동한다.
② 기관 시동은 각종 조작레버가 중립위치에 있는가를 확인 후 행한다.
③ 시동과 동시에 급가속하지 않는다.
④ 시동 후 적어도 1분 정도는 시동 스위치의 스타트(ST) 위치에서 손을 떼지 않아야 한다.

해설 엔진이 시동되면 곧바로 시동 스위치(key)에서 손을 떼야 한다.

04 디젤기관에서 감압장치의 기능으로 가장 적절한 것은?

① 크랭크축을 느리게 회전시킬 수 있다.
② 타이밍 기어를 원활하게 회전시킬 수 있다.
③ 캠축을 원활히 회전시킬 수 있는 장치이다.
④ 밸브를 열어주어 가볍게 회전시킨다.

해설 감압장치의 기능은 밸브를 열어주어 크랭크축을 가볍게 회전시킨다.

05 디젤기관 시동보조 장치에 사용되는 디콤프(de-comp)의 기능에 대한 설명으로 틀린 것은?

① 기관의 출력을 증대하는 장치이다.
② 한랭 시 시동할 때 원활한 회전으로 시동이 잘 될 수 있도록 하는 역할을 하는 장치이다.
③ 기관의 시동을 정지할 때 사용될 수 있다.
④ 기동 전동기에 무리가 가는 것을 예방하는 효과가 있다.

해설 기관의 출력을 증대시키는 장치는 과급기(터보차저)이다.

06 디젤기관의 시동을 용이하게 하기 위한 방법이 아닌 것은?

① 압축비를 낮춘다.
② 흡기 온도를 상승시킨다.
③ 겨울철에 예열장치를 사용한다.
④ 시동시 회전속도를 낮춘다.

해설 디젤기관의 시동을 용이하게 하기 위해서 감압장치를 두어 압축압력을 낮추거나 시동시 회전속도를 높인다.

07 디젤기관에서 시동이 되지 않는 원인으로 맞는 것은?

① 연료공급 펌프의 연료공급 압력이 높다.
② 가속페달을 밟고 시동하였다.
③ 배터리 방전으로 교체가 필요한 상태이다.
④ 크랭크축 회전속도가 빠르다.

08 디젤기관에서 시동이 잘 안 되는 원인으로 가장 적합한 것은?

① 냉각수의 온도가 높은 것을 사용할 때
② 보조탱크의 냉각수량이 부족할 때
③ 낮은 점도의 기관 오일을 사용할 때
④ 연료계통에 공기가 들어있을 때

해설 연료계통에 공기가 들어있으면 디젤기관은 시동이 잘 안 된다.

09 디젤엔진이 잘 시동되지 않거나 시동이 되더라도 출력이 약한 원인으로 맞는 것은?

① 연료탱크 상부에 공기가 들어 있을 때
② 플라이휠이 마모되었을 때
③ 연료 분사펌프의 기능이 불량일 때
④ 냉각수 온도가 100℃ 정도 되었을 때

해설 연료 분사펌프의 기능이 불량하면 기관이 시동이 잘 안되거나 시동이 되더라도 출력이 저하한다.

10 엔진 시동을 멈추기 위한 방법으로 가장 적합한 것은?

① 연료 공급을 차단한다.
② 축전지에 연결된 전선을 끊는다.
③ 기어를 넣어서 기관을 정지시킨다.
④ 초크 밸브를 닫는다.

해설 디젤기관을 정지시킬 때에는 연료 공급을 차단한다.

11 디젤기관에서 주행 중 시동이 꺼지는 경우로 틀린 것은?

① 연료 필터가 막혔을 때
② 분사 파이프 내에 기포가 있을 때
③ 연료 파이프에 누설이 있을 때
④ 플라이밍 펌프가 작동하지 않을 때

해설 기관 가동 중 시동이 꺼지는 원인
① 연료가 결핍되었을 때
② 연료탱크 내에 오물이 연료장치에 유입되었을 때
③ 연료 파이프에서 누설이 있을 때
④ 연료 필터가 막혔을 때
⑤ 분사 파이프 내에 기포가 있을 때

13 디젤기관에서 연료가 정상적으로 공급되지 않아 시동이 꺼지는 현상이 발생되었다. 그 원인으로 적합하지 않은 것은?

① 연료 파이프 손상
② 프라이밍 펌프 고장
③ 연료 필터 막힘
④ 연료탱크 내의 오물 과다

14 운전 중 운전석 계기판에서 확인해야 하는 것이 아닌 것은?

① 실린더 압력계
② 연료량 게이지
③ 냉각수 온도 게이지
④ 충전 경고등

15 기관의 예방정비 시에 운전자가 해야 할 정비와 관계가 먼 것은?

① 연료 여과기의 엘리먼트 점검
② 연료 파이프의 풀림 상태 조임
③ 냉각수 보충
④ 딜리버리 밸브 교환

해설 딜리버리 밸브는 연료 분사펌프에서 고압의 연료를 분사 노즐로 보내주는 것으로 교환은 정비사의 정비 작업이다.

16 기관을 점검하는 요소 중 디젤기관과 관계없는 것은?

① 연료
② 점화
③ 연소
④ 예열

해설 점화는 가솔린 기관과 관계 있다.

17 다음 중 기관정비 작업 시 엔진 블록의 찌든 기름때를 깨끗이 세척하고자 할 때 가장 좋은 용해액은?

① 냉각수
② 절삭유
③ 솔벤트
④ 엔진 오일

해설 세척액으로는 솔벤트, 석유, 경유 등을 사용한다.

18 작업 후 탱크에 연료를 가득 채워주는 이유가 아닌 것은?

① 연료의 기포 방지를 위해서
② 내일의 작업을 위해서
③ 연료 탱크에 수분이 생기는 것을 방지하기 위해서
④ 연료의 압력을 높이기 위해서

해설 작업 후 탱크에 연료를 가득 채워주는 이유는 내일의 작업을 준비하기 위해, 연료의 기포 방지를 위해, 연료탱크 내의 공기 중의 수분이 응축되어 물이 생기는 것을 방지하기 위함이다.

19 디젤기관의 연료계통에서 응축수가 생기면 시동이 어렵게 되는데 이 응축수는 어느 계절에 가장 많이 생기는가?

① 봄
② 여름
③ 가을
④ 겨울

해설 연료계통의 응축수는 주로 겨울에 가장 많이 발생한다.

20 건설기계 장비 운전자가 연료탱크의 배출 콕을 열었다가 잠그는 작업을 하고 있다면 무엇을 배출하기 위한 목적인가?

① 오물 및 수분
② 공기
③ 엔진 오일
④ 유압 오일

해설 정기적으로 연료탱크 내의 수분 및 오물을 배출하여야 한다.

10 흡배기 장치

01 다음 중 흡기장치의 요구조건으로 틀린 것은?

① 전 회전영역에 걸쳐서 흡입효율이 좋아야 한다.
② 연소속도를 빠르게 해야 한다.
③ 흡입부에 와류가 발생할 수 있는 돌출부를 설치해야 한다.
④ 균일한 분배성을 가져야 한다.

해설 흡기다기관은 각 실린더에 혼합가스가 균일하게 분배되도록 하여야 하며, 공기 충돌을 방지하여 흡입효율이 떨어지지 않도록 굴곡이 있어서는 안 되며 연소가 촉진되도록 혼합가스에 와류(渦流)를 일으키도록 해야 한다.

02 기관에서 공기 청정기의 설치 목적으로 맞는 것은?

① 연료의 여과와 가압작용
② 공기의 가압작용
③ 공기의 여과와 소음방지
④ 연료의 여과와 소음방지

해설 공기 청정기는 흡입공기의 먼지 등을 여과하는 작용 이외에 흡기소음을 감소시킨다.

03 건식 공기 청정기의 장점이 아닌 것은?

① 설치 또는 분해조립이 간단하다.
② 작은 입자의 먼지나 오물을 여과할 수 있다.
③ 구조가 간단하고 여과망을 세척하여 사용할 수 있다.
④ 기관 회전속도의 변동에도 안정된 공기청정 효율을 얻을 수 있다.

해설 건식 공기 청정기는 작은 입자의 먼지나 오물을 여과할 수 있고 기관 회전속도의 변동에도 안정된 공기청정 효율을 얻을 수 있다. 구조가 간단하므로 설치 또는 분해조립이 간단하다. 그리고 여과망(엘리먼트)은 압축공기로 청소하여 사용할 수 있다.

04 공기청정기의 종류 중 특히 먼지가 많은 지역에 적합한 공기청정기의 방식은?

① 건식
② 습식
③ 유조식
④ 복합식

05 건식 공기 청정기의 효율저하를 방지하기 위한 방법으로 가장 적합한 것은?

① 기름으로 닦는다.
② 마른걸레로 닦아야 한다.
③ 압축공기로 먼지 등을 털어 낸다.
④ 물로 깨끗이 세척한다.

해설 건식 공기청정기 엘리먼트는 압축공기로 안에서 밖으로 불어내어 청소한다.

06 건식 공기여과기 세척방법으로 가장 적합한 것은?

① 압축공기로 안에서 밖으로 불어낸다.
② 압축공기로 밖에서 안으로 불어낸다.
③ 압축오일로 안에서 밖으로 불어낸다.
④ 압축오일로 밖에서 안으로 불어낸다.

07 디젤기관에서 에어 클리너가 막혔을 때 발생하는 현상은?

① 배기색은 희고, 출력은 정상이다.
② 배기색은 희고, 출력은 증가한다.
③ 배기색은 검고, 출력은 저하된다.
④ 배기색은 검고, 출력은 증가한다.

해설 에어 클리너가 막히면 배기 색은 검은색이며, 출력은 저하된다.

08 배기관이 불량하여 배압이 높을 때 기관에 미치는 영향과 가장 거리가 먼 것은?

① 기관이 과열된다.   ② 냉각수 온도가 내려간다.
③ 기관의 출력이 감소된다.   ④ 피스톤의 운동을 방해한다.

해설 배압이 높으면 기관이 과열하므로 냉각수 온도가 올라가고, 피스톤의 운동을 방해하므로 기관의 출력이 감소된다.

09 보기에서 머플러(소음기)와 관련된 설명이 모두 올바르게 조합된 것은?

[보기]
a. 카본이 많이 끼면 엔진이 과열된다.
b. 카본이 쌓이면 엔진 출력이 떨어진다.
c. 머플러를 제거하면 배기 음이 커진다.
d. 배기가스의 압력을 높여서 열효율을 증가시킨다.

① a, b, d   ② b, c, d
③ a, c, d   ④ a, b, c

해설 머플러(소음기)에 관한 사항
① 카본이 많이 끼면 엔진이 과열된다.
② 카본이 쌓이면 엔진 출력이 떨어진다.
③ 머플러를 제거하면 배기 음이 커진다.

10 다음 중 연소 시 발생하는 질소산화물(Nox)의 발생 원인과 가장 밀접한 관계가 있는 것은?

① 높은 연소온도   ② 가속불량
③ 흡입공기 부족   ④ 소염 경계층

해설 질소산화물(Nox)의 발생 원인은 높은 연소온도 때문이다.

11 국내에서 디젤기관에 규제하는 배출가스 중 가장 중요한 것은?

① 공기 과잉율(λ)   ② 매연
③ 탄화수소   ④ 일산화탄소

해설 디젤기관에 규제하는 배출 가스는 매연이다.

---

11   커먼레일

01 전자제어 디젤 분사장치의 장점이 아닌 것은?

① 배출가스 규제수준 충족   ② 기관 소음의 감소
③ 연료소비율 증대   ④ 최적화된 정숙운전

해설 전자제어 분사펌프 장치의 장점
① 각 운전 점에서 회전력의 향상이 가능하고 동력성능이 향상된다.
② 배출가스 규제수준을 충족시킬 수 있다.
③ 분사펌프의 설치공간이 절약된다.
④ 더 많은 영향변수의 고려가 가능하다.
⑤ 분사시기 보정장치 등 부가장치가 필요 없다.
⑥ 기관 소음을 감소시켜 최적화된 정숙운전이 가능하다.

02 디젤기관의 커먼레일(common-rail)방식 분사장치의 특징 중 틀린 것은?

① 파일럿 분사(pilot injection) 즉 예분사가 가능하다.
② 운전상태의 변화에 따라 분사압력을 제어할 수 있다.
③ 분사압력이 최대 800bar 정도로 높기 때문에 유해 배기가스를 줄일 수 있다.
④ ECU가 분사 개시점, 분사량, 분사 종료점 등을 결정하기 때문에 출력이 향상된다.

해설 커먼레일 방식 분사장치의 특징
① 분사된 연료를 완전연소에 가깝게 연소시켜 유해배출 가스를 감소시킬 수 있다.
② 연료소비율을 향상시킬 수 있다.
③ ECU가 분사 개시점, 분사량, 분사 종료점 등을 결정하기 때문에 출력이 향상된다.
④ 운전성능을 향상시킬 수 있다.
⑤ 밀집된(compact) 설계 및 경량화를 이룰 수 있다.
⑦ 모듈(module)화 장치가 가능하다.
⑧ 파일럿 분사(pilot injection, 예비분사)가 가능하다.
⑨ 운전상태의 변화에 따라 분사압력을 제어할 수 있다.

03 디젤 연료장치의 커먼레일에 대한 설명 중 맞지 않는 것은?

① 고압 펌프로부터 발생된 연료를 저장하는 부분이다.
② 실제적으로 연료의 압력을 지닌 부분이다.
③ 연료 압력은 항상 일정하게 유지한다.
④ 연료는 유량 제한기에 의해 커먼레일로 들어간다.

해설 커먼 레일은 연료 분배 파이프로 고압의 연료를 저장하고 인젝터에 분배하며, 고압 펌프에서 보내지는 고압의 연료는 연료 압력 조절기를 통하여 압력이 조절 된다.

04 커먼레일 디젤 엔진의 연료장치 구성부품이 아닌 것은?

① 인젝터   ② 커먼레일
③ 분사펌프   ④ 연료 압력 조정기

해설 커먼레일 엔진은 고압 펌프로 압송된 연료가 축압장치(accumulator 또는 rail)를 경유하여 인젝터에서 분사되는 시스템으로 응답성이 높은 인젝터, 커먼레일, 연료압력 조정기와 분사를 독립적으로 제어하는 전자제어 시스템으로 구성되어 있다

05 다음 중 커먼레일 연료분사장치의 저압계통이 아닌 것은?

① 커먼레일   ② 1차 연료 공급 펌프
③ 연료 필터   ④ 연료 스트레이너

해설 커먼 레일 엔진은 전자제어 디젤 엔진으로 연료 계통이 저압과 고압 계통으로 구분하며 연료의 공급 순서는 연료 탱크 → 연료 필터 → 저압 펌프 → 고압 펌프 → 커먼 레일 → 인젝터 순으로 공급되며 고압 펌프 → 커먼 레일 → 인젝터는 고압 연료 라인에 해당된다.

06 커먼레일 디젤엔진에서 기계식 저압펌프의 연료공급 경로가 맞는 것은?

① 연료탱크 – 저압펌프 – 연료필터 – 고압펌프 – 커먼레일 – 인젝터
② 연료탱크 – 연료필터 – 저압펌프 – 고압펌프 – 커먼레일 – 인젝터
③ 연료탱크 – 저압펌프 – 연료필터 – 커먼레일 – 고압펌프 – 인젝터
④ 연료탱크 – 연료필터 – 저압펌프 – 커먼레일 – 고압펌프 – 인젝터

해설 연료공급 경로는 연료 탱크–연료 필터–저압 펌프–고압 펌프–커먼 레일–인젝터 순서이다.

07 다음 중 커먼레일 연료분사장치의 고압 연료펌프에 부착된 것은?

① 압력 제어 밸브   ② 커먼레일 압력센서
③ 압력 제한 밸브   ④ 유량 제한기

해설 커먼레일 연료 분사장치의 고압 펌프에는 압력 제어 밸브가 부착되어 연료 압력이 과도하게 상승되는 것을 방지 한다.

---

08 커먼레일 디젤기관의 압력 제한 밸브에 대한 설명 중 틀린 것은?

① 커먼레일의 압력을 제어한다.

② 커먼레일에 설치되어 있다.

③ 연료압력이 높으면 연료의 일부분이 연료탱크로 되돌아간다.

④ 컴퓨터가 듀티 제어한다.

💡해설》 압력 제한 밸브는 커먼레일에 설치되어 커먼레일 내의 연료 압력이 규정 값보다 높으면 열려 연료의 일부를 연료탱크로 복귀시킨다.

09 다음 중 커먼레일 디젤기관의 공기 유량 센서(AFS)에 대한 설명 중 맞지 않는 것은?

① EGR 피드백 제어기능을 주로 한다.

② 열막 방식을 사용한다.

③ 연료량 제어기능을 주로 한다.

④ 스모그 제한 부스터 압력제어용으로 사용한다.

💡해설》 커먼레일 디젤기관에서 사용하는 공기유량센서는 열막 방식을 사용하며, 배기가스 재순환(EGR) 피드백 제어와 스모그 제한 부스터 압력제어용으로 사용한다.

10 디젤기관에서 공기 유량 센서(AFS)의 방식은?

① 맵센서 방식   ② 베인 방식

③ 열막 방식   ④ 칼만와류 방식

💡해설》 공기유량 센서(air flow sensor)는 열막(hot film)방식을 사용하며, 이 센서의 주 기능은 EGR 피드백 제어이며, 또 다른 기능은 스모그 리미트 부스트 압력제어(매연 발생을 감소시키는 제어)이다.

11 커먼레일 디젤기관의 공기 유량 센서(AFS)로 많이 사용되는 방식은?

① 베인 방식   ② 칼만 와류 방식

③ 피토관 방식   ④ 열막 방식

12 TPS(스로틀 포지션 센서)에 대한 설명으로 틀린 것은?

① 가변 저항식이다.

② 운전자가 가속페달을 얼마나 밟았는지 감지한다.

③ 급가속을 감지하면 컴퓨터가 연료분사시간을 늘려 실행시킨다.

④ 분사시기를 결정해 주는 가장 중요한 센서이다.

💡해설》 TPS는 운전자가 가속페달을 얼마나 밟았는지 감지하는 가변저항식 센서이며, 급가속을 감지하면 컴퓨터가 연료분사시간을 늘려 실행시키도록 한다.

13 커먼레일 디젤기관의 가속페달 포지션 센서에 대한 설명 중 맞지 않는 것은?

① 가속페달 포지션 센서는 운전자의 의지를 전달하는 센서이다.

② 가속페달 포지션 센서2는 센서1을 검사하는 센서이다.

③ 가속페달 포지션 센서3은 연료 온도에 따른 연료량 보정 신호를 한다.

④ 가속페달 포지션 센서1은 연료량과 분사시기를 결정한다.

💡해설》 가속페달 위치센서는 운전자의 의지를 컴퓨터로 전달하는 센서이며, 센서 1에 의해 연료 분사량과 분사시기가 결정되며, 센서 2는 센서 1을 감시하는 기능으로 차량의 급출발을 방지하기 위한 것이다.

14 커먼레일 디젤기관의 연료 압력 센서(RPS)에 대한 설명 중 맞지 않는 것은?

① RPS의 신호를 받아 연료분사량을 조정하는 신호로 사용한다.

② RPS의 신호를 받아 연료 분사시기를 조정하는 신호로 사용한다.

③ 반도체 피에조 소자방식이다.

④ 이 센서가 고장이면 시동이 꺼진다.

💡해설》 연료압력 센서(RPS)는 반도체 피에조 소자를 사용하며, 이 센서의 신호를 받아 컴퓨터는 연료분사량 및 분사시기 조정신호로 사용한다. 고장이

발생하면 림프 홈 모드(페일 세이프)로 진입하여 연료압력을 400bar로 고정시킨다.

15 전자제어 디젤 엔진의 회전을 감지하여 분사순서와 분사시기를 결정하는 센서는?

① 가속 페달 센서   ② 냉각수 온도 센서

③ 엔진 오일 온도 센서   ④ 크랭크 축 센서

💡해설》 ① **가속페달센서 1 & 2** : 센서 1(main sensor)에 의해 연료 분사량과 분사시기가 결정되며, 센서 2는 센서 1을 감시하는 기능으로 차량의 급출발을 방지하기 위한 것이다.

② **수온센서** : 부특성 서미스터를 사용하며 냉간 시동에서는 연료 분사량을 증가시켜 원활한 시동이 될 수 있도록 기관의 냉각수 온도를 검출한다.

③ **크랭크축 센서(CPS, CKP)** : 크랭크축과 일체로 되어 있는 센서 휠(sensor wheel)의 돌기를 검출하여 크랭크축의 각도 및 피스톤의 위치, 기관 회전 속도 등을 검출하여 분사시기와 분사순서를 결정한다.

16 커먼레일 디젤 기관의 센서에 대한 설명 중 맞지 않는 것은?

① 연료 온도 센서는 연료 온도에 따른 연료량 보정 신호를 한다.

② 수온 센서는 기관의 온도에 따른 연료량을 증감하는 보정 신호로 사용한다.

③ 수온 센서는 기관의 온도에 따른 냉각 팬 제어 신호로 사용한다.

④ 크랭크 포지션 센서는 밸브 개폐시기를 감지한다.

💡해설》 커먼 레일의 크랭크 포지션 센서는 엔진 회전수 감지 및 분사순서와 분사시기를 결정하는 신호로 사용된다.

17 전자제어 연료분사 장치에서 컴퓨터는 무엇에 근거하여 기본 연료 분사량을 결정하는가?

① 엔진회전 신호와 차량속도   ② 흡입공기량과 엔진회전수

③ 냉각수 온도와 흡입공기량   ④ 차량 속도와 흡입공기량

18 다음 중 커먼레일 디젤엔진 차량의 계기판에서 경고등 및 지시등의 종류가 아닌 것은?

① 예열플러그 작동 지시등   ② DPF 경고등

③ 연료 수분 감지 경고등   ④ 연료 차단 지시등

19 전자제어 디젤 분사장치에서 연료를 제어하기 위해 각종 센서로부터 정보(가속 페달 위치, 기관속도, 분사시기, 흡기, 냉각수, 연료 온도 등)를 입력 받아 전기적 출력 신호로 변환하는 것은?

① 컨트롤 로드 액추에이터   ② 전자제어 유닛(ECU)

③ 컨트롤 슬리브 액추에이터   ④ 자기 진단(self diagnosis)

💡해설》 전자제어 디젤 엔진은 각종 센서 및 스위치로부터 운전 상태 및 조건 등의 정보를 ECU(전자제어 유닛)에 입력하면 ECU는 내부에 내장된 기본 정보와 연산 비교하여 액추에이터(작동기)를 작동 시킨다.

20 굴착기에 장착된 전자제어장치(ECU)의 주된 기능으로 가장 옳은 것은?

① 운전 상황에 맞는 엔진 속도제어 및 고장진단 등을 하는 장치이다.

② 운전자가 편리하도록 작업 장치를 자동적으로 조작시켜 주는 장치이다.

③ 조이스틱의 작동을 전자화 한 장치이다.

④ 컨트롤 밸브의 조작을 용이하게 하기 위해 전자화 한 장치이다.

21 커먼레일 방식 디젤 기관에서 크랭킹은 되는데 기관이 시동되지 않는다. 점검 부위로 틀린 것은?

① 인젝터   ② 레일 압력

③ 연료 탱크 유량   ④ 분사펌프 딜리버리 밸브

💡해설》 분사펌프 딜리버리 밸브는 연료의 역류와 후적을 방지하고 고압파이프에 잔압을 유지시키는 작용을 한다.

정답   8.④   9.③   10.③   11.④   12.④   13.③   14.④   15.④   16.④   17.②   18.④   19.②   20.①   21.④

chapter 04   건설기계 전기장치

01   전기의 기초

01 축전기에 저장되는 전기량(Q, 쿨롱)을 설명한 것으로 틀린 것은?
① 금속판 사이의 거리에 반비례한다.
② 절연체의 절연도에 비례한다.
③ 금속판의 면적에 비례한다.
④ 정전용량은 가해지는 전압에 반비례한다.

해설 **축전기의 용량**
① 절연체의 절연도에 비례한다.   ② 가한 전압에 정비례한다.
③ 금속판의 면적에 정비례한다.
④ 금속판 사이의 거리에 반비례한다.

02 전류의 3대 작용이 아닌 것은?
① 발열작용   ② 자정작용
③ 자기작용   ④ 화학작용

해설 **전류의 3대작용**
① 발열작용(전구, 예열 플러그 등에서 이용)
② 화학작용(축전지 및 전기 도금에서 이용)
③ 자기작용(발전기와 전동기에서 이용)

03 전류의 자기작용을 응용한 것은?
① 전구   ② 축전지
③ 예열 플러그   ④ 발전기

04 전기 단위 환산으로 맞는 것은?
① 1KV = 1000V   ② 1A = 10mA
③ 1KV = 100V   ④ 1A = 100mA

05 도체에도 물질 내부의 원자와 충돌하는 고유저항이 있다. 고유저항과 관련이 없는 것은?
① 물질의 모양   ② 자유전자의 수
③ 원자핵의 구조 또는 온도   ④ 물질의 색깔

해설 물질의 고유저항은 재질, 모양, 자유전자의 수, 원자핵의 구조 또는 온도에 따라서 변화한다.

06 전기장치에서 접촉저항이 발생하는 개소 중 틀린 것은?
① 배선 중간 지점   ② 스위치 접점
③ 축전지 터미널   ④ 배선 커넥터

해설 접촉저항이 발생하는 개소는 스위치 접점, 축전지 터미널, 배선 커넥터 등이다.

07 옴의 법칙에 관한 공식으로 맞는 것은? (단, 전류 = I, 저항 = R, 전압 = V)
① $I = V \times R$ ② $V = \dfrac{R}{I}$
③ $R = \dfrac{V}{I}$ ④ $I = \dfrac{R}{V}$

해설 $I = V/R$, $V = IR$, $R = V/I$

08 전압이 24V, 저항이 2Ω 일 때 전류는 얼마인가?
① 24A   ② 3A
③ 6A   ④ 12A

해설 전류 = $\dfrac{전압}{저항}$ $\therefore \dfrac{24V}{2Ω} = 12A$

09 전압, 전류, 저항에 대한 설명으로 옳은 것은?
① 직렬회로에서 전류와 저항은 비례 관계이다.
② 직렬회로에서 분압 된 전압의 합은 전원 전압과 같다.
③ 직렬회로에서 전압과 전류는 반비례 관계이다.
④ 직렬회로에서 전압과 저항은 반비례 관계이다.

해설 **직렬 접속의 특징**
① 합성 저항은 각 저항의 합과 같다.
② 어느 저항에서나 똑같은 전류가 흐른다.
③ 전압이 나누어져 저항 속을 흐른다. 즉, 각 저항에 가해지는 전압의 합은 전원 전압과 같다.

10 건설기계에서 사용하는 축전지 2개를 직렬로 연결하였을 때 변화되는 것은?
① 전압이 증가된다.   ② 사용전류가 증가된다.
③ 비중이 증가된다.   ④ 전압 및 이용전류가 증가된다.

해설 같은 축전지 2개를 직렬로 접속(⊕ 단자와 ⊖ 단자의 연결)하면 전압은 2배가되고, 용량은 같다.

11 그림과 같이 12V용 축전지 2개를 사용하여 24V용 건설기계를 시동하고자 한다. 연결 방법으로 옳은 것은?

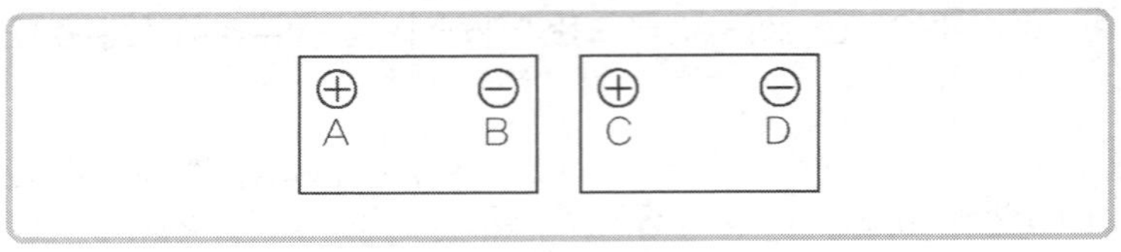

① B - D   ② A - C
③ B - C   ④ A - B

해설 직렬 연결이란 전압과 용량이 동일한 축전지 2개 이상을 ⊕ 단자와 연결 대상 축전지의 ⊖ 단자에 서로 연결하는 방식이며, 이때 전압은 축전지를 연결한 개수만큼 증가하나 용량은 1개일 때와 같다.

12 건설기계에 사용되는 12볼트(V) 80암페어(A) 축전지 2개를 직렬 연결하면 전압과 전류는?
① 24볼트(V) 160암페어(A)가 된다.
② 12볼트(V) 160암페어(A)가 된다.
③ 24볼트(V) 80암페어(A)가 된다.
④ 12볼트(V) 80암페어(A)가 된다.

13 전압이 12V인 배터리를 저항 3Ω, 4Ω, 5Ω 을 직렬로 연결할 때의 전류는 얼마인가?
① 1A   ② 2A
③ 3A   ④ 4A

해설 ① 직렬 합성저항 : 3Ω+4Ω+5Ω=12Ω

② 전류 = $\dfrac{전압}{저항}$ $\therefore \dfrac{12V}{12Ω} = 1A$

정답   1.④ 2.② 3.④ 4.① 5.④ 6.① 7.③ 8.④ 9.② 10.① 11.③ 12.③ 13.①

14 축전지를 병렬로 연결하였을 때 맞는 것은?

① 전압이 증가한다.　　　② 전압이 감소한다.
③ 전류가 증가한다.　　　④ 전류가 감소한다.

🔍해설 축전지를 병렬로 연결하면 전류(용량)가 증가한다.

15 12V 축전지 4개를 병렬로 연결하면 전압은?

① 36V　　　　　　　② 12V
③ 24V　　　　　　　④ 48V

🔍해설 같은 용량같은 전압의 축전지를 병렬로 연결하면 용량은 2배이고 전압은 한 개일 때와 같다.

16 건설기계에 사용되는 12볼트(V) 80암페어(A) 축전지 2개를 병렬로 연결하면 전압과 전류는 어떻게 변하는가?

① 24볼트(V), 160암페어(A)가 된다.
② 12볼트(V), 80암페어(A)가 된다.
③ 24볼트(V), 80암페어(A)가 된다.
④ 12볼트(V), 160암페어(A)가 된다.

🔍해설 축전지의 병열연결은 같은 축전지 2개 이상을 ⊕ 단자를 다른 축전지의 ⊕ 단자에, ⊖ 단자는 ⊖ 단자에 접속하는 방식으로 용량은 연결한 개수만큼 증가하지만 전압은 1개일 때와 같다. 따라서 12볼트(V), 160암페어(A)가 된다.

17 축전지의 용량만을 크게 하는 방법으로 맞는 것은?

① 직렬 연결법　　　　　② 병렬 연결법
③ 직, 병렬 연결법　　　　④ 논리회로 연결법

18 다음 중 전력계산 공식으로 맞지 않는 것은? (단, P=전력, I=전류, E=전압, R=저항이다.)

① $P = EI$　　　　　② $P = E^2 R$
③ $P = \dfrac{E^2}{R}$　　　　　④ $P = I^2 R$

🔍해설 전력계산 공식에는 $P = EI$, $P = \dfrac{E^2}{R}$, $P = I^2 R$ 이 있다.

19 전력(P)를 구하는 공식으로 틀린 것은? (단, E : 전압, I : 전류, R : 저항)

① $E \times I$　　　　　② $I^2 \times R$
③ $E \times R^2$　　　　　④ E^2 / R

20 건설기계의 전구 중에서 작동 시 전기 저항이 가장 큰 것은?

① 24V 24W　　　　　② 24V 45W
③ 12V 12W　　　　　④ 12V 70W

🔍해설 $R = \dfrac{E^2}{P}$ [R : 저항, E : 전압, P : 전력]

① $\dfrac{24 V^2}{24 W} = 24\Omega$　② $\dfrac{24 V^2}{45 W} = 12.8\Omega$
③ $\dfrac{12 V^2}{12 W} = 12\Omega$　④ $\dfrac{12 V^2}{70 W} = 2\Omega$

21 전기회로에서 단락에 의해 전선이 타거나 과대전류가 부하에 흐르지 않도록 하는 구성품은?

① 스위치　　　　　　② 릴레이
③ 퓨즈　　　　　　　④ 축전지

22 전기장치 회로에 사용하는 퓨즈의 재질로 적합 한 것은?

① 스틸 합금　　　　　② 구리 합금

③ 알루미늄 합금　　　　④ 납과 주석 합금

23 퓨즈의 용량 표기가 맞는 것은?

① M　　　　　　　　② A
③ E　　　　　　　　④ V

🔍해설 A : 암페어(전류) V : 볼트(전압)

24 퓨즈의 접촉이 나쁠 때 나타나는 현상으로 옳은 것은?

① 연결부의 저항이 떨어진다.　② 전류의 흐름이 높아진다.
③ 연결부가 끊어진다.　　　　④ 연결부가 튼튼해진다.

25 지게차의 전기회로를 보호하기 위한 장치는?

① 캠버　　　　　　　② 퓨저블 링크
③ 안전 밸브　　　　　④ 턴시그널 램프

🔍해설 퓨저블 링크는 지나치게 높은 전압이 가해질 경우에 전기가 단절될 수 있도록 배려한 회로 연결 방식을 의미한다.

26 건설기계에 사용되는 전기장치 중 플레밍의 오른손법칙이 적용되어 사용되는 부품은?

① 발전기　　　　　　② 기동 전동기
③ 점화코일　　　　　④ 릴레이

🔍해설 "오른손 엄지손가락, 인지, 가운데 손가락을 서로 직각이 되게 하고, 인지를 자력선의 방향에, 엄지손가락을 운동의 방향에 일치시키면 가운데 손가락이 유도 기전력의 방향을 표시한다." 이것을 플레밍의 오른손 법칙이라 하며, 발전기의 원리로 사용된다.

27 「유도 기전력의 방향은 코일 내의 자속의 변화를 방해하려는 방향으로 발생한다.」는 법칙은?

① 플레밍의 왼손 법칙　　② 플레밍의 오른손 법칙
③ 렌쯔의 법칙　　　　　④ 자기유도 법칙

🔍해설 렌츠의 법칙이란 유도기전력의 방향은 코일 내의 자속의 변화를 방해하려는 방향으로 발생한다. 는 법칙이다.

02 기초 전자

01 반도체에 대한 설명으로 틀린 것은?

① 양도체와 절연체의 중간 범위이다.
② 절연체의 성질을 띠고 있다.
③ 고유저항이 $10^{-3} \sim 10^6$ (Ω m) 정도의 값을 가진 것을 말한다.
④ 실리콘, 게르마늄, 셀렌 등이 있다.

02 빛을 받으면 전류가 흐르지만 빛이 없으면 전류가 흐르지 않는 전기 소자는?

① 포토 다이오드　　　　② PN 접합 다이오드
③ 제너 다이오드　　　　④ 발광 다이오드

🔍해설 **다이오드의 종류**
① 발광 다이오드(LED) : 순방향으로 전류를 공급하면 빛이 발생하는 반도체이다.
② 포토 다이오드 : 빛을 받으면 전류가 흐르지만 빛이 없으면 전류가 흐르지 않는 반도체이다.
③ 제너 다이오드 : 어떤 전압 하에서는 역방향으로 전류가 흐르도록 제한하는 반도체이다.
④ PN 접합 다이오드 : P형 반도체와 N형 반도체를 마주 대고 접합한 것으로 정류작용을 하는 반도체이다.

03 NPN형 트랜지스터에서 접지되는 단자는?

① 베이스
② 이미터
③ 컬렉터
④ 트랜지스터 몸체

해설 NPN형 트랜지스터에서 접지되는 단자는 이미터 단자이다.

04 트랜지스터 회로 작용이 아닌 것은?

① 지연 회로
② 증폭 회로
③ 발열 회로
④ 스위칭 회로

해설 트랜지스터의 회로작용에는 증폭회로, 스위칭 회로, 지연회로가 있다.

05 트랜지스터에 대한 일반적인 특성으로 틀린 것은?

① 고온·고전압에 강하다.
② 내부전압 강하가 적다.
③ 수명이 길다.
④ 소형·경량이다.

해설 반도체의 특징
① 내부의 전력손실이 적다.
② 소형이고 가볍다.
③ 예열시간을 요구하지 않고 곧바로 작동한다.
④ 내부 전압강하가 적다.
⑤ 수명이 길다.
⑥ 고온(150℃ 이상 되면 파손되기 쉽다)·고전압에 약하다.

06 반도체 소자 중 사이리스터(SCR)의 단자 명칭으로 옳은 것은?

① 컬렉터
② 게이트
③ 이미터
④ 베이스

해설 사이리스터(SCR)는 PNPN 또는 NPNP 접합으로 되어 있고, 스위치 작용을 한다. 일반적으로 단방향 3단자를 사용하는데 ⊕ 쪽을 애노드, ⊖ 쪽을 캐소드, 제어단자를 게이트라 부른다.

03 축전지

01 건설기계 기관에 사용되는 축전지의 가장 중요한 역할은?

① 주행 중 점화장치에 전류를 공급한다.
② 주행 중 등화장치에 전류를 공급한다.
③ 주행 중 발생하는 전기부하를 담당한다.
④ 기동장치의 전기적 부하를 담당한다.

해설 축전지의 역할
① 기관을 시동할 때 시동장치에 전원을 공급한다.(가장 주된 목적)
② 발전기가 고장일 때 일시적인 전원을 공급한다.
③ 발전기의 출력과 부하의 불균형을 조정한다.

02 납산 축전지의 작용을 열거한 것 중 틀린 것은?

① 엔진 시동시 시동장치 전원을 공급한다.
② 양극판은 해면상납, 음극판은 과산화납을 사용하며 전해액은 묽은 황산을 이용한다.
③ 발전기가 고장일 때 일시적인 전원을 공급한다.
④ 발전기의 출력 및 부하의 언밸런스를 조정한다.

해설 납산 축전지는 양극판은 과산화납, 음극판은 해면상납, 전해액은 묽은 황산을 이용한다.

03 축전지의 충방전 작용으로 맞는 것은?

① 화학작용
② 전기작용
③ 물리작용
④ 환원작용

해설 축전지의 충방전작용은 화학작용을 이용한다.

04 배터리의 완전충전 된 상태의 화학식으로 맞는 것은?

① $PbSO_4$(황산납)+$2H_2O$(물)+$PbSO_4$(황산납)
② $PbSO_4$(황산납)+$2H_2SO_4$(묽은 황산)+Pb(순납)
③ PbO_2(과산화납)+$2H_2SO_4$(묽은 황산)+Pb(순납)
④ PbO_2(과산화납)+$2H_2SO_4$(묽은 황산)+$PbSO_4$(황산납)

해설 ① 충전상태의 화학반응식 : PbO_2(과산화납)+$2H_2SO_4$(묽은 황산)+Pb(순납)
② 방전상태의 화학반응식 : $PbSO_4$(황산납)+$2H_2O$(물)+$PbSO_4$(황산납)

05 축전지에서 방전 중일 때의 화학작용을 설명하였다. 틀린 것은?

① 음극판 : 해면상납 → 황산납
② 전해액 : 묽은 황산 → 물
③ 격리판 : 황산납 → 물
④ 양극판 : 과산화납 → 황산납

06 축전지(battery)내부에 들어가는 것이 아닌 것은?

① 양극판
② 단자 기둥(터미널)
③ 격리판
④ 음극판

07 건설기계 장비에 사용되는 12V 납산 축전지의 구성(셀 수)은 어떻게 되는가?

① 약 3V의 셀이 4개로 되어 있다.
② 약 4V의 셀이 3개로 되어 있다.
③ 약 2V의 셀이 6개로 되어 있다.
④ 약 6V의 셀이 2개로 되어 있다.

해설 12V 축전지는 2.1V의 셀(cell) 6개를 직렬로 접속한 것이다.

08 축전지 터미널의 식별방법이 아닌 것은?

① 부호(+, -)로 식별
② 굵기로 식별
③ 문자(P, N)로 식별
④ 요철로 식별

해설 축전지 터미널의 식별 방법
① P(positive), N(negative)의 문자로 표시
② (+)와 (-)의 부호로 표시
③ 양극단자 (+)는 굵고 음극단자 (-)는 가는 것으로 표시
④ 적갈색(+)과 흑색(-)으로 표시

09 배터리에서 셀 커넥터와 터미널의 설명이 아닌 것은?

① 셀 커넥터는 납 합금으로 되었다.
② 양극판이 음극판의 수보다 1장 더 적다.
③ 색깔로 구분되어 있는 것은 ⊖ 가 적색으로 되어있다.
④ 배터리 내의 각각의 셀을 직렬로 연결하기 위한 것이다.

10 축전지를 설명한 것으로 틀린 것은?

① 양극판이 음극판보다 1장 더 적다.
② 단자의 기둥은 양극이 음극보다 굵다.
③ 격리판은 다공성이며 전도성인 물체로 만든다.
④ 일반적으로 12V 축전지의 셀은 6개로 구성되어 있다.

해설 격리판은 양극판과 음극판의 단락을 방지하기 위한 것이며, 다공성이고 비전도성인 물체로 만든다.

11 20℃에서 완전 충전시 축전지의 전해액 비중은?

① 2.260
② 0.128
③ 1.280
④ 0.0007

해설 20℃에서 완전충전 된 납산 축전지의 전해액 비중은 1.280이다.

12 축전지 전해액 비중은 1℃ 마다 얼마가 변화하는가?

① 0.1　　　　　　　　　　② 0.07
③ 1　　　　　　　　　　　④ 0.0007

해설 축전지 전해액 비중은 1℃ 마다 0.0007이 변화한다.

13 축전지 전해액의 온도가 상승하면 비중은?

① 일정하다.　　　　　　　② 올라간다.
③ 내려간다.　　　　　　　④ 무관하다.

해설 축전지 전해액의 온도가 상승하면 비중은 내려가고, 온도가 내려가면 비중은 올라간다.

14 축전지의 온도가 내려갈 때 발생되는 현상이 아닌 것은?

① 비중이 상승한다.　　　② 전류가 커진다.
③ 용량이 저하한다.　　　④ 전압이 저하한다.

15 전해액의 빙점은 그 전해액의 비중이 내려감에 따라 어떻게 되는가?

① 낮은 곳에 머문다.　　　② 낮아진다.
③ 변화가 없다.　　　　　④ 높아진다.

해설 전해액의 빙점(어는 온도)은 그 전해액의 비중이 내려감에 따라 높아진다.

16 축전지의 기전력은 셀(cell)당 약 2.1V 이지만 전해액의 (　), 전해액의 (　), 방전정도에 따라 약간 다르다. (　)에 알맞은 말은?

① 비중, 온도　　　　　　② 압력, 비중
③ 온도, 압력　　　　　　④ 농도, 압력

17 납산 배터리의 전해액을 측정하여 충전상태를 측정할 수 있는 게이지는?

① 그로울러 테스터　　　　② 압력계
③ 비중계　　　　　　　　④ 스러스트 게이지

해설 배터리 충전상태를 측정할 수 있는 게이지는 비중계이다.

18 축전지 전해액의 비중 측정에 대한 설명으로 틀린 것은?

① 전해액의 비중을 측정하면 충전여부를 판단할 수 있다.
② 유리 튜브 내에 전해액을 흡입하여 뜨개의 눈금을 읽는 흡인식 비중계가 있다.
③ 측정 면에 전해액을 바른 후 렌즈 내로 보이는 맑고 어두운 경계선을 읽는 광학식 비중계가 있다.
④ 전해액은 황산에 물을 조금씩 혼합하도록 하며 유리 막대 등으로 천천히 저어서 냉각한다.

해설 전해액은 황산을 물에 조금씩 혼합하도록 하며 유리 막대 등으로 천천히 저어서 냉각한다.

19 배터리 전해액을 만들 때 용기로 무엇을 사용하는가?

① 철재　　　　　　　　　② 알루미늄
③ 구리합금　　　　　　　④ 질그릇

해설 전해액을 만드는 순서
① 질그릇 등의 절연체인 용기를 준비한다.
② 증류수에 황산을 부어 혼합한다.

20 납산축전지의 전해액을 만들 때 올바른 방법은?

① 황산에 물을 조금씩 부으면서 유리 막대로 젓는다.
② 황산과 물을 1 : 1의 비율로 동시에 붓고 잘 젓는다.
③ 증류수에 황산을 조금씩 부으면서 잘 젓는다.

④ 축전지에 필요한 양의 황산을 직접 붓는다.

21 축전지 전해액 내의 황산을 설명한 것이다. 틀린 것은?

① 피부에 닿게 되면 화상을 입을 수도 있다.
② 의복에 묻으면 구멍을 뚫을 수도 있다.
③ 눈에 들어가면 실명될 수도 있다.
④ 라이터를 사용하여 점검할 수도 있다.

22 축전지 케이스와 커버를 청소할 때 용액은?

① 비수와 물　　　　　　　② 소금과 물
③ 소다와 물　　　　　　　④ 오일 가솔린

23 축전지의 방전은 어느 한도 내에서 단자 전압이 급격히 저하하며 그 이후는 방전능력이 없어지게 된다. 이때의 전압을 (　)이라고 한다. (　)에 들어갈 용어로 옳은 것은?

① 충전 전압　　　　　　　② 누전 전압
③ 방전 전압　　　　　　　④ 방전 종지 전압

24 납산 축전지의 용량은 어떻게 결정되는가?

① 극판의 크기, 극판의 수, 황산의 양에 의해 결정된다.
② 극판의 크기, 극판의 수, 단자의 수에 따라 결정된다.
③ 극판의 수, 셀의 수, 발전기의 충전능력에 따라 결정된다.
④ 극판의 수와 발전기의 충전능력에 따라 결정된다.

해설 축전지의 용량은 극판의 크기, 극판의 수, 황산의 양(전해액의 양)에 의해 결정된다.

25 납산 축전지에서 극판의 수를 많게 하면 어떻게 되는가?

① 전압이 낮아진다.　　　　② 전압이 높아진다.
③ 용량이 커진다.　　　　　④ 전해액의 비중이 올라간다.

26 축전지의 용량에 영향을 미치는 것이 아닌 것은?

① 전해액의 비중　　　　　② 셀 기둥 단자의 ⊕, ⊖ 표시
③ 극판의 크기, 극판의 수　④ 방전율과 극판의 크기

27 축전지의 용량을 나타내는 단위는?

① Amp　　　　　　　　　② Ω
③ V　　　　　　　　　　④ Ah

28 5A로 연속 방전하여 방전종지 전압에 이를 때까지 20시간이 소요되었다면 이 축전지의 용량은?

① 4Ah　　　　　　　　　② 50Ah
③ 100Ah　　　　　　　　④ 200Ah

해설 축전지 용량(Ah)=방전전류(A)×방전시간(h) ∴ 5A×20h=100Ah

29 배터리의 자기방전 원인에 대한 설명으로 틀린 것은?

① 전해액 중에 불순물이 혼입되어 있다.
② 배터리 케이스의 표면에서는 전기 누설이 없다.
③ 이탈된 작용물질이 극판의 아래 부분에 퇴적되어 있다.
④ 배터리의 구조상 부득이하다.

해설 축전지 자기방전의 원인
① 극판의 작용물질이 화학작용으로 황산납이 되기 때문에(구조상 부득이한 경우)
② 전해액에 포함된 불순물이 국부전지를 구성하기 때문에
③ 탈락한 극판 작용물질이 축전지 내부에 퇴적되기 때문에
④ 축전지 커버와 케이스의 표면에서 전기 누설 때문에

정답 12.④ 13.③ 14.② 15.④ 16.① 17.③ 18.④ 19.④ 20.③ 21.④ 22.③ 23.④ 24.① 25.③ 26.② 27.④ 28.③ 29.②

30 MF(Maintenance Free) 축전지에 대한 설명으로 적합하지 않는 것은?

① 격자의 재질은 납과 칼슘 합금이다.
② 무보수용 배터리다.
③ 밀봉 촉매마개를 사용한다.
④ 증류수는 매 15일마다 보충한다.

해설 MF 축전지는 증류수를 점검 및 보충하지 않아도 된다.

31 축전지 충전 방법 중에서 틀린 방법은?

① 정전류 충전법   ② 정전압 충전법
③ 단별전류 충전법   ④ 정저항 충전법

해설 축전지 충전방법에는 정전류 충전법, 정전압 충전법, 단별전류 충전법, 급속충전법이 있다.

32 납산 축전지의 일반적인 충전방법 중 가장 많이 사용되는 것은?

① 정전류 충전   ② 정전압 충전
③ 단별전류 충전   ④ 급속 충전

33 축전지의 충전에서 충전말기에 전류가 거의 흐르지 않기 때문에 충전능률이 우수하며 가스발생이 거의 없으나 충전초기에 많은 전류가 흘러 축전지 수명에 영향을 주는 단점이 있는 충전방법은?

① 정전류 충전   ② 정전압 충전
③ 단별전류 충전   ④ 급속충전

34 건설기계 운전 중 완전 충전된 축전지에 낮은 충전율로 충전이 되고 있을 경우 맞는 것은?

① 충전장치가 정상이다.
② 전압 설정을 재조정해야 한다.
③ 전류 설정을 재조정해야 한다.
④ 전해액 비중을 재조정한다.

해설 완전 충전된 축전지는 낮은 충전율로 충전이 되는 것이 정상이다.

35 납산용 일반 축전지가 방전되었을 때 보충전시 주의하여야 할 사항으로 가장 거리가 먼 것은?

① 충전시 전해액 온도를 45℃이하로 유지할 것
② 충전시 가스발생이 되므로 화기에 주의할 것
③ 충전시 벤트 플러그를 모두 열 것
④ 충전시 배터리 용량보다 조금 높은 전압으로 충전할 것

해설 축전지를 충전할 때 주의할 사항은 ①, ②, ③항 이외에 축전지 단자 전압보다 조금 높은 전압으로 충전한다.

36 충전중인 축전지에 화기를 가까이 하면 위험하다. 그 이유는?

① 수소가스가 폭발성 가스이기 때문에
② 산소가스가 폭발성 가스이기 때문에
③ 충전기가 폭발될 위험이 있기 때문에
④ 전해액이 폭발성 액체이기 때문에

해설 충전중인 축전지에 화기를 가까이 하면 음극에서 발생하는 수소가스가 폭발성 가스이기 때문에 위험하다.

37 납산 축전지가 방전되어 급속충전을 할 때의 설명으로 틀린 것은?

① 충전 중 전해액의 온도가 45℃가 넘지 않도록 한다.
② 충전 중 가스가 많이 발생되면 충전을 중단한다.
③ 충전 전류는 축전지 용량과 같게 한다.
④ 충전시간은 가능한 짧게 한다.

해설 납산 축전지의 급속충전에 관한 설명은 ①, ②, ④항 이외에 충전 전류는 축전지 용량의 50%로 한다.

38 장비에 장착된 축전지를 급속 충전할 때 축전지의 접지 케이블을 분리시키는 이유로 맞는 것은?

① 과충전을 방지하기 위해
② 발전기의 다이오드를 보호하기 위해
③ 시동 스위치를 보호하기 위해
④ 기동 전동기를 보호하기 위해

해설 건설기계에 장착된 축전지를 급속 충전할 때 축전지의 접지 케이블을 떼어내는 이유는 발전기의 다이오드를 보호하기 위함이다.

39 납산 축전지를 오랫동안 방전상태로 두면 사용하지 못하게 되는 원인은?

① 극판이 영구 황산납이 되기 때문이다.
② 극판에 산화납이 형성되기 때문이다.
③ 극판에 수소가 형성되기 때문이다.
④ 극판에 녹이 슬기 때문이다.

해설 납산 축전지를 오랫동안 방전상태로 두면 극판이 영구 황산납이 되어 사용하지 못하게 된다.

40 축전지의 수명을 단축하는 요인들이 아닌 것은?

① 전해액의 부족으로 극판의 노출로 인한 설페이션
② 전해액에 불순물이 많이 함유된 경우
③ 내부에서 극판이 단락 또는 탈락이 된 경우
④ 단자 기둥의 굵기가 서로 다른 경우

해설 축전지의 수명을 단축하는 요인은 ①, ②, ③항 이며, 축전지의 단자 기둥은 ⊕ 가 조금 굵다.

41 납산 축전지에 증류수를 자주 보충시켜야 한다면 그 원인에 해당될 수 있는 것은?

① 충전 부족이다.   ② 극판이 황산화 되었다.
③ 과충전 되고 있다.   ④ 과방전 되고 있다.

해설 납산 축전지에 증류수를 자주 보충시켜야 하는 원인은 과충전 되고 있기 때문이다.

42 기관을 회전시키고 있을 때 축전지의 전해액이 넘쳐흐른다. 그 원인에 해당되는 것은?

① 전해액량이 규정보다 5mm 낮게 들어 있다.
② 기관의 회전이 너무 빠르다.
③ 팬벨트의 장력이 너무 팽팽하다.
④ 축전지가 과충전되고 있다.

43 납산 축전지의 터미널에 녹이 발생했을 때 조치방법으로 가장 적합한 것은?

① 물걸레로 닦아내고 더 조인다.
② 녹을 닦은 후 고정시키고 소량의 그리스를 상부에 도포한다.
③ ⊕ 와 ⊖ 터미널을 서로 교환한다.
④ 녹슬지 않게 엔진 오일을 도포하고 확실히 더 조인다.

해설 터미널(단자)에 녹이 발생하였으면 녹을 닦은 후 고정시키고 소량의 그리스를 상부에 도포한다.

44 축전지의 취급에 대한 설명 중 옳은 것은?

① 2개 이상의 축전지를 직렬로 배선할 경우 ⊕ 와 ⊕ , ⊖ 와 ⊖를 연결한다.
② 축전지의 용량을 크게 하기 위해서는 다른 축전지와 직렬로 연결하면 된다.
③ 축전지의 방전이 거듭될수록 전압이 낮아지고, 전해액의 비중도 낮아진다.
④ 축전지를 보관할 때에는 가능한 한 방전시키는 것이 좋다.

정답   30.④   31.④   32.①   33.②   34.①   35.④   36.①   37.③   38.②   39.①   40.④   41.③   42.④   43.②   44.③

해설 ① 2개 이상의 축전지를 직렬로 배선할 경우 ⊕ 와 ⊖ , ⊕ 와 ⊖ 를 연결한다.
② 축전지의 용량을 크게 하기 위해서는 다른 축전지와 병렬로 연결하면 된다.
③ 축전지를 보관할 때에는 가능한 한 충전시키는 것이 좋다.

45 건설기계에서 사용하는 납산 축전지 취급상 적절하지 않은 것은?

① 자연 소모된 전해액은 증류수로 보충한다.
② 과방전은 축전지의 충전을 위해 필요하다.
③ 사용하지 않는 축전지도 2주에 1회 정도 보충전 한다.
④ 필요시 급속 충전시켜 사용할 수 있다.

해설 축전지를 과방전시키면 수명이 단축된다.

46 납산 축전지가 불량했을 때에 대한 설명으로 옳은 것은?

① 크랭킹 시 발열하면서 심하면 터질 수 있다.
② 방향지시등이 켜졌다가 꺼짐을 반복한다.
③ 제동등이 상시 점등된다.
④ 가감속이 어렵고 공회전 상태가 심하게 흔들린다.

해설 납산 축전지가 불량하면 크랭킹 할 때 발열하면서 심하면 터질 수 있다.

47 축전지를 교환 장착할 때의 연결순서로 맞는 것은?

① ⊕ 나 ⊖ 선 중 편리한 것부터 연결하면 된다.
② 축전지의 ⊖ 선을 먼저 부착하고, ⊕ 선을 나중에 부착한다.
③ 축전지의 ⊕ , ⊖ 선을 동시에 부착한다.
④ 축전지의 ⊕ 선을 먼저 부착하고, ⊖ 선을 나중에 부착한다.

해설 축전지를 장착할 때에는 ⊕ 선을 먼저 부착하고, ⊖ 선을 나중에 부착한다.

04 기동장치

01 기동 전동기의 기능으로 틀린 것은?

① 링 기어와 피니언 기어비는 15~20 : 1 정도이다.
② 플라이휠의 링 기어에 기동 전동기의 피니언을 맞물려 크랭크축을 회전시킨다.
③ 기관을 구동시킬 때 사용한다.
④ 기관의 시동이 완료되면 피니언을 링 기어로부터 분리시킨다.

해설 플라이휠 링 기어와 기동전동기 피니언의 기어비는 10~15 : 1 정도이다.

02 전동기의 종류와 특성 설명으로 틀린 것은?

① 직권전동기는 계자코일과 전기자 코일이 직렬로 연결된 것이다.
② 분권전동기는 계자코일과 전기자 코일이 병렬로 연결된 것이다.
③ 복권전동기는 직권전동기와 분권전동기 특성을 합한 것이다.
④ 내연기관에서는 순간적으로 강한 토크가 요구되는 복권전동기가 주로 사용된다.

해설 내연기관에서는 순간적으로 강한 토크가 요구되는 직권전동기가 사용된다.

03 직류 직권전동기에 대한 설명 중 틀린 것은?

① 기동 회전력이 분권전동기에 비해 크다.
② 회전속도의 변화가 크다.
③ 부하가 걸렸을 때 회전속도는 낮아진다.
④ 회전속도가 거의 일정하다.

해설 **직류 직권전동기의 특징**
① 기동 회전력이 크다.
② 부하가 걸렸을 때에는 회전속도는 낮으나 회전력이 크다.
③ 회전속도의 변화가 크다.

04 건설기계에 주로 사용되는 기동 전동기로 맞는 것은?

① 직류 복권전동기 ② 직류 직권전동기
③ 직류 분권전동기 ④ 교류 전동기

해설 기관 시동으로 사용하는 전동기는 직류 직권전동기이다.

05 기동 전동기의 구성품이 아닌 것은?

① 전기자 ② 브러시
③ 스테이터 ④ 구동 피니언

06 기동 전동기의 토크가 일어나는 부분은?

① 발전기 ② 스위치
③ 계자 코일 ④ 조속기

해설 계자 코일에 전류가 흐르면 계자 철심을 자화시켜 토크를 발생한다.

07 기동 전동기 전기자는 (A), 전기자 코일, 축 및 (B)로 구성되어 있고, 축 양끝은 축받이(bearing)로 지지되어 자극 사이를 회전한다. (A), (B) 안에 알맞은 말은?

① A : 솔레노이드, B : 스테이터 코일
② A : 전기자 철심, B : 정류자
③ A : 솔레노이드, B : 정류자
④ A : 전기자 철심, B : 계철

08 기동 전동기 전기자 코일에 항상 일정한 방향으로 전류가 흐르도록 하기 위해 설치한 것은?

① 다이오드 ② 슬립링
③ 로터 ④ 정류자

해설 기동 전동기의 정류자는 전기자 코일에 항상 일정한 방향으로 전류가 흐르도록 하는 작용을 한다.

09 기동 전동기의 브러시는 본래 길이의 얼마정도 마모되면 교환하는가?

① $\frac{1}{2}$ 이상 마모되면 교환   ② $\frac{1}{3}$ 이상 마모되면 교환

③ $\frac{2}{3}$ 이상 마모되면 교환   ④ $\frac{3}{4}$ 이상 마모되면 교환

10 기동 전동기의 동력전달 기구를 동력전달 방식으로 구분한 것이 아닌 것은?

① 벤딕스식 ② 피니언 섭동식
③ 계자 섭동식 ④ 전기자 섭동식

해설 기동 전동기의 피니언이 엔진의 플라이휠 링 기어에 물리는 방식에는 벤딕스 방식, 피니언 섭동 방식, 전기자 섭동 방식 등이 있다.

11 기동전동기 동력전달 기구인 벤딕스식의 설명으로 적합한 것은?

① 전자력을 이용하여 피니언 기어의 이동과 스위치를 개폐시킨다.
② 피니언의 관성과 전동기의 고속회전을 이용하여 전동기의 회전력을 엔진에 전달한다.
③ 오버러닝 클러치가 필요하다.
④ 전기자 중심과 계자 중심을 오프셋 시켜 자력선이 가까운 거리를 통과하려는 성질을 이용하였다.

해설 **동력전달 방식**
① 피니언 섭동식 : 전자력을 이용하여 피니언 기어의 이동과 스위치를 계폐시킨다.
② 벤딕스식 : 피니언의 관성과 전동기의 고속회전을 이용하여 전동기의 회전력을 엔진에 전달하는 방식으로 오버러닝 클러치가 필요 없다.
③ 전기자 섭동식 : 전기자 중심과 계자 중심을 옵셋시켜 자력선이 가까운 거리를 통과하려는 성질을 이용한다.

12 기동 전동기의 피니언과 기관의 플라이휠 링 기어가 치합하는 방식 중 피니언의 관성과 직류 직권전동기가 무부하에서 고속 회전하는 특성을 이용한 방식은?

① 피니언 섭동식
② 벤딕스식
③ 전기자 섭동식
④ 전자식

13 기동 전동기의 마그넷 스위치는?

① 기동 전동기의 전자석 스위치이다.
② 기동 전동기의 전류 조절기이다.
③ 기동 전동기의 전압 조절기이다.
④ 기동 전동기의 저항 조절기이다.

해설 마그넷 스위치란 솔레노이드 스위치라고도 부르며, 기동 전동기의 전자석 스위치를 말한다.

14 기동 전동기 전자석(솔레노이드) 스위치에 구성된 코일로 맞는 것은?

① 계자코일, 전기자코일
② 로터코일, 스테이터 코일
③ 1차코일, 2차코일
④ 풀인 코일, 홀드인 코일

해설 기동 전동기 전자석 스위치에는 풀인 코일과 홀드인 코일이 있으며, 풀인 코일은 플런저를 잡아당기는 역할을 하고, 홀드인 코일은 플런저의 잡아당긴 상태를 유지시키는 역할을 한다.

15 기동 전동기 솔레노이드 작동 시험이 아닌 것은?

① 풀인 시험
② 솔레노이드 복원력 시험
③ 전기자 전류 시험
④ 홀드인 시험

해설 솔레노이드 스위치의 작동시험에는 풀인 코일 시험, 홀드인 코일 시험, 솔레노이드 스위치 복원력 시험 등이 있다.

16 시동장치에서 스타트 릴레이의 설치 목적과 관계없는 것은?

① 회로에 충분한 전류가 공급될 수 있도록 하여 크랭킹이 원활하게 한다.
② 키 스위치(시동스위치)를 보호한다.
③ 엔진 시동을 용이하게 한다.
④ 축전지 충전을 용이하게 한다.

해설 **스타트 릴레이 설치목적**
① 회로에 충분한 전류가 공급될 수 있도록 하여 크랭킹이 원활하게 한다.
② 엔진 시동을 용이하게 한다.
③ 키 스위치(시동스위치)를 보호한다.

17 기동 전동기 피니언을 플라이휠 링 기어에 물려 기관을 크랭킹 시킬 수 있는 점화 스위치 위치는?

① ON 위치
② ACC 위치
③ OFF 위치
④ ST 위치

해설 ST(시동)위치는 기동 전동기 피니언을 플라이휠 링 기어에 물려 기관을 크랭킹하는 점화 스위치의 위치이다.

18 엔진이 기동되었는데도 시동 스위치를 계속 ON위치로 할 때 미치는 영향으로 맞는 것은?

① 시동 전동기의 수명이 단축된다.
② 클러치 디스크가 마멸된다.

③ 크랭크축 저널이 마멸된다.
④ 엔진의 수명이 단축된다.

해설 엔진이 기동되었을 때 시동 스위치를 계속 ON 위치로 하면 시동 전동기가 엔진에 의해 구동되어 수명이 단축된다.

19 시동이 걸렸을 때 시동 키(key) 스위치를 계속 누르고 있을 때 나타나는 현상은?

① 베어링이 소손된다.
② 전기자가 소손된다.
③ 충전이 잘 된다.
④ 피니언 기어가 소손된다.

20 기동 전동기는 회전되나 엔진은 크랭킹이 되지 않는 원인으로 옳은 것은?

① 플라이휠 링 기어의 소손
② 축전지 방전
③ 발전기 브러시 장력 과다
④ 기동 전동기의 전기자 코일 단선

해설 플라이휠 링 기어가 소손되면 기동 전동기는 회전되지만 엔진은 크랭킹이 되지 않는다.

21 건설기계에서 시동 전동기의 회전이 안 될 경우 점검할 사항이 아닌 것은?

① 축전지의 방전여부
② 배터리 단자의 접촉여부
③ 팬벨트의 이완여부
④ 배선의 단선여부

해설 팬벨트 이완여부는 기관이 과열되거나 발전기 출력이 약할 때 점검한다.

22 기관을 시동하기 위해 시동키를 작동했지만 기동 모터가 회전하지 않아 점검하려고 한다. 점검 내용으로 틀린 것은?

① 배터리 방전상태 확인
② 인젝션 펌프 솔레노이드 점검
③ 배터리 터미널 접촉상태 확인
④ ST회로 연결 상태 확인

해설 인젝션 펌프의 솔레노이드는 기관을 시동할 때에는 인젝션 펌프의 연료통로를 열고, 기관의 시동을 끄면 인젝션 펌프의 연료 통로를 닫아 연료 공급을 차단한다.

23 기동 전동기가 회전하지 않는 경우와 관계없는 것은?

① 브러시가 정류자에 밀착불량 시
② 연료가 없을 때
③ 기동 전동기가 손상되었을 때
④ 축전지 전압이 낮을 때

24 건설기계 장비에서 다음과 같은 상황의 경우 고장원인으로 가장 적합한 것은?

- 기관을 크랭킹 했으나 기동 전동기는 작동되지 않는다.
- 헤드라이트 스위치를 켜고 다시 시동 전동기 스위치를 켰더니 라이트 빛이 꺼져 버렸다.

① 축전지 방전
② 솔레노이드 스위치 고장
③ 회로의 단선
④ 시동모터 배선의 단선

25 겨울철에 디젤기관 기동 전동기의 크랭킹 회전수가 저하되는 원인으로 틀린 것은?

① 엔진 오일의 점도가 상승
② 온도에 의한 축전지의 용량 감소
③ 점화 스위치의 저항증가
④ 기온 저하로 기동부하 증가

해설 겨울철에 기동 전동기 크랭킹 회전수가 낮아지는 원인은 엔진 오일의 점도가 상승, 온도에 의한 축전지의 용량 감소, 기온저하로 기동부하 증가 등이다.

정답 12.② 13.① 14.④ 15.③ 16.④ 17.④ 18.① 19.④ 20.① 21.③ 22.② 23.② 24.① 25.③

26 건설기계 엔진에 사용되는 시동모터가 회전이 안 되거나 회전력이 약한 원인이 아닌 것은?

① 시동스위치 접촉 불량이다.
② 배터리 단자와 터미널의 접촉이 나쁘다.
③ 브러시가 정류자에 잘 밀착되어 있다.
④ 배터리 전압이 낮다.

해설 시동모터가 회전이 안 되거나 회전력이 약한 원인은 ①, ②, ④항 이외에 브러시와 정류자의 밀착이 불량하다.

27 기동 전동기의 시험 항목으로 맞지 않는 것은?

① 무부하시험　　　　　② 회전력 시험
③ 저항시험　　　　　　④ 중부하 시험

해설 기동 전동기의 시험항목에는 회전력(부하)시험, 무부하 시험, 저항 시험 등이 있다.

28 기동 전동기를 기관에서 떼어낸 상태에서 행하는 시험을 (①)시험, 기관에 설치된 상태에서 행하는 시험을 (②)시험이라 한다. ①과 ②에 알맞은 말은?

① ① 무부하, ② 부하　　② ① 부하, ② 무부하
③ ① 크랭킹, ② 부하　　④ ① 무부하, ② 크랭킹

해설 기동 전동기를 기관에서 떼어낸 상태에서 행하는 시험을 무부하 시험, 기관에 설치된 상태에서 행하는 시험을 부하시험이라 한다.

29 기동 전동기의 회전력 시험은 어떻게 측정하는가?

① 공전시 회전력을 측정한다.
② 중속시 회전력을 측정한다.
③ 고속시 회전력을 측정한다.
④ 정지시 회전력을 측정한다.

해설 기동 전동기의 회전력 시험은 정지시의 회전력을 측정한다.

30 굴착기의 기동 전동기가 과열할 때 고장원인이 아닌 것은?

① 과부하　　　　　　　② 발전기의 단선
③ 시동회로 전선의 스파크　④ 기동 전동기 계자 코일의 단락

05　충전장치

---

01 충전장치의 개요에 대한 설명으로 틀린 것은?

① 건설기계의 전원을 공급하는 것은 발전기와 축전지이다.
② 발전량이 부하량보다 적을 경우에는 축전지가 전원으로 사용된다.
③ 축전지는 발전기가 충전시킨다.
④ 발전량이 부하량보다 많을 경우에는 축전지의 전원이 사용된다.

02 충전장치의 역할로 틀린 것은?

① 램프류에 전력을 공급한다.
② 에어컨 장치에 전력을 공급한다.
③ 축전지에 전력을 공급한다.
④ 기동장치에 전력을 공급한다.

해설 기동장치에 전력을 공급하는 것은 축전지이다.

03 교류 발전기의 특징이 아닌 것은?

① 브러시 수명이 길다.　　② 전류 조정기만 있다.
③ 저속 회전시 충전이 양호하다.　④ 경량이고 출력이 크다.

해설 **교류발전기의 특징**
① 속도변화에 따른 적용 범위가 넓고 소형경량이다.
② 저속에서도 충전 가능한 출력전압이 발생한다.
③ 실리콘 다이오드로 정류하므로 전기적 용량이 크다.
④ 브러시 수명이 길다.
⑤ 전압 조정기만 있으면 된다.
⑥ 출력이 크고, 고속회전에 잘 견딘다.

04 직류 발전기와 비교한 교류 발전기의 특징으로 틀린 것은?

① 전류 조정기만 있으면 된다.
② 브러시 수명이 길다.
③ 소형이며 경량이다.
④ 저속 시에도 충전이 가능하다.

05 건설기계 장비의 충전장치에서 가장 많이 사용하고 있는 발전기는?

① 직류 발전기　　　　　② 3상 교류 발전기
③ 와전류 발전기　　　　④ 단상 교류 발전기

해설 건설기계의 충전장치에서 가장 많이 사용하고 있는 발전기는 3상 교류 발전기이다.

06 교류 발전기(AC)의 주요부품이 아닌 것은?

① 로터　　　　　　　　② 브러시
③ 스테이터 코일　　　　④ 솔레노이드 조정기

해설 교류 발전기는 전류를 발생하는 스테이터(stator), 전류가 흐르면 전자석이 되는(자계를 발생하는) 로터(rotor), 스테이터 코일에서 발생한 교류를 직류로 정류하는 다이오드, 여자전류를 로터 코일에 공급하는 슬립링과 브러시, 엔드 프레임 등으로 구성되어 있다.

07 교류 발전기에서 회전체에 해당하는 것은?

① 스테이터　　　　　　② 브러시
③ 엔드 프레임　　　　　④ 로터

해설 교류 발전기는 전자석이 되는 로터가 회전하며, 직류 발전기는 전류가 발생하는 전기자가 회전한다.

08 AC 발전기에서 전류가 흐를 때 전자석이 되는 것은?

① 아마추어　　　　　　② 로터
③ 스테이터 철심　　　　④ 계자 철심

해설 교류 발전기에 전류가 흐르면 로터는 전자석이 된다.

09 교류 발전기에서 전류가 발생되는 것은?

① 스테이터　　　　　　② 전기자
③ 로터　　　　　　　　④ 정류자

해설 교류 발전기에서 전류가 발생되는 곳은 스테이터이고 직류 발전기는 전기자이다.

10 교류 발전기에서 스테이터 코일에 발생한 교류는?

① 실리콘에 의해 교류로 정류되어 내부로 나온다.
② 실리콘에 의해 교류로 정류되어 외부로 나온다.
③ 실리콘 다이오드에 의해 교류로 정류시킨 뒤 내부로 들어간다.
④ 실리콘 다이오드에 의해 직류로 정류시킨 뒤에 외부로 끌어낸다.

해설 교류 발전기에서 스테이터 코일에 발생한 교류는 실리콘 다이오드에 의해 직류로 정류시킨 뒤에 외부로 끌어낸다.

---

11 건설기계용 교류 발전기의 다이오드가 하는 역할은?

① 전류를 조정하고 교류를 정류한다.
② 전압을 조정하고 교류를 정류한다.
③ 교류를 정류하고 역류를 방지한다.
④ 여자전류를 조정하고 역류를 방지한다.

해설 교류 발전기의 다이오드는 발전에서 발생한 교류를 직류로 변환시키는 정류 작용과 축전지의 전류가 발전기로 역류하는 것을 방지한다.

12 교류 발전기의 구성품으로 교류를 직류로 변환하는 구성품은 어느 것인가?

① 스테이터   ② 로터
③ 정류기   ④ 콘덴서

13 교류 발전기의 주요 구성요소가 아닌 것은?

① 자계를 발생시키는 로터
② 3상 전압을 유도시키는 스테이터
③ 전류를 공급하는 계자코일
④ 다이오드가 설치되어 있는 엔드프레임

해설 교류 발전기는 전류를 발생하는 스테이터(stator), 전류가 흐르면 전자석이 되는(자계를 발생하는) 로터(rotor), 스테이터 코일에서 발생한 교류를 직류로 정류하는 다이오드, 여자전류를 로터코일에 공급하는 슬립링과 브러시, 엔드 프레임 등으로 구성되어 있다.

14 다이오드의 냉각장치로 맞는 것은?

① 냉각 팬   ② 냉각 튜브
③ 히트 싱크   ④ 엔드 프레임에 설치된 오일장치

15 자동차 AC 발전기의 B 단자에서 발생되는 전기는?

① 단상 전파 교류전압   ② 단상 반파 직류전압
③ 3상 전파 직류전압   ④ 3상 반파 교류전압

해설 AC 발전기의 B 단자에서 발생되는 전기는 3상 전파 직류전압이다.

16 AC 발전기에서 마모성 부품은 어느 것인가?

① 슬립링   ② 로터 코일
③ 스테이터   ④ 정류 다이오드

해설 슬립링은 로터 축에 설치되어 여자 전류를 브러시를 통해 공급받는 부분으로 마모성이 있다.

17 전압 조정기의 종류에 해당하지 않는 것은?

① 접점식   ② 카본 파일식
③ 트랜지스터식   ④ 저항식

해설 전압 조정기의 종류에는 접점식, 카본 파일식, 트랜지스터식이 있다.

18 충전장치에서 IC 전압 조정기의 장점으로 틀린 것은?

① 조정전압 정밀도 향상이 크다.
② 내열성이 크며 출력을 증대시킬 수 있다.
③ 진동에 의한 전압변동이 크고, 내구성이 우수하다.
④ 초소형화가 가능하므로 발전기 내에 설치할 수 있다.

해설 **IC 전압조정기의 장점**
① 배선을 간소화 할 수 있다.
② 진동에 의한 전압변동이 없고, 내구성이 크다.
③ 조정전압 정밀도 향상이 크다.
④ 내열성이 크며, 출력을 증대시킬 수 있다.
⑤ 초소형화가 가능하므로 발전기 내에 설치할 수 있다.
⑥ 축전지 충전성능이 향상되고, 각 전기부하에 적절한 전력공급이 가능하다.

19 AC 발전기 작동 중 소음 발생의 원인과 가장 거리가 먼 것은?

① 베어링이 손상되었다.   ② 벨트 장력이 약하다.
③ 고정 볼트가 풀렸다.   ④ 축전지가 방전되었다.

해설 축전지는 시동시 전원을 공급하기 때문에 방전되면 시동 불량의 원인이 된다.

20 운전 중 운전석 계기판에 그림과 같은 등이 갑자기 점등되었다. 무슨 표시인가?

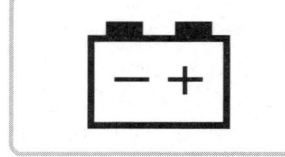

① 엔진 오일 경고등
② 전원 차단 경고등
③ 충전 경고등
④ 전기 계통 작동 표시등

21 운전 중 갑자기 계기판에 충전 경고등이 점등되었다. 그 현상으로 맞는 것은?

① 정상적으로 충전이 되고 있음을 나타낸다.
② 충전이 되지 않고 있음을 나타낸다.
③ 충전계통에 이상이 없음을 나타낸다.
④ 주기적으로 점등되었다가 소등되는 것이다.

해설 운전 중 계기판에 충전경고등이 점등되면 충전이 되지 않고 있음을 나타낸다.

22 그림과 같은 충전회로에서 발전 전류 측정위치는?

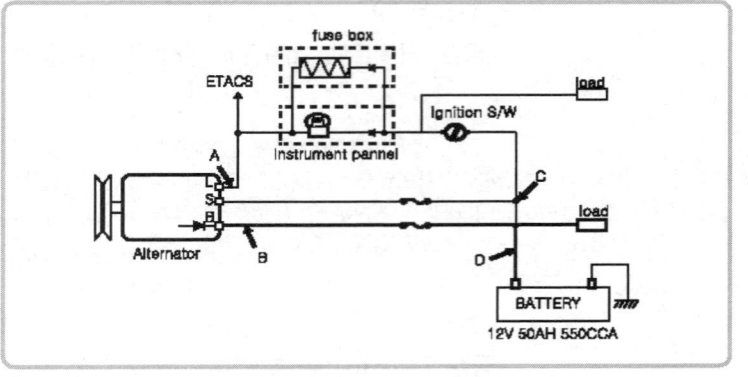

① A   ② B
③ C   ④ D

23 굴착기의 발전기가 충전작용을 하지 못하는 경우에 점검해야 할 사항이 아닌 것은?

① 발전기 구동벨트   ② 레귤레이터
③ 솔레노이드 스위치   ④ 충전회로

해설 발전기가 충전작용을 하지 못하는 경우에는 발전기 구동벨트 장력, 레귤레이터, 충전회로 등을 점검한다.

24 디젤기관 가동 중에 발전기가 고장 났을 때 발생할 수 있는 현상으로 틀린 것은?

① 충전 경고등에 불이 들어온다.
② 배터리가 방전되어 시동이 꺼지게 된다.
③ 헤드램프를 켜면 불빛이 어두워진다.
④ 전류계의 지침이 (−)쪽을 가리킨다.

25 축전지가 충전되지 않는 원인으로 가장 옳은 것은?

① 레귤레이터가 고장일 때   ② 발전기의 용량이 클 때
③ 팬벨트의 장력이 셀 때   ④ 전해액의 온도가 낮을 때

해설 레귤레이터(발전기 조정기)가 고장이 나면 축전지가 충전되지 않는다.

정답 11.③ 12.③ 13.③ 14.③ 15.③ 16.① 17.④ 18.③ 19.④ 20.③ 21.② 22.② 23.③ 24.② 25.①

01 배선 회로도에서 표시된 0.85RW의"R"은 무엇을 나타내는가?
① 단면적 ② 바탕색
③ 줄 색 ④ 전선의 재료
해설 0.85RW : 0.85는 전선의 단면적, R은 바탕색, W는 줄 색을 나타낸다.

02 전선의 색깔이 청색(Blue)이다. 표시는?
① B ② L
③ U ④ E
해설 G(Green, 녹색), L(Blue, 청색), B(Black, 검정색), R(Red, 빨강색)

03 조명에 관련된 용어의 설명으로 틀린 것은?
① 조도의 단위는 루멘이다.
② 피조면의 밝기는 조도로 나타낸다.
③ 광도의 단위는 cd이다.
④ 빛의 밝기를 광도라 한다.
해설 조도는 피조면의 밝기를 나타내는 것으로 단위는 룩스이다.

04 다음 중 광속의 단위는?
① 칸델라 ② 럭스
③ 루멘 ④ 와트
해설 ① 칸델라 : 광도의 단위
② 럭스 : 조도의 단위 ③ 루멘 : 광속의 단위

05 건설기계의 전조등 성능을 유지하기 위하여 가장 좋은 방법은?
① 단선으로 한다. ② 복선식으로 한다.
③ 축전지와 직결시킨다. ④ 굵은선으로 갈아 끼운다.
해설 복선식은 접지 쪽에도 전선을 사용하는 것으로 주로 전조등과 같이 큰 전류가 흐르는 회로에서 사용한다.

06 전조등 회로의 구성으로 틀린 것은?
① 퓨즈 ② 점화 스위치
③ 라이트 스위치 ④ 디머 스위치
해설 전조등 회로는 퓨즈, 라이트 스위치, 디머스위치로 구성되어 있다.

07 다음 중 전조등 회로의 구성으로 맞는 것은?
① 전조등 회로는 직렬연결 ② 전조등 회로는 병렬연결
③ 퓨즈는 직렬로 연결 ④ 전조등 회로는 직·병렬로 연결
해설 전조등 회로는 병렬로 연결되어 있다.

08 실드빔 형식의 전조등을 사용하는 건설기계 장비에서 전조등 밝기가 흐려 야간 운전에 어려움이 있을 때 올바른 조치 방법으로 맞는 것은?
① 렌즈를 교환한다. ② 전조등을 교환한다.
③ 반사경을 교환한다. ④ 전구를 교환한다.
해설 **실드빔형 전조등의 특징**
① 반사경에 필라멘트를 붙이고 여기에 렌즈를 녹여 붙인 후 내부에 불활성 가스를 넣어 그 자체가 1개의 전구가 되도록 한 것이다.
② 대기의 조건에 따라 반사경이 흐려지지 않는다.
③ 사용에 따르는 광도의 변화가 적다.
④ 필라멘트가 끊어지면 렌즈나 반사경에 이상이 없어도 전조등 전체를 교환하여야 한다.

09 실드빔식 전조등에 대한 설명으로 맞지 않는 것은?
① 대기조건에 따라 반사경이 흐려지지 않는다.
② 내부에 불활성 가스가 들어있다.
③ 사용에 따른 광도의 변화가 적다.
④ 필라멘트를 갈아 끼울 수 있다.

10 전조등의 필라멘트가 끊어진 경우 렌즈나 반사경에 이상이 없어도 전조등 전부를 교환하여야 하는 형식은?
① 전구형 ② 분리형
③ 세미 실드 빔형 ④ 실드 빔형

11 세미 실드빔 형식의 전조등을 사용하는 건설기계 장비에서 전조등이 점등되지 않을 때 가장 올바른 조치 방법은?
① 전구를 교환한다. ② 전조등을 교환한다.
③ 반사경 교환한다. ④ 렌즈를 교환한다.
해설 세미 실드빔 형식 전조등은 렌즈와 반사경은 일체이고, 전구는 교환이 가능한 것이다.

12 야간작업 시 헤드라이트가 한쪽만 점등되었다. 고장원인으로 가장 거리가 먼 것은?
① 헤드라이트 스위치 불량 ② 전구 접지불량
③ 한쪽 회로의 퓨즈 단선 ④ 전구 불량
해설 헤드라이트 스위치가 불량하면 양쪽 모두 점등이 되지 않는다.

13 방향지시등에 대한 설명으로 틀린 것은?
① 램프를 점멸시키거나 광도를 증감시킨다.
② 전자 열선식 플래셔 유닛은 전압에 의한 열선의 차단작용을 이용한 것이다.
③ 점멸은 플래셔 유닛을 사용하여 램프에 흐르는 전류를 일정한 주기로 단속 점멸한다.
④ 중앙에 있는 전자석과 이 전자석에 의해 끌어 당겨지는 2조의 가동 접점으로 구성되어 있다.
해설 전자열선 방식 플래셔 유닛은 열에 의한 열선(heat coil)의 신축작용을 이용한 것이며, 중앙에 있는 전자석과 이 전자석에 의해 끌어 당겨지는 2조의 가동접점으로 구성되어 있다. 방향지시기 스위치를 좌우 어느 방향으로 넣으면 접점은 열선의 장력에 의해 열려지는 힘을 받고 있다. 따라서 열선이 가열되어 늘어나면 닫히고, 냉각되면 다시 열리며 이에 따라 방향지시등이 점멸한다.

14 방향지시등의 한쪽 등이 빠르게 점멸하고 있을 때, 운전자가 가장 먼저 점검하여야 할 곳은?
① 전구(램프) ② 플래셔 유닛
③ 콤비네이션 스위치 ④ 배터리
해설 방향지시등의 한쪽 등이 빠르게 점멸하고 있을 때, 가장 먼저 점검하여야 할 곳은 전구(램프)이다.

15 방향지시등 스위치를 작동할 때 한쪽은 정상이고, 다른 한쪽은 점멸작용이 정상과 다르게(빠르게 또는 느리게) 작용한다. 고장원인이 아닌 것은?
① 전구 1개가 단선 되었을 때
② 전구를 교체하면서 규정용량의 전구를 사용하지 않았을 때
③ 플래셔 유닛 고장
④ 한쪽 전구소켓에 녹이 발생하여 전압강하가 있을 때
해설 플래셔 유닛이 고장 나면 양쪽 방향지시등 모두 점멸되지 못한다.

정답 1.② 2.② 3.① 4.③ 5.② 6.② 7.② 8.② 9.④ 10.④ 11.① 12.① 13.② 14.① 15.③

16 방향지시등이나 제동등의 작동 확인은 언제 하는가?
① 운행 전　　　　　　② 운행 중
③ 운행 후　　　　　　④ 일몰 직전

17 다음 램프 중 조명용인 것은?
① 주차등　　　　　　② 번호판등
③ 후진등　　　　　　④ 후미등

18 다음의 등화장치 설명 중 내용이 잘못된 것은?
① 후진등은 변속기 시프트 레버를 후진위치로 넣으면 점등된다.
② 방향지시등은 방향지시등의 신호가 운전석에서 확인되지 않아도 된다.
③ 번호등은 단독으로 점멸되는 회로가 있어서는 안 된다.
④ 제동등은 브레이크 페달을 밟았을 때 점등된다.
[해설] 방향지시등의 신호를 운전석에서 확인할 수 있는 파일럿램프가 설치되어 있다.

19 전기식 연료계의 종류에 속하지 않는 것은?
① 밸런싱 코일식　　　② 플래셔 유닛식
③ 바이메탈 저항식　　④ 서모스탯 바이메탈식
[해설] 전기식 연료계의 종류에는 밸런싱 코일식, 바이메탈 저항식, 서모스탯 바이메탈식이 있다.

20 건설기계장비 작업 시 계기판에서 냉각수의 경고등이 점등 되었을 때 운전자로서 가장 적절한 조치는?
① 오일량을 점검한다.
② 작업이 모두 끝나면 곧 바로 냉각수를 보충한다.
③ 작업을 중지하고 점검 및 정비를 받는다.
④ 라디에이터를 교환한다.
[해설] 냉각수 경고등이 점등되면 작업을 중지하고 냉각수량 점검 및 냉각계통의 정비를 받는다.

21 엔진 정지 상태에서 계기판 전류계의 지침이 정상에서 (−)방향을 지시하고 있다. 그 원인이 아닌 것은?
① 전조등 스위치가 점등위치에서 방전하고 있다.
② 배선에서 누전되고 있다.
③ 시동시 엔진 예열장치를 동작시키고 있다.
④ 발전기에서 축전지로 충전되고 있다.
[해설] 발전기에서 축전지로 충전되면 전류계 지침은 정상에서 (+)방향을 지시한다.

22 경음기 스위치를 작동하지 않았는데 경음기가 계속 울리는 고장이 발생하였다면 그 원인에 해당될 수 있는 것은?
① 경음기 릴레이의 접점이 융착 ② 배터리의 과충전
③ 경음기 접지선이 단선　　　④ 경음기 전원 공급선이 단선

23 에어컨 장치에서 환경보존을 위한 대체물질로 신 냉매가스에 해당되는 것은?
① R-12　　　　　　② R-22
③ R-12a　　　　　　④ R-134a
[해설] 에어컨 장치에서 사용하는 신 냉매 가스는 R-134a이다.

24 에어컨 시스템에서 기화된 냉매를 액화하는 장치는?
① 건조기　　　　　　② 응축기
③ 팽창밸브　　　　　④ 컴프레서

[해설] 에어컨의 구조
① 압축기 : 증발기에서 기화된 냉매를 고온·고압가스로 변환시켜 응축기로 보낸다.
② 응축기 : 고온·고압의 기체냉매를 냉각에 의해 액체냉매 상태로 변화시킨다.
③ 리시버 드라이어 : 응축기에서 보내온 냉매를 일시 저장하고 항상 액체상태의 냉매를 팽창밸브로 보낸다.
④ 팽창밸브 : 고온·고압의 액체냉매를 급격히 팽창시켜 저온·저압의 무상(기체)냉매로 변화시킨다.
⑤ 증발기 : 주위의 공기로부터 열을 흡수하여 기체 상태의 냉매로 변환시킨다.
⑥ 송풍기 : 직류직권 전동기에 의해 구동되며 공기를 증발기에 순환시킨다.

25 종합경보장치인 에탁스(ETACS)의 기능으로 가장 거리가 먼 것은?
① 간헐 와이퍼 제어 기능　　② 뒤 유리 열선 타이머
③ 감광 룸 램프 제어 기능　　④ 메모리 파워시트 제어 기능
[해설] 에탁스(전자제어 시간경보 장치)의 제어 기능
① 와셔연동 와이퍼 제어
② 간헐와이퍼 및 차속감응 와이퍼 제어
③ 시동키 구멍 조명제어
④ 파워윈도 타이머 제어
⑤ 안전띠 경고등 타이머 제어
⑥ 뒤 유리 열선 타이머 제어(사이드 미러 열선 포함)
⑦ 시동키 회수 제어
⑧ 미등 자동소등 제어
⑨ 감광방식 실내등 제어

정답 16.① 17.③ 18.② 19.② 20.③ 21.④ 22.① 23.④ 24.② 25.④

01 클러치

01 타이어식 건설기계 장비에서 동력전달 장치에 속하지 않는 것은?

① 클러치
② 종감속장치
③ 과급기
④ 타이어

02 수동변속기에 클러치의 필요성으로 틀린 것은?

① 속도를 빠르게 하기 위해
② 변속을 위해
③ 기관의 동력을 전달 또는 차단하기 위해
④ 엔진 기동시 무부하 상태로 놓기 위해

🔍**해설** 클러치의 필요성은 기관의 동력을 전달 또는 차단하기 위해, 변속을 위해, 기관을 기동할 때 무부하 상태로 놓기 위함이다.

03 클러치의 구비조건으로 틀린 것은?

① 단속 작용이 확실하며 조작이 쉬워야 한다.
② 회전부분의 평형이 좋아야 한다.
③ 방열이 잘되고 과열되지 않아야 한다.
④ 회전부분의 관성력이 커야 한다.

🔍**해설** **클러치의 구비조건**
① 회전부분의 관성력이 작을 것
② 동력전달이 확실하고 신속할 것
③ 방열이 잘되어 과열되지 않을 것
④ 회전부분의 평형이 좋을 것
⑤ 단속 작용이 확실하며 조작이 쉬울 것

04 플라이휠과 압력판 사이에 설치되고 클러치 축을 통하여 변속기로 동력을 전달하는 것은?

① 클러치 스프링
② 릴리스 베어링
③ 클러치판
④ 클러치 커버

🔍**해설** 클러치판은 플라이휠과 압력판 사이에 설치되고 클러치 축을 통하여 변속기로 동력을 전달한다.

05 수동변속기가 장착된 건설기계의 동력전달 장치에서 클러치판은 어떤 축의 스플라인에 끼워져 있는가?

① 추진축
② 차동기어 장치
③ 크랭크축
④ 변속기 입력축

🔍**해설** 클러치 판은 변속기 입력축의 스플라인에 끼워져 있다.

06 클러치 라이닝의 구비조건 중 틀린 것은?

① 내마멸성, 내열성이 적을 것
② 알맞은 마찰계수를 갖출 것
③ 온도에 의한 변화가 적을 것
④ 내식성이 클 것

🔍**해설** 클러치 라이닝의 구비조건은 ②, ③, ④항 이외에 내마멸성, 내열성이 클 것

07 기계식 변속기가 설치된 건설기계에서 클러치판의 비틀림 코일스프링의 역할은?

① 클러치판이 더욱 세게 부착되게 한다.
② 클러치 작동 시 충격을 흡수한다.
③ 클러치의 회전력을 증가시킨다.
④ 클러치 압력 판의 마멸을 방지한다.

🔍**해설** 클러치판의 비틀림 코일스프링은 클러치가 작동(연결)할 때 충격을 흡수한다.

08 기관의 플라이휠과 항상 같이 회전하는 부품은?

① 압력판
② 릴리스 베어링
③ 클러치 축
④ 디스크

🔍**해설** 클러치 압력판은 기관의 플라이휠과 항상 같이 회전한다.

09 클러치 스프링의 장력이 약하면 일어날 수 있는 현상으로 가장 적합한 것은?

① 유격이 커진다.
② 클러치판이 변형된다.
③ 클러치가 파손된다.
④ 클러치가 미끄러진다.

🔍**해설** 클러치 스프링의 장력이 약하면 클러치가 미끄러진다.

10 수동식 변속기 건설기계를 운행 중 급가속 시켰더니 기관의 회전은 상승하는 데 차속이 증속되지 않았다. 그 원인에 해당되는 것은?

① 클러치 파일럿 베어링의 파손
② 릴리스 포크의 마모
③ 클러치 페달의 유격 과대
④ 클러치 디스크 과대 마모

🔍**해설** 주행 중 급가속을 할 때 기관의 회전은 상승하는 데 차속이 증속되지 않는 원인은 클러치 스프링의 장력이 감소되었거나 클러치판에 오일이 묻은 경우, 클러치 디스크가 마모되어 클러치가 미끄러지기 때문이다.

11 운전 중 클러치가 미끄러질 때의 영향이 아닌 것은?

① 속도감소
② 견인력 감소
③ 연료소비량 증가
④ 엔진의 과냉

🔍**해설** 클러치가 미끄러지면 ①, ②, ③항의 영향 이외에 엔진이 과열한다.

12 기계식 변속기의 클러치에서 릴리스 베어링과 릴리스 레버가 분리되어 있을 때로 맞는 것은?

① 클러치가 연결되어 있을 때
② 접촉하면 안 되는 것으로 분리되어 있을 때
③ 클러치가 분리되어 있을 때
④ 클러치가 연결, 분리되어 있을 때

🔍**해설** 클러치 릴리스 베어링은 페달을 밟으면 릴리스 레버를 눌러 클러치를 분리시킨다.

13 클러치 페달의 자유간극 조정방법은?

① 클러치 링키지 로드로 조정
② 클러치 베어링을 움직여서 조정
③ 클러치 스프링 장력으로 조정
④ 클러치 페달 리턴스프링 장력으로 조정

🔍**해설** 클러치 페달의 자유간극은 클러치 링키지 로드로 조정한다.

정답 1.③ 2.① 3.④ 4.③ 5.④ 6.① 7.② 8.① 9.④ 10.④ 11.④ 12.① 13.①

14 클러치 페달에 대한 설명으로 틀린 것은?

① 펜턴트식과 플로어식이 있다.

② 페달 자유유격은 일반적으로 20~30mm 정도로 조정한다.

③ 클러치판이 마모될수록 자유유격이 커져서 미끄러지는 현상이 발생한다.

④ 클러치가 완전히 끊긴 상태에서도 발판과 페달과의 간격은 20mm 이상 확보해야 한다.

해설: 클러치판이 마모되면 페달의 자유유격이 작아지며 미끄러지는 현상이 발생한다.

15 기계식 변속기가 장착된 건설기계 장비에서 클러치 사용방법으로 가장 올바른 것은?

① 클러치 페달에 항상 발을 올려놓는다.

② 저속운전 시에만 발을 올려놓는다.

③ 클러치 페달은 변속시에만 밟는다.

④ 클러치 페달은 커브 길에서만 밟는다.

16 클러치의 미끄러짐은 언제 가장 현저하게 나타나는가?

① 공전　　　　　　② 저속

③ 가속　　　　　　④ 고속

17 클러치의 용량을 기관 회전력의 몇 배인가?

① 1.5~2.5배　　　　② 3~5배

③ 4~6배　　　　　④ 5~9배

해설: 클러치 용량은 기관 최대출력의 1.5~2.5배로 설계한다.

18 수동변속기가 설치된 건설기계에서 클러치가 미끄러지는 원인과 가장 거리가 먼 것은?

① 클러치 페달의 자유간극 과소

② 압력 판의 마멸

③ 클러치판에 오일부착

④ 클러치판의 런아웃 과다

해설: **클러치가 미끄러지는 원인**

① 클러치 페달의 자유간극(유격)이 작다.

② 클러치판의 마멸이 심하다.

③ 클러치판에 오일이 묻었다(크랭크축 뒤 오일실 및 변속기 입력축 오일실 파손).

④ 플라이휠 및 압력판이 마멸되었다.

⑤ 클러치 스프링의 장력이 약하거나, 자유높이가 감소되었다.

19 마찰 클러치에서 클러치가 미끄러지는 원인과 관계없는 것은?

① 클러치 면에 오일이 묻었다.　② 플라이휠 면이 마모되었다.

③ 클러치 페달의 유격이 없다.　④ 클러치 페달의 유격이 크다.

해설: 클러치 페달의 유격이 크면 동력 차단이 불량하다.

20 클러치 차단이 불량한 원인이 아닌 것은?

① 릴리스 레버의 마멸　　　② 클러치판의 흔들림

③ 페달의 유격이 과대　　　④ 토션 스프링의 약화

해설: 토션 스프링이 약화되면 클러치를 접속할 때 회전충격이 발생한다.

21 동력 전달장치에서 클러치의 고장과 관계없는 것은?

① 클러치 압력판 스프링 손상

② 클러치 면의 마멸

③ 플라이휠 링 기어의 마멸

④ 릴리스 레버의 조정불량

22 기계식 변속기가 설치된 건설기계에서 출발 시 진동을 일으키는 원인으로 가장 적합한 것은?

① 릴리스 레버가 마멸되었다.

② 릴리스 레버의 높이가 같지 않다.

③ 페달 리턴 스프링이 강하다.

④ 클러치 스프링이 강하다.

해설: 릴리스 레버의 높이가 다르면 출발할 때 진동이 발생한다.

02　수동변속기

01 변속기의 필요조건이 아닌 것은?

① 회전력을 증대시킨다.　　② 기관을 무부하 상태로 한다.

③ 회전수를 증가시킨다.　　④ 역전이 가능하다.

해설: 변속기는 기관을 시동할 때 무부하 상태로 하고, 회전력을 증가시키며, 역전(후진)을 가능하게 한다.

02 수동변속기에서 록킹 볼이 마멸되면 어떻게 되는가?

① 기어가 이중으로 물린다.

② 변속 기어의 백래시 유격이 크게 된다.

③ 기어가 빠지기 쉽다.

④ 변속할 때 소리가 난다.

해설: 수동변속기의 록킹 볼이 마모되면 물려있던 기어가 빠지기 쉽다.

03 장비의 운행 중 변속레버가 빠질 수 있는 원인에 해당되는 것은?

① 기어가 충분히 물리지 않았을 때

② 클러치 조정이 불량할 때

③ 릴리스 베어링이 파손되었을 때

④ 클러치 연결이 분리되었을 때

해설: **주행 중 기어가 빠지는 원인**

① 기어의 물림이 덜 물렸을 때

② 기어의 마모가 심할 때

③ 변속기 록(lock)장치가 불량할 때

04 수동변속기가 장착된 건설기계 장비에서 주행 중 기어가 빠지는 원인이 아닌 것은?

① 기어의 물림이 덜 물렸을 때　② 기어의 마모가 심할 때

③ 클러치의 마모가 심할 때　　④ 변속기 록 장치가 불량할 때

해설: 클러치 마모가 심하면 미끄러짐이 발생하여 동력전달이 어렵다.

05 수동변속기가 장착된 건설기계에 기어의 이중 물림을 방지하는 장치는?

① 인젝션 장치　　　　② 인터쿨러 장치

③ 인터록 장치　　　　④ 인터널 기어장치

해설: 인터록 장치는 변속 중 기어가 이중으로 물리는 것을 방지한다.

06 수동변속기에서 변속할 때 기어가 끌리는 소음이 발생하는 원인으로 맞는 것은?

① 변속기 출력축의 속도계 구동기어 마모

② 클러치 판의 마모

③ 브레이크 라이닝의 마모

④ 클러치가 유격이 너무 클 때

해설: 클러치 페달의 유격이 크면 변속할 때 기어가 끌리는 소음이 발생한다.

01 유체 클러치에서 가이드 링의 역할은?
① 유체 클러치의 와류를 증가시킨다.
② 유체 클러치의 유격을 조정한다.
③ 유체 클러치의 와류를 감소시킨다.
④ 유체 클러치의 마찰을 감소시킨다.

02 유체 클러치에서 펌프와 터빈의 회전속도가 같을 때 토크 변환율은 약 얼마인가?
① 1 : 0.5
② 1 : 0.8
③ 1 : 1
④ 2 : 1

03 토크 변환기에 사용되는 오일의 구비조건으로 맞는 것은?
① 착화점이 낮을 것
② 비점이 낮을 것
③ 점도가 낮을 것
④ 비중이 적을 것
해설 **토크컨버터 오일의 구비조건**
① 점도가 낮을 것 ② 착화점이 높을 것 ③ 빙점이 낮을 것
④ 비점이 높을 것 ⑤ 비중이 클 것 ⑥ 유성이 좋을 것
⑦ 윤활성이 클 것 ⑧ 내산성이 클 것

04 토크 컨버터 오일의 구비조건이 아닌 것은?
① 점도가 높을 것
② 착화점이 높을 것
③ 빙점이 낮을 것
④ 비점이 높을 것

05 토크 컨버터의 3대 구성요소가 아닌 것은?
① 오버런링 클러치
② 스테이터
③ 펌프
④ 터빈
해설 토크 컨버터는 엔진 크랭크축에 펌프(임펠러)를, 변속기 입력축에 터빈(러너)이 설치되며, 펌프와 터빈사이에 오일 흐름방향을 바꾸어주는 스테이터로 되어 있다.

06 엔진과 직결되어 같은 회전수를 회전하는 토크 컨버터의 구성품은?
① 터빈
② 펌프
③ 스테이터
④ 변속기 출력축
해설 **토크 컨버터의 구조**
① 펌프(임펠러)는 기관의 크랭크축과 기계적으로 연결되어 있다.
② 터빈은 변속기 입력축과 연결되어 있다.
③ 펌프, 터빈, 스테이터 등이 상호운동 하여 회전력을 변환시킨다.

07 토크 컨버터 구성품 중 스테이터의 기능으로 옳은 것은?
① 오일의 방향을 바꾸어 회전력을 증대시킨다.
② 토크 컨버터의 동력을 전달 또는 차단시킨다.
③ 오일의 회전속도를 감속하여 견인력을 증대시킨다.
④ 클러치판의 마찰력을 감소시킨다.
해설 토크 컨버터는 엔진 크랭크축에 펌프(임펠러)를, 변속기 입력축에 터빈(러너)이 설치되며, 펌프와 터빈사이에 오일 흐름방향을 바꾸어주는 스테이터가 설치되어 있다. 그리고 유체 충돌로 인한 효율저하를 방지하기 위해 가이드 링을 설치한다.

08 토크 컨버터의 오일의 흐름방향을 바꾸어 주는 것은?
① 펌프
② 터빈
③ 변속기축
④ 스테이터

09 토크 컨버터에 속하지 않는 부속품은?
① 가이드 링
② 스테이터
③ 펌프
④ 터빈

10 토크 컨버터가 유체 클러치와 구조상 다른 점은?
① 임펠러
② 터빈
③ 스테이터
④ 펌프
해설 토크 컨버터에는 펌프와 터빈사이에 오일 흐름방향을 바꾸어주는 스테이터가 설치되어 있다.

11 토크 컨버터의 최대 회전력의 값을 무엇이라 하는가?
① 회전력
② 토크 변환비
③ 종감속비
④ 변속 기어비

12 다음 중 토크 컨버터의 출력이 가장 큰 경우?(단, 기관속도는 일정함)
① 임펠러의 속도가 느릴 때
② 항상 일정함
③ 변환비가 1 : 1일 경우
④ 터빈의 속도가 느릴 때
해설 터빈의 속도가 느릴 때 토크 컨버터의 출력이 가장 크다.

13 장비에 부하가 걸릴 때 토크 컨버터의 터빈속도는 어떻게 되는가?
① 빨라진다.
② 느려진다.
③ 일정하다.
④ 관계없다.
해설 장비에 부하가 걸릴 때 토크 컨버터 터빈속도는 느려진다.

14 토크 컨버터의 설명 중 맞는 것은?
① 구성품 중 펌프(임펠러)는 변속기 입력축과 기계적으로 연결되어 있다.
② 펌프, 터빈, 스테이터 등이 상호운동 하여 회전력을 변환시킨다.
③ 엔진 속도가 일정한 상태에서 장비의 속도가 줄어들면 토크는 감소한다.
④ 구성품 중 터빈은 기관의 크랭크축과 기계적으로 연결되어 구동된다.
해설 **토크 컨버터의 구조 및 작용**
① 펌프(임펠러), 터빈(러너), 스테이터 등이 상호운동 하여 회전력을 변환시킨다.
② 펌프는 기관의 크랭크축에, 터빈은 변속기 입력축과 연결되어 있다.
③ 스테이터는 펌프와 터빈사이의 오일 흐름방향을 바꾸어 회전력을 증대시킨다.
④ 토크 컨버터의 회전력 변환율은 2~3 : 1 이다.
⑤ 엔진 회전속도가 일정한 상태에서 건설기계의 속도가 줄어들면 회전력은 증가한다.
⑥ 일정 이상의 과부하가 걸려도 엔진이 정지하지 않는다.
⑦ 마찰 클러치에 비해 연료소비율이 더 높다.

15 동력 전달장치에서 토크 컨버터에 대한 설명 중 틀린 것은?
① 조작이 용이하고 엔진에 무리가 없다.
② 기계적인 충격을 흡수하여 엔진의 수명을 연장한다.
③ 부하에 따라 자동적으로 변속한다.
④ 일정 이상의 과부하가 걸리면 엔진이 정지한다.

16 토크 컨버터가 설치된 지게차의 출발 방법은?
① 저·고속 레버를 저속위치로 하고 클러치 페달을 밟는다.
② 클러치 페달을 조작할 필요 없이 가속페달을 서서히 밟는다.
③ 저·고속 레버를 저속위치로 하고 브레이크 페달을 밟는다.
④ 클러치 페달에서 서서히 발을 때면서 가속페달을 밟는다.

정답 1.③ 2.③ 3.③ 4.① 5.① 6.② 7.① 8.④ 9.① 10.③ 11.② 12.④ 13.② 14.② 15.④ 16.③

04 자동변속기

01 유성기어 장치의 주요부품으로 맞는 것은?
① 유성기어, 베벨 기어, 선 기어
② 선 기어, 클러치기어, 헬리컬 기어
③ 유성기어, 베벨 기어, 클러치기어
④ 선 기어, 유성기어, 링 기어, 유성캐리어
해설 유성기어 장치의 주요부품은 선 기어, 유성기어, 링 기어, 유성캐리어이다.

02 자동변속기의 메인 압력이 떨어지는 이유가 아닌 것은?
① 클러치판 마모 ② 오일펌프 내 공기 생성
③ 오일 필터 막힘 ④ 오일 부족
해설 자동변속기의 메인 압력이 떨어지는 이유는 오일펌프 내 공기 생성, 오일 필터 막힘, 오일 부족 등이다.

03 자동변속기의 과열 원인이 아닌 것은?
① 메인압력이 높다.
② 과부하 운전을 계속하였다.
③ 오일이 규정량보다 많다.
④ 변속기 오일쿨러가 막혔다.
해설 자동변속기가 과열되는 원인은 ①, ②, ④항 이외에 오일이 부족하다.

04 자동변속기가 장착된 건설기계의 모든 변속단에서 출력이 떨어질 경우 점검해야 할 항목과 거리가 먼 것은?
① 오일의 부족 ② 토크 컨버터 고장
③ 엔진 고장으로 출력부족 ④ 추진축 휨

05 로더 장비에서 자동변속기가 동력전달을 하지 못한다면 그 원인으로 가장 적합한 것은?
① 연속하여 덤프트럭에 토사 상차작업을 하였다.
② 다판 클러치가 마모되었다.
③ 오일의 압력이 과대하다.
④ 오일이 규정량 이상이다.
해설 다판 클러치가 마모되면 자동변속기가 동력전달을 하지 못한다.

05 드라이브 라인

01 추진축의 각도 변화를 가능하게 하는 이음은?
① 등속 이음 ② 자재이음
③ 플랜지 이음 ④ 슬립 이음
해설 자재이음(유니버설 조인트)은 두 축 간의 충격완화와 각도변화를 융통성 있게 동력 전달하는 기구이다.

02 십자축 자재이음을 추진축 앞뒤에 둔 이유를 가장 적합하게 설명한 것은?
① 추진축의 진동을 방지하기 위하여
② 회전 각속도의 변화를 상쇄하기 위하여
③ 추진축의 굽음을 방지하기 위하여
④ 길이의 변화를 다소 가능케 하기 위하여
해설 십자축 자재이음은 각도변화를 주는 부품이며, 추진축 앞뒤에 둔 이유는 회전 각속도의 변화를 상쇄하기 위함이다.

03 드라이브 라인에 슬립이음을 사용하는 이유는?
① 회전력을 직각으로 전달하기 위해
② 출발을 원활하게 하기 위해
③ 추진축의 길이 방향에 변화를 주기 위해
④ 진동을 흡수하기 위해
해설 드라이브 라인에 슬립이음을 사용하는 이유는 추진축의 길이 방향에 변화를 주기 위함이다.

04 양축 끝에 십자형의 조인트를 가지며 중간축은 Y형의 원통으로 되어 있고 그 양끝의 각 축에 십자축이 설치되어 있는 조인트는 무엇인가?
① 파르빌레 조인트 ② 스파이더 그랜저 조인트
③ 트랙터 조인트 ④ 벤딕스 조인트

05 슬립 이음이나 유니버설 조인트에 주입하기에 가장 적합한 윤활유는?
① 유압유 ② 기어오일
③ 그리스 ④ 엔진오일
해설 슬립이음이나 유니버설 조인트(자재이음)에는 그리스를 주유한다.

06 종감속장치

01 엔진에서 발생한 회전동력을 바퀴까지 전달할 때 마지막으로 감속작용을 하는 것은?
① 클러치 ② 트랜스미션
③ 프로펠러 샤프트 ④ 파이널 드라이브 기어
해설 파이널 드라이브 기어(종감속 기어)는 엔진의 동력을 바퀴까지 전달할 때 마지막으로 감속하여 전달한다.

02 종감속비에 대한 설명으로 맞지 않는 것은?
① 종감속비는 링 기어 잇수를 구동 피니언 잇수로 나눈 값이다.
② 종감속비가 크면 가속성능이 향상된다.
③ 종감속비가 적으면 등판능력이 향상된다.
④ 종감속비는 나누어서 떨어지지 않는 값으로 한다.
해설 종감속비에 대한 설명은 ①, ②, ④항 이외에 종감속비가 적으면 등판능력이 저하된다.

03 동력 전달장치에 사용되는 차동 기어장치에 대한 설명으로 가장 거리가 먼 것은?
① 선회할 때 좌우 구동바퀴의 회전속도를 다르게 한다.
② 선회할 때 바깥쪽 바퀴의 회전속도를 증대시킨다.
③ 보통 차동 기어장치는 노면의 저항을 작게 받는 구동바퀴에 회전속도가 빠르게 될 수 있다.
④ 기관의 회전력을 크게 하여 구동바퀴에 전달한다.
해설 기관의 회전력을 크게 하여 구동 바퀴에 전달하는 부품은 종 감속기어이다.

정답 1.④ 2.① 3.③ 4.④ 5.② ● [5. 드라이브~] 1.② 2.② 3.③ 4.② 5.③ ● [6. 종감속장치] 1.④ 2.③ 3.④

04 하부 추진체가 휠로 되어 있는 건설기계 장비로 커브를 돌 때 선회를 원활하게 해주는 장치는?

① 변속기
② 차동장치
③ 최종 구동장치
④ 트랜스퍼 케이스

해설 차동장치는 타이어형 건설기계에서 선회할 때 바깥쪽 바퀴의 회전 속도를 안쪽 바퀴보다 빠르게 하여 커브를 돌 때 선회를 원활하게 해주는 작용을 한다.

05 차축의 스플라인 부는 차동장치의 어느 기어와 결합되어 있는가?

① 휠 기어
② 차동 피니언 기어
③ 구동 피니언 기어
④ 차동 사이드 기어

해설 차축의 스플라인 부는 차동장치의 차동 사이드 기어와 결합되어 있다.

06 액슬축과 액슬 하우징의 조합방법에서 액슬축의 지지방식이 아닌 것은?

① 전부동식
② 반부동식
③ 3/4부동식
④ 1/4부동식

해설 **액슬축(차축) 지지방식**
① 전부동식 : 차량을 하중을 하우징이 모두 받고, 액슬축은 동력만을 전달하는 형식
② 반부동식 : 액슬축에서 1/2, 하우징이 1/2정도의 하중을 지지하는 형식
③ 3/4부동식 : 액슬축이 동력을 전달함과 동시에 차량 하중의 1/4을 지지하는 형식

07 타이어식 건설기계의 종감속 장치에서 열이 발생하고 있을 때 원인으로 틀린 것은?

① 윤활유 부족
② 오일의 오염
③ 종감속 기어의 접촉상태 불량
④ 종감속기 하우징 볼트의 과도한 조임

해설 종감속 장치에서 열이 발생하는 원인은 윤활유 부족, 윤활유의 오염, 종 감속기어의 접촉상태 불량 등이다.

08 타이어식 건설기계의 액슬 허브에 오일을 교환하고자 한다. 오일을 배출시킬 때와 주입할 때의 플러그 위치로 옳은 것은?

① 배출시킬 때 1시 방향, 주입할 때 : 9시 방향
② 배출시킬 때 6시 방향, 주입할 때 : 9시 방향
③ 배출시킬 때 3시 방향, 주입할 때 : 9시 방향
④ 배출시킬 때 2시 방향, 주입할 때 : 12시 방향

해설 액슬 허브 오일을 교환할 때 오일을 배출시킬 경우에는 플러그를 6시 방향에, 주입할 때는 플러그 방향을 9시에 위치시킨다.

07 타이어

01 사용압력에 따른 타이어의 분류에 속하지 않는 것은?

① 고압 타이어
② 초고압 타이어
③ 저압 타이어
④ 초저압 타이어

해설 사용압력에 따른 타이어의 분류에는 고압 타이어, 저압 타이어, 초저압 타이어 등이 있다.

02 굴착기에 주로 사용되는 타이어는?

① 고압 타이어
② 저압 타이어
③ 초저압 타이어
④ 강성 타이어

03 타이어 림에 대한 설명 중 틀린 것은?

① 경미한 균열은 용접하여 재사용한다.
② 변형 시 교환한다.
③ 경미한 균열도 교환한다.
④ 손상 또는 마모 시 교환한다.

해설 타이어 림에 균열이 있으면 교환하여야 한다.

04 타이어에서 고무로 피복 된 코드를 여러 겹 겹친 층에 해당되며, 타이어 골격을 이루는 부분은?

① 카커스(carcass)부
② 트레드(tread)부
③ 숄더(should)부
④ 비드(bead)부

05 타이어에서 트레드 패턴과 관련 없는 것은?

① 제동력
② 구동력 및 견인력
③ 편평율
④ 타이어의 배수 효과

해설 타이어에서 트레드 패턴과 관련 있는 요소는 제동력구동력 및 견인력, 타이어의 배수 효과, 조향성안정성 등이다.

06 건설기계에 사용되는 저압 타이어 호칭치수 표시는?

① 타이어의 외경-타이어의 폭-플라이 수
② 타이어의 폭-타이어의 내경-플라이 수
③ 타이어의 폭-림의 지름
④ 타이어의 내경-타이어의 폭-플라이 수

07 타이어에 11.00 - 20 - 12PR 이란 표시 중 "11.00"이 나타내는 것은?

① 타이어 외경을 인치로 표시한 것
② 타이어 폭을 센티미터로 표시한 것
③ 타이어 내경을 인치로 표시한 것
④ 타이어 폭을 인치로 표시한 것

해설 11.00-20-12PR0에서 11.00은 타이어 폭(인치), 20은 타이어 내경(인치), 14PR은 플라이 수를 의미한다.

08 휠형 건설기계 타이어의 정비점검 중 틀린 것은?

① 휠 너트를 풀기 전에 차체에 고임목을 고인다.
② 림 부속품의 균열이 있는 것은 재가공, 용접, 땜질, 열처리하여 사용한다.
③ 적절한 공구를 이용하여 절차에 맞춰 수행한다.
④ 타이어와 림의 정비 및 교환 작업은 위험하므로 반드시 숙련공이 한다.

해설 림 부속품의 균열이 있는 것은 교환한다.

08 현가장치 및 조향장치

01 현가장치에 사용되는 공기 스프링의 특징이 아닌 것은?

① 차체의 높이가 항상 일정하게 유지된다.
② 작은 진동을 흡수하는 효과가 있다.
③ 다른 기구보다 간단하고 값이 싸다.
④ 고유진동을 낮게 할 수 있다.

해설 공기 스프링의 특징은 ①, ②, ④항 이외에 구조가 복잡하고, 값이 비싸다.

정답 4.② 5.④ 6.④ 7.④ 8.② ● [7. 타이어] 1.② 2.① 3.① 4.① 5.③ 6.② 7.④ 8.② ● [8. 현가장치] 1.③

02 지게차의 조향장치 원리는 무슨 형식인가?

① 애커먼 장토식　　　　② 포토래스형
③ 전부동식　　　　　　④ 빌드업형

해설 조향장치의 원리는 애커먼 장토 방식이다

03 조향기어 백래시가 클 경우 발생될 수 있는 현상은?

① 핸들 유격이 커진다.　　② 조향각도가 커진다.
③ 조향핸들이 한쪽으로 쏠린다.　④ 조향력이 작아진다.

해설 조향기어 백래시가 크면(기어가 마모되면 경우임) 핸들의 유격이 커진다.

04 조향핸들의 유격이 커지는 원인과 관계없는 것은?

① 피트먼 암의 헐거움　　② 타이어 공기압 과대
③ 조향기어, 링키지 조정불량　④ 앞바퀴 베어링 과대 마모

해설 **조향핸들의 유격이 커지는 원인**
① 조향(스티어링) 기어박스 장착부의 풀림
② 조향기어 링키지 조정불량　③ 피트먼 암의 헐거움
④ 아이들 암 부시의 마모　　⑤ 타이로드의 볼 조인트 마모
⑥ 조향바퀴 베어링 마모

05 타이어식 장비에서 핸들 유격이 클 경우가 아닌 것은?

① 타이로드의 볼 조인트 마모
② 스티어링 기어박스 장착부의 풀림
③ 아이들 암 부시의 마모
④ 스테빌라이저 마모

06 타이어식 건설기계 장비에서 조향핸들의 조작을 가볍고 원활하게 하는 방법과 가장 거리가 먼 것은?

① 동력조향을 사용한다.
② 바퀴의 정렬을 정확히 한다.
③ 타이어 공기압을 적정압으로 한다.
④ 종감속 장치를 사용한다.

해설 **조향 핸들의 조작을 가볍게 하는 방법**
① 동력조향장치를 사용한다.
② 바퀴의 정렬을 정확히 한다.
③ 타이어 공기압을 적정압으로 한다.

07 타이어식 건설기계에서 주행 중 조향핸들이 한쪽으로 쏠리는 원인이 아닌 것은?

① 타이어 공기압 불균일
② 브레이크 라이닝 간극 조정 불량
③ 베이퍼록 현상 발생
④ 휠 얼라인먼트 조정 불량

해설 베이퍼록 현상은 액체가 흐르는 파이프에 열이 가해져 액체가 증기로 되어 액체의 흐름을 방해하는 현상으로 연료장치나 제동장치 등에서 발생하기 쉽다.

08 동력 조향장치의 장점과 거리가 먼 것은?

① 작은 조작력으로 조향조작이 가능하다.
② 조향핸들의 시미현상을 줄일 수 있다.
③ 설계·제작 시 조향 기어비를 조작력에 관계없이 선정할 수 있다.
④ 조향핸들의 유격조정이 자동으로 되어 볼 조인트의 수명이 반영구적이다.

해설 **동력 조향장치의 장점**
① 작은 조작력으로 조향 조작을 할 수 있다.
② 조향 기어비는 조작력에 관계없이 선정할 수 있다.
③ 굴곡노면에서의 충격을 흡수하여 조향핸들에 전달되는 것을 방지한다.
④ 조향핸들의 시미현상을 줄일 수 있다.

09 로더의 동력 조향장치 구성을 열거한 것이다. 적당치 않은 것은?

① 유압 펌프　　　　　② 복동 유압 실린더
③ 제어 밸브　　　　　④ 하이포이드 피니언

10 지게차의 동력 조향장치에 사용되는 유압 실린더로 가장 적합한 것은?

① 단용 실린더 블런저형　② 복동 실린더 싱글 로드형
③ 복동 실린더 더블 로드형　④ 다단 실린더 텔레스코픽형

11 파워 스티어링에서 핸들이 매우 무거워 조작하기 힘든 상태일 때의 원인으로 맞는 것은?

① 바퀴가 습지에 있다.
② 조향 펌프에 오일이 부족하다.
③ 볼 조인트의 교환시기가 되었다.
④ 핸들 유격이 크다.

해설 **동력 조향핸들이 무거운 원인**
① 유압계통 내에 공기가 유입되었다.② 타이어의 공기 압력이 너무 낮다.
③ 오일이 부족하거나 유압이 낮다.
④ 조향펌프(오일펌프)의 회전속도가 느리다.
⑤ 오일펌프의 벨트가 파손되었다.　⑥ 오일호스가 파손되었다.

12 로더 주행 중 동력 조향핸들의 조작이 무거운 이유가 아닌 것은?

① 유압이 낮다.
② 호스나 부품 속에 공기가 침입했다.
③ 오일펌프의 회전이 빠르다.
④ 오일이 부족하다.

09 앞바퀴 정렬(휠 얼라인먼트)

01 타이어식 건설기계에서 앞바퀴 정렬의 역할과 거리가 먼 것은?

① 브레이크의 수명을 길게 한다.
② 타이어 마모를 최소로 한다.
③ 방향 안정성을 준다.
④ 조향핸들의 조작을 작은 힘으로 쉽게 할 수 있다.

해설 앞바퀴 정렬의 역할은 ②, ③, ④항 이외에 조향핸들에 복원성을 준다.

02 타이어식 장비의 휠 얼라인먼트에서 토인의 필요성과 가장 거리가 먼 것은?

① 조향바퀴의 방향성을 준다.
② 조향바퀴를 평행하게 회전시킨다.
③ 바퀴가 옆 방향으로 미끄러지는 것을 방지한다.
④ 타이어 이상마멸을 방지한다.

해설 **토인의 필요성**
① 조향바퀴를 평행하게 회전시킨다. ② 타이어 이상마멸을 방지한다.
③ 바퀴가 옆 방향으로 미끄러지는 것을 방지한다.

03 타이어식 건설기계 장비에서 토인에 대한 설명으로 틀린 것은?

① 토인은 반드시 직진상태에서 측정해야 한다.
② 토인은 직진성을 좋게 하고 조향을 가볍도록 한다.
③ 토인은 좌우 앞바퀴의 간격이 앞보다 뒤가 좁은 것이다.
④ 토인 조정이 잘못되면 타이어가 편 마모된다.

해설 토인은 좌우 앞바퀴의 간격이 앞보다 뒤가 넓은 것이다.

04 타이어식 건설기계에서 조향 바퀴의 토인을 조정하는 곳은?

① 핸들
② 타이로드
③ 웜 기어
④ 드래그 링크

해설 토인은 타이로드 길이로 조정한다.

10 제동장치

01 유압 브레이크 장치에서 잔압을 유지 시켜주는 부품으로 옳은 것은?

① 피스톤
② 피스톤 컵
③ 체크 밸브
④ 실린더 보디

해설 유압 브레이크에서 잔압을 유지시키는 것은 체크 밸브이다.

02 브레이크 오일이 비등하여 송유압력의 전달 작용이 불가능하게 되는 현상은?

① 페이드 현상
② 베이퍼록 현상
③ 사이클링 현상
④ 브레이크 록 현상

해설 베이퍼록 현상은 브레이크 오일이 비등 기화하여 오일의 전달 작용을 불가능하게 하는 현상이다.

03 타이어식 굴착기의 브레이크 파이프 내에 베이퍼 록이 생기는 원인이다. 관계없는 것은?

① 드럼의 과열
② 지나친 브레이크 조작
③ 잔압의 저하
④ 라이닝과 드럼의 간극 과대

해설 **베이퍼록이 발생하는 원인**
① 지나친 브레이크 조작
② 드럼의 과열 및 잔압의 저하
③ 긴 내리막길에서 과도한 브레이크 사용
④ 라이닝과 드럼의 간극 과소
⑤ 오일의 변질에 의한 비점 저하
⑥ 불량한 오일 사용
⑦ 드럼과 라이닝의 끌림에 의한 가열

04 긴 내리막길을 내려갈 때 베이퍼록을 방지하려고 하는 좋은 운전 방법은?

① 변속레버를 중립으로 놓고 브레이크 페달을 밟고 내려간다.
② 시동을 끄고 브레이크 페달을 밟고 내려간다.
③ 엔진 브레이크를 사용한다.
④ 클러치를 끊고 브레이크 페달을 계속 밟고 속도를 조정하면서 내려간다.

해설 경사진 내리막길을 내려갈 때 베이퍼록을 방지하려면 엔진 브레이크를 사용한다.

05 타이어식 건설기계에서 브레이크를 연속하여 자주 사용하면 브레이크 드럼이 과열되어 마찰계수가 떨어지며, 브레이크가 잘 듣지 않는 것으로서 짧은 시간 내에 반복 조작이나 내리막길을 내려갈 때 브레이크 효과가 나빠지는 현상은?

① 너킹 현상
② 페이드 현상
③ 하이드로 플래닝 현상
④ 채팅 현상

해설 하이드로 플래닝 현상 – 수막현상, 물에 젖은 노면을 달릴 때 타이어가 고인 물을 헤치지 못해 노면 접지력을 상실하는 현상

06 타이어식 건설기계를 길고 급한 경사 길을 운전할 때 반브레이크를 사용하면 어떤 현상이 생기는가?

① 라이닝은 페이드, 파이프는 스팀록
② 라이닝은 페이드, 파이프는 베이퍼록
③ 파이프는 스핌록, 라이닝은 베이퍼록
④ 파이프는 증기폐쇄, 라이닝은 스팀록

해설 길고 급한 경사 길을 운전할 때 반 브레이크를 사용하면 라이닝에서는 페이드가 발생하고, 파이프에서는 베이퍼록이 발생한다.

07 운행 중 브레이크에 페이드 현상이 발생했을 때 조치방법은?

① 브레이크 페달을 자주 밟아 열을 발생시킨다.
② 운행속도를 조금 올려준다.
③ 운행을 멈추고 열이 식도록 한다.
④ 주차 브레이크를 대신 사용한다.

해설 브레이크에 페이드 현상이 발생하면 정차시켜 열이 식도록 한다.

08 제동장치의 페이드 현상 방지책으로 틀린 것은?

① 드럼의 냉각성능을 크게 한다.
② 드럼은 열팽창률이 적은 재질을 사용한다.
③ 온도 상승에 따른 마찰계수 변화가 큰 라이닝을 사용한다.
④ 드럼의 열팽창률이 적은 형상으로 한다.

해설 페이드 현상은 브레이크를 연속하여 자주 사용하면 브레이크 드럼이 과열되어, 마찰계수가 떨어지고 브레이크가 잘 듣지 않는 것으로 방지책은 ①,②,④항 이외에 온도 상승에 따른 마찰계수 변화가 작은 라이닝을 사용한다.

09 브레이크에서 하이드로 백에 관한 설명으로 틀린 것은?

① 대기압과 흡기다기관 부압과의 차를 이용하였다.
② 하이드로 백에 고장이 나면 브레이크가 전혀 작동이 안 된다.
③ 외부에 누출이 없는데도 브레이크 작동이 나빠지는 것은 하이드로 백 고장일 수도 있다.
④ 하이드로백은 브레이크 계통에 설치되어 있다.

해설 하이드로 백에 고장이 나도 통상적인 유압 브레이크로 작동을 한다.

10 진공식 제동 배력 장치의 설명 중에서 옳은 것은?

① 릴레이 밸브 피스톤 컵이 파손되어도 브레이크는 듣는다.
② 릴레이 밸브의 다이어프램이 파손되면 브레이크가 듣지 않는다.
③ 진공 밸브가 새면 브레이크가 전혀 듣지 않는다.
④ 하이드로리 피스톤의 밀착 불량이면 브레이크가 듣지 않는다.

해설 진공식 제동 배력 장치에 고장이 발생하여도 통상적인 유압 브레이크는 작동한다.

11 브레이크가 잘 작동되지 않을 때의 원인으로 가장 거리가 먼 것은?

① 라이닝에 오일이 묻었을 때
② 휠 실린더 오일이 누출되었을 때
③ 브레이크 페달 자유간극이 작을 때
④ 브레이크 드럼의 간극이 클 때

해설 브레이크가 잘 작동되지 않을 때의 원인은 ①, ②, ④항 외에 자유간극(유격)이 클 때, 라이닝이 경화되었을 때 등이다.

12 공기 브레이크에서 브레이크슈를 직접 작동시키는 것은?

① 브레이크 페달
② 유압
③ 릴레이 밸브
④ 캠

해설 공기 브레이크에서 브레이크슈를 직접 작동시키는 것은 캠(cam)이다.

chapter 06 건설기계관리법 및 도로교통법

➡ 건설기계관리법

01 목적과 정의

01 건설기계 관리법의 목적으로 가장 적합한 것은?
① 건설기계의 동산 신용증진
② 건설기계 사업의 질서 확립
③ 공로 운행상의 원활기어
④ 건설기계의 효율적인 관리
🔖해설: 건설기계의 등록·검사·형식승인 및 건설기계 사업과 건설기계 조종사 면허 등에 관한 사항을 정하여 건설기계를 효율적으로 관리하고 건설기계의 안전도를 확보하여 건설공사의 기계화를 촉진함을 목적으로 한다.

02 건설기계관리법령상 건설기계의 총 종류 수는?
① 16종(15종 및 특수건설기계)
② 21종(20종 및 특수건설기계)
③ 27종(26종 및 특수건설기계)
④ 30종(27종 및 특수건설기계)
🔖해설: 건설기계관리법상 건설기계의 종류는 27종(26종 및 특수건설기계)이다.

03 건설기계관리법령상 건설기계의 범위로 옳은 것은?
① 덤프트럭 : 적재용량 10톤 이상인 것
② 공기 압축기 : 공기 토출량이 매분당 10세제곱미터 이상의 이동식인 것
③ 불도저 : 무한궤도식 또는 타이어식인 것
④ 기중기 : 무한궤도식으로 레일식일 것
🔖해설: **건설기계 범위**
① 덤프트럭 : 적재용량 12톤 이상인 것. 다만, 적재용량 12톤 이상 20톤 미만의 것으로 화물운송에 사용하기 위하여 자동차관리법에 의한 자동차로 등록된 것을 제외한다.
② 기중기 : 무한궤도 또는 타이어식으로 강재의 지주 및 선회장치를 가진 것. 다만 궤도(레일)식은 제외한다.
③ 공기압축기 : 공기 토출량이 매분 당 2.83세제곱미터(매세제곱센티미터당 7킬로그램 기준)이상의 이동식인 것

04 건설기계 범위에 해당 되지 않는 것은?
① 준설선
② 자체중량 1톤 미만 굴착기
③ 3톤 지게차
④ 항타 및 항발기
🔖해설: 굴착기의 건설기계 범위는 무한궤도 또는 타이어식으로 굴착장치를 가진 자체중량 1톤 이상인 것이다.

05 건설기계의 범위 중 틀린 것은?
① 이동식으로 20kW의 원동기를 가진 쇄석기
② 혼합장치를 가진 자주식인 콘크리트 믹서트럭
③ 정지장치를 가진 자주식인 모터그레이더
④ 적재용량 5톤의 덤프트럭
🔖해설: 덤프트럭은 적재용량 12톤 이상인 것. 다만, 적재용량 12톤 이상 20톤 미만의 것으로 화물운송에 사용하기 위하여 자동차관리법에 의한 자동차로 등록된 것을 제외한다.

06 공기압축기의 건설기계 범위로 맞는 것은?(단, 매 제곱센티미터 당 7킬로그램 기준)
① 공기 토출량이 매분 당 2.43 킬로그램 이상의 이동식
② 공기 토출량이 매분 당 2.0 세제곱미터 이상의 이동식
③ 공기 토출량이 매분 당 2.83 세제곱미터 이상의 이동식
④ 공기 토출량이 매분 당 2.63 킬로그램 이상의 이동식

07 다중 중 건설기계 중에서 수상 작업용 건설기계에 속하는 것은?
① 준설선
② 스크레이퍼
③ 골재 살포기
④ 쇄석기

08 건설기계관리법상의 건설기계사업에 해당하지 않는 것은?
① 건설기계 매매업
② 건설기계 해체재활용업
③ 건설기계 정비업
④ 건설기계 제작업
🔖해설: 건설기계사업에는 건설기계 매매업, 건설기계 대여업, 건설기계 정비업, 건설기계 해체재활용업 등이 있다.

09 건설기계관리법에서 정의한 건설기계 형식을 가장 잘 나타낸 것은?
① 엔진 구조 및 성능을 말한다.
② 형식 및 규격을 말한다.
③ 성능 및 용량을 말한다.
④ 구조·규격 및 성능 등에 관하여 일정하게 정한 것을 말한다.
🔖해설: 건설기계 형식이란 구조·규격 및 성능 등에 관하여 일정하게 정한 것을 말한다.

02 건설기계 등록

01 건설기계 등록신청은 누구에게 하는가?
① 건설기계 작업현장 관할 시·도지사
② 국토교통부장관
③ 건설기계 소유자의 주소지 또는 사용본거지 관할 시·도지사
④ 국무총리실
🔖해설: 건설기계 등록신청은 소유자의 주소지 또는 건설기계 사용 본거지를 관할하는 시·도지사에게 한다.

02 건설기계 등록신청은 관련법상 건설기계를 취득한 날로부터 얼마의 기간 이내에 하여야 하는가?
① 5일
② 15일
③ 1월
④ 2월
🔖해설: 건설기계 등록신청은 관련법상 건설기계를 취득한 날로부터 2월(60일) 이내에 하여야 한다.

정답 1.④ 2.③ 3.③ 4.② 5.④ 6.③ 7.① 8.④ 9.④ ● [2. 건설기계 등록] 1.③ 2.④

03 전시·사변 기타 이에 준하는 국가비상사태 하에서 건설기계를 취득한 때에는 며칠 이내에 등록을 신청하여야 하는가?

① 5일　　　　　　　　② 7일
③ 10일　　　　　　　　④ 15일

해설 전시·사변 기타 이에 준하는 국가비상사태 하에서 건설기계를 취득한 때에는 5일 이내에 등록을 신청하여야 한다.

04 건설기계를 등록 할 때 건설기계 출처를 증명하는 서류와 관계없는 것은?

① 건설기계 제작증　　　② 수입면장
③ 매수증서(행정기관으로부터 매수)　④ 건설기계 대여업 신고증

해설 **건설기계의 출처를 증명하는 서류**
① 건설기계 제작증(국내에서 제작한 건설기계)
② 수입면장 등 수입사실을 증명하는 서류(수입한 건설기계)
③ 매수증서(행정기관으로부터 매수한 건설기계)

05 건설기계 등록사항 변경이 있을 때 그 소유자는 누구에게 신고하여야 하는가?

① 관할검사소장　　　　② 고용노동부장관
③ 행정자치부장관　　　④ 시·도지사

06 건설기계 등록사항의 변경신고는 변경이 있는 날로부터 며칠 이내에 하여야 하는가?(단, 국가비상사태일 경우를 제외한다.)

① 20일 이내　　　　　② 30일 이내
③ 15일 이내　　　　　④ 10일 이내

해설 건설기계 등록사항의 변경신고는 변경이 있는 날로부터 30일 이내에 하여야 한다.

07 등록사항의 변경 또는 등록이전신고 대상이 아닌 것은?

① 소유자 변경　　　　② 소유자의 주소지 변경
③ 건설기계의 소재지 변동　④ 건설기계의 사용본거지 변경

해설 건설기계 소재지 변동은 등록사항의 변경 또는 등록이전 신고 대상에 포함되지 않는다.

08 건설기계 등록지가 다른 시·도로 변경되었을 경우 하여야 할 사항은?

① 등록사항 변경신고를 하여야 한다.
② 등록이전 신고를 하여야 한다.
③ 등록증을 당해 등록처에 제출한다.
④ 등록증과 검사증을 당해 등록처에 제출한다.

해설 건설기계 등록지가 다른 시·도로 변경되었을 경우 등록이전 신고를 하여야 한다.

09 건설기계를 산(매수 한)사람이 등록사항변경(소유권 이전)신고를 하지 않아 등록사항 변경신고를 독촉하였으나 이를 이행하지 않을 경우 판(매도 한)사람이 할 수 있는 조치로서 가장 적합한 것은?

① 소유권 이전신고를 조속히 하도록 매수한 사람에게 재차 독촉한다.
② 매도한 사람이 직접 소유권 이전신고를 한다.
③ 소유권 이전신고를 조속히 하도록 소송을 제기한다.
④ 아무런 조치를 할 수 없다.

10 건설기계 등록의 말소 사유에 해당하지 않는 것은?

① 건설기계를 폐기 한 때
② 건설기계의 구조 변경을 했을 때
③ 건설기계가 멸실되었을 때
④ 건설기계의 차대가 등록시의 차대와 다른 때

해설 **건설기계 등록의 말소 사유**
① 건설기계를 폐기 한 때　② 건설기계가 멸실되었을 때
③ 건설기계의 차대가 등록시의 차대와 다른 때
④ 부정한 방법으로 등록을 한 때
⑤ 구조 및 성능기준에 적합하지 아니하게 된 때
⑥ 정기검사의 최고를 받고 지정된 기한까지 검사를 받지 아니한 때
⑦ 건설기계를 도난당한 때
⑧ 건설기계를 수출하는 때

11 건설기계 등록말소 신청시의 첨부서류가 아닌 것은?

① 건설기계 등록증
② 건설기계 검사증
③ 건설기계양도 증명서
④ 건설기계의 멸실, 도난 등 등록말소 사유를 확인할 수 있는 서류

12 건설기계를 도난당한 때 등록말소 사유 확인서로 적당한 한 것은?

① 신출신용장
② 경찰서장이 발생한 도난신고 접수 확인원
③ 주민등록 등본
④ 봉인 및 번호판

13 시·도지사가 저당권이 등록된 건설기계를 말소할 때 미리 그 뜻을 건설기계의 소유자 및 이해관계인에게 통보한 후 몇 개월이 지나지 않으면 등록을 말소할 수 없는가?

① 1개월　　　　　　　② 3개월
③ 6개월　　　　　　　④ 12개월

해설 시·도지사는 등록말소를 할 때에는 미리 그 뜻을 건설기계의 소유자 및 이해관계인에게 통보한 후 1개월(저당권이 등록된 경우에는 3개월)이 경과한 후가 아니면 이를 말소할 수 없다.

14 건설기계에서 등록의 갱정은 어느 때 하는가?

① 등록을 행한 후에 그 등록에 관하여 착오 또는 누락이 있음을 발견한 때
② 등록을 행한 후에 소유권이 이전되었을 때
③ 등록을 행한 후에 등록지가 이전되었을 때
④ 등록을 행한 후에 소재지가 변동되었을 때

해설 등록의 갱정은 등록을 행한 후에 그 등록에 관하여 착오 또는 누락이 있음을 발견한 때 한다.

15 건설기계의 등록원부는 등록을 말소한 후 얼마의 기한동안 보존하여야 하는가?

① 5년　　　　　　　　② 10년
③ 15년　　　　　　　　④ 20년

해설 건설기계 등록원부는 건설기계의 등록을 말소한 날부터 10년간 보존하여야 한다.

16 건설기계 등록번호표의 표시내용이 아닌 것은?

① 용도　　　　　　　　② 차형
③ 기종　　　　　　　　④ 등록번호

해설 등록번호표에는 등록관청, 기종, 용도, 등록번호가 표시된다.

17 건설기계 등록번호표의 색칠 기준으로 틀린 것은?

① 자가용 – 녹색 판에 흰색 문자
② 영업용 – 주황색 판에 흰색 문자
③ 관용 – 흰색 판에 검은색 문자
④ 수입용 – 적색 판에 흰색 문자

해설 등록번호표의 색상기준
① 자가용 건설기계 : 녹색 판에 흰색문자
② 영업용 건설기계 : 주황색 판에 흰색 문자
③ 관용 건설기계 : 백색 판에 흑색문자

18 영업용 건설기계 등록번호표의 색칠로 맞는 것은?
① 흰색판에 검은색 문자
② 녹색판에 흰색 문자
③ 청색판에 흰색 문자
④ 주황색판에 흰색 문자

19 건설기계 임시운행 번호표의 도색은?
① 청색 페인트 판에 흰색 문자
② 흰색 페인트 판에 검은색 문자
③ 녹색 페인트 판에 검은색 문자
④ 검은색 페인트 판에 흰색 문자

20 등록건설기계의 기종별 표시방법으로 옳은 것은?
① 01 : 불도저
② 02 : 모터그레이더
③ 03 : 지게차
④ 04 : 덤프트럭
해설 02 : 굴착기   03 : 로더   04 : 지게차   06 : 덤프트럭
08 : 모터 그레이더

21 건설기계 소유자에게 등록번호표 제작명령을 할 수 있는 기관의 장은?
① 국토교통부장관
② 행정자치부장관
③ 경찰청장
④ 시·도지사

22 건설기계 등록번호표 제작 등을 할 것을 통지하거나 명령하여야 하는 것에 해당되지 않는 것은?
① 신규 등록을 하였을 때
② 등록이전 신고를 받은 때
③ 등록번호표의 재부착 신청이 없을 때
④ 등록번호의 식별이 곤란한 때
해설 등록번호표 제작 등을 할 것을 통지하거나 명령하여야 하는 때는 건설기계의 등록을 한 때, 등록이전 신고를 받은 때, 등록번호표의 재부착 등의 신청을 받은 때, 건설기계의 등록번호를 식별하기 곤란한 때, 등록사항의 변경신고를 받아 등록번호표의 용도구분을 변경한 때이다.

23 시·도지사로부터 등록번호표 제작 통지 등에 관한 통지서를 받은 건설기계 소유자는 받은 날로부터 며칠 이내에 등록번호표 제작자에게 제작 신청을 하여야 하는가?
① 3일
② 10일
③ 20일
④ 30일
해설 시·도지사로부터 등록번호표 제작 통지를 받은 건설기계 소유자는 3일 이내에 등록번호표 제작자에게 제작 신청을 하여야 한다.

24 등록번호표 제작자는 등록번호표 제작 등의 신청을 받은 날로부터 며칠 이내에 제작하여야 하는가?
① 3일
② 5일
③ 7일
④ 10일

25 건설기계 소유자가 관련법에 의하여 등록번호표를 반납하고자 하는 때에는 누구에게 하여야 하는가?
① 국토교통부장관
② 국무총리
③ 시·도지사
④ 산업통상자원부장관
해설 건설기계 등록번호표는 10일 이내에 시·도지사에게 반납하여야 한다.

26 건설기계 등록을 말소한 때에는 등록번호표를 며칠 이내에 시·도지사에게 반납하여야 하는가?
① 10일
② 15일
③ 20일
④ 30일

27 건설기계의 임시운행 사유에 해당되는 것은?
① 작업을 위하여 건설현장에서 건설기계를 운행할 때
② 정기검사를 받기 위하여 건설기계를 검사장소로 운행할 때
③ 등록신청을 위하여 건설기계를 등록지로 운행할 때
④ 등록말소를 위하여 건설기계를 폐기장으로 운행할 때
해설 임시운행 사유
① 확인검사를 받기 위하여 운행하고자 할 때
② 신규 등록을 하기 위하여 건설기계를 등록지로 운행하고자 할 때
③ 신개발 건설기계를 시험 운행하고자 할 때
④ 수출을 하기 위하여 건설기계를 선적지로 운행하는 경우

28 건설기계를 등록 전에 일시적으로 운행할 수 있는 경우가 아닌 것은?
① 신규등록검사 및 확인검사를 받기 위하여 건설기계를 검사장소로 운행하는 경우
② 수출하기 위하여 건설기계를 선적지로 운행하는 경우
③ 건설기계를 대여하고자 하는 경우
④ 등록신청을 위하여 건설기계를 등록지로 운행하는 경우

29 신개발 시험, 연구 목적 운행을 제외한 건설기계의 임시 운행기간은 며칠 이내인가?
① 5일
② 10일
③ 15일
④ 20일
해설 신개발 시험, 연구목적 운행을 제외한 건설기계의 임시 운행기간은 15일 이내이다.

---

03 건설기계 검사

01 검사대행자 지정을 받고자 할 때 신청서에 첨부할 사항이 아닌 것은?
① 검사업무 규정안
② 시설보유 증명서
③ 기술자 보유 증명서
④ 장비보유 증명서

02 우리나라에서 건설기계에 대한 정기검사를 실시하는 검사업무 대행기관은?
① 자동차 정비업 협회
② 대한 건설기계 안전 관리원
③ 건설기계 정비협회
④ 한국교통안전공단

03 건설기계를 검사유효기간 만료 후에 계속 운행하고자 할 때는 어느 검사를 받아야 하는가?
① 신규등록검사
② 계속검사
③ 수시검사
④ 정기검사
해설 신규등록검사 : 건설기계를 신규로 등록할 때 실시하는 검사
① 정기검사 : 검사유효기간의 만료 후에 계속하여 운행하고자 할 때 실시하는 검사
② 구조변경검사 : 건설기계의 주요구조를 변경 또는 개조한 때 실시하는 검사
③ 수시검사 : 성능이 불량하거나 사고가 빈발하는 건설기계의 안전성 등을 점검하기 위하여 수시로 실시하는 검사와 건설기계소유자의 신청에 의하여 실시하는 검사

04 정기 검사대상 건설기계의 정기검사 신청기간으로 맞는 것은?

① 건설기계의 정기검사 유효기간 만료일 전후 45일 이내에 신청한다.
② 건설기계의 정기검사 유효기간 만료일 전 90일 이내에 신청한다.
③ 건설기계의 정기검사 유효기간 만료일 전후 31일 이내에 신청한다.
④ 건설기계의 정기검사 유효기간 만료일 후 60일 이내에 신청한다.

해설 정기 검사대상 건설기계의 정기검사 신청기간은 건설기계의 정기검사 유효기간 만료일 전후 31일 이내에 신청한다.

05 정기검사 신청을 받은 검사대행자는 며칠 이내에 검사일시 및 장소를 통지하여야 하는가?

① 3일 ② 20일 ③ 15일 ④ 5일

해설 정기검사 신청을 받은 검사대행자는 5일 이내에 검사일시 및 장소를 통지하여야 한다.

06 건설기계 정기검사 신청기간 내에 정기검사를 받은 경우 정기검사의 유효기간 시작 일을 바르게 설명한 것은?

① 유효기간에 관계없이 검사를 받은 다음 날부터
② 유효기간 내에 검사를 받은 것은 종전 검사유효기간 만료일부터
③ 유효기간에 관계없이 검사를 받은 날부터
④ 유효기간 내에 검사를 받은 것은 종전 검사유효기간 만료일 다음 날부터

해설 건설기계 정기검사 신청기간 내에 정기검사를 받은 경우 다음 정기검사 유효기간의 산정은 종전 검사유효기간 만료일의 다음날부터 기산한다.

07 검사유효기간이 만료된 건설기계는 유효기간이 만료된 날로부터 몇 월 이내에 건설기계 소유자에게 최고하여야 하는가?

① 1개월 ② 2개월
③ 3개월 ④ 4개월

해설 검사유효기간이 만료된 건설기계는 유효기간이 만료된 날로부터 3개월 이내에 건설기계 소유자에게 최고하여야 한다.

08 건설기계 정기검사 연기사유가 아닌 것은?

① 1월 이상에 걸친 정비를 하고 있을 때
② 건설기계의 사고가 발생했을 때
③ 건설기계를 도난당했을 때
④ 건설기계를 건설현장에 투입했을 때

09 검사 연기 신청을 하였으나 불허통지를 받은 자는 언제까지 검사를 신청하여야 하는가?

① 불허통지를 받은 날로부터 5일 이내
② 불허통지를 받은 날로부터 10일 이내
③ 검사신청기간 만료일로부터 5일 이내
④ 검사신청기간 만료일로부터 10일 이내

해설 검사 연기신청을 하였으나 불허통지를 받은 자는 검사 신청 기간 만료일로부터 10일 이내 검사를 신청하여야 한다.

10 건설기계의 검사를 연장 받을 수 있는 기간을 잘못 설명한 것은?

① 해외임대를 위하여 일시 반출된 경우 : 반출기간 이내
② 압류된 건설기계의 경우 : 압류기간 이내
③ 건설기계 대여업을 휴지 하는 경우 : 휴지기간 이내
④ 사고발생으로 장기간 수리가 필요한 경우 : 소유자가 원하는 기간

11 건설기계의 구조 또는 장치를 변경하는 사항으로 적합하지 않은 것은?

① 관할 시 · 도지사에게 구조변경 승인을 받아야 한다.
② 건설기계정비 업소에서 구조 또는 장치의 변경 작업을 한다.

③ 구조변경검사를 받아야 한다.
④ 구조변경검사는 주요구조를 변경 또는 개조한 날부터 20일 이내에 신청하여야 한다.

12 건설기계의 구조변경 범위에 속하지 않는 것은?

① 건설기계의 길이, 너비, 높이 변경
② 적재함의 용량증가를 위한 변경
③ 조종 장치의 형식변경
④ 수상작업용 건설기계의 선체의 형식변경

해설 건설기계의 구조변경 범위
① 원동기의 형식변경 ② 동력전달장치의 형식변경
③ 제동장치의 형식변경 ④ 주행 장치의 형식변경
⑤ 유압장치의 형식변경 ⑥ 조종 장치의 형식변경
⑦ 조향장치의 형식변경 ⑧ 작업장치의 형식변경
⑨ 건설기계의 길이·너비·높이 등의 변경
⑩ 수상작업용 건설기계의 선체의 형식변경

13 건설기계 구조변경범위에 포함되지 않는 사항은?

① 원동기 형식변경 ② 제동장치의 형식변경
③ 조종장치의 형식변경 ④ 충전장치의 형식변경

14 건설기계 검사기준에서 원동기 성능 검사 항목이 아닌 것은?

① 토크 컨버터는 기름량이 적정하고 누출이 없을 것
② 작동상태에서 심한 진동 및 이상음이 없을 것
③ 배출가스 허용기준에 적합할 것
④ 원동기의 설치상태가 확실할 것

해설 원동기 성능 검사 항목
① 작동상태에서 심한 진동 및 이상음이 없을 것
② 원동기의 설치상태가 확실할 것
③ 볼트·너트가 견고하게 체결되어 있을 것
④「대기환경보전법」의 규정에 의한 배출가스 허용기준에 적합할 것

15 건설기계 검사기준 중 제동장치의 제동력으로 맞지 않는 것은?

① 모든 축의 제동력의 합이 당해 축중(빈차)의 50% 이상일 것
② 동일 차축 좌우 바퀴의 제동력의 편차는 당해 축중의 8% 이내 일 것
③ 뒤차축 좌우 바퀴의 제동력의 편차는 당해 축중의 15% 이내 일 것
④ 주차제동력의 합은 건설기계 빈차 중량의 20% 이상일 것

해설 제동장치의 제동력 기준
① 모든 축의 제동력의 합이 당해 축중(빈차)의 50% 이상일 것
② 동일 차축 좌우 바퀴의 제동력의 편차는 당해 축중의 8% 이내일 것
③ 주차제동력의 합은 건설기계 빈차 중량의 20% 이상일 것

16 타이어식 굴착기의 정기검사 유효기간으로 옳은 것은?

① 3년 ② 5년
③ 1년 ④ 2년

해설

기종	연 식	검사유효기간
1. 굴착기(타이어식)	–	1년
2. 로더(타이어식)	20년 이하	2년
	20년 초과	1년
3. 지게차(1톤 이상)	20년 이하	2년
	20년 초과	1년
4. 덤프트럭	20년 이하	1년
	20년 초과	6개월
5. 기중기	–	1년
6. 모터그레이더	20년 이하	2년
	20년 초과	1년
7. 콘크리트믹서트럭	20년 이하	1년
	20년 초과	6개월
8. 콘크리트펌프(트럭적재식)	20년 이하	1년
	20년 초과	6개월
9. 아스팔트살포기	–	1년
10. 천공기	–	1년
11. 항타 항발기	–	1년
12. 타워크레인	–	6개월
13. 기타 건설기계	20년 이하	3년
	20년 초과	1년

정답 4.③ 5.④ 6.④ 7.③ 8.④ 9.④ 10.④ 11.① 12.② 13.④ 14.① 15.③ 16.③

17 타이어식 로더에 대한 정기검사 유효기간이 맞는 것은?

① 4년 　　　　　　② 1년

③ 3년 　　　　　　④ 2년

18 지게차(1톤 이상)의 정기 검사는 몇 년인가?

① 2년 　　　　　　② 4년

③ 3년 　　　　　　④ 1년

해설 지게차(1톤 이상)의 정기검사는 2년이다.

19 신규등록일로부터 5년 경과된 트럭 적재식 천공기의 정기검사 유효기간은?

① 6개월 　　　　　② 1년

③ 2년 　　　　　　④ 3년

20 덤프트럭을 신규 등록 한 후 최초 정기검사를 받아야 하는 시기는?

① 1년 　　　　　　② 1년 6월

③ 2년 　　　　　　④ 2년 6월

21 정기검사 유효기간이 3년인 건설기계는?

① 덤프트럭 　　　　② 콘크리트 믹서트럭

③ 트럭적재식 콘크리트 펌프 　④ 무한궤도식 굴착기

22 정기검사에 불합격한 건설기계의 정비명령 기간으로 적합한 것은?

① 3개월 이내 　　　② 4개월 이내

③ 5개월 이내 　　　④ 6개월 이내

해설 정기검사에 불합격된 건설기계에 대하여는 6개월 이내의 기간을 정하여 해당 건설기계의 소유자에게 검사를 완료한 날(검사를 대행하게 한 경우에는 검사결과를 보고받은 날)부터 10일 이내에 정비명령을 하여야 한다.

23 다음 중 법에서 정한 시설을 갖춘 검사소에서 검사를 받아야 할 건설기계가 아닌 것은?

① 콘크리트 믹서트럭 　② 굴착기

③ 아스팔트 살포기 　　④ 덤프트럭

해설 검사소에서 검사를 받아야 하는 건설기계는 덤프트럭, 콘크리트 믹서트럭, 트럭 적재식 콘크리트 펌프, 아스팔트 살포기 등이다.

24 건설기계의 출장검사가 허용되는 경우가 아닌 것은?

① 너비가 2.5m 미만 건설기계

② 최고속도가 35km/h 미만인 건설기계

③ 도서지역에 있는 건설기계

④ 자체중량이 40 톤을 초과 하거나 축중이 10톤을 초과하는 건설기계

해설 출장검사를 받을 수 있는 경우

① 도서지역에 있는 경우

② 자체중량이 40ton 이상 또는 축중이 10ton 이상인 경우

③ 너비가 2.5m 이상인 경우

④ 최고속도가 시간당 35km 미만인 경우

25 덤프트럭이 건설기계 검사소가 아닌 출장검사를 받을 수 있는 경우는?

① 너비가 3m인 경우

② 최고속도가 40km/h인 경우

③ 자체중량이 25톤인 경우

④ 축중이 5톤인 경우

26 검사소에서 검사받아야 할 건설기계 중 최소기준으로 축중이 몇 톤을 초과하면 출장검사를 받을 수 있는가?

① 5t 　　　　　　　② 10t

③ 15t 　　　　　　④ 20t

27 건설기계 형식 신고서 첨부 사항이 아닌 것은?

① 외관도 　　　　　② 교통안전공단 발행 시험 성적서

③ 제원표 　　　　　④ 건설기계 운전면허증

해설 형식 신고서 첨부서류

① 건설기계 제원표

② 건설기계의 외관도

③ 변경 전·후의 제원 대비표(변경신고의 경우에 한한다)

④ 교통안전공단 발행 시험 성적서

⑤ 도로 이동시의 분해·운송방법(「도로법 시행령」 제79조제2항제1호에 해당하는 건설기계에 한정한다)

⑥ 사후관리시설과 기술인력의 확보사실을 증명할 수 있는 서류

28 건설기계 형식에 관한 승인을 얻거나 그 형식을 신고한 자는 당사자 간에 별도의 계약이 없는 경우에 건설기계를 판매한 날로 부터 몇 개월 동안 무상으로 건설기계를 정비해주어야 하는가?

① 3 　　　　　　　② 6

③ 12 　　　　　　④ 24

해설 건설기계 형식에 관한 승인을 얻거나 그 형식을 신고한 자는 당사자 간에 별도의 계약이 없는 경우에 건설기계를 판매한 날로 부터 12개월 동안 무상으로 건설기계를 정비해주어야 한다.

29 건설기계 형식에 관한 승인을 얻거나 그 형식을 신고한 자는 당사자 간에 별도의 계약이 없는 경우에 건설기계를 판매한 날로 부터 몇 개월 동안 무상으로 건설기계를 정비해주어야 하는가?

① 3 　　　　　　　② 6

③ 12 　　　　　　④ 24

해설 건설기계 형식에 관한 승인을 얻거나 그 형식을 신고한 자는 건설기계를 판매한 날부터 12개월(당사자간에 12개월을 초과하여 별도 계약하는 경우에는 그 해당기간)동안 무상으로 건설기계의 정비 및 정비에 필요한 부품을 공급하여야 한다.

30 건설기계의 형식에 관한 승인을 얻거나 그 형식을 신고한 자의 사후관리 사항으로 틀린 것은?

① 건설기계를 판매한 날부터 12개월 동안 무상으로 건설기계의 정비 및 정비에 필요한 부품을 공급하여야 한다.

② 사후관리 기간 내 일지라도 취급설명서에 따라 관리하지 아니함으로 인하여 발생한 고장 또는 하자는 유상으로 정비하거나 부품을 공급할 수 있다.

③ 사후관리 기간 내 일지라도 정기적으로 교체하여야 하는 부품 또는 소모성 부품에 대하여는 유상으로 공급할 수 있다.

④ 주행거리가 2만 킬로미터를 초과하거나 가동시간이 2천 시간을 초과하여도 12개월 이내면 무상으로 사후관리 하여야 한다.

해설 12개월 이내에 건설기계의 주행거리가 2만 킬로미터(원동기 및 차동장치의 경우에는 4만 킬로미터)를 초과하거나 가동시간이 2천 시간을 초과하는 때에는 12개월이 경과한 것으로 본다.

정답 17.④ 18.① 19.③ 20.① 21.④ 22.④ 23.② 24.① 25.① 26.② 27.④ 28.③ 29.③ 30.④

04 건설기계 사업

01 건설기계사업을 영위하고자 하는 자는 누구에게 등록하여야 하는가?

① 시장, 군수 또는 구청장   ② 전문 건설기계 정비업자
③ 국토교통부장관   ④ 건설기계 해체재활용업자

해설 건설기계사업을 하려는 자는 시장·군수 또는 구청장(자치구의 구청장을 말한다. 이하 같다)에게 등록하여야 한다.

02 건설기계 대여업을 하고자 하는 자는 누구에게 등록을 하여야 하는가?

① 고용노동부장관   ② 행정자치부장관
③ 국토교통부장관   ④ 시장·군수 또는 구청장

03 건설기계 대여업 등록 신청서에 첨부하여야 할 서류가 아닌 것은?

① 건설기계 소유사실을 증명하는 서류
② 사무실의 소유권 또는 사용권이 있음을 증명하는 서류
③ 주민등록표등본
④ 주기장 소재지를 관할하는 시장, 군수, 구청장이 발급한 주기장 시설보유 확인서

해설 등록신청 첨부 서류
① 건설기계 소유사실을 증명하는 서류
② 사무실의 소유권 또는 사용권이 있음을 증명하는 서류
③ 주기장 소재지를 관할하는 시장·군수·구청장이 발급한 주기장 시설보유 확인서
④ 계약서 사본

04 건설기계 폐기업 등록은 누구에게 하는가?

① 국토교통부장관   ② 시장군수 또는 구청장
③ 행정자치부장관   ④ 읍·면·동장

05 건설기계 폐기 인수증명서는 누가 교부하는가?

① 시장·군수   ② 국토교통부장관
③ 건설기계 해체재활용업자   ④ 시·도지사

06 다음 중 건설기계 정비업의 등록구분이 맞는 것은?

① 종합 건설기계 정비업, 부분 건설기계 정비업, 전문 건설기계 정비업
② 종합 건설기계 정비업, 단종 건설기계 정비업, 전문 건설기계 정비업
③ 부분 건설기계 정비업, 전문 건설기계 정비업, 개별 건설기계 정비업
④ 종합 건설기계 정비업, 특수 건설기계 정비업, 전문 건설기계 정비업

해설 건설기계정비업의 등록구분에는 종합건설기계정비업, 부분건설기계정비업, 전문건설기계정비업 등이 있다.

07 반드시 건설기계 정비업체에서 정비하여야 하는 것은?

① 오일의 보충   ② 창유리의 교환
③ 배터리의 교환   ④ 엔진 탈·부착 및 정비

08 건설기계 정비업의 사업범위에서 유압장치를 정비할 수 없는 정비업은?

① 종합 건설기계 정비업   ② 부분 건설기계 정비업

③ 원동기 정비업   ④ 유압 정비업

해설 전문 건설기계 정비업은 원동기와 유압으로 분리되어 있으며 해당 장치의 정비를 할 수 있다.

09 건설기계 정비업의 사업범위에서 부분정비업에 해당하는 사항은?

① 실린더 헤드의 탈착정비
② 크랭크샤프트의 분해정비
③ 연료 펌프의 분해정비
④ 냉각팬의 분해정비

10 건설기계 소유자가 건설기계의 정비를 요청하여 그 정비가 완료된 후 장기간 해당 건설기계를 찾아가지 아니하는 경우, 정비사업자가 할 수 있는 조치사항은?

① 건설기계를 말소시킬 수 있다.
② 건설기계의 보관·관리에 드는 비용을 받을 수 있다.
③ 건설기계의 폐기인수증을 발부할 수 있다.
④ 과태료를 부과할 수 있다.

해설 건설기계 사업자는 건설기계의 정비를 요청한 자가 정비가 완료된 후 장기간 건설기계를 찾아가지 아니하는 경우에는 건설기계의 정비를 요청한 자로부터 건설기계의 보관·관리에 드는 비용을 받을 수 있다.

05 건설기계 조종사 면허

01 건설기계 조종사 면허에 관한 사항 중 틀린 것은?

① 자동차 운전면허로 운전할 수 있는 건설기계도 있다.
② 면허를 받고자 하는 자는 국·공립병원, 시·도지사가 지정하는 의료기관의 적성검사에 합격하여야 한다.
③ 특수 건설기계 조종은 국토교통부장관이 지정하는 면허를 소지하여야 한다.
④ 특수 건설기계 조종은 특수 조종면허를 받아야 한다.

02 해당 건설기계 운전의 국가기술자격소지자가 건설기계 조종사 면허를 받지 않고 건설기계를 조종할 경우는?

① 무면허이다.
② 사고 발생시 만이 무면허이다.
③ 도로주행만 하지 않으면 괜찮다.
④ 면허를 가진 것으로 본다.

03 건설기계조종사 면허증 발급 신청시 첨부하는 서류와 가장 거리가 먼 것은?

① 국가기술자격 수첩   ② 신체검사서
③ 주민등록표등본   ④ 소형건설기계조종교육 이수증

해설 면허증 발급 신청 첨부서류
① 신체 검사서
② 소형건설기계 조종교육 이수증(소형 건설기계)
③ 국가기술자격증 수첩
④ 운전면허증(3톤 미만 지게차)

04 다음 중 항발기를 조종할 수 있는 건설기계 조종사 면허는?

① 기중기   ② 공기 압축기
③ 굴착기   ④ 스크레이퍼

05 건설기계조종사면허의 종류와 해당 건설기계조종사면허로 조종할 수 있는 건설기계에 대한 설명이다. 틀린 것은?

① 롤러 조종사 면허를 받은 자는 아스팔트 피니셔, 모터그레이더, 천공기 등을 조종할 수 없다.

② 2012년 5월 이전 공기 압축기 조종사 면허를 받은 자는 한시적으로 2013년 말까지 천공기 조종사 면허로 갱신 신청할 수 있다.

③ 2012년 5월 이전 기중기 조종사 면허를 받은 자는 한시적으로 2013년 말까지 천공기 조종사 면허로 갱신 신청할 수 있다.

④ 2012년 모터그레이더 및 아스팔트 피니셔 조종사 면허를 발급받은 자는 롤러 조종사 면허를 받은 것으로 본다.

06 도로교통법에 의한 제1종 대형면허로 조종할 수 없는 건설기계는?

① 노상 안정기　　② 콘크리트 펌프
③ 덤프트럭　　④ 굴착기

해설) 제1종 대형 운전면허로 조종할 수 있는 건설기계는 덤프트럭, 아스팔트 살포기, 노상 안정기, 콘크리트 믹서 트럭, 콘크리트 펌프, 트럭 적재식 천공기 등이다.

07 건설기계 조종시 자동차 제1종 대형면허가 있어야 하는 기종은?

① 로더　　② 지게차
③ 콘크리트 펌프　　④ 기중기

08 트럭 적재식 천공기를 조종할 수 있는 면허는?

① 공기 압축기 면허　　② 기중기 면허
③ 모터그레이더 면허　　④ 자동차 제1종 대형 운전면허

09 건설기계관리법상 소형건설기계로 맞는 것은?

① 5톤 미만 지게차　　② 5톤 미만 굴착기
③ 5톤 미만 로더　　④ 5톤 미만 천공기

해설) 소형건설기계 : 5톤 미만 불도저, 3톤 미만 굴착기, 3톤 미만 로더, 5톤 미만 로더, 3톤 미만 지게차, 쇄석기, 공기압축기, 준설선, 이동식 콘크리트 펌프

10 건설기계의 조종에 관한 교육과정을 이수한 경우 조종사 면허를 받은 것으로 보는 소형건설기계가 아닌 것은?

① 5톤 미만의 불도저　　② 3톤 미만의 굴착기
③ 5톤 이상의 기중기　　④ 3톤 미만의 지게차

해설) **소형건설기계의 종류**
① 5톤 미만의 불도저　　② 5톤 미만의 로더
③ 5톤 미만의 천공기. 다만, 트럭적재식은 제외한다.
④ 3톤 미만의 지게차　　⑤ 3톤 미만의 굴착기
⑥ 3톤 미만의 타워크레인　　⑦ 공기압축기
⑧ 콘크리트펌프. 다만, 이동식에 한정한다.
⑨ 쇄석기
⑩ 준설선

11 소형건설기계 교육기관에서 실시하는 3톤 미만 지게차·굴착기에 대한 교육 이수시간은 몇 시간인가?

① 이론 5시간, 실습 5시간　　② 이론 6시간, 실습 6시간
③ 이론 7시간, 실습 5시간　　④ 이론 5시간, 실습 7시간

해설) 3톤 미만 지게차·굴착기에 대한 교육 이수시간은 이론 6시간, 실습 6시간이다.

12 5톤 미만의 불도저의 소형건설기계 조종실습 시간은?

① 6시간　　② 10시간
③ 12시간　　④ 16시간

해설) 5톤 미만 로더, 불도저에 대한 교육 이수시간은 이론 6시간, 실습 12시간이다.

13 건설기계조종사의 적성검사 기준을 설명한 것으로 틀린 것은?

① 65데시벨의 소리를 들을 수 있을 것
② 시각이 120도 이상일 것
③ 두 눈을 동시에 뜨고 잰 시력(교정시력 포함)이 0.7 이상일 것
④ 언어분별력이 80% 이상일 것

해설) **적성검사기준**
① 두 눈의 시력이 각각 0.3 이상일 것
② 두 눈을 동시에 뜨고 잰 시력이 0.7 이상일 것
③ 시각은 150도 이상일 것
④ 55데시벨(보청기를 사용하는 사람은 40데시벨)의 소리를 들을 수 있고, 언어분별력이 80% 이상일 것

14 건설기계조종사 면허 적성검사 기준으로 틀린 것은?

① 두 눈의 시력이 각각 0.3 이상
② 시각은 150도 이상
③ 청력은 10m의 거리에서 60데시벨을 들을 수 있을 것
④ 두 눈을 동시에 뜨고 잰 시력이 0.7 이상

15 건설기계관리법령상 건설기계 조종사 면허취소 또는 효력정지를 시킬 수 있는 자는?

① 대통령　　② 경찰서장
③ 시·군·구청장　　④ 국토교통부장관

해설) 시장·군수 또는 구청장은 건설기계 조종사가 다음 각 호의 어느 하나에 해당하는 경우에는 건설기계 조종사 면허를 취소하거나 1년 이내의 기간을 정하여 효력을 정지시킬 수 있다.

16 건설기계 운전면허의 효력정지 사유가 발생한 경우 관련법상 효력정지 기간으로 맞는 것은?

① 1년 이내　　② 6월 이내
③ 5년 이내　　④ 3년 이내

17 건설기계 조종사 면허의 취소·정지 사유가 아닌 것은?

① 등록번호표 식별이 곤란한 건설기계를 조종한 때
② 건설기계 조종사 면허증을 다른 사람에게 빌려 준 때
③ 고의 또는 과실로 건설기계에 중대한 사고를 발생케 한 때
④ 부정한 방법으로 조종사 면허를 받은 때

해설) ①항의 경우 1차 위반 50만원, 2차 위반 70만원, 3차 위반 100만원의 과태료 처분을 받는다.

18 건설기계관리법령상 건설기계 조종사 면허의 취소처분 기준에 해당하지 않는 것은?

① 건설기계 조종사 면허증을 다른 사람에게 빌려 준 경우
② 술에 취한 상태(혈중알콜농도 0.03%이상 0.08%미만)에서 건설기계를 조종하다가 사고로 사람을 죽게 하거나 다치게 한 경우
③ 과실로 2명을 사망하게 한 경우
④ 술에 만취한 상태(혈중알콜농도 0.08%이상)에서 건설기계를 조종한 경우

해설) 건설기계조종사면허의 취소처분 기준은 ①, ②, ④항 이외에 고의로 인명 피해(사망·중상·경상)를 입힌 경우

19 고의로 경상 1명의 인명피해를 입힌 건설기계 조종사에 대한 면허의 취소·정지처분 기준으로 맞는 것은?

① 면허효력정지 45일　　② 면허효력정지 30일
③ 면허효력정지 90일　　④ 면허 취소

20 술에 만취한 상태(혈중 알코올 농도 0.08 퍼센트 이상)에서 건설기계를 조종한 자에 대한 면허의 취소·정지처분 내용은?

① 면허취소
② 면허효력정지 60일
③ 면허효력정지 50일
④ 면허효력 정지 70일

21 건설기계관리법상 경상이란?

① 5일 미만의 진단이 있을 때
② 3주 이상의 진단이 있을 때
③ 3주 미만의 가료를 요하는 진단이 있을 때
④ 7일 이상의 진단이 있을 때

해설 중상은 3주 이상의 가료(加療)를 요하는 진단이 있는 경우를 말하며, 경상은 3주 미만의 가료를 요하는 진단이 있는 경우를 말한다.

22 과실로 사망 1명의 인명피해를 입힌 건설기계를 조정한 자의 처분기준은?

① 면허효력정지 45일
② 면허효력정지 30일
③ 면허효력정지 15일
④ 면허효력정지 5일

해설 인명 피해에 따른 면허정지 기간
① 사망 1명마다 : 면허효력정지 45일
② 중상 1명마다 : 면허효력정지 15일
③ 경상 1명마다 : 면허효력정지 5일

23 건설기계 조종 중 과실로 1명에게 중상을 입힌 때 건설기계를 조종한 자에 대한 면허의 처분기준은?

① 면허 효력정지 60일
② 면허 효력정지 15일
③ 면허 효력정지 30일
④ 취소

24 과실로 경상 6명의 인명피해를 입힌 건설기계를 조종한 자의 처분 기준은?

① 면허효력정지 10일
② 면허효력정지 20일
③ 면허효력정지 30일
④ 면허효력정지 60일

해설 면허 효력정지 기간은 과실로 경상 1명마다 5일, 중상 1명마다 15일, 사망 1명마당 45일이며 재산피해는 피해금액 50만원당 1일이다.

25 건설기계 조종 중 고의 또는 과실로 가스공급시설을 손괴할 경우 조종사면허의 처분기준은?

① 면허효력정지 10일
② 면허효력정지 15일
③ 면허효력정지 180일
④ 면허효력정지 25일

해설 건설기계 조종 중 고의 또는 과실로 가스공급시설을 손괴한 경우 면허효력정지 180일이다.

26 건설기계 조종사 면허의 취소·정지처분 기준 중 면허취소에 해당되지 않는 것은?

① 고의로 인명 피해를 입힌 때
② 건설기계 조종사 면허증을 다른 사람에게 빌려 준 경우
③ 술에 취한 상태에서 건설기계를 조종하다가 사고로 사람을 다치게 한 경우
④ 일천만원 이상 재산피해를 입힌 때

27 건설기계조종사 면허가 취소되었을 경우 그 사유가 발생한 날로부터 며칠이내에 면허증을 반납해야 하는가?

① 7일 이내
② 10일 이내
③ 14일 이내
④ 30일 이내

해설 건설기계조종사 면허가 취소되었을 경우 그 사유가 발생한 날로부터 10일 이내에 면허증을 반납해야 한다.

28 건설기계 조종사에 관한 설명 중 틀린 것은?

① 면허의 효력이 정지된 때에는 건설기계 조종사 면허증을 반납하여야 한다.
② 해당 건설기계 운전 국가기술자격소지자가 건설기계 조종사 면허를 받지 않고 건설기계를 조종한 때에는 무면허이다.
③ 건설기계 조종사의 면허가 취소된 경우에는 그 사유가 발생한 날부터 30일 이내에 주소지를 관할하는 시·도지사에게 그 면허증을 반납하여야 한다.
④ 건설기계 조종사가 건설기계 조종사 면허의 효력정지 기간 중 건설기계를 조종한 경우, 시장·군수 또는 구청장은 건설기계 조종사 면허를 취소하여야 한다.

해설 건설기계 조종사의 면허가 취소된 경우에는 그 사유가 발생한 날부터 10일 이내에 주소지를 관할하는 시·도지사에게 그 면허증을 반납하여야 한다.

29 건설기계 조종사는 성명·주소·주민등록번호 및 국적의 변경이 있는 경우에는 그 사실이 발생한 날로부터 며칠 이내에 기재사항 변경신고서를 사도지사에게 제출하여야 하는가?

① 15일
② 20일
③ 25일
④ 30일

해설 건설기계 조종사는 성명, 주민등록번호 및 국적의 변경이 있는 경우에는 그 사실이 발생한 날부터 30일 이내(군복무·국외거주·수형·질병 기타 부득이한 사유가 있는 경우에는 그 사유가 종료된 날부터 30일 이내)에 기재사항변경신고서를 주소지를 관할하는 시·도지사에게 제출하여야 한다.

06 벌칙

01 건설기계를 주택가 주변의 도로나 공터 등에 주기하여 교통소통을 방해하거나 소음 등으로 주민의 조용하고 평온한 생활환경을 침해한 자에 대한 벌칙은?

① 200만 원 이하의 벌금
② 100만 원 이하의 벌금
③ 100만 원 이하의 과태료
④ 50만 원 이하의 과태료

02 정비명령을 이행하지 아니한 자의 벌칙은?

① 1년 이하의 징역 또는 1000만 원 이하의 벌금
② 100만 원 이하의 벌금
③ 50만 원 이하의 벌금
④ 30만 원 이하의 벌금

해설 1년 이하의 징역 또는 1000만원 이하의 벌금 항목
① 등록번호를 지워 없애거나 그 식별을 곤란하게 한 자
② 구조변경검사 또는 수시검사를 받지 아니한 자
③ 정비명령을 이행하지 아니한 자
④ 형식승인, 형식변경승인 또는 확인검사를 받지 아니하고 건설기계의 제작 등을 한 자
⑤ 사후관리에 관한 명령을 이행하지 아니한 자

03 구조변경검사를 받지 아니한 자에 대한 처벌은?

① 1년 이하의 징역 또는 1000만 원 이하의 벌금
② 150만 원 이하의 벌금
③ 200만 원 이하의 벌금
④ 250만 원 이하의 벌금

04 100만 원 이하의 과태료에 해당되는 것은?
① 건설기계를 도로나 타인의 토지에 방치한 자
② 등록번호표를 부착 및 봉인하지 아니한 건설기계를 운행한 자
③ 조종사 면허를 받지 아니하고 건설기계를 조종한 자
④ 조종사 면허가 취소된 후에도 건설기계를 계속해서 조종한 자
해설 ①, ③, ④항의 경우에는 1년 이하의 징역 또는 1천만원 이하의 벌금에 처한다.

05 건설기계관리법령상 국토교통부령으로 정하는 바에 따라 등록번호표를 부착 및 봉인하지 않은 건설기계를 운행하여서는 아니 된다. 이를 1차 위반했을 경우의 과태료는?(단, 임시번호표를 부착한 경우는 제외한다.)
① 5만 원   ② 10만 원
③ 50만 원   ④ 100만 원
해설 등록번호표를 부착 및 봉인하지 않은 건설기계를 운행한 경우 과태료는 1차 위반시 100만원, 2차 위반시 100만원, 3차 위반시 100만원이다.

06 건설기계관리법상 건설기계 조종사 면허를 받지 아니하고 건설기계를 조종한 자에 대한 벌금은?
① 70만 원 이하   ② 100만 원 이하
③ 1000만 원 이하   ④ 500만 원 이하
해설 1년 이하의 징역 또는 1천만원 이하의 벌금 항목
① 매매용 건설기계를 운행하거나 사용한 자
② 폐기인수 사실을 증명하는 서류의 발급을 거부하거나 거짓으로 발급한 자
③ 폐기요청을 받은 건설기계를 폐기하지 아니하거나 등록번호표를 폐기하지 아니한 자
④ 건설기계 조종사 면허를 받지 아니하고 건설기계를 조종한 자
⑤ 건설기계 조종사 면허를 거짓이나 그 밖의 부정한 방법으로 받은 자
⑥ 소형 건설기계의 조종에 관한 교육과정의 이수에 관한 증빙서류를 거짓으로 발급한 자
⑦ 건설기계 조종사 면허가 취소되거나 건설기계 조종사 면허의 효력정지 처분을 받은 후에도 건설기계를 계속하여 조종한 자
⑧ 건설기계를 도로나 타인의 토지에 버려둔 자

07 폐기요청을 받은 건설기계를 폐기하지 아니하거나 등록번호표를 폐기하지 아니한 자에 대한 벌칙은?
① 2년 이하의 징역 또는 1천만 원 이하의 벌금
② 1년 이하의 징역 또는 1천만 원 이하의 벌금
③ 2백만 원 이하의 벌금
④ 1백만 원 이하의 벌금

08 건설기계 소유자 또는 점유자가 건설기계를 도로에 계속하여 버려두거나 정당한 사유 없이 타인의 토지에 버려둔 경우의 처벌은?
① 1년 이하의 징역 또는 1000만 원 이하의 벌금
② 1년 이하의 징역 또는 400만 원 이하의 벌금
③ 1년 이하의 징역 또는 500만 원 이하의 벌금
④ 1년 이하의 징역 또는 200만 원 이하의 벌금

09 2년 이하의 징역 또는 2천만 원 이하의 벌금에 해당하는 것은?
① 매매용 건설기계의 운행하거나 사용한 자
② 등록번호표를 지워 없애거나 그 식별을 곤란하게 한 자
③ 건설기계사업을 등록하지 않고 건설기계사업을 하거나 거짓으로 등록을 한 자
④ 사후관리에 관한 명령을 이해하지 아니한 자
해설 2년 이하의 징역이나 2천만 원 이하의 벌금 항목
① 등록되지 아니한 건설기계를 사용하거나 운행한 자 또는
② 등록이 말소된 건설기계를 사용하거나 운행한 자
③ 시·도지사의 지정을 받지 아니하고 등록번호표를 제작하거나 등록번호를 새긴 자
④ 시정명령을 이행하지 아니한 자

④ 등록을 하지 아니하고 건설기계사업을 하거나 거짓으로 등록을 한 자
⑤ 등록이 취소되거나 사업의 전부 또는 일부가 정지된 건설기계 사업자로서 계속하여 건설기계 사업을 한 자

10 등록되지 아니한 건설기계를 사용하거나 운행한 자에 대한 벌칙은?
① 50만원 이하 벌금
② 100만원 이하 벌금
③ 1년 이하 징역 또는 100만원 이하 벌금
④ 2년 이하 징역 또는 2000만원 이하 벌금

07 건설기계 안전기준

01 건설기계 안전기준에 관한 규칙상 건설기계 높이의 정의로 옳은 것은?
① 앞 차축의 중심에서 건설기계의 가장 윗부분까지의 최단거리
② 작업 장치를 부착한 자체중량 상태의 건설기계의 가장 위쪽 끝이 만드는 수평면으로부터 지면까지의 최단거리
③ 뒷바퀴의 윗부분에서 건설기계의 가장 윗부분까지의 수직 최단거리
④ 지면에서부터 적재할 수 있는 최고의 최단거리
해설 건설기계 높이는 작업 장치를 부착한 자체중량 상태의 건설기계의 가장 위쪽 끝이 만드는 수평면으로부터 지면까지의 최단거리이다.

02 타이어식 건설기계의 좌석 안전띠는 속도가 최소 몇 km/h 이상일 때 설치하여야 하는가?
① 10km/h   ② 30km/h
③ 40km/h   ④ 50km/h
해설 타이어식 건설기계의 좌석 안전띠는 속도가 최소 30km/h 이상일 때 설치하여야 한다.

03 특별 표지판을 부착하지 않아도 되는 건설기계는?
① 길이가 17m인 건설기계
② 너비가 3m인 건설기계
③ 최소회전반경이 13m인 건설기계
④ 높이가 3m인 건설기계
해설 특별 표지판 부착 대상 건설기계
① 길이가 16.7m 이상인 경우   ② 너비가 2.5m 이상인 경우
③ 최소회전 반경이 12m 이상인 경우 ④ 높이가 4m 이상인 경우
⑤ 총중량이 40톤 이상인 경우   ⑥ 축하중이 10톤 이상인 경우

04 특별 표지판을 부착하여야 할 건설기계의 범위에 해당하지 않는 것은?
① 높이가 5m인 건설기계
② 총중량이 50톤이 건설기계
③ 길이가 16미터인 건설기계
④ 최소회전반경이 13미터인 건설기계

05 대형 건설기계에 적용해야 될 내용으로 맞지 않는 것은?
① 당해 건설기계의 식별이 쉽도록 전후 범퍼에 특별 도색을 하여야 한다.
② 최고속도가 35km/h 이상인 경우에는 부착하지 않아도 된다.
③ 운전석 내부의 보기 쉬운 곳에 경고 표지판을 부착하여야 한다.
④ 총중량 30톤, 축중 10톤 미만인 건설기계는 특별표지판 부착대상이 아니다.

해설 대형 건설기계에 적용해야 내용은 ①, ③, ④항 이외에 최고속도가 35km/h 미만인 경우에는 부착하지 않아도 된다.

06 다음 중 특별 또는 경고표지 부착대상 건설기계에 관한 설명이 아닌 것은?

① 대형건설기계에는 조종실 내부의 조종사가 보기 쉬운 곳에 경고표지판을 부착하여야 한다.

② 길이가 16.7미터를 초과하는 건설기계는 특별표지부착 대상이다.

③ 특별표지판은 등록번호가 표시되어 있는 면에 부착하여야 한다.

④ 최소회전반경 12미터를 초과하는 건설기계는 특별표지 부착대상이 아니다.

07 다음 중 최고속도 15km/h 미만의 타이어식 건설기계가 필히 갖추어야 할 조명장치는?

① 후부반사기　　　　② 번호등
③ 방향지시등　　　　④ 후미등

해설 최고속도 15km/h 미만 타이어식 건설기계에 갖추어야 하는 조명장치는 전조등, 후부반사기, 제동등이다.

08 최고속도 15km/h 미만 타이어식 건설기계에 갖추지 않아도 되는 조명장치는?

① 전조등　　　　　　② 번호등
③ 후부반사기　　　　④ 제동등

도로교통법

01 용어의 정의(총칙)

01 도로교통법 상 도로에 해당되지 않는 것은?

① 해상 도로법에 의한 항로　② 차마의 통행을 위한 도로
③ 유료도로법에 의한 유료도로　④ 도로법에 의한 도로

해설 도로
① 도로법에 따른 도로
② 유료도로법에 따른 유료도로
③ 농어촌도로 정비법에 따른 농어촌도로
④ 그 밖에 현실적으로 불특정 다수의 사람 또는 차마(車馬)가 통행할 수 있도록 공개된 장소로서 안전하고 원활한 교통을 확보할 필요가 있는 장소

02 자동차 전용도로의 정의로 가장 적합한 것은?

① 자동차만 다닐 수 있도록 설치된 도로
② 보도와 차도의 구분이 없는 도로
③ 보도와 차도의 구분이 있는 도로
④ 자동차 고속주행의 교통에만 이용되는 도로

해설 자동차 전용도로란 자동차만 다닐 수 있도록 설치된 도로를 말한다.

03 도로교통 관련법상 차마의 통행을 구분하기 위한 중앙선에 대한 설명으로 옳은 것은?

① 백색 및 회색의 실선 및 점선으로 되어 있다.
② 백색의 실선 및 점선으로 되어 있다.
③ 황색의 실선 또는 황색 점선으로 되어 있다.
④ 황색 및 백색의 실선 및 점선으로 되어 있다.

해설 중앙선이란 차마의 통행 방향을 명확하게 구분하기 위하여 도로에 황색 실선이나 황색 점선 등의 안전표지로 표시한 선 또는 중앙분리대나 울타리 등으로 설치한 시설물을 말한다.

04 노면표시 중 중앙선이 황색 실선과 점선의 복선으로 설치된 때의 설명 중 맞는 것은?

① 어느 쪽에서나 중앙선을 넘어서 앞지르기를 할 수 있다.
② 실선 쪽에서만 중앙선을 넘어서 앞지르기를 할 수 있다.
③ 어느 쪽에서나 중앙선을 넘어서 앞지르기를 할 수 없다.
④ 점선 쪽에서만 중앙선을 넘어서 앞지르기를 할 수 있다.

해설 중앙선이 황색 실선과 황색 점선의 복선으로 설치된 때에는 점선 쪽에서만 중앙선을 넘어서 앞지르기를 할 수 있다.

05 보행자가 도로를 횡단할 수 있도록 안전표시한 도로의 부분은?

① 교차로　　　　　　② 횡단보도
③ 안전지대　　　　　④ 규제표시

해설 횡단보도란 보행자가 도로를 횡단할 수 있도록 안전표지로 표시한 도로의 부분을 말한다.

06 다음 중 피견인 차의 설명으로 가장 옳은 것은?

① 자동차로 볼 수 없다.　　② 자동차의 일부로 본다.
③ 화물자동차이다.　　　　④ 소형자동차이다.

해설 자동차란 철길이나 가설된 선을 이용하지 아니하고 원동기를 사용하여 운전되는 채(견인되는 자동차도 자동차의 일부로 본다)

07 정차라 함은 주차 외의 정지 상태로서 몇 분을 초과하지 아니하고 차를 정지시키는 것을 말하는가?

① 3분　　　　　　　② 5분
③ 7분　　　　　　　④ 10분

해설 정차란 운전자가 5분을 초과하지 아니하고 차를 정지시키는 것으로서 주차 외의 정지 상태를 말한다.

08 다음 중 긴급 자동차가 아닌 것은?

① 소방자동차
② 구급자동차
③ 그 밖에 대통령령이 정하는 자동치
④ 긴급배달 우편물 운송차 뒤를 따라가는 자동차

해설 긴급 자동차란 소방차, 구급차, 혈액 공급차량, 그 밖에 대통령령으로 정하는 자동차로서 그 본래의 긴급한 용도로 사용되고 있는 자동차를 말한다.

09 다음 중 긴급 자동차로서 가장 거리가 먼 것은?

① 응급 전신·전화 수리공사 자동차
② 학생운송 전용버스
③ 긴급한 경찰업무 수행에 사용되는 자동차
④ 위독 환자의 수혈을 위한 혈액 운송 차량

10 도로교통법 상 건설기계를 운전하여 도로를 주행할 때 서행에 대한 정의로 옳은 것은?

① 매시 60km 미만의 속도로 주행하는 것을 말한다.
② 운전자가 차 또는 노면전차를 즉시 정지시킬 수 있는 느린 속도로 진행하는 것을 말한다.
③ 정지거리 2m 이내에서 정지할 수 있는 경우를 말한다.
④ 매시 20km 이내로 주행하는 것을 말한다.

해설 서행이란 운전자가 차 또는 노면전차를 즉시 정지시킬 수 있는 정도의 느린 속도로 진행하는 것을 말한다.

11 서행에 대한 설명으로 옳은 것은?
① 매시 15km 이내의 속도를 말한다.
② 매시 20km 이내의 속도를 말한다.
③ 정지거리 2m 이내에서 정지할 수 있는 경우를 말한다.
④ 위험을 느끼고 즉시 정지할 수 있는 느린 속도로 운행하는 것을 말한다.

12 차마 서로 간의 통행 우선순위로 바르게 연결된 것은?
① 긴급자동차 → 긴급자동차 외의 자동차 → 자동차 및 원동기장치자전거 외의 차마 → 원동기장치자전거
② 긴급자동차 외의 자동차 → 긴급자동차 → 자동차 및 원동기장치자전거 외의 차마 → 원동기장치자전거
③ 긴급자동차 외의 자동차 → 긴급자동차 → 원동기장치자전거 → 자동차 및 원동기장치자전거 외의 차마
④ 긴급자동차 → 긴급자동차 외의 자동차 → 원동기장치자전거 → 자동차 및 원동기장치자전거 외의 차마

02 신호기 및 교통안전 표지

01 신호등에 녹색 등화시 차마의 통행방법으로 틀린 것은?
① 차마는 다른 교통에 방해되지 않을 때에 천천히 우회전할 수 있다.
② 차마는 직진할 수 있다.
③ 차마는 비보호 좌회전 표시가 있는 곳에서는 언제든지 좌회전을 할 수 있다.
④ 차마는 좌회전을 하여서는 아니 된다.
해설 비보호 좌회전 표지 또는 비보호 좌회전 표시가 있는 곳에서는 녹색 등화에서만 반대방향의 교통에 방해되지 않게 좌회전할 수 있다.

02 녹색 신호에서 교차로 내를 직진 중에 황색 신호로 바뀌었을 때 안전운전 방법 중 가장 옳은 것은?
① 속도를 줄여 조금씩 움직이는 정도의 속도로 서행하면서 진행한다.
② 일시 정지하여 좌우를 살피고 진행한다.
③ 일시 정지하여 다음 신호를 기다린다.
④ 계속 진행하여 교차로를 통과한다.
해설 이미 교차로에 차마의 일부라도 진입한 경우에는 신속히 교차로 밖으로 진행하여야 한다.

03 좌회전을 하기 위하여 교차로에 진입되어 있을 때 황색 등화로 바뀌면 어떻게 하여야 하는가?
① 정지하여 정지선으로 후진한다.
② 그 자리에 정지하여야 한다.
③ 신속히 좌회전하여 교차로 밖으로 진행한다.
④ 좌회전을 중단하고 횡단보도 앞 정지선까지 후진하여야 한다.

04 황색등화 시 통행방법이 아닌 것은?
① 차마는 우회전할 수 있고, 우회전하는 경우에는 보행자의 횡단을 방해하지 못한다.
② 좌우를 잘 살피고 조심하여 주행한다.
③ 차마는 정지선이 있거나 횡단보도가 있을 때에는 그 직전이나 교차로의 직전에 정지하여야 한다.
④ 이미 교차로에 진입하고 있는 경우에는 신속히 교차로 밖으로 진행하여야 한다.

해설 황색 등화 통행 방법
① 차마는 정지선이 있거나 횡단보도가 있을 때에는 그 직전이나 교차로의 직전에 정지하여야 한다.
② 이미 교차로에 차마의 일부라도 진입한 경우에는 신속히 교차로 밖으로 진행하여야 한다.
③ 차마는 우회전할 수 있고 우회전하는 경우에는 보행자의 횡단을 방해하지 못한다.

05 정지선이나 횡단보도 및 교차로 직전에서 정지하여야할 신호는?
① 녹색 및 적색 등화
② 적색 및 황색 등화의 점멸
③ 녹색 및 황색 등화
④ 황색 및 적색 등화
해설 정지선이나 횡단보도 및 교차로 직전에서 정지하여야할 신호는 황색 및 적색 등화이다.

06 건설기계를 운전하여 교차로 전방 20m 지점에 이르렀을 때 황색 등화로 바뀌었을 경우 운전자의 조치 방법은?
① 일시 정지하여 안전을 확인하고 진행한다.
② 정지할 조치를 취하여 정지선에 정지한다.
③ 그대로 계속 진행한다.
④ 주위의 교통에 주의하면서 진행한다.

07 다른 교통 또는 안전표지의 표시에 주의하면서 진행할 수 있는 신호로 가장 적합한 것은?
① 적색의 등화
② 녹색 화살표시의 등화
③ 적색 X표 표시의 등화
④ 황색등화 점멸

08 편도 3차로 도로의 부근에서 적색등화의 신호가 표시되고 있을 때 교통법규 위반에 해당 되는 것은?
① 화물 자동차가 좌측 방향지시등으로 신호하면서 1차로에서 신호대기
② 승합자동차가 2차로에서 신호대기
③ 승용차가 2차로에서 신호대기
④ 택시가 우측 방향지시등으로 신호하면서 2차로에서 신호대기

09 도로교통법 상 3색 등화로 표시되는 신호등의 신호 순서로 맞는 것은?
① 녹색(적색 및 녹색 화살표)등화, 황색등화, 적색등화의 순서이다.
② 적색(적색 및 녹색 화살표)등화, 황색등화, 녹색등화의 순서이다.
③ 녹색(적색 및 녹색 화살표)등화, 적색등화, 황색등화의 순서이다.
④ 적색점멸등화, 황색등화, 녹색(적색 및 녹색 화살표)등화의 순서이다.
해설 3색 등화로 표시되는 신호등의 신호 순서는 녹색(적색 및 녹색 화살표)등화, 황색등화, 적색등화의 순서이다.

10 도로교통법령상 교통안전 표지의 종류를 올바르게 나열한 것은?
① 교통안전 표지는 주의, 규제, 지시, 안내, 교통표지로 되어있다.
② 교통안전 표지는 주의, 규제, 지시, 보조, 노면표지로 되어있다.
③ 교통안전 표지는 주의, 규제, 지시, 안내, 보조표지로 되어있다.
④ 교통안전 표지는 주의, 규제, 안내, 보조, 통행표지로 되어있다.
해설 안전표지의 종류
① **주의표지** : 도로상태가 위험하거나 도로 또는 그 부근에 위험물이 있는 경우에 필요한 안전조치를 할 수 있도록 이를 도로 사용자에게 알리는 표지
② **규제표지** : 도로교통의 안전을 위하여 각종 제한·금지 등의 규제를 하는 경우에 이를 도로 사용자에게 알리는 표지
③ **지시표지** : 도로의 통행방법·통행구분 등 도로교통의 안전을 위하여 필요한 지시를 하는 경우에 도로 사용자가 이에 따르도록 알리는 표지
④ **보조표지** : 주의표지·규제표지 또는 지시표지의 주 기능을 보충하여 도로 사용자에게 알리는 표지
⑤ **노면표시** : 도로교통의 안전을 위하여 각종 주의·규제·지시 등의 내용을 노면에 기호·문자 또는 선으로 도로 사용자에게 알리는 표지

11 도로교통법상 안전표지의 종류가 아닌 것은?
① 주의표지　　　　　　② 규제표지
③ 안심표지　　　　　　④ 보조표지

12 다음 교통안전 표지에 대한 설명으로 맞는 것은?

① 30톤 자동차 전용도로
② 최고중량 제한표시
③ 최고시속 30km 속도제한 표시
④ 최저시속 30km 속도제한 표시

13 다음 그림의 교통안전표지는 무엇인가?

① 차간거리 최저 50m이다.
② 차간거리 최고 50m이다.
③ 최저속도 제한표지이다.
④ 최고속도 제한표지이다.

14 그림과 같은 교통안전표지의 뜻은?

① 좌합류 도로가 있음을 알리는 것
② 좌로 굽은 도로가 있음을 알리는 것
③ 우합류 도로가 있음을 알리는 것
④ 철길건널목이 있음을 알리는 것

15 그림의 교통안전 표지는?

① 좌·우회전 금지표지이다.
② 양측방 일방통행표지이다.
③ 좌·우회전 표지이다.
④ 양측방 통행 금지표지이다.

16 다음의 내용 중 ( )안에 들어갈 내용으로 맞는 것은?

> 도로를 통행하는 차마의 운전자는 교통안전 시설이 표시하는 신호 또는 지시와 교통정리를 위한 경찰공무원 등의 신호 또는 지시가 다른 경우에는 ( )의 ( )에 따라야 한다.

① 운전자, 판단
② 교통신호, 지시
③ 경찰공무원등, 신호 또는 지시　④ 교통신호, 신호

17 다음 신호 중 가장 우선하는 신호는?
① 신호기의 신호　　　　② 경찰관의 수신호
③ 안전표시의 지시　　　④ 신호등의 신호
해설 도로를 통행하는 보행자와 모든 차마의 운전자는 교통안전시설이 표시하는 신호 또는 지시와 교통정리를 하는 경찰공무원등의 신호 또는 지시가 서로 다른 경우에는 경찰공무원등의 신호 또는 지시에 따라야 한다.

18 교차로 통과에서 가장 우선하는 것은?
① 경찰공무원의 수신호　　② 안내판의 표시
③ 운전자 임의 판단　　　　④ 신호기의 신호

19 일시정지 안전 표지판이 설치된 횡단보도에서 위반되는 것은?
① 연속적으로 진행중인 앞차의 뒤를 따라 진행할 때 일시 정지하였다.

② 경찰공무원이 진행신호를 하여 일시정지를 하지 않고 정지하였다.
③ 횡단보도 직전에 일시 정지하여 안전을 확인한 후 통과하였다.
④ 보행자가 보이지 않아 그대로 통과하였다.
해설 일시정지 안전 표지판이 설치된 횡단보도에서는 보행자가 없어도 횡단보도 직전에 일시정지 후 통과하여야 한다.

20 교통안전 표지 중 노면표지에서 차마가 일시 정지해야 하는 표시로 올바른 것은?
① 백색점선으로 표시한다.　　② 황색점선으로 표시한다.
③ 황색실선으로 표시한다.　　④ 백색실선으로 표시한다.
해설 노면표지에서 차마가 일시 정지해야 하는 표시는 백색실선으로 표시한다.

21 노면표시 중 진로변경 제한선에 대한 설명으로 맞는 것은?
① 황색 점선은 진로 변경을 할 수 없다.
② 백색 점선은 진로 변경을 할 수 없다.
③ 황색 실선은 진로 변경을 할 수 있다.
④ 백색 실선은 진로 변경을 할 수 없다.
해설 노면표시의 진로변경 제한선은 백색 실선이며, 진로 변경을 할 수 없다.

22 교차로에서 차마의 정지선으로 옳은 것은?
① 황색 점선　　　　　　② 백색 점선
③ 황색 실선　　　　　　④ 백색 실선

03 보행자 · 차마의 통행 · 건설기계의 속도

01 도로의 중앙을 통행할 수 있는 행렬은?
① 학생의 대열
② 말, 소를 몰고 가는 사람
③ 사회적으로 중요한 행사에 따른 시가행진
④ 군부대의 행렬
해설 행렬 등은 사회적으로 중요한 행사에 따라 시가를 행진하는 경우에는 도로의 중앙을 통행할 수 있다.

02 보기에서 도로교통법 상 어린이 보호와 관련하여 위험성이 큰 놀이기구로 정하여 운전자가 특별히 주의하여야 할 놀이기구로 지정된 것을 모두 조합한 것은?

> [보기]
> ㄱ. 킥보드　　　　ㄴ. 롤러스케이트　　　ㄷ. 인라인스케이트
> ㄹ. 스케이트보드　ㅁ. 스노보드

① ㄱ, ㄴ　　　　　　　② ㄱ, ㄴ, ㄷ, ㄹ
③ ㄱ, ㄴ, ㄷ, ㄹ, ㅁ　　④ ㄱ, ㄴ, ㄷ
해설 **위험성이 큰 놀이기구**
① 킥보드　　　② 롤러스케이트
③ 인라인스케이트 ④ 스케이트보드
⑤ 그 밖에 제①호 내지 제④호의 놀이기구와 비슷한 놀이기구

03 보도와 차도가 구분된 도로에서 중앙선이 설치되어 있는 경우 차마의 통행방법으로 옳은 것은?
① 중앙선 좌측　　　　　② 중앙선 우측
③ 좌·우측 모두　　　　　④ 보도의 좌측

04 도로의 중앙으로부터 좌측을 통행할 수 있는 경우는?

① 편도 2차로의 도로를 주행할 때
② 도로가 일방통행으로 된 때
③ 중앙선 우측에 차량이 밀려 있을 때
④ 좌측도로가 한산할 때

05 차마의 통행방법으로 도로의 중앙이나 좌측부분을 통행할 수 있는 경우로 가장 적합한 것은?

① 교통신호가 자주 바뀌어 통행에 불편을 느낄 때
② 과속 방지턱이 있어 통행에 불편할 때
③ 차량의 혼잡으로 교통소통이 원활하지 않을 때
④ 도로의 파손, 도로공사 또는 우측부분을 통행할 수 없을 때

06 도로 교통법상 차로에 대한 설명으로 틀린 것은?

① 차로는 횡단보도나 교차로에는 설치할 수 없다.
② 차로의 너비는 원칙적으로 3미터 이상으로 하여야 한다.
③ 일반적인 차로(일방통행도로 제외)의 순위는 도로의 중앙선 쪽에 있는 차로부터 1차로로 한다.
④ 차로의 너비보다 넓은 건설기계는 별도의 신청절차가 필요 없이 경찰청에 전화로 통보만 하면 운행할 수 있다.

> **해설** 차의 너비가 차로의 너비보다 넓어 교통의 안전이나 원활한 소통에 지장을 줄 우려가 있는 건설기계는 그 차의 출발지를 관할하는 경찰서장의 허가를 받은 경우에는 운행할 수 있다.

07 차로가 설치된 도로에서 통행방법 중 위반이 되는 것은?

① 두 개의 차로에 걸쳐 운행하였다.
② 차로를 따라 통행하였다.
③ 택시가 건설기계를 앞지르기 하였다.
④ 경찰관의 지시에 따라 중앙 좌측으로 진행하였다.

> **해설** 차로가 설치되어 있는 도로에서는 특별한 규정이 있는 경우를 제외하고는 그 차로를 따라 통행하여야 한다.

08 고속도로가 아닌 편도 4차로의 도로에서 지게차가 주행하는 차로는?

① 1차로　　　　　　　② 2차로
③ 왼쪽 차로　　　　　④ 오른쪽 차로

> **해설** 오른쪽 차로로 통행하여야 하는 차종은 대형 승합자동차, 화물자동차, 특수자동차, 건설기계, 이륜자동차, 원동기장치자전거이다.

09 자동차 전용 편도 4차로 도로에서 굴착기와 지게차의 주행차로는?

① 1차로　　　　　　　② 2차로
③ 왼쪽 차로　　　　　④ 오른쪽 차로

> **해설** 편도 4차로 자동차 전용도로에서 굴착기와 지게차의 주행차로는 오른쪽 차로이다.

10 편도 4차로 일반도로에서 건설기계는 어느 차로로 통행하여야 하는가?

① 1차로　　　　　　　② 2차로
③ 왼쪽 차로　　　　　④ 오른쪽 차로

11 2차로 이상 고속도로에서 건설기계의 법정 최고속도는 시속 몇 km인가?(단, 경찰청장이 일부 구간에 대하여 제한속도를 상향 지정한 경우는 제외한다.)

① 50　　　　　　　　② 60
③ 100　　　　　　　 ④ 80

> **해설** 2차로 이상 고속도로에서 건설기계의 법정 최고속도는 80km/h이다.

12 4차선 고속도로에서 건설기계의 최저 속도는?

① 30km　　　　　　② 50km
③ 60km　　　　　　④ 80km

> **해설** 4차선 고속도로에서 건설기계의 최저 속도는 50km/h이다.

13 도로 교통법상 폭우폭설안개 등으로 가시거리가 100m 이내일 때 최고속도의 감속으로 맞는 것은?

① 20%　　　　　　　② 50%
③ 60%　　　　　　　④ 80%

> **해설** 최고속도의 50%를 감속하여 운행하여야 할 경우
> ① 노면이 얼어붙은 때
> ② 폭우·폭설·안개 등으로 가시거리가 100미터 이내일 때
> ③ 눈이 20밀리미터 이상 쌓인 때

14 노면이 얼어붙은 경우 또는 폭설로 가시거리가 100미터 이내인 경우 최고속도의 얼마나 감속운행 하여야 하는가?

① $\frac{50}{100}$　　　　　　② $\frac{30}{100}$
③ $\frac{40}{100}$　　　　　　④ $\frac{20}{100}$

15 최고속도의 100분의 50을 줄인 속도로 운전하여야 할 경우가 아닌 것은?

① 폭우, 폭설, 안개 등으로 가시거리가 100m 이내인 때
② 비가 내려 노면에 습기가 있는 때
③ 눈이 20mm 이상 쌓인 때
③ 노면이 얼어붙은 때

> **해설** 비가 내려 노면에 습기가 있는 때에는 최고속도의 100분의 20을 줄인 속도로 운전하여야 한다.

16 최고속도의 100분의 20을 줄인 속도로 운행하여야 할 경우는?

① 노면이 얼어붙은 때
② 폭우·폭설·안개 등으로 가시거리가 100미터 이내일 때
③ 눈이 20밀리미터 이상 쌓인 때
④ 비가 내려 노면이 젖어 있을 때

> **해설** 비가 내려 노면에 습기가 있는 때에는 100분의 20을 감속하여야 한다.

17 눈이 20mm 미만 쌓인 때는 최고속도의 얼마로 감속운행 하여야 하는가?

① 100분의 50　　　　② 100분의 40
③ 100분의 30　　　　④ 100분의 20

> **해설** 비가 내려 노면이 젖어있는 경우나 눈이 20밀리미터 미만 쌓인 경우 최고속도의 100분의 20을 줄인 속도로 운행하여야 한다.

18 총중량 2000kg 미달인 자동차를 그의 3배 이상의 총중량 자동차로 견인할 때의 속도는?

① 시속 15km이내　　② 시속 20km이내
③ 시속 30km이내　　④ 시속 40km이내

> **해설** 총중량 2000kg 미달인 자동차를 그의 3배 이상의 총중량 자동차로 견인할 때의 속도는 시속 30km이내이다.

정답 　4.② 　5.④ 　6.④ 　7.① 　8.④ 　9.④ 　10.② 　11.④ 　12.② 　13.② 　14.① 　15.② 　16.④ 　17.④ 　18.③

19 도로 교통법상 안전거리 확보 정의로 맞는 것은?

① 주행 중 앞차가 급제동할 수 있는 거리
② 우측 가장자리로 피하여 진로를 양보할 수 있는 거리
③ 주행 중 앞차가 급정지하였을 때 앞차와 충돌을 피할 수 있는 거리
④ 주행 중 급정지하여 진로를 양보할 수 있는 거리

해설 : 같은 방향으로 가고 있는 앞차의 뒤를 따르는 경우에는 앞차가 갑자기 정지하게 되는 경우 그 앞차와의 충돌을 피할 수 있는 필요한 거리를 확보하여야 한다.

20 도로교통법상 모든 차의 운전자는 같은 방향으로 가고 있는 앞차의 뒤를 따를 때에는 앞차가 갑자기 정지하게 되는 경우에 그 앞차와의 충돌을 피할 수 있는 필요한 거리를 확보하도록 되어 있는 거리는?

① 급제동 금지거리   ② 안전거리
③ 제동거리   ④ 진로양보 거리

21 동일방향으로 주행하고 있는 전후 차 간의 안전운전 방법으로 틀린 것은?

① 뒤차는 앞차가 급정지할 때 충돌을 피할 수 있는 필요한 안전거리를 유지한다.
② 뒤에서 따라오는 차량의 속도보다 느린 속도로 진행하려고 할 때에는 진로를 양보한다.
③ 앞차가 다른 차를 앞지르고 있을 때에는 더욱 빠른 속도로 앞지른다.
④ 앞차는 부득이한 경우를 제외하고는 급정지·급 감속을 하여서는 안 된다.

해설 : 모든 차의 운전자는 앞지르기를 하는 차가 있을 때에는 속도를 높여 경쟁하거나 그 차의 앞을 가로막는 등의 방법으로 앞지르기를 방해하여서는 아니 된다.

---

04   앞지르기 · 철길건널목 · 교차로

01 도로주행에서 앞지르기 설명 중 틀린 것은?

① 앞지르기를 하는 때에는 안전한 속도와 방법으로 하여야 한다.
② 앞차가 다른 차를 앞지르고 있을 때 그 차를 앞지를 수 있다.
③ 앞지르기를 하고자 하는 때에는 교통상황에 따라 경음기를 울릴 수 있다.
④ 경찰공무원의 지시에 따르거나 위험을 방지하기 위하여 정지 또는 서행하고 있는 다른 차를 앞지를 수 없다.

해설 : 앞차가 다른 차를 앞지르고 있을 때에는 그 차를 앞질러서는 안 된다.

02 도로교통법상 앞지르기 시 앞지르기 당하는 차의 조치로 가장 적절한 것은?

① 앞지르기를 할 수 있도록 좌측 차로로 변경한다.
② 일시정지나 서행하여 앞지르기 시킨다.
③ 속도를 높여 경쟁하거나 가로막는 등 방해해서는 안 된다.
④ 앞지르기를 하여도 좋다는 신호를 반드시 해야 한다.

03 앞지르기를 할 수 없는 경우에 해당되는 것은?

① 앞차의 좌측에 다른 차가 나란히 진행하고 있을 때
② 앞차가 우측으로 진로를 변경하고 있을 때
③ 앞차가 그 앞차와의 안전거리를 확보하고 있을 때

④ 앞차가 양보신호를 할 때

해설 : 앞지르기 금지의 시기
① 앞차의 좌측에 다른 차가 앞차와 나란히 가고 있는 경우
② 앞차가 다른 차를 앞지르고 있거나 앞지르고자 하는 경우

04 자동차가 도로를 주행 중 앞지르기를 할 수 없는 경우는?

① 용무 상 서행하고 있는 제차
② 앞차의 최고 속도가 낮은 차량
③ 화물 적하를 위해 정차 중인 차
④ 경찰관의 지시로 서행하는 재차

해설 : 앞지르기 금지
① 명령에 따라 정지하거나 서행하고 있는 차
④ 경찰공무원의 지시에 따라 정지하거나 서행하고 있는 차
⑤ 위험을 방지하기 위하여 정지하거나 서행하고 있는 차

05 도로교통법상 앞지르기 금지장소가 아닌 곳은?

① 교차로, 도로의 구부러진 곳
② 버스정류장 부근에 있는 주차금지 구역
③ 비탈길의 고갯마루 부근, 가파른 비탈길의 내리막
④ 터널 안

해설 : 앞지르기 금지장소는 교차로, 터널 안, 다리 위와 도로의 구부러진 곳, 비탈길의 고갯마루 부근 또는 가파른 비탈길의 내리막 등 사도경찰청장이 안전표지에 의하여 지정한 곳이다.

06 도로교통법상 철길건널목을 통과할 때 방법으로 가장 적합한 것은?

① 신호등이 없는 철길건널목을 통과할 때에는 서행으로 통과하여야 한다.
② 신호등이 있는 철길건널목을 통과할 때에는 건널목 앞에서 일시정지 하여 안전한지의 여부를 확인한 후에 통과하여야 한다.
③ 신호기가 없는 철길건널목을 통과할 때에는 건널목 앞에서 일시정지 하여 안전한지의 여부를 확인한 후에 통과하여야 한다.
④ 신호기와 관련 없이 철길건널목을 통과할 때에는 건널목 앞에서 일시정지 하여 안전한지의 여부를 확인한 후에 통과하여야 한다.

해설 : 신호기가 없는 철길건널목을 통과할 때에는 건널목 앞에서 일시정지 하여 안전한지의 여부를 확인한 후에 통과하여야 한다.

07 신호등이 없는 철길건널목 통과 방법 중 맞는 것은?

① 차단기가 올라가 있으면 그대로 통과해도 된다.
② 반드시 일시 정지한 후 안전을 확인하고 통과한다.
③ 경보등이 켜져 있으면 일시정지하지 않아도 된다.
④ 일시정지하지 않아도 좌우를 살피면서 서행으로 통과하면 된다.

해설 : 신호등이 없는 철길건널목은 반드시 일시 정지한 후 안전을 확인하고 통과한다.

08 철길건널목 통과방법으로 틀린 것은?

① 건널목 앞에서 일시 정지하여 안전한지 여부를 확인한 후 통과한다.
② 차단기가 내려지려고 할 때에는 통과하여서는 안 된다.
③ 경보기가 울리고 있는 동안에는 통과하여서는 아니 된다.
④ 건널목에서 앞차가 서행하면서 통과할 때에는 그 차를 따라 서행한다.

09 철길 건널목 통과방법에 대한 설명으로 옳지 않은 것은?

① 철길 건널목에서는 앞지르기를 하여서는 안 된다.
② 철길 건널목 부근에서는 주정차를 하여서는 안 된다.
③ 철길 건널목에 일시 정지표지가 없을 때에는 서행하면서 통과한다.
④ 철길 건널목에서는 반드시 일시 정지 후 안전함을 확인 후에 통과한다.

---

10 건널목 안에서 차가 고장이 나서 운행할 수 없게 되었다. 운전자 조치사항으로 가장 적절하지 못한 것은?

① 철도공무 중인 직원이나 경찰공무원에게 즉시 알려 차를 이동하기 위한 필요한 조치를 한다.
② 차를 즉시 건널목 밖으로 이동시킨다.
③ 승객을 하차시켜 즉시 대피시킨다.
④ 현장을 그대로 보존하고 경찰관서로 가서 고장신고를 한다.

11 교차로 통행방법에 대한 설명으로 가장 적절한 것은?

① 좌우 회전 시는 경음기를 사용하여 주위에 주의신호를 한다.
② 우회전 차는 차로에 관계없이 우회전할 수 있다.
③ 좌회전 차는 미리 중앙선을 따라 서행으로 진행한다.
④ 교차로 중심 바깥쪽으로 좌회전한다.

해설 교차로에서 우회전을 하려는 경우에는 미리 도로의 우측 가장자리를 서행하면서 우회전하고 좌회전을 하려는 경우에는 미리 도로의 중앙선을 따라 서행하면서 교차로의 중심 안쪽을 이용하여 좌회전하여야 한다.

12 교차로 통행방법으로 틀린 것은?

① 좌·우 회전 시에는 방향지시기 등으로 신호를 하여야 한다.
② 교차로에서는 반드시 경음기를 울려야 한다.
③ 교차로에서는 정차하지 못한다.
④ 교차로에서는 다른 차를 앞지르지 못한다.

13 교차로에서의 좌회전 방법으로 가장 적절한 것은?

① 운전자 편한 데로 운전한다.
② 교차로 중심 바깥쪽으로 서행한다.
③ 교차로 중심 안쪽으로 서행한다.
④ 앞차의 주행방향으로 따라가면 된다.

해설 모든 차의 운전자는 교차로에서 좌회전을 하려는 경우에는 미리 도로의 중앙선을 따라 서행하면서 교차로의 중심 안쪽을 이용하여 좌회전하여야 한다.

14 편도 4차로 일반도로의 경우 교차로 30m 전방에서 우회전을 하려면 몇 차로로 진입통행 해야 하는가?

① 1차로로 통행한다.
② 2차로와 1차로로 통행한다.
③ 4차로로 통행한다.
④ 3차로만 통행한다.

해설 교차로에서 우회전을 하려는 경우에는 미리 도로의 우측 가장자리를 서행하면서 우회전하여야 한다. 이 경우 우회전하는 차의 운전자는 신호에 따라 정지하거나 진행하는 보행자 또는 자전거에 주의하여야 한다.

15 교차로에서 직진하고자 신호대기 중에 있는 차가 진행신호를 받고 가장 안전하게 통행하는 방법은?

① 진행권리가 부여되었으므로 좌우의 진행차량에는 구애받지 않는다.
② 직진이 최우선이므로 진행신호에 무조건 따른다.
③ 신호와 동시에 출발하면 된다.
④ 좌우를 살피며 계속 보행 중인 보행자와 진행하는 교통의 흐름에 유의하여 진행한다.

16 교차로 통행방법 설명 중 틀린 것은?

① 교차로 내는 차선이 없으므로 진행방향을 임의로 바꿀 수 있다.
② 좌회전할 때에는 교차로 중심 안쪽으로 서행한다.
③ 교차로에서 직진하려는 차는 이미 교차로에 진입하여 좌회전하고 있는 차의 진로를 방해할 수 없다.
④ 교차로에서 우회전할 때에는 서행하여야 한다.

17 신호등이 없는 교차로에 좌회전하려는 버스와 그 교차로에 진입하여 직진하고 있는 건설기계가 있을 때 어느 차가 우선권이 있는가?

① 건설기계
② 그때의 형편에 따라서 우선순위가 정해짐
③ 사람이 많이 탄 차 우선
④ 좌회전 차가 우선

해설 교통정리를 하고 있지 아니하는 교차로에 들어가려고 하는 차의 운전자는 이미 교차로에 들어가 있는 다른 차가 있을 때에는 그 차에 진로를 양보하여야 한다.

18 다음 중 교통정리가 행하여 지지 않는 교차로에서 통행의 우선권이 가장 큰 차량은?

① 우회전하려는 차량이다.
② 좌회전하려는 차량이다.
③ 이미 교차로에 진입하여 좌회전하고 있는 차량이다.
④ 직진하려는 차량이다.

19 교통정리가 행하여지고 있지 않은 교차로에서 우선순위가 같은 차량이 동시에 교차로에 진입한 때의 우선순위로 맞는 것은?

① 소형 차량이 우선한다.　　② 우측도로의 차가 우선한다.
③ 좌측도로의 차가 우선한다.　④ 중량이 큰 차량이 우선한다.

해설 교통정리가 행하여지고 있지 않은 교차로에서 우선순위가 같은 차량이 동시에 교차로에 진입한 때의 우선순위는 우측도로의 차가 우선한다.

20 보행자가 보행하고 있는 도로를 운전 중 보행자 옆을 통과할 때 가장 올바른 방법은?

① 보행자 옆을 속도 감속 없이 빨리 주행한다.
② 경음기를 울리면서 주행한다.
③ 안전거리를 두고 서행한다.
④ 보행자가 멈춰 있을 때는 서행하지 않아도 된다.

해설 안전지대에 보행자가 있는 경우와 차로가 설치되지 아니한 좁은 도로에서 보행자의 옆을 지나는 경우에는 안전한 거리를 두고 서행하여야 한다.

21 교차로 또는 그 부근에서 긴급자동차가 접근하였을 때 피양 방법으로 가장 적절한 것은?

① 교차로를 피하여 도로의 우측 가장자리에 일시 정지한다.
② 그 자리에 즉시 정지한다.
③ 그대로 진행방향으로 진행을 계속한다.
④ 서행하면서 앞지르기 하라는 신호를 한다.

해설 교차로 또는 그 부근에서 긴급자동차가 접근하였을 때에는 교차로를 피하여 도로의 우측 가장자리에 일시 정지한다.

05 서행 및 정차·주차 금지·등화

01 자동차가 주행 중 서행하여야 하는 곳을 설명한 사항으로 맞지 않는 것은?

① 4차로 주행차선에서 1차로　② 도로가 구부러진 부근
③ 가파른 비탈길의 내리막　　④ 비탈길 고갯마루 부근

해설 **서행하여야 하는 장소**
① 교통정리를 하고 있지 아니하는 교차로
② 도로가 구부러진 부근　　③ 비탈길의 고갯마루 부근
④ 가파른 비탈길의 내리막
⑤ 안전표지로 지정한 곳

정답 10.④　11.③　12.②　13.③　14.③　15.④　16.①　17.①　18.③　19.②　20.③　21.①　● [5. 서행 및 ~] 1.①

02 도로 교통법상 반드시 서행하여야 할 장소로 지정된 곳으로 가장 적절한 것은?

① 안전지대 우측
② 비탈길의 고갯마루 부근
③ 교통정리가 행하여지고 있는 교차로
④ 교통정리가 행하여지고 있는 횡단보도

03 도로교통법상 서행 또는 일시 정지할 장소로 지정된 곳은?

① 안전지대 우측　　　　　② 가파른 비탈길의 내리막
③ 좌우를 확인할 수 있는 교차로　④ 교량 위를 통행할 때

04 규정상 올바른 정차 방법은?

① 정차는 도로 모퉁이에서도 할 수 있다.
② 일방통행로에서는 도로의 좌측에 정차할 수 있다.
③ 도로의 우측 단에 타 교통에 방해가 되지 않도록 정차해야 한다.
④ 정차는 교차로 측단에서 할 수 있다.

05 도로에서 정차하고자 하는 때의 방법으로 옳은 것은?

① 차체의 전단부를 도로 중앙을 향하도록 비스듬히 정차한다.
② 진행방향의 반대방향으로 정차한다.
③ 차도의 우측 가장자리에 정차한다.
④ 일방통행로에서 좌측 가장자리에 정차한다.

06 정차 및 주차금지 장소에 해당되는 것은?

① 건널목 가장자리로부터 15m 지점
② 정류장 표시판으로부터 12m 지점
③ 도로의 모퉁이로부터 4m 지점
④ 교차로 가장자리로부터 10m 지점

🔑 **해설** **정차 및 주차 금지장소**
① 교차로・횡단보도・건널목이나 보도와 차도가 구분된 도로의 보도
② 교차로의 가장자리 또는 도로의 모퉁이로부터 5m 이내의 곳
③ 안전지대가 설치된 도로에서는 그 안전지대의 사방으로부터 각각 10m 이내의 곳
④ 버스여객자동차의 정류를 표시하는 기둥이나 판 또는 선이 설치된 곳으로부터 10m 이내의 곳
⑤ 건널목의 가장자리 또는 횡단보도로부터 10m 이내의 곳

07 도로교통법상 도로의 모퉁이로부터 몇 m 이내의 장소에 정차하여서는 안 되는가?

① 2m　　② 3m　　③ 5m　　④ 10m

08 주차 및 정차금지 장소는 건널목 가장자리로부터 몇 m 이내인 곳인가?

① 5m　　② 10m　　③ 20m　　④ 30m

09 다음 중 도로교통법상 횡단보도에서는 몇 m 이내 주차 금지인가?

① 3　　　　　　　② 5
③ 8　　　　　　　④ 10

10 도로교통법상 주정차금지장소로 틀린 것은?

① 건널목 가장자리로부터 10m이내
② 교차로 가장자리로부터 5m이내
③ 횡단보도
④ 고갯마루 정상부근

11 법규상 주차금지 장소로 틀린 것은?

① 소방용 기계기구가 설치된 곳으로부터 15m 이내
② 소방용 방화물통으로부터 5m 이내
③ 화재경보기로부터 3m 이내
④ 터널 안

🔑 **해설** **주차금지 장소**
① 터널 안 및 다리 위
② 화재경보기로부터 3미터 이내의 곳
③ 다음 장소로부터 5미터 이내의 곳
　㉮ 소방용 기계・기구가 설치된 곳, 소방용 방화 물통
　㉯ 소화전 또는 소화용 방화 물통의 흡수구나 흡수관을 넣는 구멍
　㉰ 도로공사를 하고 있는 경우에는 그 공사구역의 양쪽 가장자리

12 도로교통법상 주차를 금지하는 곳으로서 틀린 것은?

① 터널 안 및 다리 위
② 상가 앞 도로의 5m 이내의 곳
③ 도로공사를 하고 있는 경우에는 그 공사구역의 양쪽 가장 자리로부터 5m 이내의 곳
④ 화재경보기로부터 3m 이내의 곳

13 야간에 화물자동차를 도로에서 운행하는 경우 등의 등화로 옳은 것은?

① 주차등
② 방향지시등 또는 비상등
③ 안개등과 미등
④ 전조등・차폭등・미등・번호등

14 도로를 통행하는 자동차가 야간에 켜야 하는 등화의 구분 중 견인되는 자동차가 켜야 할 등화는?

① 전조등, 차폭등, 미등　　　② 차폭등, 미등, 번호등
③ 전조등, 미등, 번호등　　　④ 전조등, 미등

🔑 **해설** 견인되는 자동차가 켜야 할 등화는 차폭등, 미등, 번호등이다.

15 야간에 자동차를 도로에 정차 또는 주차하였을 때 등화조작으로 가장 적절한 것은?

① 전조등을 켜야 한다.　　　② 방향지시등을 켜야 한다.
③ 실내등을 켜야 한다.　　　④ 미등 및 차폭등을 켜야 한다.

🔑 **해설** 야간에 자동차를 도로에서 정차 또는 주차하는 경우에 반드시 미등 및 차폭등을 켜야 한다.

16 야간에 차가 서로 마주보고 진행하는 경우의 등화조작 중 맞는 것은?

① 전조등, 보호등, 실내 조명등을 조작한다.
② 전조등을 켜고 보조등을 끈다.
③ 전조등 변환 빔을 하향으로 한다.
④ 전조등을 상향으로 한다.

17 자동차에서 팔을 차체 밖으로 내어 45°밑으로 펴서 상하로 흔들고 있을 때의 신호는?

① 서행 신호　　　　　② 정지 신호
③ 주의 신호　　　　　④ 앞지르기 신호

🔑 **해설** **신호의 방법**
① 정지 신호 : 팔을 차체의 밖으로 내어 45도 밑으로 폈을 때
② 후진 신호 : 팔을 차체의 밖으로 내어 45도 밑으로 펴서 손바닥을 뒤로 향하게 하여 그 팔을 앞뒤로 흔들고 있을 때
③ 앞지르기 신호 : 오른팔 또는 왼팔을 차체의 왼쪽 또는 오른쪽 밖으로 수평으로 펴서 손을 앞뒤로 흔들 때

정답　2.②　3.②　4.③　5.③　6.③　7.③　8.②　9.④　10.④　11.①　12.②　13.④　14.②　15.④　16.③　17.①

18 진로를 변경하고자 할 때 운전자가 지켜야 할 사항으로 틀린 것은?

① 신호는 행위가 끝날 때 까지 계속하여야 한다.
② 방향지시기로 신호를 한다.
③ 손이나 등화로도 신호를 할 수 있다.
④ 제한속도에 관계없이 최단 시간 내에 진로변경을 하여야 한다.

🖎해설 좌회전·우회전·횡단·유턴·서행·정지 또는 후진을 하거나 같은 방향으로 진행하면서 진로를 바꾸려고 하는 경우에는 손이나 방향지시기 또는 등화로써 그 행위가 끝날 때까지 신호를 하여야 한다.

19 주행 중 진로를 변경하고자 할 때 운전자가 지켜야할 사항으로 틀린 것은?

① 후사경 등으로 주위의 교통상황을 확인한다.
② 신호를 주어 뒤차에게 알린다.
③ 진로를 변경할 때에는 뒤차에 주의할 필요가 없다.
④ 뒤에서 따라오는 차보다 느린 속도로 가려는 경우에는 도로의 우측 가장자리로 피하여 진로를 양보하여야 한다.

20 자동차의 승차정원에 대한 내용으로 맞는 것은?

① 등록증에 기재된 인원   ② 화물자동차 4명
③ 승용자동차 4명   ④ 운전자를 제외한 나머지 인원

21 출발지 관할 경찰서장이 안전기준을 초과하여 운행할 수 있도록 허가하는 사항에 해당되지 않는 것은?

① 적재 중량   ② 운행 속도
③ 승차 인원   ④ 적재 용량

🖎해설 승차 인원, 적재중량 및 적재용량에 관하여 대통령령으로 정하는 운행상의 안전기준을 넘어서 승차시키거나 적재한 상태로 운전하여서는 아니 된다.

22 승차 또는 적재의 방법과 제한에서 운행상의 안전기준을 넘어서 승차 및 적재가 가능한 경우는?

① 관할 시·군수의 허가를 받은 때
② 출발지를 관할하는 경찰서장의 허가를 받은 때
③ 도착지를 관할하는 경찰서장의 허가를 받은 때
④ 동·읍·면장의 허가를 받은 때

🖎해설 출발지를 관할하는 경찰서장의 허가를 받은 경우에는 운행상의 안전기준을 넘어서 승차 및 적재가 가능하다.

23 승차인원·적재중량에 관하여 안전기준을 넘어서 운행하고자 하는 경우 누구에게 허가를 받아야 하는가?

① 출발지를 관할하는 경찰서장
② 시·도지사
③ 절대운행 불가
④ 국토교통부 장관

🖎해설 승차인원·적재중량에 관하여 안전기준을 넘어서 운행하고자 하는 경우 출발지를 관할하는 경찰서장의 허가를 받아야 한다.

24 도로운행시의 건설기계의 축하중 및 총중량 제한은?

① 윤하중 5톤 초과, 총중량 20톤 초과
② 축하중 10톤 초과, 총중량 20톤 초과
③ 축하중 10톤 초과, 총중량 40톤 초과
④ 윤하중 10톤 초과, 총중량 10톤 초과

🖎해설 도로운행시의 건설기계의 축하중 및 총중량 제한은 축하중 10톤 초과, 총중량 40톤 초과이다.

06 운전자 의무·운전면허·교통사고

01 건설기계 운전 시 관련법상 운전이 금지되는 술에 취한 상태의 기준은?

① 소주를 마신 후 주기가 얼굴에 나타날 때
② 혈중 알코올 농도가 0.01 퍼센트 이하인 때
③ 누구나 맥주 1병 정도를 마셨을 때
④ 혈중 알코올 농도가 0.03 퍼센트 이상인 때

🖎해설 운전이 금지되는 술에 취한 상태의 기준은 혈중알콜농도가 0.03퍼센트 이상 0.08퍼센트 미만이며, 혈중알콜농도가 0.08퍼센트 이상이면 면허가 취소된다.

02 도로교통법상 술에 취한 상태의 기준으로 맞는 것은?

① 혈중 알코올농도가 0.01% 이상을 기준으로 함
② 혈중 알코올농도가 0.02% 이상을 기준으로 함
③ 혈중 알코올농도가 0.03% 이상을 기준으로 함
④ 혈중 알코올농도가 0.1% 이상을 기준으로 함

03 보도와 차도의 구분이 없는 도로에서 아동이 있는 곳을 통행할 때에 운전자가 취할 조치 중 옳은 것은?

① 서행 또는 일시 정지하여 안전을 확인하고 진행한다.
② 그대로 진행한다.
③ 속도를 줄이고 경음기를 울린다.
④ 반드시 일시 정지한다.

🖎해설 보도와 차도의 구분이 없는 도로에서 아동이 있는 곳을 통행할 때에는 서행 또는 일시 정지하여 안전을 확인하고 진행한다.

04 운전자의 준수사항에 대한 설명 중 틀린 것은?

① 고인 물을 튀게 하여 다른 사람에게 피해를 주어서는 안된다.
② 과로, 질병, 약물의 중독 상태에서 운전하여서는 안된다.
③ 보행자가 안전지대에 있는 때에는 서행하여야 한다.
④ 운전석으로부터 떠날 때에는 원동기의 시동을 끄지 말아야 한다.

05 도로교통법에 위반이 되는 것은?

① 밤에 교통이 빈번한 도로에서 전조등을 계속 하향했다.
② 낮에 어두운 터널 속을 통과할 때 전조등을 켰다.
③ 소방용 방화 물통으로부터 10m 지점에 주차하였다.
④ 노면이 얼어붙은 곳에서 최고속도의 20/100을 줄인 속도로 운행하였다.

06 도로주행의 일반적인 주의사항으로 틀린 것은?

① 시력이 저하될 수 있으므로 터널 진입 전 헤드라이트를 켜고 주행한다.
② 야간 운전은 주간보다 주의력이 양호하며, 속도감이 민감하여 과속 우려가 없다.
③ 고속주행시 급 핸들조작, 급브레이크는 옆으로 미끄러지거나 전복될 수 있다.
④ 비오는 날 고속주행은 수막현상이 생겨 제동효과가 감소된다.

🖎해설 야간 운전은 주간보다 주의력이 산만하며, 속도감이 둔감하여 과속 우려가 있다.

07 도로 교통법상 교통사고에 해당되지 않는 것은?

① 도로 운전 중 언덕길에서 추락하여 부상한 사고
② 차고에서 적재하던 화물이 전락하여 사람이 부상한 사고
③ 주행 중 브레이크 고장으로 도로변의 전주를 충돌한 사고
④ 도로 주행 중 화물이 추락하여 사람이 부상한 사고

08 교통사고가 발생하였을 때 운전자가 가장 먼저 취해야 할 조치는?

① 즉시 피해자 가족에게 알린다.
② 즉시 사상자를 구호하고 경찰공무원에게 신고한다.
③ 즉시 보험회사에 신고한다.
④ 모범운전자에게 신고한다.

09 현장에 경찰공무원이 없는 장소에서 인명사고와 물건의 손괴를 입힌 교통사고가 발생하였을 때 가장 먼저 취할 조치는?

① 손괴한 물건 및 손괴 정도를 파악한다.
② 즉시 피해자 가족에게 알리고 합의한다.
③ 즉시 사상자를 구호하고 경찰공무원에게 신고한다.
④ 승무원에게 사상자를 알리게 하고 회사에 알린다.

10 교통사고로 인하여 사람을 사상하거나 물건을 손괴하는 사고가 발생하였을 때 우선 조치사항으로 가장 적합한 것은?

① 사고 차를 견인 조치한 후 승무원을 구호하는 등 필요한 조치를 취해야 한다.
② 사고 차를 운전한 운전자는 물적 피해정도를 파악하여 즉시 경찰서로 가서 사고현황을 신고한다.
③ 그 차의 운전자는 즉시 경찰서로 가서 사고와 관련된 현황을 신고 조치한다.
④ 그 차의 운전자나 그 밖의 승무원은 즉시 정차하여 사상자를 구호하는 등 필요한 조치를 취해야 한다.

11 고속도로를 운행 중일 때 안전운전상 준수사항으로 가장 적합한 것은?

① 정기점검을 실시 후 운행하여야 한다.
② 연료량을 점검하여야 한다.
③ 월간 정비점검을 하여야 한다.
④ 모든 승차자는 좌석 안전띠를 매도록 하여야 한다.

12 고속도로 진입이 허용되는 건설기계는?

① 지게차
② 로더
③ 굴착기
④ 덤프트럭

13 제2종 보통면허로 운전할 수 없는 자동차는?

① 9인승 승합차
② 원동기장치 자전거
③ 자가용 승용자동차
④ 사업용 화물자동차

> **해설** 제2종 보통면허로 운전할 수 있는 자동차
> ① 승용차(승차정원 10인 이하의 승합차 포함)
> ② 적재중량 4톤까지의 화물차
> ③ 원동기장치 자전거

14 제1종 보통면허로 운전할 수 없는 것은?

① 승차정원 15인승의 승합자동차
② 적재중량 11톤급의 화물자동차
③ 특수자동차(트레일러 및 레커를 제외)
④ 원동기 장치 자전거

> **해설** 제1종 보통면허로 운전할 수 있는 범위
> ① 승용자동차
> ② 승차정원 15인 이하의 승합자동차
> ③ 승차정원 12인 이하의 긴급자동차(승용 및 승합자동차에 한정한다.)
> ④ 적재중량 12톤 미만의 화물자동차
> ⑤ 건설기계(도로를 운행하는 3톤 미만의 지게차에 한한다.)
> ⑥ 총중량 10톤 미만의 특수자동차(트레일러 및 레커는 제외한다.)
> ⑦ 원동기장치 자전거

15 다음 중 무면허 운전에 해당되는 것은?

① 제2종 보통면허로 원동기장치 자전거 운전
② 제1종 보통면허로 12t 화물자동차를 운전
③ 제1종 대형면허로 긴급자동차 운전
④ 면허증을 휴대하지 않고 자동차를 운전

16 제1종 운전면허를 받을 수 없는 사람은?

① 두 눈의 시력이 각각 0.5이상인 사람
② 대형면허를 취득하려는 경우 보청기를 착용하지 않고 55데시벨의 소리를 들을 수 있는 사람
③ 두 눈을 동시에 뜨고 잰 시력이 0.1인 사람
④ 붉은색, 녹색, 노란색을 구별할 수 있는 사람

> **해설** 두 눈을 동시에 뜨고 잰 시력이 0.8 이상 일 것

17 범칙금 납부통지서를 받은 사람은 며칠 이내에 경찰청장이 정하는 곳에 납부하여야 하는가?

① 5일
② 10일
③ 15일
④ 30일

18 도로교통법에 의한 통고처분의 수령을 거부하거나 범칙금을 기간 안에 납부하지 못한 자는 어떻게 처리되는가?

① 면허증이 취소된다.
② 즉결 심판에 회부된다.
③ 연기신청을 한다.
④ 면허의 효력이 정지된다.

19 도로교통법상 과태료를 부과할 수 있는 대상자는?

① 운전자가 현장에 없는 주정차 위반 차의 고용주
② 무면허 운전을 한 운전자와 그 차의 사용자
③ 교통사고를 야기하고 손해배상을 하지 않은 운전자
④ 술에 취한 운전자로 하여금 운전하게 한 버스회사 사장

20 자동차 운전 중 교통사고를 일으킨 때 사고결과에 따른 벌점기준으로 틀린 것은?

① 부상신고 1명마다 2점
② 사망 1명마다 90점
③ 경상 1명마다 5점
④ 중상 1명마다 30점

> **해설** 교통사고 발생 후 벌점
> ① 사망 1명마다 90점 (사고발생으로부터 72시간 내에 사망한 때)
> ② 중상 1명마다 15점 (3주이상의 치료를 요하는 의사의 진단이 있는 사고)
> ③ 경상 1명마다 5점 (3주미만 5일이상의 치료를 요하는 의사의 진단이 있는 사고)
> ④ 부상신고 1명마다 2점 (5일미만의 치료를 요하는 의사의 진단이 있는 사고)

21 교통사고 발생 후 벌점기준으로 틀린 것은?

① 중상 1명마다 30점
② 사망 1명마다 90점
③ 경상 1명마다 5점
④ 부상신고 1명마다 2점

> **해설** 사망 1명마다 90점, 중상 1명마다 15점, 경상 1명마다 5점, 부상신고 1명마다 2점

22 도로교통법상 벌점의 누산 점수 초과로 인한 면허취소 기준 중 1년간 누산 점수는 몇 점인가?

① 121점
② 190점
③ 201점
④ 271점

> **해설** 누산점수 초과로 인한 면허취소 기준
> ① 1년간 121점 이상이면 면허를 취소한다.
> ② 2년간 201점 이상이면 면허를 취소한다.
> ③ 3년간 271점 이상이면 면허를 취소한다.

chapter 07 안전관리

안전관리

01 산업일반과 안전수칙 · 재해

01 안전관리의 가장 중요한 업무는?
① 사고책임자의 직무조사
② 사고원인 제공자 파악
③ 사고발생 가능성의 제거
④ 물품손상의 손해사정

02 안전제일에서 가장 먼저 선행되어야 하는 이념으로 맞는 것은?
① 재산보호
② 생산성 향상
③ 신뢰성 향상
④ 인명보호
해설 안전제일의 이념은 인명보호이다.

03 안전을 위하여 눈으로 보고 손으로 가리키고, 입으로 복창하며 귀로 듣고, 머리로 종합적인 판단을 하는 지적확인의 특성은?
① 안전태도를 형성한다.
② 지식수준을 높인다.
③ 육체적 기능수준을 높인다.
④ 의식을 강화한다.

04 산업안전 보건상 근로자의 의무사항으로 틀린 것은?
① 위험상황 발생시 작업 중지 및 대피
② 보호구 착용
③ 위험한 장소에는 출입금지
④ 사업장의 유해, 위험요인에 대한 실태파악 및 개선

05 안전교육의 목적으로 맞지 않는 것은?
① 위험에 대처하는 능력을 기른다.
② 소비절약 능력을 배양한다.
③ 능률적인 표준작업을 숙달시킨다.
④ 작업에 대한 주의심을 파악할 수 있게 한다.

06 하인리히가 말한 안전의 3요소가 아닌 것은?
① 관리적 요소
② 교육적 요소
③ 자본적 요소
④ 기술적 요소

07 하인리히의 사고 예방원리 5단계를 순서대로 나열한 것은?
① 조직, 사실의 발견, 평가분석, 시정책의 선정, 시정책의 적용
② 시정책의 적용, 조직, 사실의 발견, 평가분석, 시정책의 선정
③ 사실의 발견, 평가분석, 시정책의 선정, 시정책의 적용, 조직
④ 시정책의 선정, 시정책의 적용, 조직, 사실의 발견, 평가분석

08 점검주기에 따른 안전점검의 종류에 해당되지 않는 것은?
① 특별점검
② 정기점검
③ 구조점검
④ 수시점검
해설 안전점검의 종류에는 일상점검, 정기점검, 수시점검, 특별점검 등이 있다.

09 작업장에서 일상적인 안전점검의 가장 주된 목적은?
① 시설 및 장비의 설계 상태를 점검한다.
② 안전작업 표준의 적합 여부를 점검한다.
③ 위험을 사전에 발견하여 시정한다.
④ 관련법에 적합 여부를 점검하는데 있다.
해설 안전점검의 주된 목적은 위험을 사전에 발견하여 시정하기 위함이다.

10 작업장 안전을 위해 작업장의 시설을 정기적으로 안전점검을 하여야 하는데 그 대상이 아닌 것은?
① 설비의 노후화 속도가 빠른 것
② 노후화의 결과로 위험성이 큰 것
③ 작업자가 출퇴근 시 사용하는 것
④ 변조에 현저한 위험을 수반하는 것

11 안전점검의 일상점검표에 포함되어 있는 항목이 아닌 것은?
① 전기 스위치
② 작업자의 복장상태
③ 가동 중 이상소음
④ 폭풍 후 기계의 기능상 이상 유무

12 현장에서 작업자가 작업 안전상 꼭 알아두어야 할 사항은?
① 장비의 가격
② 종업원의 작업환경
③ 종업원의 기술정도
④ 안전규칙 및 수칙

13 근로자가 안전하게 작업을 할 수 있는 세부 작업행동 지침은?
① 작업지시
② 안전표지
③ 안전수칙
④ 작업수칙

14 장비점검 및 정비작업에 대한 안전수칙과 가장 거리가 먼 것은?
① 알맞은 공구는 사용해야 한다.
② 기관을 시동할 때 소화기를 비치하여야 한다.
③ 차체 용접시 배터리가 접지된 상태에서 한다.
④ 평탄한 위치에서 한다.
해설 차체를 용접할 경우에는 반드시 배터리 케이블을 분리한 상태에서 작업하여야 한다.

15 동력전달 장치의 안전수칙에 해당되지 않은 것은?
① 회전 중에는 기어에 손을 대지 말 것
② 벨트를 걸때는 저속으로 운전하여 걸 것
③ 벨트 및 기어에는 커버를 씌울 것
④ 커플링에는 키나 나사가 나오지 않도록 할 것

16 운반 작업 시 안전수칙 중 틀린 것은?
① 무거운 물건을 이동할 때 호이스트 등을 활용한다.
② 화물은 될 수 있는 대로 중심을 높게 한다.
③ 어깨보다 높이 들어 올리지 않는다.
④ 무리한 자세로 장시간 사용하지 않는다.

정답 1.③ 2.④ 3.④ 4.④ 5.② 6.③ 7.① 8.③ 9.③ 10.③ 11.④ 12.④ 13.③ 14.③ 15.② 16.②

17 건설기계 작업시 주의사항으로 틀린 것은?

① 운전석을 떠날 경우에는 기관을 정지시킨다.
② 작업시에는 항상 사람의 접근에 특별히 주의한다.
③ 주행시는 가능한 한 평탄한 지면으로 주행한다.
④ 후진시는 후진 후 사람 및 장애물 등을 확인한다.

18 작업 시 일반적인 안전에 대한 설명으로 틀린 것은?

① 회전되는 물체에 손을 대지 않는다.
② 장비는 취급자가 아니어도 사용한다.
③ 장비는 사용 전에 점검한다.
④ 장비 사용법은 사전에 숙지한다.

19 인간공학적 안전설정으로 페일세이프에 관한 설명 중 가장 적절한 것은?

① 안전도 검사방법을 말한다.
② 안전통제의 실패로 인하여 원상복귀가 가장 쉬운 사고의 결과를 말한다.
③ 안전사고 예방을 할 수 없는 물리적 불안전 조건과 불안전 인간의 행동을 말한다.
④ 인간 또는 기계에 과오나 동작상의 실패가 있어도 안전사고를 발생시키지 않도록 하는 통제책을 말한다.

> **해설** 페일세이프란 인간 또는 기계에 과오나 동작상의 실패가 있어도 안전사고를 발생시키지 않도록 하는 통제책이다.

20 ILO(국제노동기구)의 구분에 의한 근로불능 상해의 종류 중 응급조치 상해는?

① 1일 미만의 치료를 받고 다음부터 정상작업에 임할 수 있는 정도의 상해
② 2~3일의 치료를 받고 다음부터 정상작업에 임할 수 있는 정도의 상해
③ 1주 미만의 치료를 받고 다음부터 정상작업에 임할 수 있는 정도의 상해
④ 2주 미만의 치료를 받고 다음부터 정상작업에 임할 수 있는 정도의 상해

> **해설** ILO(국제노동기구)의 구분에 의한 근로불능 상해의 종류 중 응급조치 상해란 1일 미만의 치료를 받고 다음부터 정상작업에 임할 수 있는 정도의 상해를 말한다.

21 안전사고와 부상의 종류에서 재해의 분류상 중상해는?

① 부상으로 1주 이상의 노동손실을 가져온 상해 정도
② 부상으로 2주 이상의 노동손실을 가져온 상해 정도
③ 부상으로 3주 이상의 노동손실을 가져온 상해 정도
④ 부상으로 4주 이상의 노동손실을 가져온 상해 정도

> **해설** ① **경상해** : 부상으로 1일 이상 14일 이하의 노동손실을 가져온 상해 정도
> ② **중상해** : 부상으로 인하여 2주 이상의 노동손실을 가져온 상해 정도

22 산업재해 부상의 종류별 구분에서 경상해란?

① 부상으로 1일 이상 14일 이하의 노동손실을 가져온 상해정도
② 응급처치 이하의 상처로 작업에 종사하면서 치료를 받는 상해 정도
③ 부상으로 인하여 2주 이상의 노동 손실을 가져온 상해 정도
④ 업무상 목숨을 잃게 되는 경우

> **해설** 경상해란 부상으로 1일 이상 14일 이하의 노동손실을 가져온 상해정도를 말한다.

23 사고의 결과로 인하여 인간이 입는 인명피해와 재산상의 손실을 무엇이라 하는가?

① 재해   ② 안전
③ 사고   ④ 부상

24 재해조사 목적을 가장 옳게 설명한 것은?

① 재해를 발생케 한 자의 책임을 추궁하기 위하여
② 재해 발생에 대한 통계를 작성하기 위하여
③ 작업능률 향상과 근로기강 확립을 위하여
④ 적절한 예방대책을 수립하기 위하여

> **해설** 재해조사의 목적은 재해의 원인과 자체의 결함 등을 규명함으로써 동종의 재해 및 유사 재해의 발생을 방지하기 위한 예방대책을 강구하기 위해서 실시한다.

25 재해조사의 직접적인 목적에 해당되지 않는 것은?

① 동종 재해의 재발 방지
② 유사 재해의 재발 방지
③ 재해관련 책임자 문책
④ 재해 원인의 규명 및 예방자료 수집

26 산업재해를 예방하기 위한 재해예방 4원칙으로 적당치 못한 것은?

① 대량생산의 원칙   ② 예방가능의 원칙
③ 원인계기의 원칙   ④ 대책선정의 원칙

> **해설** **재해예방의 4원칙**
> ① 예방가능의 원칙   ② 손실우연의 원칙
> ③ 원인연계의 원칙   ④ 대책선정의 원칙

27 산업재해 방지대책을 수립하기 위하여 위험요인을 발견하는 방법으로 가장 적합한 것은?

① 안전점검   ② 재해사후 조치
③ 경영층 참여와 안진조직 진단 ④ 안전대책 회의

28 산업공장에서 재해의 발생을 적게 하기 위한 방법 중 틀린 것은?

① 폐기물은 정해진 위치에 모아둔다.
② 공구는 소정의 장소에 보관한다.
③ 소화기 근처에 물건을 적재한다.
④ 통로나 창문 등에 물건을 세워 놓아서는 안 된다.

29 자연적 재해가 아닌 것은?

① 방화   ② 홍수
③ 태풍   ④ 지진

30 사고의 원인 중 가장 많은 부분을 차지하는 것은?

① 불가항력   ② 불안전한 환경
③ 불안전한 행동   ④ 불안전한 지시

31 재해의 복합발생 요인이 아닌 것은?

① 환경의 결함   ② 사람의 결함
③ 품질의 결함   ④ 시설의 결함

32 재해발생 원인에 속하는 것은?

① 품질   ② 환경
③ 시설   ④ 사람

33 불안전한 조명, 불안전한 환경, 방호장치의 결함으로 인하여 오는 산업재해 요인은?

① 지적 요인
② 인위적 요인
③ 신체적 요인
④ 물적 요인

34 재해의 원인 중 생리적인 원인에 해당되는 것은?

① 작업자의 피로
② 작업복의 부적당
③ 안전장치의 불량
④ 안전수칙의 미준수

35 사고를 일으킬 수 있는 직접적인 재해의 원인은?

① 경험, 훈련 미숙
② 안전 의식 부족
③ 인원 배치 부적당
④ 위험 장소 접근

36 사고의 직접원인으로 가장 적합한 것은?

① 유전적인 요소
② 불안전한 행동 및 상태
③ 사회적 환경요인
④ 성격결함

37 산업재해는 직접원인과 간접원인으로 구분되는데 다음 직접원인 중에서 인적 불안전 행위가 아닌 것은?

① 작업태도 불안전
② 위험한 장소의 출입
③ 기계공구의 결함
④ 작업복의 부적당

38 사고의 원인 중 불안전한 행동이 아닌 것은?

① 허가 없이 기계장치 운전
② 사용 중인 공구에 결함 발생
③ 작업 중 안전장치 기능 제거
④ 부적당한 속도로 기계장치 운전

39 불안전한 행동으로 인하여 오는 산업재해가 아닌 것은?

① 불안전한 자세
② 안전구의 미착용
③ 방호장치의 결함
④ 안전장치의 기능제거

40 건설기계 장비를 조작함에 있어 불안전한 행동과 상태를 발견하기 위해 필요로 하는 사항이 아닌 것은?

① 기계장치 기구 등의 각 부분이 양호한 상태인가?
② 안전장치 등이 확실하게 사용되고 있는가?
③ 작업자의 행동은 안전기준에 적합한가?
④ 건설장치 연식이 내구연한에 적합한가?

41 재해의 간접원인이 아닌 것은?

① 자본적 원인
② 신체적 원인
③ 교육적 원인
④ 기술적 원인

42 사고로 인한 재해가 가장 많이 발생할 수 있는 것은?

① 종감속 기어
② 변속기
③ 벨트, 풀리
④ 차동장치

43 벨트 전동장치에 내재된 위험적 요소로 의미가 다른 것은?

① 트랩(Trap)
② 충격(Impact)
③ 접촉(Contact)
④ 말림(Entanglement)

44 산업재해의 분류에서 사람이 평면상으로 넘어졌을 때(미끄러짐 포함)를 말하는 것은?

① 낙하
② 충돌

③ 전도
④ 추락

45 체인이나 벨트, 풀리 등에서 일어나는 사고로 기계의 운동 부분 사이에 신체가 끼는 사고는?

① 접촉
② 충격
③ 얽힘
④ 협착

46 재해 유형에서 중량물을 들어 올리거나 내릴 때 손 또는 발이 취급 중량물과 물체에 끼어 발생하는 것은?

① 전도
② 낙하
③ 감전
④ 협착

47 연 100만 근로 시간당 몇 건의 재해가 발생했는가의 재해율 산출을 무엇이라 하는가?

① 연천인율
② 도수율
③ 강도율
④ 천인율

[해설] 재해율
① 도수율 : 안전사고 발생 빈도로 근로시간 100만 시간당 발생하는 사고건수 즉, (재해건수/연근로시간수)×1,000,000
② 강도율 : 안전사고의 강도로 근로시간 1,000시간당의 재해에 의한 노동 손실 일수
③ 연천인율 : 1년 동안 1,000명의 근로자가 작업할 때 발생하는 사상자의 비율 즉, (재해자 수/평균근로자 수)×1000

48 근로자 1000명 당 1년간에 발생하는 재해자 수를 나타낸 것은?

① 도수율
② 강도율
③ 연천인율
④ 사고율

49 재해율 중 연천인율을 구하는 계산식은?

① (재해율 × 근로자수) / 1,000
② 재해자수 / 연평균 근로자수
③ 강도율 × 1,000
④ (연간 재해자수/연평균근로자수) × 1,000

[해설] 연천인율 : 1년 동안 1,000명의 근로자가 작업할 때 발생하는 사상자의 비율 즉 (재해자 수/연평균근로자 수)×1000

50 구급처치 중에서 환자의 상태를 확인하는 사항과 거리가 먼 것은?

① 의식
② 격리
③ 상처
④ 출혈

51 사고로 인하여 위급한 환자가 발생하였다. 의사의 치료를 받기 전까지 응급처치를 실시할 때 응급처치 실시자의 준수사항으로 가장 거리가 먼 것은?

① 사고 현장 조사를 실시한다.
② 원칙적으로 의약품의 사용은 피한다.
③ 의식 확인이 불가능하여도 생사를 임의로 판정하지 않는다.
④ 정확한 방법으로 응급처치를 한 후 반드시 의사의 치료를 받도록 한다.

52 세척작업 중 알칼리 또는 산성 세척유가 눈에 들어갔을 경우 가장 먼저 조치하여야 하는 응급처치는?

① 수돗물로 씻어낸다.
② 눈을 크게 뜨고 바람 부는 쪽을 향해 눈물을 흘린다.
③ 알칼리성 세척유가 눈에 들어가면 붕산수를 구입하여 중화시킨다.
④ 산성 세척유가 눈에 들어가면 병원으로 후송하여 알칼리성으로 중화시킨다.

정답 33.④ 34.① 35.④ 36.② 37.③ 38.② 39.③ 40.④ 41.① 42.③ 43.② 44.③ 45.④ 46.④ 47.② 48.③ 49.④ 50.② 51.① 52.①

53 화상을 입었을 때 응급조치로 가장 적합한 것은?

① 옥도정기를 바른다.
② 메틸알코올에 담근다.
③ 아연화연고를 바르고 붕대를 감는다.
④ 찬물에 담갔다가 아연화연고를 바른다.

54 작업 중 기계에 손이 끼어 들어가는 안전사고가 발생했을 경우 우선적으로 해야 할 것은?

① 신고부터 한다.
② 응급처치를 한다.
③ 기계의 전원을 끈다.
④ 신경 쓰지 않고 계속 작업한다.

55 추락 위험이 있는 장소에서 작업할 때 안전관리 상 어떻게 하는 것이 가장 좋은가?

① 안전띠 또는 로프를 사용한다.
② 일반 공구를 사용한다.
③ 이동식 사다리를 사용하여야 한다.
④ 고정식 사다리를 사용하여야 한다.

02 작업장 및 기계운전

01 운반 작업을 하는 작업장의 통로에서 통과 우선순위로 가장 적당한 것은?

① 짐차−빈차−사람
② 빈차−짐차−사람
③ 사람−짐차−빈차
④ 사람−빈차−짐차

해설 운반 작업을 하는 작업장의 통로에서 통과 우선순위는 짐차−빈차−사람이다.

02 작업장 내의 안전한 통행을 위하여 지켜야 할 사항이 아닌 것은?

① 주머니에 손을 넣고 보행하지 말 것
② 좌측 또는 우측통행 규칙을 엄수할 것
③ 운반차를 이용할 때에는 가능한 빠른 속도로 주행할 것
④ 물건을 든 사람과 만났을 때는 즉시 길을 양보할 것

03 작업장에서 수공구 재해예방 대책으로 잘못된 사항은?

① 결함이 없는 안전한 공구사용
② 공구의 올바른 사용과 취급
③ 공구는 항상 오일을 바른 후 보관
④ 작업에 알맞은 공구 사용

04 작업장에 대한 안전관리 상 설명으로 틀린 것은?

① 항상 청결하게 유지한다.
② 작업대 사이, 또는 기계 사이의 통로는 안전을 위한 일정한 너비가 필요하다.
③ 공장바닥은 폐유를 뿌려 먼지 등이 일어나지 않도록 한다.
④ 전원 콘센트 및 스위치 등에 물을 뿌리지 않는다.

05 공장 내 안전수칙으로 옳은 것은?

① 기름걸레나 인화물질은 철재 상자에 보관한다.
② 공구나 부속품을 닦을 때에는 휘발유를 사용한다.
③ 차가 잭에 의해 올려져 있을 때는 직원 외는 차내 출입을 삼가 한다.
④ 높은 곳에서 작업 시 훅을 놓치지 않게 잘 잡고, 체인블록을 이용한다.

06 작업장의 안전수칙 중 틀린 것은?

① 공구는 오래 사용하기 위하여 기름을 묻혀서 사용한다.
② 작업복과 안전장구는 반드시 착용한다.
③ 각종기계를 불필요하게 공회전 시키지 않는다.
④ 기계의 청소나 손질은 운전을 정지시킨 후 실시한다.

07 작업장에서 지켜야 할 준수사항이 아닌 것은?

① 불필요한 행동을 삼가 할 것
② 작업장에서는 급히 뛰지 말 것
③ 대기 중인 차량에는 고임목을 고여 둘 것
④ 공구를 전달할 경우 시간절약을 위해 가볍게 던질 것

08 작업장의 정리정돈에 대한 설명으로 틀린 것은?

① 통로 한쪽에 물건을 보관한다.
② 사용이 끝난 공구는 즉시 정리한다.
③ 폐자재는 지정된 장소에 보관한다.
④ 공구 및 재료는 일정한 장소에 보관한다.

09 작업시 안전사항으로 준수해야 할 사항 중 틀린 것은?

① 정전 시는 반드시 스위치를 끊을 것
② 딴 볼일이 있을 때는 기기 작동을 자동으로 조정하고 자리를 비울 것
③ 고장중의 기기에는 반드시 표식을 할 것
④ 대형 물건을 기중 작업할 때는 서로 신호의 의거할 것

10 작업환경 개선방법으로 가장 거리가 먼 것은?

① 채광을 좋게 한다.
② 조명을 밝게 한다.
③ 부품을 신품으로 모두 교환한다.
④ 소음을 줄인다.

11 작업장의 사다리식 통로를 설치하는 관련법상 틀린 것은?

① 견고한 구조로 할 것
② 발판의 간격은 일정하게 할 것
③ 사다리가 넘어지거나 미끄러지는 것을 방지하기 위한 조치를 할 것
④ 사다리식 통로의 길이가 10m 이상인 때에는 접이식으로 설치할 것

12 안전장치 선정시의 고려사항에 해당되지 않는 것은?

① 위험부분에는 안전방호 장치가 설치되어 있을 것
② 강도나 기능 면에서 신뢰도가 클 것
③ 작업하기에 불편하지 않는 구조 일 것
④ 안전장치 기능제거를 용이하게 할 것

13 기계운전 및 작업시 안전 사항으로 맞는 것은?

① 작업의 속도를 높이기 위해 레버 조작을 빨리 한다.
② 장비 승·하차 시에는 장비에 장착된 손잡이 및 발판을 사용한다.
③ 장비의 무게는 무시해도 된다.
④ 작업도구나 적재물이 장애물에 걸려도 동력에 무리가 없으므로 그냥 작업한다.

14 기계시설의 안전 유의사항에 맞지 않는 것은?

① 회전부분(기어, 벨트, 체인) 등은 위험하므로 반드시 커버를 씌워둔다.
② 발전기, 용접기, 엔진 등 장비는 한 곳에 모아서 배치한다.
③ 작업장의 통로는 근로자가 안전하게 다닐 수 있도록 정리정돈한다.
④ 작업장의 바닥은 보행에 지장을 주지 않도록 청결하게 유지한다.

해설 발전기, 용접기, 엔진 등 소음이 나는 장비는 분산시켜 배치한다.

15 기계취급에 관한 안전수칙 중 잘못된 것은?
① 기계운전 중에는 자리를 지킨다.
② 기계의 청소는 작동 중에 수시로 한다.
③ 기계운전 중 정전시는 즉시 주 스위치를 끈다.
④ 기계공장에서는 반드시 작업복과 안전화를 착용한다.

16 기계 및 기계 장치 취급시 사고 발생 원인이 아닌 것은?
① 안전장치 및 보호장치가 잘 되어 있지 않을 때
② 기계 및 기계장치가 넓은 장소에 설치되어 있을 때
③ 정리 정돈 및 조명 장치가 잘 되어 있지 않을 때
④ 불량 공구를 사용할 때

17 작업 중 기계장치에서 이상한 소리가 날 경우 작업자가 해야 할 조치로 가장 적합한 것은?
① 진행 중인 작업은 계속하고 작업종료 후에 조치한다.
② 장비를 멈추고 열을 식힌 후 계속 작업한다.
③ 속도를 조금 줄여 작업한다.
④ 즉시, 작동을 멈추고 점검한다.

18 기계기구 또는 설비에 설치한 방호장치를 해체하거나 사용을 정지할 수 있는 경우로 틀린 것은?
① 방호장치의 수리 시   ② 방호장치의 정기점검 시
③ 방호장치의 교체 시   ④ 방호장치의 조정 시

19 기계작업 시 접근하였을 때 위험하여 적절한 안전거리를 유지하여야 한다. 가장 안전거리를 크게 유지하여야 하는 것은?
① 프레스   ② 절단기
③ 선반   ④ 전동 띠톱 기계
해설 전동 띠톱 기계를 사용할 때에는 충분한 안전거리를 유지하여야 한다.

20 기계설비의 안전 확보를 위한 사항 중 사용상의 잘못이 아닌 것은?
① 주위환경   ② 설치방법
③ 무부하 사용   ④ 조작방법

03 전기장치 · 연삭기 · 드릴 작업안전

01 전기회로의 안전사항으로 설명이 잘못된 것은?
① 전기장치는 반드시 접지하여야 한다.
② 퓨즈는 용량이 맞는 것을 끼워야 한다.
③ 모든 계기는 사용 시 최대 측정 범위를 초과하지 않도록 해야 한다.
④ 전선의 접촉은 접촉저항이 크게 하는 것이 좋다.
해설 전선의 접촉은 접촉저항이 적어야 한다.

02 감전사고 예방요령으로 틀린 것은?
① 젖은 손으로는 전기기기를 만지지 않는다.
② 코드를 뺄 때에는 반드시 플러그의 몸체를 잡고 뺀다.
③ 전력선에 물체를 접촉하지 않는다.
④ 220V는 저압이므로 접촉해도 인체에는 위험이 없다.

03 다음 중 감전 재해의 요인이 아닌 것은?
① 충전부에 직접 접촉하거나 안전거리 이내로 접근 시
② 절연 열화손상파손 등에 의해 누전된 전기기기 등에 접촉 시
③ 작업 시 절연장비 및 안전장구 착용
④ 전기기기 등의 외함과 대지간의 정전용량에 의한 전압 발생부분 접촉 시

04 다음 중 감전 재해 방지책으로 틀린 것은?
① 전기설비에 약간의 물을 뿌려 감전여부를 확인한다.
② 전기기기에 위험표시를 한다.
③ 작업자에게 사전 안전교육을 시킨다.
④ 작업자에게 보호구를 착용시킨다.

05 작업장에서 전기가 예고 없이 정전 되었을 경우 전기로 작동하던 기계기구의 조치방법 중 틀린 것은?
① 즉시 스위치를 끈다.
② 안전을 위해 작업장을 정리해 놓는다.
③ 퓨즈의 단락 유·무를 검사한다.
④ 전기가 들어오는 것을 알기 위해 스위치를 넣어둔다.

06 전기장치의 퓨즈가 끊어져서 다시 새것으로 교체하였으나 또 끊어졌다면 어떤 조치가 가장 옳은가?
① 계속 교체한다.
② 용량이 큰 것으로 갈아 끼운다.
③ 구리선이나 납선으로 바꾼다.
④ 전기장치의 고장개소를 찾아 수리한다.

07 건설현장의 이동식 전기기계·기구에 감전사고 방지를 위한 설비로 맞는 것은?
① 시건 장치   ② 접지설비
③ 피뢰기 설비   ④ 대지전위상승장치
해설 접지설비는 전기기계·기구에 감전사고 방지를 위한 설비이다.

08 안전관리 상 감전의 위험이 있는 곳의 전기를 차단하여 수리·점검할 때의 조치와 관계가 없는 것은?
① 스위치에 통전장치를 한다.
② 기타 위험에 대한 방지장치를 한다.
③ 스위치에 안전장치를 한다.
④ 통전 금지기간에 관한 사항이 있을시 필요한 곳에 게시한다.

09 일반적으로 연삭기에 부착해야 하는 안전 방호장치는?
① 안전 덮개   ② 급발진 장치
③ 양수 조작식 방호장치   ④ 광전식 안전 방호장치

10 연삭기 사용 작업 시 발생할 수 있는 사고와 가장 거리가 먼 것은?
① 회전하는 연삭숫돌의 파손   ② 비산하는 입자
③ 작업자의 발이 협착   ④ 작업자의 손이 말려들어감

11 연삭 작업시 반드시 착용해야 하는 보호구는?
① 방독면   ② 보안경
③ 안전 장갑   ④ 방한복

12 연삭기의 안전한 사용방법이 아닌 것은?
① 숫돌 측면 사용 제한
② 보안경과 방진마스크 착용
③ 숫돌덮개 설치 후 작업
④ 숫돌 받침대 간격 가능한 넓게 유지
　해설　숫돌 받침대 간격은 3mm 이하로 하여야 한다.

13 연삭작업 시 주의사항으로 틀린 것은?
① 숫돌 측면을 사용하지 않는다.
② 작업은 반드시 보안경을 쓰고 작업한다.
③ 연삭작업은 숫돌차의 정면에 서서 작업한다.
④ 연삭숫돌에 일감을 세게 눌러 작업하지 않는다.

14 탁상용 연삭기 사용시 안전수칙으로 바르지 못한 것은?
① 받침대는 숫돌차의 중심보다 낮게 하지 않는다.
② 숫돌차의 주면과 받침대는 일정 간격으로 유지해야 한다.
③ 숫돌차를 나무해머로 가볍게 두드려 보아 맑은 음이 나는가 확인한다.
④ 숫돌차의 측면에 서서 연삭해야 하며, 반드시 차광안경을 착용한다.
　해설　연삭작업의 안전수칙은 ①, ②, ③항 이외에 숫돌차의 측면에 서서 연삭해야 하며, 반드시 보안경을 착용한다.

15 드릴작업의 안전수칙이 아닌 것은?
① 장갑을 끼고 작업하지 않는다.
② 일감은 견고하게 고정시키고 손으로 잡고 돌리지 않는다.
③ 드릴을 끼운 후에 척 렌치는 그대로 둔다.
④ 칩을 제거할 때는 회전을 중지시킨 상태에서 솔로 제거한다.
　해설　드릴을 끼운 후에 척 렌치는 분리한다.

16 드릴 작업시 재료 밑의 받침을 무엇이 적당한가?
① 나무판   ② 연강판
③ 스테인리스판   ④ 벽돌

17 드릴머신으로 구멍을 뚫을 때 일감 자체가 가장 회전하기 쉬운 때는 어느 때 인가?
① 구멍을 처음 뚫기 시작할 때
② 구멍을 중간쯤 뚫었을 때
③ 구멍을 처음과 뚫기 시작할 때와 거의 뚫었을 때
④ 구멍을 거의 뚫었을 때
　해설　드릴머신으로 구멍을 뚫을 때 구멍을 거의 뚫었을 때 일감 자체가 회전하기 쉽다.

18 차체에 드릴 작업시 주의사항으로 틀린 것은?
① 작업시 내부의 파이프는 관통시킨다.
② 작업시 내부에 배선이 없는지 확인한다.
③ 작업 후에는 내부에서 드릴 날 끝으로 인해 손상된 부품이 없는지 확인한다.
④ 작업 후에는 반드시 녹의 발생을 방지하기 위해 드릴 구멍에 페인트 칠을 해둔다.

19 드릴작업 시 유의사항으로 잘못된 것은?
① 작업 중 칩 제거를 금지한다.
② 작업 중 면장갑 착용을 금한다.
③ 작업 중 보안경 착용을 금한다.
④ 균열이 있는 드릴은 사용을 금한다.

04 가스 · 벨트 · 운반 · 기중기 작업안전

01 인화성 물질이 아닌 것은?
① 아세틸렌가스   ② 가솔린
③ 프로판가스   ④ 산소
　해설　산소는 다른 물질이 타는 것을 도와주는 가스이다.

02 전등 스위치가 옥내에 있으면 안 되는 경우는?
① 건설기계 장비 차고   ② 절삭유 저장소
③ 카바이드 저장소   ④ 기계류 저장소
　해설　카바이드에서는 아세틸렌가스가 발생하므로 전등 스위치가 옥내에 있으면 안 된다.

03 가연성 가스 저장실에 안전사항으로 옳은 것은?
① 기름걸레를 이용하여 통과 통 사이에 끼워 충격을 적게 한다.
② 휴대용 전등을 사용한다.
③ 담배 불을 가지고 출입한다.
④ 조명은 백열등으로 하고 실내에 스위치를 설치한다.

04 가스가 새어 나오는 것을 검사할 때 가장 적합한 것은?
① 비눗물을 발라본다.   ② 손수한 물을 발라본다.
③ 기름을 발라본다.   ④ 촛불을 대어 본다.

05 폭발의 우려가 있는 가스 또는 분진이 발생하는 장소에서 지켜야 할 사항에 속하지 않는 것은?
① 화기 사용금지
② 인화성 물질 사용금지
③ 불연성 재료의 사용금지
④ 점화의 원인이 될 수 있는 기계 사용금지
　해설　폭발의 우려가 있는 가스 또는 분진이 발생하는 장소에서 지켜야 할 사항은 ①, ②, ④항 이외에 가연성 재료의 사용금지이다.

06 벨트에 대한 안전사항으로 틀린 것은?
① 벨트의 이음쇠는 돌기가 없는 구조로 한다.
② 벨트를 걸거나 벗길 때에는 기계를 정지한 상태에서 실시한다.
③ 벨트가 풀리에 감겨 돌아가는 부분은 커버나 덮개를 설치한다.
④ 바닥면으로부터 2m 이내에 있는 벨트는 덮개를 제거한다.

07 벨트 취급에 대한 안전사항 중 틀린 것은?
① 벨트를 교환시 회전을 완전히 멈춘 상태에서 한다.
② 벨트의 회전을 정지할 때 손으로 잡는다.
③ 벨트의 적당한 장력을 유지하도록 한다.
④ 고무벨트에는 기름이 묻지 않도록 한다.
　해설　벨트 취급방법은 ①, ③, ④항 이외에 벨트의 회전을 정지할 때에 손으로 잡아서는 안 된다.

08 풀리에 벨트를 걸거나 벗길 때 안전하게 하기위한 작동상태는?
① 중속인 상태
② 정지한 상태
③ 역회전 상태
④ 고속인 상태

09 기계의 회전부분(기어, 벨트, 체인)에 덮개를 설치하는 이유는?
① 좋은 품질의 제품을 얻기 위하여
② 회전부분과 신체의 접촉을 방지하기 위하여
③ 회전부분의 속도를 높이기 위하여
④ 제품의 제작과정을 숨기기 위하여

10 V벨트나 평 벨트 또는 기어가 회전하면서 접선 방향으로 물리는 장소에 설치되는 방호장치는?
① 위치제한 방호장치
② 접근 반응형 방호장치
③ 덮개형 방호장치
④ 격리형 방호장치

🔍**해설** **방호장치의 종류**
① 위치 제한형 방호장치 : 위험을 초래할 가능성이 있는 기계에서 작업자나 직접 그 기계와 관련되어 있는 조작자의 신체부위가 위험한계 밖에 있도록 의도적으로 기계의 조작 장치를 기계에서 일정거리이상 떨어지게 설치해 놓고, 조작하는 두 손 중에서 어느 하나가 떨어져도 기계의 동작을 멈추게 하는 장치이다.
② 접근 반응형 방호장치 : 작업자의 신체부위가 위험한계 또는 그 인접한 거리로 들어오면 이를 감지하여 그 즉시 동작하던 기계를 정지시키거나 스위치가 꺼지도록 하는 방호법이다.
③ 덮개형 방호조치 : 작업점 외에 직접 사람이 접촉하여 말려들거나 다칠 위험이 있는 위험 장소를 덮어씌우는 방법으로 V벨트나 평 벨트 또는 기어가 회전하면서 접선방향으로 물려 들어가는 장소에 많이 설치한다.
④ 격리형 방호장치 : 작업장 외에 직접 사람이 접촉하여 말려들거나 다칠 위험이 있는 장소를 덮어씌우는 방호장치 방법이다.
⑤ 완전 차단형 방호조치 : 어떠한 방향에서도 위험장소까지 도달할 수 없도록 완전히 차단하는 것이다.

11 작업장 외에 직접 사람이 접촉하여 말려들거나 다칠 위험이 있는 장소를 덮어씌우는 방호장치는?
① 격리형 방호장치
② 위치 제한형 방호장치
③ 포집형 방호장치
④ 접근 거부형 방호장치

12 인력운반에 대한 기계운반의 특징이 아닌 것은?
① 단순하고 반복적인 작업에 적합
② 취급물이 경량물인 작업에 적합
③ 취급물의 크기, 형상, 성질 등이 일정한 작업에 적합
④ 표준화되어 있어 지속적이고 운반량이 많은 작업에 적합

13 중량물 운반 작업 시 착용해야 할 안전화는?
① 중작업용
② 보통작업용
③ 경작업용
④ 절연용

14 무거운 짐을 이동할 때 적당하지 않은 것은?
① 힘겨우면 기계를 이용한다.
② 기름이 묻은 장갑을 끼고 한다.
③ 지렛대를 이용한다.
④ 2인 이상이 작업할 때는 힘센 사람과 약한 사람과의 균형을 잡는다.

15 물품을 운반할 때 주의할 사항으로 틀린 것은?
① 가벼운 화물은 규정보다 많이 적재하여도 된다.
② 안전사고 예방에 가장 유의한다.
③ 정밀한 물건을 쌓을 때는 상자에 넣도록 한다.
④ 약하고 가벼운 것은 위에 무거운 것을 밑에 쌓는다.

🔍**해설** 물품을 운반할 때 주의할 사항은 ②, ③, ④항 이외에 가벼운 화물이라도 규정보다 많이 적재해서는 안 된다.

16 운반 작업 시 지켜야 할 사항으로 옳은 것은?
① 운반 작업은 장비를 사용하기 보다는 가능한 많은 인력을 동원하여 하는 것이 좋다.
② 인력으로 운반 시 무리한 자세로 장시간 취급하지 않는다.
③ 인력으로 운반 시 보조구를 사용하되 몸에서 멀리 떨어지게 하고, 가슴위치에서 하중이 걸리게 한다.
④ 통로 및 인도에 가까운 곳에서는 빠른 속도로 벗어나는 것이 좋다.

17 다음은 물건을 여러 사람이 공동으로 운반할 때의 안전사항과 거리가 먼 것은?
① 명령과 지시는 한사람이 한다.
② 최소한 한손으로는 물건을 받친다.
③ 앞쪽에 있는 사람이 부하를 적게 담당한다.
④ 긴 화물은 같은 쪽의 어깨에 올려서 운반한다.

18 공장에서 엔진 등 중량물을 이동하려고 한다. 가장 좋은 방법은?
① 여러 사람이 들고 조용히 움직인다.
② 체인블록이나 호이스트를 사용한다.
③ 로프로 묶어 인력으로 당긴다.
④ 지렛대를 이용하여 움직인다.

19 체인블록을 사용할 때 가장 옳다고 생각되는 것은?
① 체인이 느슨한 상태에서 급격히 잡아당기면 재해가 발생할 수 있다.
② 밧줄은 무조건 굵은 것을 사용하여야 한다.
③ 기관을 들어 올릴 때에는 반드시 체인으로 묶어야 한다.
④ 이동시에는 무조건 최단거리 코스로 빠른 시간 내에 이동시켜야 한다.

20 일정규모 이상의 지진이 발생한 후 크레인을 사용하여 작업을 하는 때에는 미리 크레인의 각 부위의 이상 유무를 점검하여야 하는데, 이때 일정 규모는?
① 약진 이상
② 중진 이상
③ 진도 1 이상
④ 진도 2 이상

🔍**해설** 중진 이상의 지진이 발생한 후 크레인을 사용하여 작업을 하는 때에는 미리 크레인의 각 부위의 이상 유무를 점검하여야 한다.

21 크레인 인양 작업시 줄 걸이 안전사항으로 적합하지 않는 것은?
① 신호자는 크레인 운전자가 잘 볼 수 있는 안전한 위치에서 행한다.
② 2인 이상의 고리 걸이 작업시에는 상호 간에는 소리를 내면서 행한다.
③ 신호자는 원칙적으로 1인이다.
④ 권상 작업시 지면에 있는 보조자는 와이어로프를 손으로 꼭 잡아 하물이 흔들리지 않게 하여야 한다.

22 인양작업 시 하물의 중심에 대하여 필요한 사항을 설명한 것으로 틀린 것은?
① 하물의 중량 중심을 정확히 판단할 것
② 하물 중량 중심은 스윙을 고려하여 여유 옵셋을 확보할 것
③ 하물 중량 중심의 바로 위에 훅을 유도할 것
④ 하물 중량 중심이 하물의 위에 있는 것과 좌우로 치우쳐있는 것은 특히 경사지지 않도록 주의할 것

정답 8.② 9.② 10.③ 11.① 12.② 13.① 14.② 15.① 16.② 17.③ 18.② 19.① 20.② 21.④ 22.②

23 2줄 걸이로 하물을 인양 시 인양 각도가 커지면 로프에 걸리는 장력은?

① 감소한다.   ② 증가한다.
③ 변화가 없다.   ④ 장소에 따라 다르다.

해설 인양각도가 커지면 로프에 걸리는 장력은 증가한다.

24 크레인으로 물건을 운반할 때 주의사항으로 틀린 것은?

① 규정 무게보다 약간 초과할 수 있다.
② 적재물이 떨어지지 않도록 한다.
③ 로프 등의 안전여부를 항상 점검한다.
④ 선회 작업시 사람이 다치지 않도록 한다.

25 크레인 작업방법으로 틀린 것은?

① 경우에 따라서는 수직방향으로 달아 올린다.
② 신호수의 신호에 따라 작업한다.
③ 제한하중 이상의 것은 달아 올리지 않는다.
④ 항상 수평으로 달아 올려야 한다.

해설 기중기로 작업을 할 때에는 ①, ②, ③항을 준수하여야 한다.

26 원목처럼 길이가 긴 화물을 외줄 달기 슬링 용구를 사용하여 크레인으로 물건을 안전하게 달아 올릴 때의 방법으로 가장 거리가 먼 것은?

① 슬링을 거는 위치를 한쪽으로 약간 치우치게 묶고 화물의 중량이 많이 걸리는 방향을 아래쪽으로 향하게 들어올린다.
② 제한용량 이상을 달지 않는다.
③ 수평으로 달아 올린다.
④ 신호에 따라 움직인다.

해설 외줄 달기를 할 경우에는 화물이 회전하여 위험하므로 수평으로 달아 올리지 않는다.

27 다음 중 크레인을 이용한 작업방법 중 안전기준에 해당하지 않는 것은?

① 급회전하지 않는다.
② 작업 중 시계가 양호한 방향으로 선회한다.
③ 작업 중인 크레인의 작업 반경 내에 접근하지 않는다.
④ 크레인을 이용하여 화물을 운반할 때 붐의 각도는 20도 이하 또는 78도 이상으로 하여 작업한다.

해설 크레인을 이용하여 화물을 운반할 때 붐의 각도는 20도 이상 또는 78도 이하로 하여 작업한다.

28 크레인으로 화물을 적재할 때의 안전수칙으로 틀린 것은?

① 시야가 양호한 방향으로 선회한다.
② 조종사의 주의력을 혼란스럽게 하는 일은 금한다.
③ 작업 중인 크레인의 운전반경 내에 접근을 금지한다.
④ 작업 중인 조종사와는 휴대폰으로 연락한다.

29 크레인으로 무거운 물건을 위로 달아 올릴 때 주의할 점이 아닌 것은?

① 달아 올릴 화물의 무게를 파악하여 제한하중 이하에서 작업한다.
② 매달린 화물이 불안전하다고 생각될 때는 작업을 중지한다.
③ 신호의 규정이 없으므로 작업자가 적절히 한다.
④ 신호자의 신호에 따라 작업한다.

30 크레인으로 인양 시 물체의 중심을 측정하여 인양하여야 한다. 다음 중 잘못된 것은?

① 형상이 복잡한 물체의 무게 중심을 확인한다.
② 인양물체를 서서히 올려 지상 약 30cm지점에서 정지하여 확인한다.
③ 인양물체의 중심이 높으면 물체가 기울 수 있다.
④ 와이어로프나 매달기용 체인이 벗겨질 우려가 있으면 되도록 높이 인양한다.

05   작업복 · 안전장구 · 보호구

01 작업복에 대한 설명으로 적합하지 않은 것은?

① 작업복은 몸에 알맞고 동작이 편해야 한다.
② 착용자의 연령, 성별 등에 관계없이 일률적인 스타일을 선정해야 한다.
③ 작업복은 항상 깨끗한 상태로 입어야 한다.
④ 주머니가 너무 많지 않고, 소매가 단정한 것이 좋다.

해설 작업복은 착용자의 연령, 성별 등을 고려하여야 한다.

02 안전한 작업을 하기 위하여 작업 복장을 선정할 때의 유의사항으로 가장 거리가 먼 것은?

① 화기사용 장소에서 방염성 · 불연성의 것을 사용하도록 한다.
② 착용자의 취미·기호 등에 중점을 두고 선정한다.
③ 작업복은 몸에 맞고 동작이 편하도록 제작한다.
④ 상의의 소매나 바지자락 끝 부분이 안전하고 작업하기 편리하게 잘 처리된 것을 선정한다.

해설 작업 복장을 선정할 때에는 ①, ③, ④항을 고려하여야 한다.

03 운반 및 하역작업 시 착용복장 및 보호구로 적합하지 않은 것은?

① 상의 작업복의 소매는 손목에 밀착되는 작업복을 착용한다.
② 하의 작업복은 바지 끝 부분을 안전화 속에 넣거나 밀착되게 한다.
③ 방독면, 방화 장갑을 항상 착용하여야 한다.
④ 유해, 위험물을 취급 시 방호할 수 있는 보호구를 착용한다.

04 배터리 전해액처럼 강산, 알칼리 등의 액체를 취급할 때 가장 적합한 복장은?

① 면장갑 착용   ② 면직으로 만든 옷
③ 나일론으로 만든 옷   ④ 고무로 만든 옷

05 일반적인 작업장에서 작업안전을 위한 복장으로 가장 적합하지 않은 것은?

① 작업복의 착용   ② 안전모의 착용
③ 안전화의 착용   ④ 선글라스 착용

06 높은 곳에 출입할 때는 안전장구를 착용하여야 하는데 안전대용 로프의 구비조건에 해당되지 않는 것은?

① 충격 및 인장강도에 강할 것   ② 내마모성이 높을 것
③ 내열성이 높을 것   ④ 완충성이 적고, 매끄러울 것

07 방호장치의 일반원칙으로 옳지 않은 것은?

① 작업방해의 제거   ② 작업점의 방호
③ 외관상의 안전화   ④ 기계 특성에의 부적합성

08 방호장치 및 방호조치에 대한 설명으로 틀린 것은?

① 충전회로 인근에서 차량, 기계장치 등의 작업이 있는 경우 충전부로부터 3m 이상 이격시킨다.
② 지반 붕괴의 위험이 있는 경우 흙막이 지보공 및 방호망을 설치해야 한다.
③ 발파작업 시 피난장소는 좌우측을 견고하게 방호한다.
④ 직접 접촉이 가능한 벨트에는 덮개를 설치해야 한다.

09 다음 중 안전 보호구가 아닌 것은?

① 안전모　　　　　　　② 안전화
③ 안전 가드레일　　　　④ 안전장갑

　해설　안전 가드레일은 안전시설이다.

10 보호구는 반드시 한국산업안전보건공단으로부터 보호구 검정을 받아야 한다. 검정을 받지 않아도 되는 것은?

① 안전모　　　　　　　② 방한복
③ 안전장갑　　　　　　④ 보안경

11 보호구의 구비조건으로 틀린 것은?

① 착용이 간편해야 한다.
② 작업에 방해가 안 되어야 한다.
③ 구조와 끝마무리가 양호해야 한다.
④ 유해 위험 요소에 대한 방호 성능이 경미해야 한다.

　해설　보호구의 구비조건은 사용목적(작업)에 적합할 것, 보호구 검정에 합격하고 보호성능이 보장될 것, 작업행동에 방해되지 않을 것, 착용이 용이하고 크기 등 사용자에게 편리할 것 등이다.

12 안전 보호구 선택 시 유의사항으로 틀린 것은?

① 보호구 검정에 합격하고 보호성능이 보장될 것
② 반드시 강철로 제작되어 안전 보장형일 것
③ 작업 행동에 방해되지 않을 것
④ 착용이 용이하고 크기 등 사용자에게 편리할 것

　해설　안전보호구를 선택할 때 유의사항은 ①, ③, ④항이다.

13 작업별 안전 보호구의 착용이 잘못 연결된 것은?

① 그라인딩 작업 – 보안경
② 10m 높이에서의 작업 – 안전벨트
③ 산소 결핍장소에서의 작업 – 공기 마스크
④ 아크용접 작업 – 도수가 있는 렌즈 안경

14 감전되거나 전기 화상을 입을 위험이 있는 작업 시 작업자가 착용해야 할 것은?

① 구명구　　　　　　　② 보호구
③ 구명조끼　　　　　　④ 비상벨

　해설　감전되거나 전기 화상을 입을 위험이 있는 작업에서 제일 먼저 작업자가 구비해야 할 것은 보호구이다.

15 절연용 보호구의 종류가 아닌 것은?

① 절연모　　　　　　　② 절연 시트
③ 절연화　　　　　　　④ 절연 장갑

16 감전의 위험이 많은 작업현장에서 보호구로 가장 적절한 것은?

① 로프　　　　　　　　② 보안경
③ 보호 장갑　　　　　　④ 구급용품

17 유해광선이 있는 작업장에 보호구로 가장 적절한 것은?

① 보안경　　　　　　　② 안전모
③ 귀마개　　　　　　　④ 방독 마스크

　해설　유해광선이 있는 작업장에서 착용하여야 할 보호구는 보안경이다.

18 안전모에 대한 설명으로 적합하지 않은 것은?

① 혹한기에 착용하는 것이다.
② 안전모의 상태를 점검하고 착용한다.
③ 안전모의 착용으로 불안전한 상태를 제거한다.
④ 올바른 착용으로 안전도를 증가시킬 수 있다.

19 안전모의 관리 및 착용방법으로 틀린 것은?

① 큰 충격을 받은 것은 사용을 피한다.
② 사용 후 뜨거운 스팀으로 소독하여야 한다.
③ 정해진 방법으로 착용하고 사용하여야 한다.
④ 통풍을 목적으로 모체에 구멍을 뚫어서는 안 된다.

20 선반 작업, 드릴 작업, 목공 기계 작업, 연삭 작업, 해머 작업 등을 할 때 착용하면 불안전한 보호구는?

① 귀마개　　　　　　　② 방진 안경
③ 장갑　　　　　　　　④ 차광안경

21 일반적으로 장갑을 착용하고 작업을 하게 되는데 안전을 위해서 오히려 장갑을 사용하지 않아야 하는 작업은?

① 전기 용접 작업　　　② 오일 교환 작업
③ 타이어 교환 작업　　④ 해머 작업

22 먼지가 많은 장소에서 착용하여야 하는 마스크는?

① 방진 마스크　　　　② 산소 마스크
③ 일반 마스크　　　　④ 방독 마스크

　해설　먼지가 많은 장소에는 방진 마스크를 착용하여야 한다.

23 산소가 결핍되어 있는 장소에서 사용하는 마스크는?

① 방진 마스크　　　　② 방독 마스크
③ 특급 방진 마스크　　④ 송풍 마스크

24 귀마개가 갖추어야 할 조건으로 틀린 것은?

① 내습, 내유성을 가질 것
② 적당한 세척 및 소독에 견딜 수 있을 것
③ 가벼운 귓병이 있어도 착용할 수 있을 것
④ 안경이나 안전모와 함께 착용을 하지 못하게 할 것

25 보안경을 사용하는 이유로 틀린 것은?

① 유해 약물의 침입을 막기 위하여
② 떨어지는 중량물을 피하기 위하여
③ 비산되는 칩에 의한 부상을 막기 위하여
④ 유해광선으로부터 눈을 보호하기 위하여

26 안전한 작업을 위해 보안경을 착용하여야 하는 작업은?

① 유니버설 조인트 조임 및 하체 점검 작업
② 전기저항 측정 및 배선 점검 작업
③ 엔진 오일 보충 및 냉각수 점검 작업
④ 납땜 작업

정답 8.③ 9.③ 10.② 11.④ 12.② 13.④ 14.② 15.② 16.③ 17.① 18.① 19.② 20.③ 21.④ 22.① 23.④ 24.④ 25.② 26.①

27 다음 중 보호안경을 끼고 작업해야 하는 사항과 가장 거리가 먼 것은?

① 산소 용접 작업시
② 그라인더 작업시
③ 건설기계 장비 일상점검 작업시
④ 클러치 탈, 부착 작업시

06 수공구

01 수공구 사용상의 재해의 원인이 아닌 것은?

① 잘못된 공구 선택
② 사용법의 미 숙지
③ 공구의 점검 소홀
④ 규격에 맞는 공구 사용

> **해설** 수공구 사용상의 재해의 원인
> ① 잘못된 공구 선택 ② 사용법의 미숙지 ③ 공구의 점검 소홀

02 드라이버 사용 시 바르지 못한 것은?

① 드라이버 날 끝이 나사 홈의 너비와 길에 맞는 것을 사용한다.
② (−) 드라이버 날 끝은 편평한 것이어야 한다.
③ 이가 빠지거나 둥글게 된 것은 사용하지 않는다.
④ 필요에 따라서 정으로 대신 사용한다.

03 일반 드라이버를 사용할 때 안전수칙으로 틀린 것은?

① 정을 대신할 때는 (−)드라이버를 이용한다.
② 드라이버에 충격압력을 가하지 말아야 한다.
③ 자루가 쪼개졌거나 또한 허술한 드라이버는 사용하지 않는다.
④ 드라이버의 끝은 항상 양호하게 관리하여야 한다.

> **해설** 정 대용으로 드라이버를 사용해서는 안 된다.

04 안전관리상 수공구와 관련한 내용으로 가장 적합하지 않은 것은?

① 공구를 사용한 후 녹슬지 않도록 반드시 오일을 바른다.
② 작업에 적합한 수공구를 이용한다.
③ 공구는 목적 이외의 용도로 사용하지 않는다.
④ 사용 전에 이상 유무를 반드시 확인한다.

05 수공구류의 일반적인 안전수칙이다. 해당되지 않는 것은?

① 손이나 공구에 묻은 기름, 물 등을 닦아낼 것
② 주위를 정리 정돈할 것
③ 규격에 맞는 공구를 사용할 것
④ 수공구는 그 목적 외에 다목적으로 사용할 것

06 일반 수공구 사용시 주의사항으로 틀린 것은?

① 용도 이외는 사용하지 않는다.
② 사용 후에는 정해진 장소에 보관한다.
③ 수공구는 손으로 잘 잡고 떨어지지 않게 작업한다.
④ 볼트 및 너트의 조임에 파이프렌치를 사용한다.

07 안전하게 공구를 취급하는 방법으로 적합하지 않는 것은?

① 끝 부분이 예리한 공구 등을 주머니에 넣고 작업을 하여서는 안 된다.
② 숙달이 되면 옆 작업자에게 공구를 던져서 전달하여 작업능률을 올리는 것이 좋다.
③ 공구를 사용한 후 제자리에 정리하여 둔다.
④ 공구를 사용 전에 손잡이에 묻은 기름 등을 닦아내어야 한다.

08 공구 사용에 대한 사항으로 틀린 것은?

① 토크렌치는 볼트와 너트를 푸는데 사용한다.
② 볼트와 너트는 가능한 소켓렌치로 작업한다.
③ 공구를 사용 후 공구상자에 넣어 보관한다.
④ 마이크로미터를 보관할 때는 직사광선에 노출 시키지 않는다.

> **해설** 토크렌치는 볼트나 너트를 조일 때만 사용한다.

09 공구 사용시 주의해야 할 사항으로 틀린 것은?

① 강한 충격을 가하지 않을 것
② 손이나 공구에 기름을 바른 다음에 작업할 것
③ 주위 환경에 주의해서 작업할 것
④ 해머 작업 시 보호안경을 쓸 것

10 수공구 사용시에 안전 및 유의사항으로 틀린 것은?

① 수공구 사용시 올바른 자세로 사용할 것
② 사용할 때는 무리한 힘이나 충격을 가하지 말 것
③ 작업에 맞는 공구를 선택 사용할 것
④ 사용한 후 물로 깨끗이 세척해서 보관할 것

11 사용한 공구를 정리 보관할 때 가장 옳은 것은?

① 사용한 공구는 종류별로 묶어서 보관한다.
② 사용한 공구는 녹슬지 않게 기름칠을 잘해서 작업대 위에 진열해 놓는다.
③ 사용 시 기름이 묻은 공구는 물로 깨끗이 씻어서 보관한다.
④ 사용한 공구는 면 걸레로 깨끗이 닦아서 공구상자 또는 공구보관으로 지정된 곳에 보관한다.

12 작업에 필요한 수공구의 보관방법으로 적합하지 않은 것은?

① 공구함을 준비하여 종류와 크기별로 보관한다.
② 사용한 공구는 파손된 부분 등의 점검 후 보관한다.
③ 사용한 수공구는 녹슬지 않도록 손잡이 부분에 오일을 발라 보관하도록 한다.
④ 날이 있거나 뾰족한 물건은 위험하므로 뚜껑을 씌워둔다.

13 수공구 보관 및 사용방법으로 틀린 것은?

① 해머작업 시 자세를 안정되게 한다.
② 담금질한 것은 함부로 두들겨서는 안 된다.
③ 공구는 적당한 습기가 있는 곳에 보관한다.
④ 파손, 마모된 것은 사용하지 않는다.

14 작업을 위한 공구관리의 요건으로 가장 거리가 먼 것은?

① 공구별로 장소를 지정하여 보관할 것
② 공구는 항상 최소보유량 이하로 유지할 것
③ 공구사용 점검 후 파손된 공구는 교환할 것
④ 사용한 공구는 항상 깨끗이 한 후 보관할 것

15 수공구 사용시 주의사항이 아닌 것은?

① 작업에 알맞은 공구를 선택하여 사용한다.
② 공구는 사용 전에 기름 등을 닦은 후 사용한다.
③ 공구를 취급할 때는 올바른 방법으로 사용한다.
④ 개인이 만든 공구는 일반적인 작업에 사용한다.

16 금속표면에 거칠거나 각진 부분에 다칠 우려가 있어 매끄럽게 다듬질 하고자 한다. 적합한 수공구는?

① 끌   ② 줄
③ 대패   ④ 쇠톱

17 보기의 조정렌치 사용상 안전수칙 중 옳은 것은?

[보기]
a. 잡아당기며 작업한다.
b. 조정 죠에 당기는 힘이 많이 가해지도록 한다.
c. 볼트머리나 너트에 꼭 끼워서 작업을 한다.
d. 조정렌치 자루에 파이프를 끼워서 작업한다.

① a, b   ② a, c
③ b, c   ④ b, d

07 공구 사용 작업안전

01 다음 중 볼트·너트를 가장 안전하게 조이거나 풀 수 있는 공구는?

① 조정 렌치   ② 스패너
③ 6각 소켓 렌치   ④ 파이프 렌치

02 6각 볼트·너트를 조이고 풀 때 가장 적합한 공구는?

① 바이스   ② 플라이어
③ 드라이버   ④ 복스 렌치

03 볼트나 너트를 죄거나 푸는데 사용하는 각종 렌치에 대한 설명으로 틀린 것은?

① 조정 렌치 : 멍키 렌치라고도 호칭하며, 제한된 범위 내에서 어떠한 규격의 볼트나 너트에도 사용할 수 있다.
② 엘 렌치 : 6각형 봉을 L자 모양으로 구부려서 만든 렌치이다.
③ 복스 렌치 : 연료 파이프 피팅 작업에 사용한다.
④ 소켓 렌치 : 다양한 크기의 소켓을 바꾸어가며 작업할 수 있도록 만든 렌치이다.

해설 연료 파이프의 피팅 작업에는 오픈엔드렌치(스패너)를 사용한다.

04 소켓렌치 사용에 대한 설명으로 가장 거리가 먼 것은?

① 임팩트용으로 사용되므로 수작업 시는 사용하지 않도록 한다.
② 큰 힘으로 조일 때 사용한다.
③ 오픈렌치와 규격이 동일하다.
④ 사용 중 잘 미끄러지지 않는다.

해설 소켓렌치는 수(手) 작업용으로도 많이 사용한다.

05 스패너 또는 렌치작업 시 주의할 사항이다. 맞지 않는 것은?

① 해머 필요시 대용으로 사용할 것
② 너트와 꼭 맞게 사용할 것
③ 조금씩 돌릴 것
④ 몸 앞으로 잡아당길 것

해설 스패너 또는 렌치를 해머 대용으로 사용한다던지 원래 용도와 다르게 사용해서는 안 된다.

06 스패너 사용시 올바른 것은?

① 스패너 입이 너트의 치수보다 큰 것을 사용해야 한다.
② 스패너를 해머로 대용하여 사용한다.
③ 너트에 스패너를 깊이 물리고 조금씩 앞으로 당기는 식으로 풀고 조인다.
④ 너트에 스패너를 깊이 물리고 조금씩 밀면서 풀고 조인다.

07 스패너 작업 방법으로 옳은 것은?

① 스패너로 볼트를 죌 때는 앞으로 당기고 풀 때는 뒤로 민다.
② 스패너의 입이 너트의 치수보다 조금 큰 것을 사용한다.
③ 스패너 사용 시 몸의 중심을 항상 옆으로 한다.
④ 스패너로 죄고 풀 때는 항상 앞으로 당긴다.

08 스패너 작업시 유의할 사항으로 틀린 것은?

① 스패너의 입이 너트의 치수에 맞는 것을 사용해야 한다.
② 스패너의 자루에 파이프를 이어서 사용해서는 안 된다.
③ 스패너와 너트 사이에 쐐기를 넣고 사용하는 것이 편리하다.
④ 너트에 스패너를 깊이 물리도록 하여 조금씩 앞으로 당기는 식으로 풀고 조인다.

09 스패너 및 렌치 사용 시 유의사항이 아닌 것은?

① 스패너의 입이 너트 폭과 잘 맞는 것을 사용한다.
② 스패너를 너트에 단단히 끼워서 앞으로 당겨 사용한다.
③ 멍키렌치는 웜과 랙의 마모상태를 확인한다.
④ 멍키렌치는 윗 턱 방향으로 돌려서 사용한다.

10 정비작업에서 공구의 사용법에 대한 내용으로 틀린 것은?

① 스패너의 자루가 짧다고 느낄 때는 반드시 둥근 파이프로 연결할 것
② 스패너를 사용할 때는 앞으로 당길 것
③ 스패너는 조금씩 돌리며 사용할 것
④ 파이프 렌치는 반드시 둥근 물체에만 사용할 것

11 복스 렌치가 오픈 렌치보다 많이 사용되는 이유는?

① 값이 싸며, 적은 힘으로 작업할 수 있다.
② 가볍고 사용하는데 양손으로도 사용할 수 있다.
③ 파이프 피팅 조임 등 작업 용도가 다양하여 많이 사용된다.
④ 볼트·너트 주위를 완전히 감싸게 되어 사용 중에 미끄러지지 않는다.

12 볼트 등을 조일 때 조이는 힘을 측정하기 위하여 쓰는 렌치는?

① 복스 렌치   ② 오픈엔드 렌치
③ 소켓 렌치   ④ 토크 렌치

13 토크렌치의 가장 올바른 사용법은?

① 렌치 끝을 한 손으로 잡고 돌리면서 눈은 게이지 눈금을 확인한다.
② 렌치 끝을 양 손으로 잡고 돌리면서 눈은 게이지 눈금을 확인한다.
③ 왼손은 렌치 중간지점을 잡고 돌리며, 오른손은 지지점을 누르고 게이지 눈금을 확인한다.
④ 오른손은 렌치 끝을 잡고 돌리며, 왼손은 지지점을 누르고 눈은 게이지 눈금을 확인한다.

14 해머 작업의 안전수칙으로 틀린 것은?

① 해머를 사용할 때 자루부분을 확인할 것
② 장갑을 끼고 해머 작업을 하지 말 것
③ 열처리된 장비의 부품은 강하므로 힘껏 때릴 것
④ 공동으로 해머작업 시는 호흡을 맞출 것

15 해머 작업의 안전수칙으로 틀린 것은?

① 목장갑을 끼고 작업한다.
② 해머를 사용하기 전 주위를 살핀다.
③ 해머 머리가 손상된 것은 사용하지 않는다.
④ 불꽃이 생길 수 있는 작업에는 보호안경을 착용한다.

16 해머 작업 시 안전수칙 설명으로 틀린 것은?

① 열처리 된 재료는 해머로 때리지 않도록 주의한다.
② 녹이 있는 재료를 작업할 때는 보호안경을 착용하여야 한다.
③ 자루가 불안정한 것(쐐기가 없는 것 등)은 사용하지 않는다.
④ 장갑을 끼고 시작은 강하게, 점차 약하게 타격한다.

17 해머 사용시 안전에 주의해야 할 사항으로 틀린 것은?

① 해머 사용 전 주위를 살펴본다.
② 해머를 사용하여 작업할 때는 처음부터 힘을 가한다.
③ 담금질한 것은 무리하게 두들기지 않는다.
④ 대형 해머를 사용시는 자기의 힘에 맞는 것으로 한다.

🔖**해설** 타격할 때 처음은 적은 타격을 가하고 점차 큰 타격을 가할 것

18 해머(hammer) 작업시 주의사항으로 틀린 것은?

① 해머 작업시는 장갑을 사용해서는 안 된다.
② 난타하기 전에 주위를 확인한다.
③ 해머의 정확성을 유지하기 위해 기름을 바른다.
④ 1~2회 정도는 가볍게 치고 나서 본격적으로 작업한다.

19 해머 작업에 대한 내용으로 잘못된 것은?

① 타격 범위에 장애물이 없도록 한다.
② 작업자가 서로 마주보고 두드린다.
③ 녹슨 재료 사용 시 보안경을 사용한다.
④ 작게 시작하여 차차 큰 행정으로 작업하는 것이 좋다.

---

08   용접작업

---

01 다음 중 아세틸렌 용접장치의 방호장치는?

① 덮개   ② 제동장치
③ 안전기   ④ 자동 전력 방지기

02 용접 작업시 보안경 착용에 대한 설명으로 틀린 것은?

① 아크 용접할 때는 보안경을 착용해야 한다.
② 절단하거나 깎는 작업을 할 때는 보안경을 착용해서는 안 된다.
③ 가스 용접할 때는 보안경을 착용해야 한다.
④ 특수 용접할 때는 보안경을 착용해야 한다.

03 아세틸렌가스 용접의 단점 설명으로 옳은 것은?

① 이동이 불가능하다.
② 불꽃의 온도와 열효율이 낮다.
③ 특수 용접에 비해 설비비가 비싸다.
④ 유해 광선이 아크 용접보다 많이 발생한다.

04 산소 또는 아세틸렌 용기 취급시의 주의사항으로 올바르지 않은 것은?

① 아세틸렌 병은 세워서 사용한다.
② 산소병(봄베)은 40℃이하 온도에서 보관한다.
③ 산소병(봄베)을 운반할 때에는 충격을 주어서는 안 된다.
④ 산소병(봄베)의 밸브, 조정기, 도관 등은 반드시 기름 묻은 천으로 닦는다.

🔖**해설** 산소병(봄베)의 밸브, 조정기, 도관 등은 반드시 기름 묻은 천으로 닦아서는 안 된다.

05 산소-아세틸렌 사용 시 안전수칙으로 잘못된 것은?

① 산소는 산소병에 35℃ 150기압으로 충전한다.
② 아세틸렌의 사용압력은 15기압으로 제한한다.
③ 산소통의 메인 밸브가 얼면 60℃ 이하의 물로 녹인다.
④ 산소의 누출은 비눗물로 확인한다.

🔖**해설** 아세틸렌의 사용압력은 1기압으로 제한한다.

06 가스용접 시 사용하는 봄베의 안전수칙으로 틀린 것은?

① 봄베를 넘어뜨리지 않는다.
② 봄베를 던지지 않는다.
③ 산소 봄베는 40℃ 이하에서 보관한다.
④ 봄베 몸통에는 녹슬지 않도록 그리스를 바른다.

07 가스용접 작업 시 안전수칙으로 바르지 못한 것은?

① 산소용기는 화기로부터 지정된 거리를 둔다.
② 40℃ 이하의 온도에서 산소용기를 보관한다.
③ 산소용기 운반 시 충격을 주지 않도록 주의한다.
④ 토치에 점화할 때 성냥불이나 담뱃불로 직접 점화한다.

08 산소 봄베에서 산소의 누출여부를 확인하는 방법으로 옳은 것은?

① 냄새로 감지   ② 소리로 감지
③ 비눗물 사용   ④ 자외선 사용

09 산소-아세틸렌 가스용접에 의해 발생되는 재해가 아닌 것은?

① 폭발   ② 화재
③ 가스 점화   ④ 감전

10 가스 용접장치에서 산소용기의 색은?

① 청색   ② 황색
③ 적색   ④ 녹색

11 가스용접 시 사용되는 산소용 호스는 어떤 색인가?

① 적색   ② 황색
③ 녹색   ④ 청색

🔖**해설** 가스용접에서 사용되는 산소용 호스는 녹색이며, 아세틸렌용 호스는 황색 또는 적색이다.

12 용접기에서 사용되는 아세틸렌 도관은 어떤 색으로 구별하는가?

① 흑색   ② 청색
③ 녹색   ④ 적색

🔖**해설** 아세틸렌 도관은 적색, 산소 도관은 녹색으로 한다.

---

13 보기에서 가스 용접기에 사용되는 용기의 도색에 옳게 연결된 것을 모두 고른 것은?

[보기]
ⓒ 산소–녹색　　ⓒ 수소–흰색　　ⓒ 아세틸렌–황색

① ㉠, ㉡　　　　　　　② ㉡, ㉢
③ ㉠, ㉢　　　　　　　④ ㉠, ㉡, ㉢

해설 충전용기의 도색
① 산소용기 : 녹색　　　② 수소용기 : 주황색
③ 아세틸렌용기 : 황색　④ 프로판 용기 : 회색
⑤ 아르곤 용기 : 회색

14 산소 아세틸렌 가스용접에서 토치의 점화시 작업의 우선순위 설명으로 올바른 것은?

① 토치의 아세틸렌 밸브를 먼저 연다.
② 토치의 산소 밸브를 먼저 연다.
③ 산소 밸브와 아세틸렌 밸브를 동시에 연다.
④ 혼합가스 밸브를 먼저 연 다음 아세틸렌 밸브를 연다.

해설 토치에 점화할 때에는 아세틸렌 밸브를 먼저 열어 점화한 후 산소 밸브를 열어 불꽃을 조절한다.

15 가스용접의 안전작업으로 적합하지 않은 것은?

① 산소누설 시험은 비눗물을 사용한다.
② 토치 끝으로 용접물의 위치를 바꾸거나 재를 제거하면 안 된다.
③ 토치에 점화할 때에는 성냥불과 담뱃불로 사용하여도 된다.
④ 산소 봄베와 아세틸렌 봄베 가까이에서 불꽃 조정을 피한다.

16 아세틸렌 용접장치를 사용하여 용접 또는 절단할 때에는 아세틸렌 발생기로부터 ( ) 이내, 발생기실로부터 ( )이내의 장소에서는 흡연 등의 불꽃이 발생하는 행위를 금지하여야 한다. ( )안에 차례로 들어갈 거리는?

① 3m, 1m　　　　　　② 5m, 3m
③ 8m, 4m　　　　　　④ 10m, 5m

해설 아세틸렌 발생기로부터 5m 이내, 발생기실로부터 3m 이내의 장소에서는 흡연 등의 불꽃이 발생하는 행위를 금지하여야 한다.

17 차체에 용접시 주의사항이 아닌 것은?

① 용접 부위에 인화될 물질이 없나 확인한 후 용접한다.
② 유리 등에 불이 튀어 흔적이 생기지 않도록 보호막을 씌운다.
③ 전기 용접 시 접지선을 스프링에 연결한다.
④ 전기 용접 시 필히 차체의 배터리 접지선을 제거한다.

18 전기용접 아크 광선에 대한 설명 중 틀린 것은?

① 전기 용접 아크에는 다량의 자외선이 포함되어 있다.
② 전기 용접 아크를 볼 때에는 헬멧이나 실드를 사용하여야 한다.
③ 전기 용접 아크 빛에 의해 눈이 따가울 때에는 따뜻한 물로 눈을 닦는다.
④ 전기 용접 아크 빛이 직접 눈으로 들어오면 전광성 안염 등의 눈병이 발생한다.

19 전기용접 작업의 안전수칙으로 틀린 것은?

① 1차 및 2차 코드는 벗겨진 것을 사용하지 말 것
② 가스관이나 수도관용의 배관을 접지로 사용할 것
③ 피용접물은 코드로 완전히 접지시킬 것
④ 작업을 중단할 때는 커넥터를 풀어 줄 것

20 아크용접에서 눈을 보호하기 위한 보안경 선택으로 맞는 것은?

① 도수 안경　　　　　② 방진 안경
③ 차광용 안경　　　　④ 실험실용 안경

21 전기용접 작업 시 보안경을 사용하는 이유로 가장 적절한 것은?

① 유해 광선으로부터 눈을 보호하기 위하여
② 유해 약물로부터 눈을 보호하기 위하여
③ 중량물의 추락 시 머리를 보호하기 위하여
④ 분진으로부터 눈을 보호하기 위하여

22 전기용접의 아크 빛으로 인해 눈이 혈안이 되고 눈이 붓는 경우가 있다. 이럴 때 응급조치 사항으로 가장 적절한 것은?

① 안약을 넣고 계속 작업한다.
② 눈을 잠시 감고 안정을 취한다.
③ 소금물로 눈을 세정한 후 작업한다.
④ 냉습포를 눈 위에 올려놓고 안정을 취한다.

23 용접 시 주의사항으로 틀린 것은?

① 가열된 용접봉 홀더는 물에 넣어 냉각시킨다.
② 슬래지를 제거할 때는 보안경으로 착용한다.
③ 피부 노출이 없어야 한다.
④ 우천 시 옥외작업을 하지 않는다.

09 화재·산업안전 보건표지

01 다음은 화재예방과 대책 중 국한대책에 해당하지 않는 것은?

① 가연물을 쌓아놓는다.　　② 공한지의 확보
③ 방화벽의 정비　　　　　④ 건물설비에 불연성 소재를 쓴다.

02 소화 작업의 기본요소가 아닌 것은?

① 가연물질을 제거하면 된다.　② 산소를 차단하면 된다.
③ 점화원을 제거시키면 된다.　④ 연료를 기화시키면 된다.

03 화재가 발생하기 위해서는 3가지 요소가 있는데 모두 맞는 것으로 연결된 것은?

① 가연성 물질 – 점화원 – 산소　② 산화물질 – 소화원 – 산소
③ 산화물질 – 점화원 – 질소　　④ 가연성 물질 – 소화원 – 산소

04 방화대책의 구비사항으로 가장 거리가 먼 것은?

① 소화기구　　　　　　② 스위치 표시
③ 방화벽 및 스프링 쿨러　④ 방화사

05 소화 설비를 설명한 내용으로 맞지 않는 것은?

① 포말 소화설비는 저온 압축한 질소가스를 방사시켜 화재를 진화한다.
② 분말 소화설비는 미세한 분말 소화재를 화염에 방사시켜 화재를 진화시킨다.
③ 물 분무 소화설비는 연소물의 온도를 인화점 이하로 냉각시키는 효과가 있다.
④ 이산화탄소 소화설비는 질식작용에 의해 화염을 진화시킨다.

해설 포말 소화기는 외통 용기에 탄산수소나트륨, 내통용기에 황산알루미늄을 물에 용해해서 충전하고, 사용할 때는 양 용기의 약제가 화합되어 탄산가스가 발생하며, 거품을 발생해서 방사하는 것이며 A, B급 화재에 적합하다.

06 소화설비 선택 시 고려하여야 할 사항이 아닌 것은?
① 작업의 성질
② 작업자의 성격
③ 화재의 성질
④ 작업장의 환경

07 소화 작업시 적합하지 않는 것은?
① 화재가 일어나면 화재경보를 한다.
② 배선의 부근에 물을 뿌릴 때에는 전기가 통하는지의 여부를 알아본 후에 한다.
③ 가스 밸브를 잠그고 전기 스위치를 끈다.
④ 카바이드 및 유류에는 물을 뿌린다.

08 화재 발생 시 소화기를 사용하여 소화 작업을 하고자 할 때 올바른 방법은?
① 바람을 안고 우측에서 좌측을 향해 실시한다.
② 바람을 등지고 좌측에서 우측을 향해 실시한다.
③ 바람을 안고 아래쪽에서 위쪽을 향해 실시한다.
④ 바람을 등지고 위쪽에서 아래쪽을 향해 실시한다.
해설 소화기를 사용하여 소화 작업을 할 경우에는 바람을 등지고 위쪽에서 아래쪽을 향해 실시한다.

09 소화방식의 종류 중 주된 작용이 질식소화에 해당하는 것은?
① 강화액
② 호스 방수
③ 에어-폼
④ 스프링 쿨러
해설 **소화 방법**
① **가연물 제거** : 가연물을 연소구역에서 멀리 제거하는 방법으로, 연소방지를 위해 파괴하거나 폭발물을 이용한다.
② **산소의 차단** : 산소의 공급을 차단하는 질식소화 방법으로 이산화탄소 등의 불연성 가스를 이용하거나 발포제 또는 분말소화제에 의한 냉각효과 이외에 연소 면을 덮는 직접적 질식효과와 불연성 가스를 분해·발생시키는 간접적 질식효과가 있다.
③ **열량의 공급 차단** : 냉각시켜 신속하게 연소열을 빼앗아 연소물의 온도를 발화점 이하로 낮추는 소화방법이며, 일반적으로 사용되고 있는 보통 화재 때의 주수소화(注水消火)는 물이 다른 것보다 열량을 많이 흡수하고, 증발 혈 때에도 주위로부터 많은 열을 흡수하는 성질을 이용한다.

10 화재의 분류기준으로 틀린 것은?
① A급 화재 : 고체 연료성 화재
② D급 화재 : 금속화재
③ B급 화재 : 액상 또는 기체상의 연료성 화재
④ C급 화재 : 가스화재
해설 ① **A급 화재** : 목재, 종이, 석탄 등 고체연료 화재
② **B급 화재** : 유류(기름) 화재   ③ **C급 화재** : 전기 화재
④ **D급 화재** : 금속 화재

11 다음은 화재 발생상태의 소화방법이다. 잘못된 것은?
① A급 화재 : 초기에는 포말, 감화액, 분말소화기를 사용하여 진화, 불길이 확산되면 물을 사용하여 소화
② B급 화재 : 포말, 이산화탄소, 분말소화기를 사용하여 소화
③ C급 화재 : 이산화탄소, 하론 가스, 분말소화기를 사용하여 소화
④ D급 화재 : 물을 사용하여 소화

12 목재, 종이, 석탄 등 일반 가연물의 화재는 어떤 화재로 분류하는가?
① A급 화재
② B급 화재
③ C급 화재
④ D급 화재

13 가연성 액체, 유류 등 연소 후 재가 거의 없는 화재는 무슨 급별 화재인가?
① A급
② B급
③ C급
④ D급

14 작업장에서 휘발유 화재가 일어났을 경우 가장 적합한 소화방법은?
① 물 호스를 사용
② 불의 확대를 막는 덮개의 사용
③ 소다 소화기의 사용
④ 탄산가스 소화기의 사용

15 전기 화재시 적절하지 못한 소화 장비는?
① 물
② 이산화탄소 소화기
③ 모래
④ 분말 소화기

16 다음 중 금속 나트륨이나 금속 칼륨 화재의 소화재로서 가장 적합한 것은?
① 물
② 건조사
③ 분말 소화기
④ 할론 소화기

17 화재에 대한 설명으로 틀린 것은?
① 화재는 어떤 물질이 산소와 결합하여 연소하면서 열을 발출시키는 산화반응을 말한다.
② 화재가 발생하기 위해서는 가연성 물질, 산소, 발화원이 반드시 필요하다.
③ 전기 에너지가 발화원이 되는 화재를 C급 화재라 한다.
④ 가연성 가스에 의한 화재를 D급 화재라 한다.
해설 가연성 가스에 의한 화재를 B급 화재라 한다.

18 소화하기 힘든 정도로 화재가 진행된 현장에서 제일 먼저 취하여야 할 조치로 가장 올바른 것은?
① 소화기 사용
② 화재 신고
③ 인명구조
④ 경찰에 신고

19 가동하고 있는 엔진에서 화재가 발생하였다. 불을 끄기 위한 조치 방법으로 가장 올바른 것은?
① 원인분석을 하고, 모래를 뿌린다.
② 포말소화기를 사용 후 엔진 시동스위치를 끈다.
③ 엔진 시동스위치를 끄고 ABC 소화기를 사용한다.
④ 엔진을 급가속하여 팬의 강한 바람을 일으켜 불을 끈다.

20 작업장 화재발생 시 조치사항으로 가장 적절하지 않은 것은?
① 소화기를 사용하여 초기진화를 한다.
② 주변 작업자에게 알려 대피를 유도한다.
③ 신속히 화재 신고를 한다.
④ 작업장의 주변을 청소한다.

21 가스 및 인화성 액체에 의한 화재 예방조치 방법으로 틀린 것은?
① 가연성 가스는 대기 중에 자주 방출시킬 것
② 인화성 액체의 취급은 폭발 한계의 범위를 초과한 농도로 할 것
③ 배관 또는 기기에서 가연성 증기의 누출여부를 철저히 점검할 것
④ 화재를 진화하기 위한 방화 장치는 위급상황 시 눈에 잘 띄는 곳에 설치할 것

22 폭발의 우려가 있는 가스 또는 분진이 발생하는 장소에서 지켜야 할 사항으로 틀린 것은?
① 화기의 사용금지
② 인화성 물질 사용금지
③ 불연성 재료의 사용금지
④ 점화의 원인이 될 수 있는 기계 사용금지

23 자연발화가 일어나기 쉬운 조건으로 틀린 것은?
① 발열량이 클 때
② 주위 온도가 높을 때
③ 착화점이 낮을 때
④ 표면적이 작을 때
🔍해설: 자연발화는 발열량이 클 때, 주위온도가 높을 때, 착화점이 낮을 때 일어나기 쉽다.

24 화재발생으로 부득이 화염이 있는 곳을 통과할 때의 요령으로 틀린 것은?
① 몸을 낮게 엎드려서 통과한다.
② 물수건으로 입을 막고 통과한다.
③ 머리카락, 얼굴, 발, 손 등을 불과 닿지 않게 한다.
④ 뜨거운 김은 입으로 마시면서 통과한다.

25 다음 중 안전표지 분류에 해당되지 않는 것은?
① 녹십자 표지
② 안내표지
③ 금지표지
④ 경고표지
🔍해설: 안전표지의 종류에는 금지표지, 안내표지, 지시표지, 경고표지가 있다.

26 산업안전 보건법상 안전 보건표지에서 색채와 용도가 틀리게 짝 지어진 것은?
① 파란색 : 지시
② 녹색 : 안내
③ 노란색 : 위험
④ 빨간색 : 금지
🔍해설: 노란색은 경고 표시이다.

27 적색 원형으로 만들어지는 안전 표지판은?
① 경고표시
② 안내표시
③ 지시표시
④ 금지표시
🔍해설: 금지표시는 적색 원형으로 만들어지는 안전 표지판이다.

28 안전·보건표지의 종류별 용도·사용장소·형태 및 색채에서 바탕은 흰색, 기본모형은 빨간색, 관련부호 및 그림은 검정색으로 된 표지는?
① 보조표지
② 지시표지
③ 주의표지
④ 금지표지
🔍해설: 금지표지는 바탕은 흰색, 기본모형은 빨간색, 관련부호 및 그림은 검정색으로 되어 있다.

29 다음 그림과 같은 안전 표지판이 나타내는 것은?

① 비상구
② 출입금지
③ 인화성 물질경고
④ 보안경 착용

30 산업안전 보건표지에서 그림이 나타내는 것은?

① 비상구 없음 표지
② 방사선위험 표지
③ 탑승금지표지
④ 보행금지표지

31 안전·보건표지의 종류와 형태에서 그림의 안전 표지판이 나타내는 것은?

① 보행금지
② 작업금지
③ 출입금지
④ 사용금지

32 안전·보건표지의 종류와 형태에서 그림의 안전 표지판이 나타내는 것은?

① 사용금지
② 탑승금지
③ 보행금지
④ 물체이동금지

33 안전·보건표지의 종류와 형태에서 그림과 같은 표지는?

① 인화성물질 경고
② 폭발물 경고
③ 구급용구
④ 낙하물 경고

34 산업안전 보건표지에서 그림이 표시하는 것으로 맞는 것은?
① 독극물 경고
② 폭발물 경고
③ 고압전기 경고
④ 낙하물 경고

35 산업안전 보건표지의 종류에서 지시표시에 해당하는 것은?
① 차량통행금지
② 고온경고
③ 안전모 착용
④ 출입금지
🔍해설: 차량통행금지와 출입금지는 금지표지에 해당되며, 고온경고는 경고 표지에 해당한다.

36 보안경 착용, 방독 마스크 착용, 방진 마스크 착용, 안전모자 착용, 귀마개 착용 등을 나타내는 표지의 종류는?
① 금지표지
② 지시표지
③ 안내표지
④ 경고표지

37 다음 그림은 안전표지의 어떠한 내용을 나타내는가?

① 지시표지
② 금지표지
③ 경고표지
④ 안내표지

38 안전·보건표지의 종류와 형태에서 그림의 표지로 맞는 것은?

① 보행 금지
② 몸 균형 상실경고
③ 안전복 착용
④ 방독 마스크 착용

39 안전·보건표지에서 안내 표지의 바탕색은?

① 백색　　　　　　② 적색
③ 흑색　　　　　　④ 녹색

해설 안내표지는 녹색바탕에 백색으로 안내대상을 지시하는 표지판이다.

40 안전표지의 종류 중 안내표지에 속하지 않는 것은?

① 녹십자 표지　　　② 응급구호 표지
③ 비상구　　　　　④ 출입금지

해설 출입금지는 금지표지로서 바탕은 흰색, 기본모형은 빨간색, 관련부호 및 그림은 검은색이다.

41 다음 중 응급구호 표지판의 색상은?

① 백색　　　　　　② 흑색
③ 적색　　　　　　④ 녹색

해설 응급구호 표지판의 바탕색은 녹색이며 관련부호 및 그림은 흰색이다.

42 안전표시 중 응급치료소 응급처치용 장비를 표시하는데 사용하는 색은?

① 흑색과 백색　　　② 황색과 흑색
③ 적색　　　　　　④ 녹색

43 안전·보건표지의 종류와 형태에서 그림의 안전 표지판이 나타내는 것은?

① 응급구호 표지
② 비상구 표지
③ 위험장소 경고표지
④ 환경지역 표지

44 안전보건표지 종류와 형태에서 그림의 안전 표지판이 나타내는 것은?

① 병원표지
② 비상구 표지
③ 녹십자 표지
④ 안전지대 표지

45 안전표지의 색채 중에서 대피장소 또는 비상구의 표지에 사용되는 것으로 맞는 것은?

① 빨간색　　　　　② 주황색
③ 녹색　　　　　　④ 청색

해설 대피장소 또는 비상구의 표지에 사용되는 색은 녹색이다.

▶ 건설기계 작업안전

01　도시가스 관련 작업안전

01 액화천연가스에 대한 설명 중 틀린 것은?

① 기체 상태는 공기보다 가볍다.
② 가연성으로써 폭발의 위험성이 있다.
③ LNG라 하며, 메탄이 주성분이다.
④ 액체 상태로 배관을 통하여 수요자에게 공급된다.

02 도시가스로 사용하는 LNG(액화천연가스)의 특징에 대한 설명으로 틀린 것은?

① 공기보다 가벼워 가스 누출시 위로 올라간다.
② 공기보다 무거워 소량 누출시 밑으로 가라앉는다.
③ 공기와 혼합되어 폭발범위에 이르면 점화 원에 의하여 폭발한다.
④ 도시가스 배관을 통하여 각 가정에 공급되는 가스이다.

03 다음 중 LP가스의 특성이 아닌 것은?

① 주성분은 프로판과 메탄이다.
② 액체상태일 때 피부에 닿으면 동상의 우려가 있다.
③ 누출 시 공기보다 무거워 바닥에 체류하기 쉽다.
④ 원래 무색·무취이나 누출 시 쉽게 발견하도록 부취제를 첨가한다.

해설 LP가스(액화석유가스)의 주성분은 프로판과 부탄이다.

04 가스배관용 폴리에틸렌관의 특징으로 틀린 것은?

① 일광, 열에 약하다.
② 부식이 잘 되지 않는다.
③ 도시가스 고압관으로 사용된다.
④ 지하매설용으로 사용된다.

해설 가스배관용 폴리에틸렌관의 특징은 ①, ②, ④항 이외에 도시가스 저압관으로 사용된다.

05 땅속에 매설된 도시가스 배관 중 노란색의 폴리에틸렌관(PE 관)에 대한 설명으로 틀린 것은?

① 배관 내 압력이 0.5MPa~0.8MPa 정도이다.
② 배관 내 압력이 수주 250mm 정도로 저압이라서 가스누출 시 쉽게 응급조치를 할 수 있다.
③ 플라스틱과 같은 재료이므로 쉽게 구부러지고 유연하여 시공이 쉽다.
④ 굴착공사 시 파괴되었다면 배관 내 압력이 저압이므로 압착기(스퀴즈) 등으로 눌러서 가스누출을 쉽게 막을 수 있다.

해설 배관 내의 압력은 0.1MPa 미만인 저압관이다.

06 도시가스사업법에서 정의한 배관구분에 해당되지 않는 것은?

① 본관　　　　　　② 공급관
③ 내관　　　　　　④ 가정관

07 도시가스사업법에서 압축가스일 경우 중압이라 함은 얼마의 압력을 말하는가?

① 0.1MPa~1MPa미만　　② 0.02MPa~0.1MPa미만
③ 1MPa~10MPa미만　　④ 10MPa~100MPa미만

해설 ① 저압 : 0.1MPa 미만 배관 및 보호포 색상은 황색
② 중압 : 0.1Mpa 이상 1Mpa 미만 배관 및 보호포 색상은 적색
③ 고압 : 1MPa 이상 배관 및 보호포 색상은 적색

---

08 도시가스사업법에서 저압이라 함은 압축가스일 경우 몇 MPa 미만의 압축을 말하는가?

① 3   ② 1
③ 0.01   ④ 0.1

09 도로에 매설된 도시가스 배관의 색깔이 적색(중압)이었다. 이런 배관이 손상되어 가스가 누출될 경우 가스의 압력으로 가장 적합한 것은?

① 0.1MPa 미만   ② 0.2~0.3MPa
③ 0.1~1MPa 미만   ④ 1Mpa 이상

10 도로 지하에 매설된 도시가스 배관의 색상으로 맞는 것은?

① 회색, 흑색   ② 적색, 황색
③ 청색, 남색   ④ 흑색, 청색

해설 도시가스 배관의 표면 색상은 지상배관은 황색으로, 매설배관은 최고 사용압력이 저압인 배관은 황색·중압인 배관은 적색으로 할 것.

11 다음 중 지하에 매설된 도시가스 배관의 최고 사용압력이 저압인 경우 배관의 표면색은?

① 적색   ② 갈색
③ 황색   ④ 회색

12 도로를 굴착시 황색의 도시가스 보호포가 나왔다. 매설된 도시가스 배관의 압력은?

① 고압   ② 중압
③ 저압   ④ 초고압

13 도시가스배관을 지하에 매설시 중압인 경우 배관의 표면 색상은?

① 적색   ② 백색
③ 청색   ④ 검정색

14 도로굴착 시 적색의 도시가스 보호포가 나왔다. 매설된 도시가스 배관의 압력은?

① 중압 또는 저압
② 고압 또는 중압
③ 저압 또는 고압
④ 배관압력에 관계없이 보호포 색상은 적색이다.

15 가스공급 압력이 중압이상의 배관 상부에는 보호판을 사용하고 있다. 이 보호판에 대한 설명으로 틀린 것은?

① 배관 직상부 30cm 상단에 매설되어 있다.
② 두께가 4mm 이상의 철판으로 방식 코팅되어 있다.
③ 보호판은 가스가 누출되지 않도록 하기 위한 것이다.
④ 보호판은 철판으로 장비에 의한 배관손상을 방지하기 위하여 설치한 것이다.

해설 **보호판 설치기준**
① 보호판의 재료는 KS D 3503(일반구조용 압연강재) 또는 이와 동등이상의 성능이 있는 것으로 한다.
② 보호판에는 직경 30mm이상 50mm이하의 구멍을 3m이하의 간격으로 뚫어 누출된 가스가 지면으로 확산이 되도록 하여야 한다.
③ 보호판은 배관의 정상부에서 30cm이상 높이에 설치하고, 보호판의 재질이 금속제인 경우에는 보호판과 보호판을 가접하거나 연결 철재 고리로 고정 또는 겹침 설치하는 등에 의하여 보호판과 보호판이 이격되지 않도록 한다. 다만, 매설깊이를 확보할 수 없어 보호관 등을 사용한 경우에는 보호판을 설치하지 아니할 수 있다.
④ 보호판은 쇼트브라스팅 등으로 내·외면의 이물질을 완전히 제거하고, 방청 도료(Primer)를 1회 이상 도포한 후, 도막두께가 80㎛이상 되도록 에폭시

타입 도료를 2회 이상 코팅하거나, 이와 동등이상의 방청 및 코팅효과를 가져야 한다.

16 도시가스가 공급되는 지역에서 굴착공사 중에 [그림]과 같은 것이 발견되었다. 이것은 무엇인가?

① 보호포   ② 보호판
③ 라인마크   ④ 가스누출 검지공

17 도시가스가 공급되는 지역에서 굴착공사를 하고자 하는 자는 가스배관 보호를 위하여 누구와 확인 요청을 하여야 하는가?

① 도시가스사업자   ② 소방서장
③ 경찰서장   ④ 한국가스안전공사

해설 도시가스가 공급되는 지역에서 굴착공사를 하고자 하는 자는 가스배관보호를 위하여 도시가스사업자와 확인 요청하여야 한다.

18 도시가스가 공급되는 지역에서 굴착공사를 하기 전에 도로부분의 지하에 가스배관의 매설 여부는 누구에게 요청하여야 하는가?

① 굴착공사 관할 시장·군수·구청장
② 굴착공사 관할 경찰서장
③ 굴착공사 관할 시·도지사
④ 굴착공사 관할 정보지원 센터

19 도시가스 배관 보호기준에서 굴착공사장에 비치·부착하고 굴착공사 관계자가 항상 휴대·숙지하여야 하는 것은?

① 가스배관 손상방지 기준   ② 가스배관 굴착기준
③ 가스배관 공사기준   ④ 가스배관 공사시방서

해설 도시가스 배관 손상방지 기준은 굴착공사장에 비치·부착하고 굴착공사 관계자는 항상 휴대·숙지하여야 한다.

20 도시가스 배관이 매설된 도로에서 굴착작업을 할 때 준수사항으로 틀린 것은?

① 가스배관이 매설된 지점에서는 도시가스 회사의 입회하에 작업한다.
② 가스배관은 도로에 라인마크를 하기 때문에 라인마크가 없으면 직접 굴착해도 된다.
③ 어떤 지점을 굴착하고자 할 때는 라인마크, 표지판, 밸브박스 등으로 가스배관의 유무를 확인하는 방법도 있다.
④ 가스배관의 매설유무는 반드시 도시가스 회사에 유무 조회를 하여야 한다.

해설 도시가스배관이 매설된 도로에서 굴착작업을 할 때 준수사항은 ①, ③, ④항이다.

21 도로 굴착자가 굴착공사 전에 이행할 사항에 대한 설명으로 옳지 않은 것은?

① 도면에 표시된 가스배관과 기타 저장물 매설 유무를 조사하여야 한다.
② 조사된 자료로 시험 굴착위치 및 굴착개소 등을 정하여 가스배관 매설 위치를 확인하여야 한다.
③ 위치 표시용 페인트와 표지판 및 황색 깃발 등을 준비하여야 한다.
④ 굴착 용역회사의 안전관리자와 일정에 따라 시험 굴착계획을 수립하여야 한다.

해설 도로 굴착자가 굴착 공사 전에 이행할 사항은 ①, ②, ③항 이외에 도시가스 사업자와 일정 등을 협의하여야 한다.

22 도시가스 배관의 안전조치 및 손상방지를 위해 다음과 같이 안전조치를 하여야 하는데 굴착 공사자는 굴착공사 예정지역의 위치에 어떤 조치를 하여야 하는가?

> 도시가스사업자는 굴착공사자에게 연락하여 굴착공사 현장위치와 매설배관 위치를 굴착공사자와 공동으로 표시할 것인지 각각 단독으로 표시할 것인지를 결정하고, 굴착공사 담당자의 인적사항 및 연락처, 굴착공사 개시예정일시가 포함된 결정사항을 정보지원센터에 통지할 것

① 황색 페인트로 표시　　　② 적색 페인트로 표시
③ 흰색 페인트로 표시　　　④ 청색 페인트로 표시

해설 굴착 공사자는 굴착공사 예정지역의 위치를 흰색 페인트로 표시할 것.

23 굴착공사를 하고자 할 때 지하 매설물 설치여부와 관련하여 안전상 가장 적합한 조치는?

① 굴착공사 시행자는 굴착공사를 착공하기 전에 굴착지점 또는 그 인근의 주요 매설물 설치여부를 미리 확인하여야 한다.
② 굴착공사 시행자는 굴착공사 기공 중에 굴착지점 또는 그 인근의 주요 매설물 설치여부를 확인하여야 한다.
③ 굴착작업 중 전기, 가스, 통신 등의 지하매설물에 손상을 가하였을 경우에는 즉시 매설하여야 한다.
④ 굴착공사 도중 작업에 지장이 있는 고압케이블은 옆으로 옮기고 계속 작업을 진행한다.

24 지하매설 배관 탐지장치 등으로 확인된 지점 중 확인이 곤란한 분기점, 곡선부, 장애물 우회지점의 안전 굴착방법으로 가장 적합한 것은?

① 절대 불가 작업구간으로 제한되어 굴착할 수 없다.
② 유도관(가이드 파이프)을 설치하여 굴착한다.
③ 가스배관 좌우측 굴착을 실시한다.
④ 시험굴착을 실시하여야 한다.

25 굴착공사 시 도시가스배관의 안전조치와 관련된 사항 중 다음 (　)에 적합한 것은?

> 도시가스 사업자는 굴착예정 지역의 매설배관 위치를 굴착 공사자에게 알려주어야 하며, 굴착 공사자는 매설배관 위치를 매설배관 (㉠)의 지면에 (㉡) 페인트로 표시할 것

① ㉠우측부 ㉡황색　　② ㉠직하부 ㉡황색
③ ㉠좌측부 ㉡적색　　④ ㉠직상부 ㉡황색

해설 도시가스사업자는 굴착예정 지역의 매설배관 위치를 굴착 공사자에게 알려주어야 하며, 굴착 공사자는 매설배관 위치를 매설배관 직상부의 지면에 황색 페인트로 표시할 것

26 도시가스배관을 지하에 매설할 경우 상수도관 등 다른 시설물과의 이격거리는 얼마이상 유지해야 하는가?

① 10cm　　　　　② 30cm
③ 60cm　　　　　④ 100cm

해설 도로 밑의 다른 시설물과는 0.3m 이상 이격시켜야 한다.

27 굴착공사 중 적색으로 된 도시가스 배관을 손상하였으나 다행히 가스는 누출되지 않고 피복만 벗겨졌다. 조치사항으로 가장 적합한 것은?

① 해당 도시가스 회사 직원에게 그 사실을 알려 보수토록 한다.
② 가스가 누출되지 않았으므로 그냥 되메우기 한다.
③ 벗겨지거나 손상된 피복은 고무판이나 비닐 테이프로 감은 후 되메우기 한다.
④ 벗겨진 피복은 부식방지를 위하여 아스팔트를 칠하고 비닐 테이프로 감은 후 직접 되메우기 하면 된다.

28 건설기계로 작업 중 가스배관을 손상시켜 가스가 누출되고 있을 경우 긴급 조치사항과 가장 거리가 먼 것은?

① 가스배관을 손상시킨 것으로 판단되면 즉시 기계작동을 멈춘다.
② 가스가 누출되면 가스배관을 손상시킨 장비를 빼내고 안전한 장소로 이동한다.
③ 즉시 해당 도시가스회사나 한국가스안전공사에 신고한다.
④ 가스가 다량 누출되고 있으면 우선적으로 주위 사람들을 대피시킨다.

29 도시가스 작업 중 브레이커로 도시가스관을 파손 시 가장 먼저 해야 할 일과 거리가 먼 것은?

① 차량을 통제한다.
② 브레이커를 빼지 않고 도시가스 관계자에게 연락한다.
③ 소방서에 연락한다.
④ 라인마크를 따라가 파손된 가스관과 연결된 가스밸브를 잠근다.

30 도로공사 중 가스배관이 천공되었다. 조치사항으로 틀린 것은?

① 주위 사람들을 대피시킨다.
② 도시가스 사업자에게 연락한다.
③ 가스밸브를 잠근다.
④ 건설기계의 시동을 정지시킨 후 그대로 둔다.

31 지상에 설치되어있는 도시가스 배관 외면에 반드시 표시해야 하는 사항이 아닌 것은?

① 사용 가스명　　　② 가스 흐름 방향
③ 소유자 명　　　　④ 최고 사용 압력

해설 지상에 설치된 가스배관 외면에 반드시 표시해야 하는 사항은 사용 가스명, 가스흐름방향, 최고사용압력이다.

32 도시가스가 공급되는 지역에서 도로 공사 중 그림과 같은 것이 일렬로 설치되어 있는 것이 발견되었다. 이것은 무엇인가?

① 가스배관 매몰 표지판　　② 라인마크
③ 보호관　　　　　　　　④ 가스누출 검지공

33 도로상에 가스배관이 매설된 것을 표시하는 라인마크에 대한 설명으로 틀린 것은?

① 직경이 9cm 정도인 원형으로 된 동 합금이나 황동 주물로 되어 있다.
② 청색으로 된 원형마크로 되어있고 화살표가 표시되어 있다.
③ 도시가스라 표기되어 있으며 화살표가 표시되어 있다.
④ 분기점에는 T형 화살표가 표시되어 있고, 직선구간에는 배관길이 50m마다 1개 이상 설치되어 있다.

해설 라인마크에 대한 설명은 ①, ③, ④항 이외에 원형마크로 되어있고 화살표가 표시되어 있다.

정답　22.③　23.①　24.④　25.④　26.②　27.①　28.②　29.④　30.④　31.③　32.②　33.②

34 도시가스 배관 매설시 매설위치를 확인할 수 있는 라인마크는 배관길이 최소 몇 m 마다 1개 이상 설치하여야 하는가?

① 10m ② 20m
③ 30m ④ 50m

해설 라인마크는 직선구간에는 배관길이 50m 마다 1개 이상 설치되어 있다.

35 굴착공사로 인한 가스배관의 손상을 방지하게 위하여 유지하는 가스 배관의 위치를 표시하는 표지판에 나타내어야 하는 것이 아닌 것은?

① 관경 ② 압력
③ 공급회사 ④ 심도

36 공동주택 부지 내에서 굴착작업 시 황색의 가스 보호포가 나왔다. 도시가스 배관은 그 보호포가 설치된 위치로부터 최소한 몇 m이상의 깊이에 매설되어 있는가?(단, 배관의 심도는 0.6m이다.)

① 0.2m ② 0.3m
③ 0.4m ④ 0.5m

해설 보호포는 최고사용압력이 저압인 배관의 경우에는 배관의 정상부로부터 60cm이상, 최고사용압력이 중압이상인 배관의 경우에는 보호판의 상부로부터 30cm이상, 공동주택 등의 부지 내에 설치하는 배관의 경우에는 배관의 정상부로부터 40cm이상 떨어진 곳에 설치한다. 다만, 매설깊이를 확보할 수 없어 보호관등을 사용한 경우에는 그 직상부에 설치하고 철도밑 등 부득이한 경우에는 설치하지 아니할 수 있다

37 관련법상 도로 굴착자가 가스배관 매설위치를 확인 시 인력굴착을 실시하여야 하는 범위로 맞는 것은?

① 가스배관의 보호판이 육안으로 확인되었을 때
② 가스배관의 주위 0.5m 이내
③ 가스배관의 주위 1m 이내
④ 가스배관이 육안으로 확인될 때

해설 도시가스 배관 주위에서 굴착장비 등으로 작업할 때 가스배관 주위 1m 이내 에서는 장비작업을 금하고 인력으로 작업해야 한다.

38 도시가스 배관이 매설된 지점에서 가스배관 주위를 굴착하고자 할 때에 반드시 인력으로 굴착해야 하는 범위는?

① 가스배관 좌우 1m 이내 ② 가스배관 좌우 2m 이내
③ 가스배관 좌우 3m 이내 ④ 가스배관 좌우 4m 이내

해설 도시가스 배관 주위에서 굴착장비 등으로 작업할 때 가스배관 주위 1m 이내 에서는 장비작업을 금하고 인력으로 작업해야 한다.

39 도시가스 배관 주위에서 굴착장비 등으로 작업할 때 준수사항으로 적합한 것은?

① 가스배관 주위 30cm까지는 장비로 작업이 가능하다.
② 가스배관 좌우 1m 이내에서는 장비작업을 금하고 인력으로 작업해야 한다.
③ 가스배관 3m 이내에서는 어떤 장비의 작업도 금한다.
④ 가스배관 주위 50cm까지는 사람이 직접 확인할 경우 굴착기 등으로 작업할 수 있다.

해설 도시가스배관 주위를 굴착하는 경우 도시가스배관의 좌우 1m 이내 부분은 인력으로 굴착해야 한다.

40 다음 (   )안에 알맞은 것은?

도시가스 배관 주위를 굴착하는 경우 도시가스 배관의 좌우 (   ) m 이내의 부분은 인력으로 굴착할 것

① 0.3 ② 0.5
③ 1.0 ④ 1.5

해설 도시가스 배관 주위에서 굴착장비 등으로 작업할 때 가스배관 주위 1m 이내 에서는 장비작업을 금하고 인력으로 작업해야 한다.

41 가스관련법상 도시가스 배관 주위를 굴착하는 경우 도시가스배관의 좌우 몇 m 이내 부분은 인력으로 굴착하여야 하는가?

① 1.0 ② 1.5
③ 2.0 ④ 2.5

해설 도시가스 배관 주위에서 굴착장비 등으로 작업할 때 가스배관 주위 1m 이내 에서는 장비작업을 금하고 인력으로 작업해야 한다.

42 노출된 가스배관의 길이가 몇 m 이상인 경우에 기준에 따라 점검통로 및 조명시설을 설치하여야 하는가?

① 10 ② 15
③ 20 ④ 30

해설 노출된 배관의 길이가 15m 이상인 경우에는 점검통로 및 조명시설을 설치하여야 한다.

43 가스도매사업자가 배관을 시가지의 도로 노면 밑에 매설하는 경우 노면으로부터 배관 외면까지의 깊이를 몇 m 이상 유지하여야 하는가?(단, 방호구조를 안에 설치하는 경우를 제외한다.)

① 1.2m 이상 ② 1.5m 이상
③ 1.0m 이상 ④ 0.6m 이상

가스도매사업자의 배관을 시가지의 도로 노면 밑에 매설하는 경우 노면으로부터 배관의 외면까지 1.5m 이상 매설 깊이를 유지하여야 한다.

44 배관을 시가지의 도로 노면 밑에 매설하는 경우에는 노면으로부터 배관 외면까지 몇 m 이상 매설 깊이나 설치간격을 유지하여야 하는가?

① 0.6m 이상 ② 1.0m 이상
③ 1.2m 이상 ④ 1.5m 이상

해설 배관을 시가지의 도로 노면 밑에 매설하는 경우 노면으로부터 배관 외면까지의 깊이는 1.5m 이상이다.

45 일반도시가스사업자의 지하배관 설치 시 도로 폭이 4m이상 8m 미만인 도로에서는 규정상 어느 정도의 깊이에 배관이 설치되어 있는가?

① 1.0m 이상 ② 1.5m 이상
③ 0.6m 이상 ④ 1.2m 이상

해설 폭 4m 이상, 8m 미만인 도로에 일반 도시가스 배관을 매설할 때 지면과 도시가스 배관 상부와의 최소 이격거리는 1.0m 이상이다.

46 굴착시 도로 폭이 4m이상 8m미만 일 때 보호포가 나왔다. 가스관은 몇 m에 있는가?

① 0.4m ② 0.6m
③ 1.2m ④ 1.5m

해설 보호포는 최고사용압력이 저압인 배관의 경우에는 배관의 정상부로부터 60cm이상, 최고사용압력이 중압이상인 배관의 경우에는 보호판의 상부로부터 30cm이상, 공동주택 등의 부지 내에 설치하는 배관의 경우에는 배관의 정상부로부터 40cm이상 떨어진 곳에 설치한다. 다만, 매설깊이를 확보할 수 없어 보호관등을 사용한 경우에는 그 직상부에 설치하고 철도밑 등 부득이한 경우에는 설치하지 아니할 수 있다

47 일반 도시가스 사업자의 지하배관 설치시 도로 폭 8m 이상인 도로에서는 관련법상 어느 정도의 깊이에 배관이 설치되어 있는가?

① 1.5m 이상 ② 1.2m 이상
③ 1.0m 이상 ④ 0.6m 이상

해설 일반 도시가스 사업자의 지하배관을 설치할 때 도로 폭 8m 이상인 도로에서는 1.2m 이상의 깊이에 배관이 설치되어 있다.

정답 34.④ 35.① 36.③ 37.③ 38.① 39.② 40.③ 41.① 42.② 43.② 44.④ 45.① 46.② 47.②

48 도시가스 배관을 지하에 매설시 특수한 사정으로 규정에 의한 심도를 유지할 수 없어 보호관을 사용하였을 때 보호관 외면이 지면과 최소 얼마 이상의 깊이를 유지하여야 하는가?

① 0.3m ② 0.4m
③ 0.5m ④ 0.6m

해설 도시가스 배관을 지하에 매설시 특수한 사정으로 규정에 의한 심도를 유지할 수 없어 보호관을 사용하였을 때 보호관 외면이 지면과 최소 30cm 이상의 깊이를 유지하여야 한다.

49 도로에 가스배관을 매설할 때 지켜야 할 사항으로 잘못된 것은?

① 자동차 등의 하중에 대한 영향이 적은 곳에 매설한다.
② 배관은 외면으로부터 도로 밑의 다른 매설물과 0.1m 이상의 거리를 유지한다.
③ 포장되어 있는 차도에 매설하는 경우 배관의 외면과 노바의 최하부와의 거리는 0.5m 이상으로 한다.
④ 배관의 외면에서 도로 경계까지는 1m 이상 수평거리를 유지한다.

해설 배관은 외면으로부터 도로 밑의 다른 매설물과 30cm 이상의 거리를 유지한다.

50 가스배관의 주위에 매설물을 부설하고자 할 때는 최소한 가스배관과 몇 cm 이상 이격하여 설치하여야 하는가?

① 20cm ② 40cm
③ 30cm ④ 50cm

해설 가스배관의 주위에 매설물을 부설하고자 할 때는 최소한 가스배관과 30cm 이상 이격하여 설치하여야 한다.

51 가스배관과 수평거리 몇 cm 이내에서는 파일박기를 할 수 없도록 도시가스사업법에 규정되어 있는가?

① 30 ② 60
③ 90 ④ 120

해설 **파일박기 및 빼기작업**
① 공사착공 전에 도시가스사업자와 현장 협의를 통하여 공사 장소, 공사 기간 및 안전조치에 관하여 서로 확인할 것
② 도시가스배관과 수평 최단거리 2m 이내에서 파일박기를 하는 경우에는 도시가스사업자의 입회 아래 시험굴착으로 도시가스배관의 위치를 정확히 확인할 것
③ 도시가스배관의 위치를 파악한 경우에는 도시가스배관의 위치를 알리는 표지판을 설치할 것
④ 도시가스배관과 수평거리 30cm 이내에서는 파일박기를 하지 말 것
⑤ 항타기는 도시가스배관과 수평거리가 2m 이상 되는 곳에 설치할 것. 다만, 부득이하여 수평거리 2m 이내에 설치할 때에는 하중진동을 완화할 수 있는 조치를 할 것
⑥ 파일을 뺀 자리는 충분히 메울 것

52 굴착공사를 위하여 가스배관과 근접하여 H파일을 설치하고자 할 때 가장 근접하여 설치할 수 있는 수평거리는?

① 10cm ② 30cm
③ 20cm ④ 50cm

53 다음은 가스배관의 손상방지 굴착공사 작업방법 내용이다. ( )안에 알맞은 것은?

가스배관과 수평거리 ( )m 이내에서 파일박기를 하고자 할 때 도시가스 사업자의 입회하에 시험굴착을 통하여 가스배관의 위치를 정확히 확인할 것

① 1 ② 2
③ 3 ④ 4

54 도시가스가 공급되는 지역에서 지하차도 굴착공사를 하고자 하는 자는 가스안전 영향평가서를 작성하여 누구에게 제출하여야 하는가?

① 지하철공사 ② 시장·군수 또는 구청장
③ 해당도시가스 사업자 ④ 한국가스공사

55 지하구조물이 설치된 지역에 도시가스가 공급되는 곳에서 굴착기를 이용하여 굴착공사 중 지면에서 0.3m 깊이에서 물체가 발견되었다. 예측할 수 있는 것으로 맞는 것은?

① 도시가스 입상관
② 도시가스 배관을 보호하는 보호관
③ 가스차단 장치
④ 수취기

56 굴착작업 중 줄파기 작업에서 줄파기 1일 시공량 결정은 어떻게 하도록 되어 있는가?

① 시공속도가 가장 빠른 천공작업에 맞추어 결정한다.
② 공사시행서에 명기된 일정에 맞추어 결정한다.
③ 시공속도가 가장 느린 천공작업에 맞추어 결정한다.
④ 공사관리 감독기관에 보고 맞추어 결정한다.

해설 줄파기 1일 시공량은 시공속도가 가장 느린 천공작업에 맞추어 결정한다.

57 매몰된 배관의 침하여부는 침하관측공을 설치하고 관측한다. 침하관측공은 줄파기를 할 때에 설치하고 침하측정은 몇 일에 1회 이상을 원칙으로 하는가?

① 3일 ② 7일
③ 10일 ④ 15일

해설 침하관측공은 줄파기를 하는 때에 설치하고 침하 측정은 매 10일에 1회 이상을 원칙으로 하되, 큰 충격을 받았거나 변형 양이 있는 경우에는 1일 1회씩 3일간 연속하여 측정한 후 이상이 없으면 10일에 1회 측정할 것

58 도시가스배관 주위를 굴착 후 되메우기시 지하에 매몰하면 안 되는 것은?

① 보호포 ② 보호판
③ 라인 마크 ④ 전기 방식용 양극

59 도시가스 배관 주위의 굴착공사에 대한 내용으로 ( )안에 적합한 것은?

도시가스배관 주위를 되메우기 하거나 포장할 경우 배관 주위의 ( ), ( ) 및 ( ) 및 도시가스배관 부속시설물의 설치 등은 굴착 전과 같은 상태가 되도록 할 것

① 보호 표지판, 토류판 설치, 다짐작업
② 자갈 채우기, 글착 작업, 보호표지판
③ 다짐작업, 라인마크 설치, 자갈 채우기
④ 모래 채우기, 보호판, 보호포, 라인마크 설치

해설 도시가스배관 주위를 되메우기 하거나 포장할 경우 배관 주위의 모래 채우기, 보호판, 보호포 및 라인마크 설치 및 도시가스배관 부속시설물의 설치 등은 굴착 전과 같은 상태가 되도록 할 것

60 도시가스 배관이 손상되는 사고 원인으로 틀린 것은?

① 되 메우기 부실에 의한 지반 침하 시
② 굴착 공사 시
③ H빔 설치를 위한 지반 천공 시
④ 물을 차단하기 위한 토류판 설치 시

61 노출된 배관의 길이가 몇 m 이상인 경우에는 가스누출경보기를 설치하여야 하는가?

① 20m
② 50m
③ 100m
④ 200m

해설 노출된 배관의 길이가 20m 이상인 경우에는 가스누출경보기를 설치하여야 한다.

62 도로굴착공사로 인하여 가스배관이 20m 이상 노출되면 가스누출경보기를 설치하도록 규정되어 있다. 이때 가스누출 경보기는 몇 m 마다 설치하도록 되어 있는가?

① 10
② 15
③ 20
④ 25

63 도로의 굴착공사로 인하여 가스배관이 20m 이상 노출되면 가스누출 경보기를 설치하도록 규정되어 있다. 이때 가스누출 경보기의 검지부의 수는 몇 m 마다 한 개 이상의 비율로 계산한 수 이상으로 설치하도록 되어 있는가?

① 25
② 15
③ 20
④ 10

64 보기의 조건에서 도시가스가 누출되었을 경우 폭발할 수 있는 조건으로 모두 맞는 것은?

[보기]
a. 누출된 가스의 농도는 폭발범위 내에 들어야 한다.
b. 누출된 가스에 불씨 등의 점화원이 있어야 한다.
c. 점화가 가능한 공기(산소)가 있어야 한다.
d. 가스가 누출되는 압력이 30kgf/cm² 이상이어야 한다.

① a
② a, b
③ a, b, c
④ a, c, d

해설 **도시가스가 누출되었을 경우 폭발하는 조건**
① 누출된 가스의 농도는 폭발 범위 내에 들어야 한다.
② 누출된 가스에 불씨 등의 점화 원이 있어야 한다.
③ 충분한 공기(산소)가 있어야 한다.

65 도로 굴착자는 공사 완료 후 도시가스 배관 손방방지를 위하여 최소한 몇 개월 이상 침하유무를 확인하여야 하는가?

① 1개월
② 2개월
③ 3개월
④ 4개월

해설 도로 굴착자는 되메움 공사완료 후 최소 3개월 이상 지반침하 유무를 확인하여야 한다.

02 전기 관련 작업안전

01 다음 중 지하 매설물의 종류가 아닌 것은?

① 주상 변압기
② 광통신 케이블
③ 전력 케이블
④ 가스관

해설 노면 아래에 매설되는 상하수도, 가스배관, 전력 케이블. 광통신 케이블 등이 있으며, 주상 변압기는 전주에 설치하여 고압에서 저압으로 강압하기 위해 사용되는 것을 말한다.

02 전선로 부근에서 건설기계로 안전하게 작업을 위하여 사전에 연락하여야 할 곳은?

① 인근 경찰서
② 인근 설비관련 소유자 또는 관리자
③ 인근 동사무소
④ 인근 법원

03 굴착기 등 건설기계 운전자가 전선로 주변에서 작업을 할 때 주의할 사항으로 틀린 것은?

① 작업을 할 때 붐이 전선에 근접되지 않도록 주의한다.
② 디퍼(버켓)를 고압선으로부터 안전 이격거리 이상 떨어져서 작업한다.
③ 작업감시자를 배치한 후 전력선 인근에서는 작업감시자의 지시에 따른다.
④ 바람에 흔들리는 정도를 고려하여 전선 이격거리를 감소시켜 작업해야 한다.

04 154kV 송전선로 주변에서 크레인 작업에 관한 설명으로 가장 적합한 내용은?

① 전력회사에만 연락하면 전력선에 접촉해도 안전하다.
② 전력선에 접촉하지 않도록 하여 조심하여 작업한다.
③ 전력선에 접촉되더라도 끊어지지 않으면 계속 작업한다.
④ 전력선에 접근되지 않도록 충분한 이격거리를 확보한다.

05 특별 고압 가공 송전선로에 대한 설명으로 틀린 것은?

① 애자의 수가 많을수록 전압이 높다.
② 겨울철에 비하여 여름철에는 전선이 더 많이 처진다.
③ 154,000V 가공전선은 피복전선이다.
④ 철탑과 철탑과의 거리가 멀수록 전선의 흔들림이 크다.

06 전기 공사 중 긴급 전화번호는?

① 131
② 116
③ 123
④ 321

07 한전에서는 송전선로의 고장발생 예방 및 고장개소의 신속한 발견을 위하여 고장신고 제도를 운영하며, 신고한 자에게는 일정한 사례금을 지급하고 있다. 다음 중 신고와 거리가 먼 것은?

① 한전에서 고장개소를 발견하지 못한 상태에서 신고자가 고장개소를 발견하고 즉시 신고를 하는 경우(고장신고)
② 전기설비로 인한 인축사고의 발생이 우려되는 사항의 신고(예방신고)
③ 한전에서 설비상태의 확인을 요청한 경우(확인신고)
④ 고장 개소를 발견하고 하루 뒤에 신고한 경우(지연신고)

08 154kV 송전 철탑 근접 굴착작업을 할 때 옳은 것은?

① 철탑이 일부 파손되어도 재질이 철이므로 안전에는 전혀 영향이 없다.
② 전력선에 접촉만 되지 않도록 하여 조심하여 작업한다.
③ 철탑 부지에서 떨어진 위치에서 접지선이 노출되어 단선되었을 경우라도 시설 관리자에게 연락을 취한다.
④ 철탑의 지표 상 노출 부분과 지하 매설 부분 위치는 다른 것을 감안하여 임의로 판단하여 작업한다.

09 가공전선로 주변에서 굴삭작업 중 [보기]와 같은 상황발생 시 조치사항으로 가장 적절한 것은?

[보기]
굴삭작업 중 작업장 상부를 지나는 전선이 버켓 실린더에 의해 단선되었으나 인명과 장비의 피해는 없었다.

① 전주나 전주 위의 변압기에 이상이 없으면 무관하다.
② 발생 즉시 인근 한국전력 사업소에 연락하여 복구하도록 한다.
③ 가정용이므로 작업을 마친 다음 현장 전기공에 의해 복구시킨다.
④ 발생 후 1일 이내에 감독관에게 알린다.

10 도로에서 파일 항타, 굴착작업 중 지하에 매설된 전력케이블이 손상되었을 때 전력 공급에 파급되는 영향 중 가장 적합한 것은?

① 케이블이 절단되어도 전력공급에는 지장이 없다.
② 케이블은 외피 및 내부에 철 그물망으로 되어있어 절대로 절단되지 않는다.
③ 케이블을 보호하는 관은 손상이 되어도 전력공급에는 지장이 없으므로 별도의 조치는 필요 없다.
④ 전력케이블에 충격 또는 손상이 가해지면 즉각 전력공급이 차단되거나 일정시일 경과 후 부식 등으로 전력공급이 중단될 수 있다.

🔍**해설** 파일 항타, 굴착작업 중 지하에 매설된 전력 케이블이 충격 또는 손상이 가해지면 즉각 전력공급이 차단되거나 일정시일 경과 후 부식 등으로 전력공급이 중단될 수 있다.

11 건설기계를 이용한 파일작업 중 지하에 매설된 전력케이블 외피가 손상되었을 경우 가장 적절한 조치방법은?

① 케이블 내에 있는 동선에 손상이 없으면 전력공급에 지장이 없다.
② 케이블 외피를 마른 헝겊으로 감아 놓았다.
③ 인근 한국전력사업소에 통보하고 손상부위를 절연 테이프로 감은 후 흙으로 덮었다.
④ 인근 한국전력사업소에 연락하여 한전에서 조치하도록 하였다.

🔍**해설** 파일작업 중 지하에 매설된 전력 케이블 외피가 손상되었을 경우에는 인근 한국전력사업소에 연락하여 한전에서 조치토록 한다.

12 154kV 가공 송전선로 주변에서 건설장비로 작업시 안전에 관한 설명으로 맞는 것은?

① 건설장비가 선로에 직접 접촉하지 않고 근접만 해도 사고가 발생될 수 있다.
② 전력선은 피복으로 절연되어 있어 크레인 등이 접촉해도 단선되지 않는 이상 사고는 일어나지 않는다.
③ 1회선은 3가닥으로 이루어져 있으며, 1가닥 절단시도 전력공급을 계속한다.
④ 사고 발생시 복구공사비는 전력설비가 공공 재산임으로 배상하지 않는다.

13 154kV 지중 송전케이블이 설치된 장소에서 작업 중이다. 절연체 두께에 관한 설명으로 맞는 것은?

① 절연체 재질과는 무관하다.   ② 전압이 높을수록 두껍다.
③ 전압과는 무관하다.   ④ 전압이 낮을수록 두껍다.

🔍**해설** 송전 케이블의 절연체 두께는 전압이 높을수록 두껍다.

14 현재 한전에서 운용하고 있는 송전선로 종류가 아닌 것은?

① 345 KV 선로   ② 765 KV 선로
③ 154 KV 선로   ④ 22.9 KV 선로

🔍**해설** 한국전력에서 사용하는 송전선로 종류에는 154kV, 345kV, 765kV가 있다.

15 다음 중 한국전력의 송전선로 전압으로 맞는 것은?

① 6.6kV   ② 22.9kV
③ 345kV   ④ 500kV

16 가공 송전선로 애자에 관한 설명으로 틀린 것은?

① 애자 수는 전압이 높을수록 많다.
② 애자는 고전압 선로의 안전시설에 필요하다.
③ 애자는 코일에 전류가 흐르면 자기장을 형성하는 역할을 한다.
④ 애자는 전선과 철탑과의 절연을 하기 위해 취부한다.

🔍**해설** 애자는 전선과 철탑과의 절연을 하기 위해 취부하며, 고전압 선로의 안전시설에 필요하다. 또 애자 수는 전압이 높을수록 많다.

17 22900V 지중선로 보호표시로서 틀린 것은?

① 지중선로 표시주   ② 지중선로 표시기
③ 지중선로 표시등   ④ 케이블 표지시트

🔍**해설** 22.9kV 지중선로 보호표시는 지중선로 표지주, 케이블 표지 시트, 지중선로 표지기 등이다.

18 지중전선로 지역에서 지하 장애물을 조사 시 가장 적합한 방법은?

① 굴착개소를 종횡으로 조심스럽게 인력 굴착한다.
② 작업속도 효율이 높은 굴착기로 굴착한다.
③ 일정 깊이로 보링을 한 후 코어를 분석하여 조사한다.
④ 장애물 노출 시 굴착기 브레이커 장비로 찍어본다.

🔍**해설** 지중전선로, 지역에서 지하 장애물을 조사할 때에는 굴착개소를 종횡으로 조심스럽게 인력 굴착한다.

19 다음 중 전력케이블의 매설 깊이로 가장 적정한 것은?

① 차도 및 중량물의 영향을 받을 우려가 없는 경우 0.3m 이상
② 차도 및 중량물의 영향을 받을 우려가 없는 경우 0.6m 이상
③ 차도 및 중량물의 영향을 받을 우려가 있는 경우 0.3m 이상
④ 차도 및 중량물의 영향을 받을 우려가 있는 경우 0.6m 이상

🔍**해설** 전력케이블의 매설 깊이는 차도 및 중량물의 영향을 받을 우려가 없는 경우 0.6m 이상이다.

20 지중 전선로 중에 직접 매설식에 의하여 시설할 경우에는 토관의 깊이를 최소 몇 m 이상으로 하여야 하는가? (단, 차량 및 기타 중량물의 압력을 받을 우려가 없는 장소)

① 0.6m   ② 0.9m
③ 1.0m   ④ 1.2m

21 도로상의 한전 맨홀에 근접하여 굴착작업 시 가장 올바른 것은?

① 맨홀 뚜껑을 경계로 하여 뚜껑이 손상되지 않도록 하고 나머지는 임의로 작업한다.
② 교통에 지장이 되므로 주민 및 관련기관 모르게 야간에 신속히 작업하고 되 메운다.
③ 한전 직원의 입회하에 안전하게 작업한다.
④ 접지선이 노출되면 제거한 후 계속 작업한다.

22 굴착작업 중 주변의 고압 전선로 등에 주의할 사항 중 맞는 것은?

① 고압선과 접촉해도 무방하다.
② 고압선과 안전거리를 확인한 후 작업한다.
③ 주차시켜 놓았을 때 버켓 끝을 전주에 기대어 놓았다.
④ 전주가 서있는 밑 부분을 굴착하여도 무관하다.

23 지하 전력케이블이 지상 전주로 입상 또는 지상 전력선이 지하 전력케이블로 입하하는 전주 주변에서의 건설기계 작업에 대한 설명으로서 가장 올바른 것은?

① 지하 전력케이블이 지상전주로 입상하는 전주는 전력선이 케이블로 되어있어 건설기계 장비가 접촉해도 무관하다.

② 지상 전주의 전력선이 지하 전력케이블로 입하하는 전주는 전력선이 케이블로 되어있어 건설기계 장비가 접촉해도 무관하다.

③ 전력케이블이 입상 또는 입하하는 전주에는 건설기계 장비가 절대로 접촉 또는 근접하지 않도록 한다.

④ 전력케이블이 입상 또는 입하하는 전주의 전력선은 모두 케이블로 되어있어 건설기계가 근접하는 것은 가능하나 접촉되지 않으면 된다.

해설 지하 전력케이블이 지상 전주로 입상 또는 지상 전력선이 지하 전력케이블로 입하하는 전주 주변에서 건설기계로 작업할 경우에는 전력케이블이 입상 또는 입하하는 전주 상에는 기기가 설치되어 있어 건설기계가 절대로 접촉 또는 근접해서는 안 된다.

24 전선로 주변에서의 굴착작업에 대한 설명 중 맞는 것은?

① 버켓이 전선에 근접하는 것은 괜찮다.

② 붐이 전선에 근접되지 않도록 한다.

③ 붐의 길이는 무시해도 된다.

④ 전선로 주변에서는 어떠한 경우에도 작업할 수 없다.

25 전선로와의 안전 이격거리에 대하여 틀린 것은?

① 일반적으로 전선이 굵을수록 커진다.

② 전압에 관계없이 일정하다.

③ 1개 줄의 애자수가 많을수록 멀어져야 한다.

④ 전압이 높을수록 멀어져야 한다.

26 건설기계가 전선로 부근에서 작업할 때의 내용과 관련된 사항으로 적합하지 않은 것은?

① 전선이 바람에 흔들리는 정도는 바람이 강할수록 많이 흔들린다.

② 전선은 철탑 또는 전주에서 멀어질수록 많이 흔들린다.

③ 전선은 자체 무게가 있어 바람에는 흔들리지 않는다.

④ 전선은 바람의 흔들림 정도를 고려하여 작업안전거리를 증가시켜 작업해야 한다.

27 가공선로에서 건설기계 운전작업 시 안전대책으로 가장 거리가 먼 것은?

① 안전한 작업계획을 수립한다.

② 장비사용을 위한 신호수를 정한다.

③ 가공선로에 대한 감전방지 수단을 강구한다.

④ 가급적 물건은 가공 전선로 하단에 보관한다.

28 전기 선로 주변에서 크레인, 지게차, 굴착기 등으로 작업 중 활선에 접촉하여 사고가 발생하였을 경우 조치요령으로 가장 거리가 먼 것은?

① 발생개소, 정도, 진척상태를 정확히 파악하여 조치한다.

② 이상상태 확대 및 재해방지를 위한 조치, 강구 등의 응급조치를 한다.

③ 사고 담당자가 모든 상황을 처리한 후 상사인 안전 담당자 및 작업관계자에게 통보한다.

④ 재해가 더 확대되지 않도록 응급상황에 대처한다.

29 건설기계가 가공 전선로에 접촉되었을 경우 또는 주의 사항으로 운전기사의 안전 조치사항 중 틀린 것은?

① 가공선로가 절단되어 땅에 떨어진 경우 임의로 조치하거나 손대지 않는다.

② 작업 시 가공선로에 장비가 접촉하지 않도록 주의한다.

③ 가공선로에 접촉되었다면 장비를 즉시 안전 이격거리가 되도록 조정한다.

④ 작업 시 가공선로가 절단되었다면 운전자는 전원 차단을 하고 즉시 모든 안전 복구를 하여야 한다.

30 고압선로 주변에서 크레인 작업 중 발생할 수 있는 사고유형으로 가장 거리가 먼 것은?

① 권상 로프나 훅이 흔들려 고압선과 안전이격 거리 이내로 접근하여 감전

② 선회 클러치가 고압선에 근접 접촉하여 감전

③ 작업 안전거리를 유지하지 않아 고압선에 근접 접촉하여 감전

④ 붐 회전 중 측면에 위치한 고압선과 근접 접촉하여 감전

31 고압선로 주변에서 크레인 작업 중 지지물 또는 고압선에 접촉이 우려되므로 안전에 가장 유의하여야 하는 부분은?

① 조향핸들   ② 붐 또는 케이블

③ 하부 회전체   ④ 타이어

32 6600V 고압전선로 주변에서 굴착 시 안전작업 조치사항으로 가장 올바른 것은?

① 버켓과 붐 길이는 무시해도 된다.

② 전선에 버켓이 근접하는 것은 괜찮다.

③ 고압전선에 붐이 근접하지 않도록 한다.

④ 고압전선에 장비가 직접 접촉하지 않으면 작업을 할 수 있다.

33 전기설비에서 차단기의 종류 중 ELB(Earth Leakage Circuit Breaker)는 어떤 차단기 인가?

① 유입 차단기   ② 진공 차단기

③ 누전 차단기   ④ 가스차단기

34 전기시설에 접지공사가 되어 있는 경우 접지선의 표시색은?

① 적색   ② 녹색   ③ 황색   ④ 백색

35 인체에 전류가 흐를 때 위험정도의 결정요인 중 가장 거리가 먼 것은?

① 사람의 성별   ② 인체에 흐른 전류크기

③ 인체에 전류가 흐른 시간   ④ 전류가 인체에 통과한 경로

36 전기 안전수칙에서 충전부위에 대하여 인체부위가 통전 및 정전 유도에 대한 보호조치를 하지 않고 접근해서는 안 되는 거리를 무엇이라 하는가?

① 안전거리   ② 활선작업거리

③ 가시거리   ④ 환계거리

37 전선을 철탑의 완금(Arm)에 기계적으로 고정시키고, 전기적으로 절연하기 위해서 사용하는 것을 무엇이라 하는가?

① 완철   ② 가공지선

③ 애자   ④ 클램프

38 가공 전선로 주변에서 건설기계 작업을 위하여 현수 애자를 확인하니 한 줄에 10개로 되어 있었다. 예측 가능한 전압은?

① 22.9kV   ② 66kV

③ 154kV   ④ 345kV

정답   23.③   24.②   25.②   26.③   27.④   28.③   29.④   30.②   31.②   32.③   33.③   34.②   35.①   36.①   37.③   38.③

39 굴착기, 지게차 및 불도저가 고압전선에 근접, 접촉으로 인한 사고유형이 아닌 것은?

① 화재
② 화상
③ 휴전
④ 감전

40 고압 충전 전선로 근방에서 작업을 할 경우 작업자가 감전되지 않도록 사용하는 안전장구로 가장 적합한 것은?

① 절연용 방호구
② 방수복
③ 보호용 가죽장갑
④ 안전대

41 감전사고의 요인을 열거한 것으로 가장 거리가 먼 것은?

① 충전부분에 직접 접촉될 경우나 안전거리 이내로 접근하였을 때
② 전기 기계·기구의 절연변화, 손상, 파손 등에 의한 표면누설로 인하여 누전되어 있는 것에 접촉하여 인체가 통로로 되었을 경우
③ 콘덴서나 고압케이블 등의 잔류전하에 의할 경우
④ 송전선로의 철탑을 손으로 만졌을 경우

42 고압 전선로 부근에서 작업 도중 고압선에 의한 감전사고가 발생하였다. 조치사항으로 틀린 것은?

① 가능한 한 전원으로부터 환자를 이탈시킨다.
② 감전사고 발생 시에는 감전자 구출, 증상의 관찰 등을 한다.
③ 전선로 관리자에게 연락을 취한다.
④ 사고 자체를 은폐시킨다.

43 특고압 전력선 주변작업 중 건설기계의 전력선 근접으로 감전사고가 발생하였을 때의 조치사항으로 가장 거리가 먼 것은?

① 안전사고 시 외상의 인명피해가 없으면 별도의 조치는 하지 않았다.
② 사고발생 후 추가적인 사고발생이 없도록 하였다.
③ 전기재해는 인체에 치명적 영향을 초래 하므로 작은 사고라도 즉시 병원으로 후송하여 치료 하도록 하였다.
④ 즉시 한전사업소에 연락하여 전원을 차단시킨 후 장비를 철수하였다.

44 전선로가 매설된 도로에서 굴착작업 시 설명으로 가장 적합한 것은?

① 지하에는 저압케이블만 매설되어 있다.
② 굴착작업 중 케이블 표지시트가 노출되면 제거하고 계속 굴착한다.
③ 전선로 매설지역에서 기계굴착 작업 중 모래가 발견되면 인력으로 작업을 한다.
④ 접지선이 노출되면 철거 후 계속 작업한다.

45 굴착장비를 이용하여 도로 굴착작업 중 "고압선 위험" 표지시트가 발견되었다. 다음 중 맞는 것은?

① 표지시트 좌측에 전력케이블이 묻혀 있다.
② 표지시트 우측에 전력케이블이 묻혀 있다.
③ 표지시트와 직각방향에 전력케이블이 묻혀 있다.
④ 표지시트 직하에 전력케이블이 묻혀 있다.

46 굴착도중 전력케이블 표지시트가 나왔을 경우의 조치사항으로 가장 적합한 것은?

① 표지시트를 제거하고 계속 굴착한다.
② 표지시트를 제거하고 보호판이나 케이블이 확인될 때까지 굴착한다.
③ 즉시 굴착을 중지하고 해당 시설 관련기관에 연락한다.
④ 표지시트를 원상태로 다시 덮고 인근부위를 재 굴착한다.

47 전력케이블이 매설되어 있음을 표시하기 위한 표시시트는 차도에서 아래 몇 cm 깊이에 설치되어 있는가?

① 10
② 30
③ 50
④ 100

48 건설기계에 의한 콘크리트 전주 주변 굴착작업에 대한 설명 중 옳은 것은?

① 콘크리트 전주는 지선을 이용하여 지지되어 있어 전주 주변을 굴착해도 된다.
② 콘크리트 전주 밑동에는 근기를 이용하여 지지되어 있어 지선이 단선 접촉되어도 된다.
③ 작업 중 지선이 끊어지면 같은 굵기의 철선을 이으면 된다.
④ 전선 및 지선 주위를 함부로 굴착해서는 안 된다.

49 다음 배전선로 그림에서 A의 명칭은?

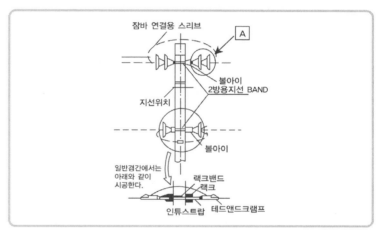

① 라인포스트 애자(LPI)
② 변압기
③ 현수 애자
④ 피뢰기

50 다음 그림에서 A는 배전선로에서 전압을 변환하는 기기이다. A의 명칭으로 맞는 것은?

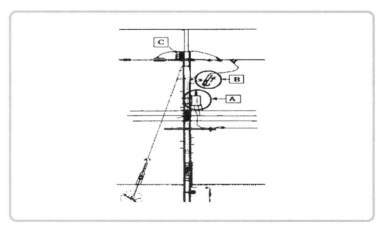

① 현수 애자
② 컷아웃 스위치(COS)
③ 아킹 혼(Arcing Horn)
④ 주상변압기(P.Tr)

51 그림과 같이 고압 가공전선로 주상 변압기를 설치하는데 높이 H 는 시가지와 시가지 외에서 각각 몇 m인가?

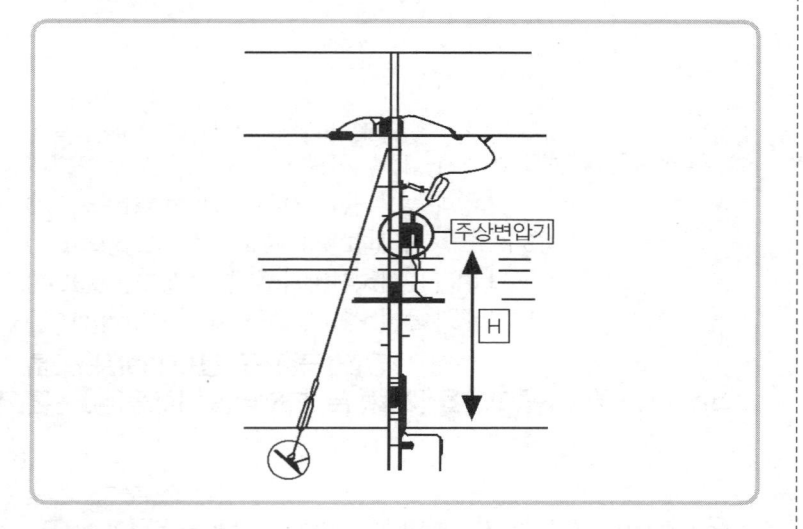

① 시가지=4.5, 시가지 외=4　　② 시가지=4.5, 시가지 외=3
③ 시가지=5, 시가지 외=4　　④ 시가지=5, 시가지 외=3

52 그림과 같이 시가지에 있는 배전선로 A에는 보통 몇 V의 전압이 인가되고 있는가?

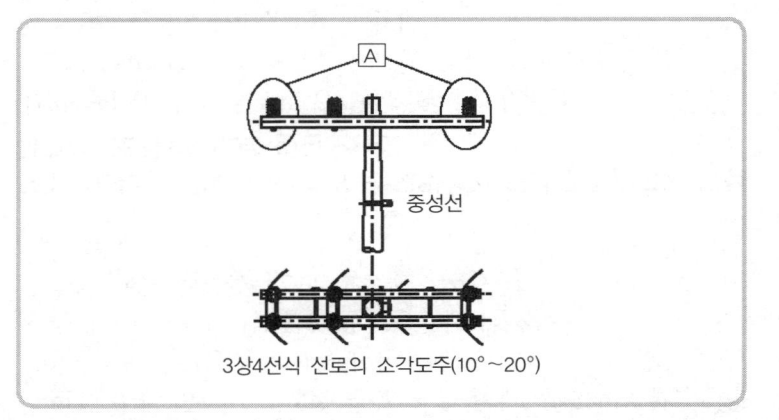

① 110V　　　　　　　② 220V
③ 440V　　　　　　　④ 22900V

🔍**해설** 시가지에 있는 배전선로에는 22,900[V]의 전압이 인가되고 있다.

53 다음 그림에서 "A"는 특고압 22.9kV 배전선로의 지지와 절연을 위한 애자를 나타낸 것이다. "A"의 명칭은?

A

중성선

3상4선식 선로의 소각도주(10°~20°)

① 가공지선 애자　　　　② 지선 애자
③ 라인포스트 애자(LPI)　　④ 현수 애자

🔍**해설** 라인포스트 애자(LPI)란 선로용 지지애자로서 점퍼선의 지지용으로 사용된다.

실전모의고사

제1회

제2회

제3회

제 1 회 모의고사

자격종목	시험시간	문제수	문제형별
굴착기운전기능사	1시간	60	

• 정답 : 154쪽

01 기관의 실린더 수가 많을 때의 장점이 아닌 것은?

① 기관의 진동이 적다.
② 저속회전이 용이하고 큰 동력을 얻을 수 있다.
③ 연료소비가 적고 큰 동력을 얻을 수 있다.
④ 가속이 원활하고 신속하다.

해설 실린더 수가 많을 때의 특징
❶ 회전력의 변동이 적어 기관 진동과 소음이 적다.
❷ 회전의 응답성이 양호하다.
❸ 저속회전이 용이하고 출력이 높다.
❹ 가속이 원활하고 신속하다.
❺ 흡입공기의 분배가 어렵고 연료소모가 많다.
❻ 구조가 복잡하여 제작비가 비싸다.

02 기관의 연료장치에서 희박한 혼합비가 미치는 영향으로 옳은 것은?

① 시동이 쉬워진다.
② 저속 및 공전이 원활하다.
③ 연소속도가 빠르다.
④ 출력(동력)의 감소를 가져온다.

해설 혼합비가 희박하면 기관 시동이 어렵고, 저속운전이 불량해지며, 연소속도가 느려 기관의 출력이 저하한다.

03 커먼레일 디젤기관의 흡기온도센서(ATS)에 대한 설명으로 틀린 것은?

① 주로 냉각팬 제어신호로 사용된다.
② 연료량 제어 보정신호로 사용된다.
③ 분사시기 제어 보정신호로 사용된다.
④ 부특성 서미스터이다.

해설 흡기온도 센서는 부특성 서미스터를 이용하며, 분사시기와 연료량 제어 보정신호로 사용된다.

04 수냉식 기관이 과열되는 원인으로 틀린 것은?

① 방열기의 코어가 20%이상 막혔을 때
② 규정보다 높은 온도에서 수온조절기가 열릴 때
③ 수온조절기가 열린 채로 고정되었을 때
④ 규정보다 적게 냉각수를 넣었을 때

05 윤활유의 구비조건으로 틀린 것은?

① 청정성이 있을 것
② 적당한 점도를 가질 것
③ 인화점 및 발화점이 높을 것
④ 응고점이 높고 유막이 적당할 것

06 배기터빈 과급기에서 터빈 축 베어링의 윤활방법으로 옳은 것은?

① 기관오일을 급유
② 오일리스 베어링 사용
③ 그리스로 윤활
④ 기어오일을 급유

07 에어컨 시스템에서 기화된 냉매를 액화하는 장치는?

① 응축기
② 건조기
③ 컴프레서
④ 팽창밸브

해설 응축기는 고온·고압의 기체냉매를 냉각에 의해 액체냉매 상태로 변화시킨다.

08 도체 내의 전류의 흐름을 방해하는 성질은?

① 전하
② 전류
③ 전압
④ 저항

해설 저항은 전자의 이동을 방해하는 요소이다.

09 MF(Maintenance Free) 축전지에 대한 설명으로 적합하지 않는 것은?

① 격자의 재질은 납과 칼슘합금이다.
② 무보수용 배터리다.
③ 밀봉 촉매마개를 사용한다.
④ 증류수는 매 15일마다 보충한다.

해설 MF 축전지는 증류수를 점검 및 보충하지 않아도 된다.

10 충전장치의 역할로 틀린 것은?

① 램프류에 전력을 공급한다.
② 에어컨 장치에 전력을 공급한다.
③ 축전지에 전력을 공급한다.
④ 기동장치에 전력을 공급한다.

해설 기동장치에 전력을 공급하는 것 : 축전지

11 유압 실린더의 숨 돌리기 현상이 생겼을 때 일어나는 현상이 아닌 것은?

① 작동지연 현상이 생긴다.
② 서지압이 발생한다.
③ 오일의 공급이 과대해진다.
④ 피스톤 작동이 불안정하게 된다.

해설 오일의 공급이 부족해진다.

12 유압회로에서 작동유의 정상작동 온도에 해당되는 것은?

① 5~10℃
② 40~80℃
③ 112~115℃
④ 125~140℃

13 난연성 작동유의 종류에 해당하지 않는 것은?

① 석유계 작동유
② 유중수형 작동유
③ 물-글리콜형 작동유
④ 인산 에스텔형 작동유

해설 난연성 작동유의 종류
❶ 난연성 작동유에는 비함수계(내화성을 갖는 합성물)와 함수계가 있다.
❷ 비함수계의 작동유는 인산에스테르와 폴리올 에스테르가 있다.
❸ 함수계 작동유에는 수중유적형(O/W), 유중수적형(W/O), 물-글리콜계 등이 있다.

14 건설기계의 유압장치 취급방법으로 적합하지 않은 것은?

① 유압장치는 워밍업 후 작업하는 것이 좋다.
② 유압유는 1주에 한 번, 소량씩 보충한다.
③ 작동유에 이물질이 포함되지 않도록 관리·취급하여야 한다.
④ 작동유가 부족하지 않은지 점검하여야 한다.

15 건설기계 작업 중 유압회로 내의 유압이 상승되지 않을 때의 점검사항으로 적합하지 않은 것은?

① 오일탱크의 오일량 점검
② 오일이 누출되었는지 점검
③ 펌프로부터 유압이 발생되는지 점검
④ 자기탐상법에 의한 작업장치의 균열 점검

> **해설** 갑자기 유압상승이 되지 않을 경우 점검 내용
> ❶ 유압펌프로부터 유압이 발생되는지 점검
> ❷ 오일탱크의 오일량 점검
> ❸ 릴리프 밸브의 고장인지 점검
> ❹ 오일이 누출되었는지 점검

16 유압장치에서 가장 많이 사용되는 유압 회로도는?

① 조합 회로도
② 그림 회로도
③ 단면 회로도
④ 기호 회로도

> **해설** 일반적으로 많이 사용하는 유압 회로도는 기호 회로도이다.

17 플런저가 구동축의 직각방향으로 설치되어 있는 유압모터는?

① 캠형 플런저 모터
② 액시얼형 플런저 모터
③ 블래더형 플런저 모터
④ 레이디얼형 플런저 모터

> **해설** 레이디얼형 플런저 모터는 플런저가 구동축의 직각방향으로 설치되어 있다.

18 유압실린더의 움직임이 느리거나 불규칙 할 때의 원인이 아닌 것은?

① 피스톤 링이 마모되었다.
② 유압유의 점도가 너무 높다.
③ 회로 내에 공기가 혼입되고 있다.
④ 체크밸브의 방향이 반대로 설치되어 있다.

19 유압 실린더의 종류에 해당하지 않는 것은?

① 복동 실린더 싱글로드형
② 복동 실린더 더블로드형
③ 단동 실린더 배플형
④ 단동 실린더 램형

> **해설** 유압 실린더의 종류에는 단동실린더, 복동 실린더(싱글로드형과 더블로드형), 다단 실린더, 램형 실린더 등이 있다.

20 일반적인 오일탱크의 구성품이 아닌 것은?

① 스트레이너
② 유압태핏
③ 드레인 플러그
④ 배플 플레이트

> **해설** 오일탱크는 유압펌프로 흡입되는 유압유를 여과하는 스트레이너, 탱크 내의 오일량을 표시하는 유면계, 유압유의 출렁거림을 방지하고 기포발생 방지 및 제거하는 배플 플레이트(격판) 유압유를 배출시킬 때 사용하는 드레인 플러그 등으로 구성된다.

21 해머사용 시 안전에 주의해야 될 사항으로 틀린 것은?

① 해머사용 전 주위를 살펴본다.
② 담금질한 것은 무리하게 두들기지 않는다.
③ 해머를 사용하여 작업할 때에는 처음부터 강한 힘을 사용한다.
④ 대형해머를 사용할 때는 자기의 힘에 적합한 것으로 한다.

22 무거운 물건을 들어 올릴 때의 주의사항에 관한 설명으로 가장 적합하지 않은 것은?

① 장갑에 기름을 묻히고 든다.
② 가능한 이동식 크레인을 이용한다.
③ 힘센 사람과 약한 사람과의 균형을 잡는다.
④ 약간씩 이동하는 것은 지렛대를 이용할 수도 있다.

23 다음 중 전기설비 화재 시 가장 적합하지 않은 소화기는?

① 포말 소화기
② 이산화탄소 소화기
③ 무상강화액 소화기
④ 할로겐화합물 소화기

> **해설** 전기화재의 소화에 포말 소화기는 사용해서는 안 된다.

24 다음 중 사용구분에 따른 차광보안경의 종류에 해당하지 않는 것은?

① 자외선용
② 적외선용
③ 용접용
④ 비산방지용

25 크레인 인양작업 시 줄걸이 안전 사항으로 적합하지 않은 것은?

① 신호자는 원칙적으로 1인이다.
② 신호자는 크레인운전자가 잘 볼 수 있는 안전한 위치에서 행한다.
③ 2인 이상의 고리 걸이 작업 시에는 상호 간에 소리를 내면서 행한다.
④ 권상작업 시 지면에 있는 보조자는 와이어로프를 손으로 꼭 잡아 하물이 흔들리지 않게 하여야 한다.

26 산업안전보건법상 산업재해의 정의로 옳은 것은?

① 고의로 물적 시설을 파손한 것을 말한다.
② 운전 중 본인의 부주의로 교통사고가 발생된 것을 말한다.
③ 일상 활동에서 발생하는 사고로서 인적 피해에 해당하는 부분을 말한다.
④ 근로자가 업무에 관계되는 건설물·설비·원재료·가스·증기·분진 등에 의하거나 작업 또는 그 밖의 업무로 인하여 사망 또는 부상하거나 질병에 걸리게 되는 것을 말한다.

27 산업재해 원인은 직접원인과 간접원인으로 구분되는데 다음 직접원인 중에서 불안전한 행동에 해당되지 않는 것은?

① 허가 없이 장치를 운전
② 불충분한 경보 시스템
③ 결함 있는 장치를 사용
④ 개인 보호구 미사용

28 다음 중 산소결핍의 우려가 있는 장소에서 착용하여야 하는 마스크의 종류는?

① 방독 마스크
② 방진 마스크
③ 송기 마스크
④ 가스 마스크

29 다음 중 가스안전 영향평가서를 작성하여야 하는 공사는?

① 도로 폭이 8m 이상인 도로
② 가스배관이 통과하는 지하보도
③ 도로 폭이 12m 이상인 도로
④ 가스배관의 매설이 없는 철도구간

30 22.9kV 배전선로에 근접하여 굴착기 등 건설기계로 작업 시 안전 관리상 맞는 것은?

① 안전관리자의 지시 없이 운전자가 알아서 작업한다.
② 전력선에 접촉되더라도 끊어지지 않으면 사고는 발생하지 않는다.
③ 전력선이 활선인지 확인 후 안전조치 된 상태에서 작업한다.
④ 해당 시설관리자는 입회하지 않아도 무관하다.

31 도로교통법령에 따라 도로를 통행하는 자동차가 야간에 켜야 하는 등화의 구분 중 견인되는 차가 켜야 할 등화는?

① 전조등, 차폭등, 미등
② 미등, 차폭등, 번호등
③ 전조등, 미등, 번호등
④ 전조등, 미등

32 건설기계관리법령상 시·도지사는 건설기계등록원부를 건설기계의 등록을 말소한 날부터 몇 년간 보존하여야 하는가?

① 3
② 5
③ 7
④ 10

33 대형건설기계의 특별표지 중 경고표지판 부착 위치는?

① 작업인부가 쉽게 볼 수 있는 곳
② 조종실 내부의 조종사가 보기 쉬운 곳
③ 교통경찰이 쉽게 볼 수 있는 곳
④ 특별 번호판 옆

34 도로에서 정차를 하고자 할 때의 방법으로 옳은 것은?

① 차체의 전단부가 도로 중앙을 향하도록 비스듬히 정차한다.
② 진행방향의 반대방향으로 정차한다.
③ 차도의 우측 가장자리에 정차한다.
④ 일방통행로에서 좌측 가장자리에 정차한다.

35 교통사고로서 중상의 기준에 해당하는 것은?

① 1주 이상의 치료를 요하는 부상
② 2주 이상의 치료를 요하는 부상
③ 3주 이상의 치료를 요하는 부상
④ 4주 이상의 치료를 요하는 부상

36 고속도로를 제외한 도로에서 위험을 방지하고 교통의 안전과 원활한 소통을 확보하기 위하여 필요 시 구역 또는 구간을 지정하여 자동차의 속도를 제한할 수 있는 자는?

① 경찰서장
② 국토교통부장관
③ 지방경찰청장
④ 도로교통 공단 이사장

37 건설기계의 조종 중 과실로 7명 이상에게 중상을 입힌 때 면허처분 기준은?

① 면허 취소
② 면허 효력정지 30일
③ 면허 효력정지 60일
④ 면허 효력정지 90일

해설 건설기계 조종사의 면허취소 사유
① 면허정지 처분을 받은 자가 그 정지 기간 중에 건설기계를 조종한 때
② 거짓 또는 부정한 방법으로 건설기계의 면허를 받은 때
③ 건설기계의 조종 중 고의 또는 과실로 인명 피해(사망·중상·경상)를 입힌 때
④ 술에 취한 상태에서 건설기계를 조종하다가 사람을 죽게 하거나 다치게 한 경우
⑤ 정기적성검사를 받지 않거나 정기적성검사에 불합격한 경우
⑥ 2회 이상 술에 취한 상태에서 건설기계를 조종하여 면허효력정지를 받은 사실이 있는 사람이 다시 술에 취한 상태에서 건설기계를 조종한 경우
⑦ 약물(마약, 대마 등의 환각물질)을 투여한 상태에서 건설기계를 조종한 때
⑧ 술에 만취한 상태(혈중 알코올농도 0.08% 이상)에서 건설기계를 조종한 때
⑨ 건설기계 조종사 면허증을 다른 사람에게 빌려 준 경우

38 건설기계의 정비명령은 누구에게 하여야 하는가?

① 해당기계 운전자
② 해당기계 검사업자
③ 해당기계 정비업자
④ 해당기계 소유자

해설 정비명령은 검사에 불합격한 해당 건설기계 소유자에게 한다.

39 운전자가 진행방향을 변경하려고 할 때 신호를 하여야 할 시기로 옳은 것은?(단, 고속도로 제외)

① 변경하려고 하는 지점의 3m 전에서
② 변경하려고 하는 지점의 10m 전에서
③ 변경하려고 하는 지점의 30m 전에서
④ 특별히 정하여져 있지 않고, 운전자 임의대로

해설 진행방향을 변경하려고 할 때 신호를 하여야 할 시기는 변경하려고 하는 지점의 30m 전이다.

40 신호등이 없는 교차로에 좌회전하려는 버스와 그 교차로에 진입하여 직진하고 있는 건설기계가 있을 때 어느 차가 우선권이 있는가?

① 직진하고 있는 건설기계가 우선
② 좌회전하려는 버스가 우선
③ 사람이 많이 탄 차가 우선
④ 형편에 따라서 우선순위가 정해짐

41 전부 장치가 부착된 굴착기를 트레일러로 수송할 때 붐이 향하는 방향으로 가장 적합한 것은?

① 앞 방향
② 뒷 방향
③ 좌측 방향
④ 우측 방향

해설 트레일러로 굴착기를 운반할 때 작업 장치를 반드시 뒤쪽으로 한다.

42 토크컨버터 구성품 중 스테이터의 기능으로 맞는 것은?

① 오일의 흐름 방향을 바꾸어 회전력을 증대시킨다.
② 토크컨버터의 동력을 전달 또는 차단시킨다.
③ 오일의 회전속도를 감속하여 견인력을 증대시킨다.
④ 클러치판의 마찰력을 감소시킨다.

해설 스테이터는 펌프와 터빈 사이의 오일 흐름방향을 바꾸어 회전력을 증대시킨다.

43 유압식 굴착기의 특징이 아닌 것은?

① 구조가 간단하다.
② 운전조작이 쉽다.
③ 프런트 어태치먼트 교환이 쉽다.
④ 회전부분의 용량이 크다.

해설 유압식 굴착기는 구조가 간단하고 운전조작이 쉬우며, 프런트 어태치먼트(작업 장치) 교환이 쉽고, 회전부분의 용량이 작다.

44 무한궤도식 굴착기에서 주행충격이 클 때 트랙의 조정방법 중 틀린 것은?

① 브레이크가 있는 경우에는 브레이크를 사용해서는 안 된다.
② 장력은 일반적으로 25~40cm이다.
③ 2~3회 반복 조정하여 양쪽 트랙의 유격을 똑같이 조정하여야 한다.
④ 전진하다가 정지시켜야 한다.

해설 트랙유격 조정방법
❶ 전진하다가 정지시킨다.
❷ 건설기계를 평지에 주차시킨다.
❸ 굴착기의 경우 트랙을 들고서 늘어지는 것을 점검한다.
❹ 2~3회 반복 조정하여 양쪽 트랙의 유격을 똑같이 조정한다.
❺ 장력은 일반적으로 25~40mm 이다.
❻ 브레이크가 있는 경우에 브레이크를 사용해서는 안 된다.

45 다음 중 굴착기 작업 장치의 구성요소에 속하지 않는 것은?

① 붐
② 디퍼스틱
③ 버킷
④ 롤러

46 다음 중 굴착기의 굴삭력이 가장 클 경우는?

① 암과 붐이 일직선상에 있을 때
② 암과 붐이 45° 선상을 이루고 있을 때
③ 버킷을 최소작업 반경 위치로 놓았을 때
④ 암과 붐이 직각위치에 있을 때

해설 암과 붐의 각도가 80~110° 정도일 때 가장 큰 굴삭력을 발휘한다.

47 타이어식 건설기계의 액슬 허브에 오일을 교환하고자 한다. 오일을 배출시킬 때와 주입할 때의 플러그 위치로 옳은 것은?

① 배출시킬 때 1시 방향, 주입할 때 : 9시 방향
② 배출시킬 때 6시 방향, 주입할 때 : 9시 방향
③ 배출시킬 때 3시 방향, 주입할 때 : 9시 방향
④ 배출시킬 때 2시 방향, 주입할 때 : 12시 방향

해설 액슬 허브 오일을 교환할 때 오일을 배출시킬 경우에는 플러그를 6시 방향에, 주입할 때는 플러그 방향을 9시에 위치시킨다.

48 건설기계를 트레일러에 상하차하는 방법 중 틀린 것은?

① 언덕을 이용한다.
② 기중기를 이용한다.
③ 타이어를 이용한다.
④ 건설기계 전용 상하차대를 이용한다.

49 굴착기로 작업 시 작동이 불가능하거나 해서는 안 되는 작동은 다음 중 어느 것인가?

① 굴삭하면서 선회한다.
② 붐을 들면서 버킷에 흙을 담는다.
③ 붐을 낮추면서 선회한다.
④ 붐을 낮추면서 굴삭 한다.

해설 굴착기로 작업할 때 굴삭하면서 선회를 해서는 안 된다.

50 다음 중 효과적인 굴착작업이 아닌 것은?

① 붐과 암의 각도를 80~110° 정도로 선정한다.
② 버킷 투스의 끝이 암(디퍼스틱)보다 안쪽으로 향해야 한다.
③ 버킷은 의도한대로 위치하고 붐과 암을 계속 변화시키면서 굴착한다.
④ 굴착한 후 암(디퍼스틱)을 오므리면서 붐은 상승위치로 변화시켜 하역위치로 스윙한다.

해설 버킷 투스의 끝이 암(디퍼스틱)보다 바깥쪽으로 향해야 한다.

51 덤프트럭에 상차작업 시 가장 중요한 굴착기의 위치는?

① 선회거리를 가장 짧게 한다.
② 암 작동거리를 가장 짧게 한다.
③ 버킷 작동거리를 가장 짧게 한다.
④ 붐 작동거리를 가장 짧게 한다.

해설 덤프트럭에 상차작업을 할 때 굴착기의 선회거리를 가장 짧게 하여야 한다.

52 굴착기의 주행성능이 불량할 때 점검과 관계없는 것은?

① 트랙장력
② 스윙 모터
③ 주행 모터
④ 센터조인트

53 타이어형 굴착기의 주행 전 주의사항으로 틀린 것은?

① 버킷 실린더, 암 실린더를 충분히 눌려 펴서 버킷이 캐리어 상면 높이 위치에 있도록 한다.
② 버킷 레버, 암 레버, 붐 실린더 레버가 움직이지 않도록 잠가 둔다.
③ 선회고정 장치는 반드시 풀어 놓는다.
④ 굴착기에 그리스, 오일, 진흙 등이 묻어 있는지 점검한다.

해설 선회고정 장치는 반드시 잠그고 주행한다.

54 무한궤도식 굴착기로 주행 중 회전 반경을 가장 적게 할 수 있는 방법은?

① 한쪽 주행 모터만 구동시킨다.
② 구동하는 주행 모터 이외에 다른 모터의 조향 브레이크를 강하게 작동시킨다.
③ 2개의 주행 모터를 서로 반대 방향으로 동시에 구동시킨다.
④ 트랙의 폭이 좁은 것으로 교체한다.

해설 회전 반경을 적게 하려면 2개의 주행 모터를 서로 반대 방향으로 동시에 구동시킨다. 즉 스핀 회전을 한다.

55 크롤러식 굴착기에서 상부회전체의 회전에는 영향을 주지 않고 주행모터에 작동유를 공급할 수 있는 부품은?

① 컨트롤밸브
② 센터조인트
③ 사축형 유압모터
④ 언로더 밸브

해설 센터조인트는 상부회전체의 회전중심부에 설치되어 있으며, 상부회전체의 유압유를 주행모터로 전달한다. 또 상부회전체가 회전하더라도 호스, 파이프 등이 꼬이지 않고 원활히 공급한다.

56 크롤러형 굴착기에서 하부 추진체의 동력전달순서로 맞는 것은?

① 기관 → 트랙 → 유압모터 → 변속기 → 토크컨버터
② 기관 → 토크컨버터 → 변속기 → 트랙 → 클러치
③ 기관 → 유압펌프 → 컨트롤밸브 → 주행 모터 → 트랙
④ 기관 → 트랙 → 스프로킷 → 변속기 → 클러치

57 굴착기의 밸런스 웨이트(balance weight)에 대한 설명으로 가장 적합한 것은?

① 작업을 할 때 장비의 뒷부분이 들리는 것을 방지한다.
② 굴삭량에 따라 중량물을 들 수 있도록 운전자가 조절하는 장치이다.
③ 접지 압을 높여주는 장치이다.
④ 접지면적을 높여주는 장치이다.

58 굴착기의 상부회전체는 어느 것에 의해 하부주행체에 연결되어 있는가?

① 푸트핀   ② 스윙 볼 레이스
③ 스윙 모터   ④ 주행 모터

해설 굴착기 상부회전체는 스윙 볼 레이스에 의해 하부주행체와 연결된다.

59 굴착기 버킷 포인트(투스)의 사용 및 정비방법으로 옳은 것은?

① 샤프형 포인트는 암석, 자각 등의 굴착 및 적재작업에 사용한다.
② 로크형 포인트는 점토, 석탄 등을 잘나낼 때 사용한다.
③ 핀과 고무 등은 가능한 한 그대로 사용한다.
④ 마모상태에 따라 안쪽과 바깥쪽의 포인트를 바꿔 끼워가며 사용한다.

해설 버킷 포인트(투스)는 마모상태에 따라 안쪽과 바깥쪽의 포인트를 바꿔 끼워가며 사용한다.

60 작업 장치 핀 등에 그리스가 주유되었는가를 확인하는 방법으로 옳은 것은?

① 그리스 니플을 분해하여 확인한다.
② 그리스 니플을 깨끗이 청소한 후 확인한다.
③ 그리스 니플의 볼을 눌러 확인한다.
④ 그리스 주유 후 확인할 필요가 없다.

제1회 모의고사 정답				
01.③	02.④	03.①	04.③	05.④
06.①	07.①	08.④	09.④	10.④
11.③	12.②	13.①	14.②	15.④
16.④	17.④	18.④	19.③	20.②
21.③	22.①	23.①	24.④	25.④
26.④	27.②	28.③	29.②	30.③
31.②	32.④	33.②	34.③	35.③
36.③	37.①	38.④	39.③	40.①
41.②	42.①	43.④	44.②	45.④
46.④	47.②	48.③	49.①	50.②
51.①	52.②	53.③	54.③	55.②
56.③	57.①	58.②	59.④	60.③

자격종목	시험시간	문제수	문제형별
굴착기운전기능사	1시간	60	

• 정답 : 159쪽

01 노킹이 발생되었을 때 디젤기관에 미치는 영향이 아닌 것은?

① 배기가스의 온도가 상승한다.
② 연소실 온도가 상승한다.
③ 엔진에 손상이 발생할 수 있다.
④ 출력이 저하된다.

[해설] **노킹이 발생되면**
❶ 기관 회전속도(rpm)가 낮아진다.
❷ 기관출력이 저하한다.
❸ 기관이 과열한다.
❹ 흡기효율이 저하한다.
❺ 실린더 벽과 피스톤에 손상이 발생할 수 있다.

02 크랭크축의 비틀림 진동에 대한 설명으로 틀린 것은?

① 각 실린더의 회전력 변동이 클수록 커진다.
② 크랭크축이 길수록 커진다.
③ 강성이 클수록 커진다.
④ 회전부분의 질량이 클수록 커진다.

[해설] **크랭크축에서 비틀림 진동발생의 관계**
❶ 기관의 회전력 변동이 클수록, 크랭크축의 길이가 길수록 크다.
❷ 크랭크축의 강성이 적을수록, 기관의 회전속도가 느릴수록 크다.
❸ 기관의 주기적인 회전력 작용에 의해 발생한다.

03 디젤기관에서 발생하는 진동의 원인이 아닌 것은?

① 프로펠러 샤프트의 불균형
② 분사시기의 불균형
③ 분사량의 불균형
④ 분사압력의 불균형

[해설] **디젤기관의 진동원인**
❶ 연료 분사시가·분사간격이 다르다.
❷ 각 피스톤의 중량차가 크다.
❸ 각 실린더의 연료 분사압력과 분사량이 다르다.
❹ 4실린더 엔진에서 1개의 분사노즐이 막혔다.
❺ 크랭크축에 불균형이 있다.
❻ 연료계통 내에 공기가 유입되었다.

04 압력식 라디에이터 캡에 대한 설명으로 옳은 것은?

① 냉각장치 내부압력이 규정보다 낮을 때 공기밸브는 열린다.
② 냉각장치 내부압력이 규정보다 높을 때 진공밸브는 열린다.
③ 냉각장치 내부압력이 부압이 되면 진공밸브는 열린다.
④ 냉각장치 내부압력이 부압이 되면 공기밸브는 열린다.

[해설] **압력식 라디에이터 캡의 작동**
❶ 냉각장치 내부압력이 부압이 되면(내부압력이 규정보다 낮을 때) 진공밸브가 열린다.
❷ 냉각장치 내부압력이 규정보다 높을 때 압력밸브가 열린다.

05 2행정 디젤기관의 소기방식에 속하지 하는 것은?

① 루프 소기식
② 횡단 소기식
③ 복류 소기식
④ 단류 소기식

[해설] 2행정 사이클 디젤기관의 소기방식에는 단류 소기식, 횡단 소기식, 루프 소기식이 있다.

06 건설기계 운전 작업 중 온도게이지가 "H" 위치에 근접되어 있다. 운전자가 취해야 할 조치로 가장 알맞은 것은?

① 작업을 계속해도 무방하다.
② 잠시 작업을 중단하고 휴식을 취한 후 다시 작업한다.
③ 윤활유를 즉시 보충하고 계속 작업한다.
④ 작업을 중단하고 냉각수 계통을 점검한다.

07 전조등의 구성품으로 틀린 것은?

① 전구
② 렌즈
③ 반사경
④ 플래셔 유닛

08 일반적인 축전지 터미널의 식별 법으로 적합하지 않은 것은?

① (+), (−)의 표시로 구분한다.
② 터미널의 요철로 구분한다.
③ 굵고 가는 것으로 구분한다.
④ 적색과 흑색 등색으로 구분한다.

[해설] **축전지 터미널의 식별 방법**
❶ 양극 단자는 P(positive), 음극단자는 N (negative)의 문자로 표시
❷ 양극 단자는 (+), 음극단자는 (−)의 부호로 표시
❸ 양극 단자는 굵고 음극단자는 가는 것으로 표시
❹ 양극 단자는 적색, 음극단자는 흑색으로 표시

09 교류발전기에서 높은 전압으로부터 다이오드를 보호하는 구성품은 어는 것인가?

① 콘덴서
② 필드코일
③ 정류기
④ 로터

[해설] 콘덴서는 교류발전기에서 높은 전압으로부터 다이오드를 보호한다.

10 기관의 기동을 보조하는 장치가 아닌 것은?

① 공기 예열장치
② 실린더의 감압장치
③ 과급장치
④ 연소촉진제 공급 장치

[해설] 디젤기관의 시동보조 장치에는 예열장치, 흡기가열장치(흡기히터와 히트레인지), 실린더 감압장치, 연소촉진제 공급 장치 등이 있다.

11 건설기계조종사의 면허취소 사유에 해당하는 것은?

① 과실로 인하여 1명을 사망하게 하였을 경우
② 면허의 효력정지 기간 중 건설기계를 조종한 경우
③ 과실로 인하여 10명에게 경상을 입힌 경우
④ 건설기계로 1천만 원 이상의 재산피해를 냈을 경우

[해설] **면허취소 사유**
❶ 면허정지 처분을 받은 자가 그 정지 기간 중에 건설기계를 조종한 때
❷ 거짓 또는 부정한 방법으로 건설기계의 면허를 받은 때
❸ 건설기계의 조종 중 고의로 인명 피해를 입힌 때
❹ 과실로 3명 이상을 사망하게 한 때
❺ 과실로 7명 이상에게 중상을 입힌 때
❻ 과실로 19명에게 경상을 입힌 때

❼ 약물(마약, 대마 등의 환각물질)을 투여한 상태에서 건설기계를 조종한 때
❽ 술에 만취한 상태(혈중 알코올농도 0.1% 이상)에서 건설기계를 조종한 때
❾ 건설기계조종사면허증을 다른 사람에게 빌려 준 경우

12 주행 중 차마의 진로를 변경해서는 안 되는 경우는?

① 교통이 복잡한 도로일 때
② 시속 30km 이하인 주행도인 곳
③ 특별히 진로변경이 금지된 곳
④ 4차로 도로일 때

해설 특별히 진로변경이 금지된 곳에서는 진로를 변경해서는 안 된다.

13 건설기계관리법령상 정기검사 유효기간이 3년인 건설기계는?

① 덤프트럭
② 콘크리트 믹서트럭
③ 트럭적재식 콘크리트펌프
④ 무한궤도식 굴착기

해설 무한궤도식 굴착기의 정기검사 유효기간은 3년이다.

14 시·도지사가 지정한 교육기관에서 당해 건설기계의 조종에 관한 교육과정을 이수한 경우 건설기계조종사 면허를 받은 것으로 보는 소형 건설기계는?

① 5톤 미만의 불도저　② 5톤 미만의 지게차
③ 5톤 미만의 굴착기　④ 5톤 미만의 타워크레인

해설 **소형건설기계의 종류** : 5톤 미만의 불도저, 5톤 미만의 로더, 5톤 미만의 천공기(트럭적재식은 제외), 3톤 미만의 지게차, 3톤 미만의 굴착기, 3톤 미만의 타워크레인, 공기압축기, 콘크리트펌프(이동식에 한정), 쇄석기, 준설선

15 술에 취한 상태의 기준은 혈중알코올농도가 최소 몇 퍼센트 이상인 경우인가?

① 0.25　② 0.03
③ 1.25　④ 1.50

16 정기검사에 불합격한 건설기계의 정비명령 기간으로 옳은 것은?

① 3개월 이내　② 4개월 이내
③ 5개월 이내　④ 6개월 이내

17 건설기계의 출장검사가 허용되는 경우가 아닌 것은?

① 도서지역에 있는 건설기계
② 너비가 2.0미터를 초과하는 건설기계
③ 최고속도가 시간당 35킬로미터 미만인 건설기계
④ 자체중량이 40톤을 초과하거나 축중이 10톤을 초과하는 건설기계

해설 **출장검사를 받을 수 있는 경우**
❶ 도서지역에 있는 경우
❷ 자체중량이 40ton 이상 또는 축중이 10ton 이상인 경우
❸ 너비가 2.5m 이상인 경우
❹ 최고속도가 시간당 35km 미만인 경우

18 자동차 1종 대형 운전면허로 건설기계를 운전할 수 없는 것은?

① 덤프트럭　② 노상안정기
③ 트럭적재식천공기　④ 트레일러

해설 제1종 대형 운전면허로 조종할 수 있는 건설기계는 덤프트럭, 아스팔트 살포기, 노상 안정기, 콘크리트 믹서트럭, 콘크리트 펌프, 트럭적재식 천공기 등이다.

19 건설기계의 연료 주입구는 배기관의 끝으로부터 얼마 이상 떨어져 설치하여야 하는가?

① 5cm　② 10cm
③ 30cm　④ 50cm

해설 연료 주입구는 배기관의 끝으로부터 30cm 이상 떨어져 설치하여야 한다.

20 밤에 도로에서 차를 운행하는 경우 등의 등화로 틀린 것은?

① 견인되는 차 : 미등, 차폭등 및 번호등
② 원동기장치자전거 : 전조등 및 미등
③ 자동차 : 자동차안전기준에서 정하는 전조등, 차폭등, 미등
④ 자동차등 외의 모든 차 : 지방경찰청장이 정하여 고시하는 등화

21 유압 작동유의 점도가 지나치게 낮을 때 나타날 수 있는 현상은?

① 출력이 증가한다.
② 압력이 상승한다.
③ 유동저항이 증가한다.
④ 유압실린더의 속도가 늦어진다.

해설 **유압유의 점도가 너무 낮으면**
❶ 유압펌프의 효율이 저하된다.
❷ 실린더 및 컨트롤밸브에서 누출현상이 발생한다.
❸ 계통(회로)내의 압력이 저하된다.
❹ 유압실린더의 속도가 늦어진다.

22 베인 펌프에 대한 설명으로 틀린 것은?

① 날개로 펌핑동작을 한다.
② 토크(torque)가 안정되어 소음이 작다.
③ 싱글형과 더블형이 있다.
④ 베인 펌프는 1단 고정으로 설계된다.

해설 베인 펌프는 날개로 펌핑동작을 하며, 싱글형과 더블형이 있고, 토크가 안정되어 소음이 작다.

23 유압기기의 단점으로 틀린 것은?

① 에너지의 손실이 적다.
② 오일은 가연성이 있어 화재위험이 있다.
③ 회로구성이 어렵고 누설되는 경우가 있다.
④ 오일의 온도변화에 따라서 점도가 변하여 기계의 작동속도가 변한다.

해설 **유압의 단점**
❶ 고압사용으로 인한 위험성 및 이물질에 민감하다.
❷ 유온의 영향에 따라 정밀한 속도와 제어가 곤란하다.
❸ 폐유에 의한 주변 환경이 오염될 수 있다.
❹ 오일은 가연성이 있어 화재에 위험하다.
❺ 회로구성이 어렵고 누설되는 경우가 있다.
❻ 오일의 온도에 따라서 점도가 변하므로 기계의 속도가 변한다.
❼ 에너지 손실이 크며, 관로를 연결하는 곳에서 유체가 누출될 우려가 있다.

24 순차작동 밸브라고도 하며, 각 유압 실린더를 일정한 순서로 순차작동 시키고자 할 때 사용하는 것은?

① 릴리프 밸브　　　　　② 감압밸브
③ 시퀀스 밸브　　　　　④ 언로드 밸브

> **해설** 시퀀스 밸브는 두 개 이상의 분기회로에서 유압 실린더나 모터의 작동 순서를 결정한다.

25 유압 계통에서 릴리프 밸브의 스프링 장력이 약화될 때 발생될 수 있는 현상은?

① 채터링 현상　　　　　② 노킹 현상
③ 블로바이 현상　　　　④ 트램핑 현상

> **해설** 채터링이란 릴리프 밸브에서 스프링 장력이 약할 때 볼이 밸브의 시트를 때려 소음을 내는 진동현상이다.

26 플런저가 구동축의 직각방향으로 설치되어 있는 유압모터는?

① 캠형 플런저 모터　　　② 액시얼형 플런저 모터
③ 블래더형 플런저 모터　④ 레이디얼형 플런저 모터

> **해설** 레이디얼형 플런저 모터는 플런저가 구동축의 직각방향으로 설치되어 있다.

27 유압 실린더의 종류에 해당하지 않는 것은?

① 복동 실린더 싱글로드형
② 복동 실린더 더블로드형
③ 단동 실린더 배플형
④ 단동 실린더 램형

> **해설** 유압 실린더의 종류에는 단동실린더, 복동 실린더(싱글로드형과 더블로드형), 다단 실린더, 램형 실린더 등이 있다.

28 유압·공기압 도면기호 중 그림이 나타내는 것은?

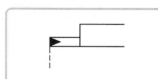

① 유압 파일럿(외부)
② 공기압 파일럿(외부)
③ 유압 파일럿(내부)
④ 공기압 파일럿(내부)

29 유압회로에 사용되는 유압제어 밸브의 역할이 아닌 것은?

① 일의 관성을 제어한다.
② 일의 방향을 변환시킨다.
③ 일의 속도를 제어한다.
④ 일의 크기를 조정한다.

> **해설** 제어밸브의 기능
> ❶ 압력제어 밸브 : 일의 크기 결정
> ❷ 유량제어 밸브 : 일의 속도 결정
> ❸ 방향제어 밸브 : 일의 방향결정

30 건설기계의 작동유 탱크 역할로 틀린 것은?

① 유온을 적정하게 유지하는 역할을 한다.
② 작동유를 저장한다.
③ 오일 내 이물질의 침전작용을 한다.
④ 유압을 적정하게 유지하는 역할을 한다.

> **해설** 오일탱크의 기능
> ❶ 계통 내의 필요한 유량을 확보(유압유의 저장)한다.
> ❷ 격판(배플)에 의한 기포발생 방지 및 제거한다.
> ❸ 격판을 설치하여 유압유의 출렁거림을 방지한다.

❹ 스트레이너 설치로 회로 내 불순물 혼입을 방지한다.
❺ 탱크 외벽의 방열에 의한 적정온도를 유지한다.
❻ 유압유 수명을 연장하는 역할을 한다.
❼ 유압유 중의 이물질을 분리(침전작용)한다.

31 전기화재에 적합하며 화재 때 화점에 분사하는 소화기로 산소를 차단하는 소화기는?

① 포말 소화기　　　　　② 이산화탄소 소화기
③ 분말 소화기　　　　　④ 증발 소화기

> **해설** 이산화탄소 소화기는 유류, 전기화재 모두 적용 가능하나, 산소차단(질식작용)에 의해 화염을 진화하기 때문에 실내에서 사용할 때는 특히 주의를 기울여야 한다.

32 건설기계 작업 시 주의사항으로 틀린 것은?

① 운전석을 떠날 경우에는 기관을 정지시킨다.
② 작업 시에는 항상 사람의 접근에 특별히 주의한다.
③ 주행 시는 가능한 한 평탄한 지면으로 주행한다.
④ 후진 시는 후진 후 사람 및 장애물 등을 확인한다.

33 기계의 회전부분(기어, 벨트, 체인)에 덮개를 설치하는 이유는?

① 좋은 품질의 제품을 얻기 위하여
② 회전부분의 속도를 높이기 위하여
③ 제품의 제작과정을 숨기기 위하여
④ 회전부분과 신체의 접촉을 방지하기 위하여

34 수공구 사용방법으로 옳지 않은 것은?

① 좋은 공구를 사용할 것
② 해머의 쐐기 유무를 확인할 것
③ 스패너는 너트에 잘 맞는 것을 사용할 것
④ 해머의 사용면이 넓고 얇아진 것을 사용할 것

35 산업재해의 통상적인 분류 중 통계적 분류에 대한 설명으로 틀린 것은?

① 사망 : 업무로 인해서 목숨을 잃게 되는 경우
② 중경상 : 부상으로 인하여 30일 이상의 노동 상실을 가져온 상해정도
③ 경상해 : 부상으로 1일 이상 7일 이하의 노동 상실을 가져온 상해정도
④ 무상해 사고 : 응급처치 이하의 상처로 작업에 종사하면서 치료를 받는 상해정도

36 불안전한 조명, 불안전한 환경, 방호장치의 결함으로 인하여 오는 산업재해 요인은?

① 지적 요인　　　　　　② 물적 요인
③ 신체적 요인　　　　　④ 정신적 요인

> **해설** 물적 요인 : 불안전한 조명, 불안전한 환경, 방호장치의 결함 등으로 인하여 발생하는 산업재해

37 다음 중 가스누설 검사에 가장 좋고 안전한 것은?

① 아세톤　　　　　　　② 성냥불
③ 순수한 물　　　　　　④ 비눗물

38 일반적인 보호구의 구비조건으로 맞지 않는 것은?

① 착용이 간편할 것
② 햇볕에 잘 열화 될 것
③ 재료의 품질이 양호할 것
④ 위험유해 요소에 대한 방호성능이 충분할 것

39 굴착공사 중 적색으로 된 도시가스 배관을 손상시켰으나 다행히 가스는 누출되지 않고 피복만 벗겨졌다. 이때의 조치사항으로 가장 적합한 것은?

① 해당 도시가스회사에 그 사실을 알려 보수하도록 한다.
② 가스가 누출되지 않았으므로 그냥 되 메우기 한다.
③ 벗겨지거나 손상된 피복은 고무판이나 비닐 테이프로 감은 후 되 메우기 한다.
④ 벗겨진 피복은 부식방지를 위하여 아스팔트를 칠하고 비닐테이프로 감은 후 직접 되 메우기 한다.

40 특별고압 가공 배전선로에 관한 설명으로 옳은 것은?

① 높은 전압일수록 전주 상단에 설치하는 것을 원칙으로 한다.
② 낮은 전압일수록 전주 상단에 설치하는 것을 원칙으로 한다.
③ 전압에 관계없이 장소마다 다르다.
④ 배전선로는 전부 절연전선이다.

41 무한궤도식 굴착기에서 스프로킷이 한쪽으로만 마모되는 원인으로 가장 적합한 것은?

① 트랙장력이 늘어났다.
② 트랙링크가 마모되었다.
③ 상부롤러가 과다하게 마모되었다.
④ 스프로킷 및 아이들러가 직선배열이 아니다.

> **해설** 스프로킷이 한쪽으로만 마모되는 원인은 스프로킷 및 아이들러가 직선 배열이 아니기 때문이다.

42 트랙 슈의 종류가 아닌 것은?

① 고무 슈   ② 4중 돌기 슈
③ 3중 돌기 슈   ④ 반이중 돌기 슈

> **해설** 트랙 슈의 종류에는 단일돌기 슈, 2중 돌기 슈, 3중 돌기 슈, 습지용 슈, 고무 슈, 암반용 슈, 평활 슈 등이 있다.

43 변속기의 필요성과 관계가 없는 것은?

① 시동 시 장비를 무부하 상태로 한다.
② 기관의 회전력을 증대시킨다.
③ 장비의 후진 시 필요로 한다.
④ 환향을 빠르게 한다.

> **해설** 변속기는 기관을 시동할 때 무부하 상태로 하고, 회전력을 증가시키며, 역전(후진)을 가능하게 한다.

44 굴착기의 작업 장치 연결부(작동부) 니플에 주유하는 것은?

① G. A. A(그리스)
② SAE #30(엔진오일)
③ G. O(기어오일)
④ (H. O(유압유)

> **해설** 작업 장치 연결부(작동부)의 니플에는 G.A.A (그리스)를 8~10시간 마다 주유한다.

45 굴착기의 붐 제어레버를 계속하여 상승위치로 당기고 있으면 다음 중 어느 곳에 가장 큰 손상이 발생하는가?

① 엔진   ② 유압펌프
③ 릴리프 밸브 및 시트   ④ 유압모터

> **해설** 굴착기의 붐 제어레버를 계속하여 상승위치로 당기고 있으면 릴리프 밸브 및 시트에 가장 큰 손상이 발생한다.

46 굴착기의 조종레버 중 굴삭작업과 직접 관계가 없는 것은?

① 버킷 제어레버   ② 붐 제어레버
③ 암(스틱) 제어레버   ④ 스윙 제어레버

> **해설** 굴삭작업에 직접 관계되는 것은 암(디퍼스틱) 제어레버, 붐 제어레버, 버킷 제어레버 등이다.

47 굴착기 붐(boom)은 무엇에 의하여 상부회전체에 연결되어 있는가?

① 테이퍼 핀(taper pin)   ② 푸트 핀(foot pin)
③ 킹핀(king pin)   ④ 코터 핀(cotter pin)

> **해설** 굴착기 붐은 푸트 핀에 의해 상부회전체에 설치된다.

48 다음 중 굴착기 작업 장치의 구성요소에 속하지 않는 것은?

① 붐   ② 디퍼스틱
③ 버킷   ④ 롤러

> **해설** 굴착기 작업 장치는 붐, 디퍼스틱(암, 투붐), 버킷으로 구성된다.

49 굴착기 붐의 자연 하강량이 많을 때의 원인이 아닌 것은?

① 유압실린더의 내부누출이 있다.
② 컨트롤 밸브의 스풀에서 누출이 많다.
③ 유압실린더 배관이 파손되었다.
④ 유압작동 압력이 과도하게 높다.

> **해설** 붐의 자연 하강량이 큰 원인은 유압실린더 내부누출, 컨트롤 밸브 스풀에서의 누출, 유압실린더 배관의 파손, 유압이 과도하게 낮을 때이다.

50 버킷의 굴삭력을 증가시키기 위해 부착하는 것은?

① 보강판   ② 사이드판
③ 노즈   ④ 포인트(투스)

> **해설** 버킷의 굴삭력을 증가시키기 위해 포인트(투스)를 설치한다.

51 굴착기 스윙(선회) 동작이 원활하게 안 되는 원인으로 틀린 것은?

① 컨트롤 밸브 스풀 불량
② 릴리프 밸브 설정압력 부족
③ 터닝조인트(Turning joint)불량
④ 스윙(선회)모터 내부 손상

> **해설** 터닝조인트는 센터조인트라고도 부르며 무한궤도형 굴착기에서 상부회전체의 회전에는 영향을 주지 않고 주행모터에 작동유를 공급할 수 있는 부품이다.

52 무한궤도식 굴착기의 하부주행체를 구성하는 요소가 아닌 것은?

① 선회고정 장치   ② 주행 모터
③ 스프로킷   ④ 트랙

53 트랙식 굴착기의 한쪽 주행레버만 조작하여 회전하는 것을 무엇이라 하는가?

① 피벗 회전
② 급회전
③ 스핀회전
④ 원웨이 회전

해설 **굴착기의 회전방법**
❶ 피벗 턴(pivot turn, 완 조향) : 좌·우측의 한쪽 주행레버만 밀거나, 당기면 한쪽 트랙만 전·후진시켜 조향을 하는 방법이다.
❷ 스핀 턴(spin turn, 급 조향) : 좌·우측 주행레버를 동시에 한쪽 레버를 앞으로 밀고, 한쪽 레버는 당기면 차체중심을 기점으로 급회전이 이루어진다.

54 굴착기에서 그리스를 주입하지 않아도 되는 곳은?

① 버킷 핀
② 링키지
③ 트랙 슈
④ 선회 베어링

55 크롤러형 굴착기가 진흙에 빠져서, 자력으로는 탈출이 거의 불가능하게 된 상태의 경우견인방법으로 가장 적당한 것은?

① 버킷으로 지면을 걸고 나온다.
② 두 대의 굴착기 버킷을 서로 걸고 견인한다.
③ 전부장치로 잭업 시킨 후, 후진으로 밀면서 나온다.
④ 하부기구 본체에 와이어로프를 걸고 크레인으로 당길 때 굴착기는 주행레버를 견인방향으로 밀면서 나온다.

56 굴착기 작업 시 진행방향으로 옳은 것은?

① 전진
② 후진
③ 선회
④ 우방향

해설 굴착기로 작업을 할 때에는 후진시키면서 한다.

57 넓은 홈의 굴착작업 시 알맞은 굴착순서는?

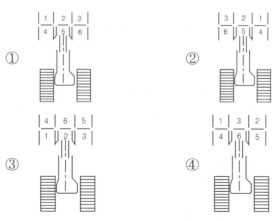

58 굴착기 작업 안전수칙에 대한 설명 중 틀린 것은?

① 버킷에 무거운 하중이 있을 때는 5~10cm 들어 올려서 장비의 안전을 확인한 후 계속 작업한다.
② 버킷이나 하중을 달아 올린 채로 브레이크를 걸어두어서는 안 된다.
③ 작업할 때는 버킷 옆에 항상 작업을 보조하기 위한 사람이 위치하도록 한다.
④ 운전자는 작업반경의 주위를 파악한 후 스윙, 붐의 작동을 행한다.

59 경사면 작업 시 전복사고를 유발할 수 행위가 아닌 것은?

① 붐이 탈착된 상태에서 좌우로 스윙할 때
② 작업 반경을 초과한 상태로 작업을 때
③ 붐을 최대 각도로 상승한 상태로 스윙을 할 때
④ 작업 반경을 조정하기 위해 버킷을 높이 들고 스윙할 때

60 도심지 주행 및 작업 시 안전사항과 관계없는 것은?

① 안전표지의 설치
② 매설된 파이프 등의 위치확인
③ 관성에 의한 선회확인
④ 장애물의 위치확인

제2회 모의고사 정답				
01.①	02.③	03.①	04.③	05.③
06.④	07.④	08.②	09.①	10.③
11.②	12.③	13.④	14.①	15.②
16.④	17.②	18.④	19.③	20.③
21.④	22.④	23.①	24.③	25.①
26.④	27.③	28.①	29.①	30.④
31.②	32.④	33.④	34.④	35.②
36.②	37.④	38.②	39.①	40.①
41.④	42.②	43.④	44.①	45.③
46.④	47.②	48.④	49.④	50.④
51.③	52.①	53.①	54.③	55.④
56.②	57.④	58.③	59.①	60.③

제 3 회 모의고사

자격종목	시험시간	문제수	문제형별
굴착기운전기능사	1시간	60	

• 정답 : 164쪽

01 디젤기관의 연소실중 연료 소비율이 낮으며 연소 압력이 가장 높은 연소실 형식은?

① 예연소실식　　　　② 공기실식
③ 직접분사실식　　　④ 와류실식

해설 직접분사실식은 디젤기관의 연소실중 연료 소비율이 낮으며 연소 압력이 가장 높다.

02 오일압력이 낮은 것과 관계없는 것은?

① 엔진오일에 경유가 혼입되었을 때
② 실린더 벽과 피스톤 간극이 클 때
③ 각 마찰부분 윤활간극이 마모되었을 때
④ 커넥팅로드 대단부 베어링과 핀 저널의 간극이 클 때

해설 **기관의 오일압력이 낮은 원인**
❶ 아래 크랭크 케이스(오일 팬)에 오일이 적다.
❷ 크랭크축 오일틈새가 크다.
❸ 오일펌프가 불량하다.
❹ 유압조절 밸브(릴리프 밸브)가 열린 상태로 고장 났다.
❺ 기관 각부의 마모가 심하다.
❻ 기관오일에 경유가 혼입되었다.
❼ 커넥팅로드 대단부 베어링과 핀 저널의 간극이 크다.

03 커먼레일 디젤기관의 공기유량센서(AFS)로 많이 사용되는 방식은?

① 베인 방식　　　　② 칼만 와류방식
③ 피토관 방식　　　④ 열막 방식

해설 **공기유량 센서** : 열막(hot film)방식을 사용하며, 이 센서의 주 기능은 EGR 피드백 제어이며, 또 다른 기능은 스모그 리미트 부스트 압력제어(매연 발생을 감소시키는 제어)

04 다음 중 펌프로부터 보내진 고압의 연료를 미세한 안개 모양으로 연소실에 분사하는 부품으로 알맞은 것은?

① 커먼레일　　　　② 분사펌프
③ 공급펌프　　　　④ 분사노즐

해설 **분사노즐** : 분사펌프에 보내준 고압의 연료를 연소실에 안개 모양으로 분사하는 부품

05 엔진의 부하에 따라 연료 분사량을 가감하여 최고 회전속도를 제어하는 장치는?

① 플런저와 노즐 펌프　② 토크컨버터
③ 래크와 피니언　　　④ 거버너

해설 **거버너(조속기)** : 분사펌프에 설치되어 있으며, 기관의 부하에 따라 자동적으로 연료분사량을 가감하여 최고 회전속도를 제어함.

06 배기터빈 과급기에서 터빈 축 베어링의 윤활방법으로 옳은 것은?

① 기관오일을 급유　　② 오일리스 베어링 사용
③ 그리스로 윤활　　　④ 기어오일을 급유

해설 과급기의 터빈 축 베어링에는 기관오일을 급유한다.

07 건설기계에 사용되는 12볼트(V) 80암페어(A) 축전지 2개를 병렬연결하면 전압과 전류는?

① 24볼트(V) 160암페어(A)가 된다.
② 12볼트(V) 160암페어(A)가 된다.
③ 24볼트(V) 80암페어(A)가 된다.
④ 12볼트(V) 80암페어(A)가 된다.

08 다음 중 예열장치의 설치 목적으로 옳은 것은?

① 연료를 압축하여 분무성을 향상시키기 위함이다.
② 냉간시동 시 시동을 원활히 하기 위함이다.
③ 연료분사량을 조절하기 위함이다.
④ 냉각수의 온도를 조절하기 위함이다.

해설 예열장치는 한랭한 상태에서 기관을 시동할 때 시동을 원활히 하기 위해 사용한다.

09 건설기계에 주로 사용되는 기동전동기로 맞는 것은?

① 직류복권 전동기　　② 직류직권 전동기
③ 직류분권 전동기　　④ 교류 전동기

10 방향지시등 스위치 작동 시 한쪽은 정상이고, 다른 한쪽은 점멸작용이 정상과 다르게(빠르게, 느리게, 작동불량) 작용할 때, 고장 원인으로 가장 거리가 먼 것은?

① 플래셔 유닛이 고장 났을 때
② 한쪽 전구소켓에 녹이 발생하여 전압강하가 있을 때
③ 전구 1개가 단선 되었을 때
④ 한쪽 램프 교체 시 규정용량의 전구를 사용하지 않았을 때

해설 플래셔 유닛이 고장 나면 모든 방향지시등이 점멸되지 못한다.

11 유압모터의 일반적인 특징으로 가장 적합한 것은?

① 넓은 범위의 무단변속이 용이하다.
② 직선운동 시 속도조절이 용이하다.
③ 각도에 제한 없이 왕복 각운동을 한다.
④ 운동량을 자동으로 직선 조작할 수 있다.

해설 **유압모터의 장점**
❶ 넓은 범위의 무단변속이 용이하다.
❷ 소형 · 경량으로서 큰 출력을 낼 수 있다.
❸ 구조가 간단하며, 과부하에 대해 안전하다.
❹ 정 · 역회전 변화가 가능하다.
❺ 자동 원격조작이 가능하고 작동이 신속정확하다.
❻ 관성력이 작아 전동모터에 비하여 급속정지가 쉽다.
❼ 속도나 방향의 제어가 용이하다.
❽ 회전체의 관성이 작아 응답성이 빠르다.

12 유압기기 속에 혼입되어 있는 불순물을 제거하기 위해 사용되는 것은?

① 패킹　　　　② 릴리프 밸브
③ 배수기　　　④ 스트레이너

해설 스트레이너(strainer)는 유압펌프의 흡입관에 설치하는 여과기이다.

13 사용 중인 작동유의 수분함유 여부를 현장에서 판정하는 것으로 가장 적합한 방법은?

① 오일을 가열한 철판 위에 떨어뜨려 본다.
② 오일의 냄새를 맡아본다.
③ 오일을 시험관에 담아서 침전물을 확인한다.
④ 여과지에 약간(3~4 방울)의 오일을 떨어뜨려 본다.

> **해설** 작동유의 수분함유 여부를 판정하기 위해서는 가열한 철판 위에 오일을 떨어뜨려 본다.

14 유압 계통에서 오일누설 시의 점검사항이 아닌 것은?

① 오일의 윤활성　　　② 실(seal)의 파손
③ 실(seal)의 마모　　　④ 볼트의 이완

> **해설** 오일이 누설되면 실(seal)의 파손, 실(seal)의 마모, 볼트의 이완 등을 점검한다.

15 유압회로에서 어떤 부분회로의 압력을 주회로의 압력보다 저압으로 해서 사용하고자 할 때 사용하는 밸브는?

① 릴리프 밸브　　　② 리듀싱 밸브
③ 카운터밸런스 밸브　④ 체크밸브

> **해설** 리듀싱(감압)밸브는 회로일부의 압력을 릴리프 밸브의 설정압력(메인 유압) 이하로 하고 싶을 때 사용하며 입구(1차 쪽)의 주 회로에서 출구(2차 쪽)의 감압회로로 유압유가 흐른다. 상시 개방상태로 되어 있다가 출구(2차 쪽)의 압력이 감압밸브의 설정압력보다 높아지면 밸브가 작용하여 유로를 닫는다.

16 베인 펌프의 일반적인 특징이 아닌 것은?

① 대용량, 고속 가변형에 적합하지만 수명이 짧다.
② 맥동과 소음이 적다.
③ 간단하고 성능이 좋다.
④ 소형, 경량이다.

> **해설** ■ 베인 펌프의 장점
> ❶ 토출압력의 맥동과 소음이 적다.
> ❷ 구조가 간단하고 성능이 좋다.
> ❸ 펌프 출력에 비해 소형경량이다.
> ❹ 베인의 마모에 의한 압력저하가 발생하지 않는다.
> ❺ 비교적 고장이 적고 수리 및 관리가 쉽다.
> ❻ 수명이 길고 장시간 안정된 성능을 발휘할 수 있다.
> ■ 베인 펌프의 단점
> ❶ 제작할 때 높은 정밀도가 요구된다.
> ❷ 유압유의 점도에 제한을 받는다.
> ❸ 유압유의 오염에 주의하고 흡입 진공도가 허용한도 이하이어야 한다.

17 작동유가 넓은 온도범위에서 사용되기 위한 조건으로 가장 알맞은 것은?

① 산화작용이 양호해야 한다.
② 점도지수가 높아야 한다.
③ 유성이 커야 한다.
④ 소포성이 좋아야 한다.

> **해설** 작동유가 넓은 온도범위에서 사용되기 위해서는 점도지수가 높아야 한다.

18 유압 실린더의 종류에 해당하지 않은 것은?

① 복동 실린더 더블로드형　② 복동 실린더 싱글로드형
③ 단동 실린더 램형　　　　④ 단동 실린더 배플형

> **해설** 유압실린더의 종류 : 단동실린더, 복동 실린더(싱글로드형과 더블로드형), 다단 실린더, 램형 실린더 등이 있다.

19 그림에서 체크밸브를 나타낸 것은?

① ⬦──　　　② ○──
③ ⊙──　　　④ ⌐─

20 유압회로에서 속도제어회로에 속하지 않는 것은?

① 시퀀스 회로　　　② 미터 인 회로
③ 블리드 오프 회로　④ 미터 아웃 회로

> **해설** 속도제어 회로에는 미터 인(meter in)회로, 미터 아웃(meter out)회로, 블리드 오프(bleed off)회로가 있다.

21 건설기계 조종 중 과실로 1명에게 중상을 입힌 때 건설기계를 조종한 자에 대한 면허의 처분기준은?

① 면허효력정지 60일　② 면허효력정지 15일
③ 면허효력정지 30일　④ 취소

> **해설** 인명 피해에 따른 면허정지 기간
> ❶ 사망 1명마다 : 면허효력정지 45일
> ❷ 중상 1명마다 : 면허효력정지 15일
> ❸ 경상 1명마다 : 면허효력정지 5일

22 그림과 같은 교통안전표지의 뜻은?

① 좌합류 도로가 있음을 알리는 것
② 좌로 굽은 도로가 있음을 알리는 것
③ 우합류 도로가 있음을 알리는 것
④ 철길건널목이 있음을 알리는 것

23 건설기계관리법상의 건설기계사업에 해당하지 않는 것은?

① 건설기계매매업　　　② 건설기계폐기업
③ 건설기계정비업　　　④ 건설기계제작업

> **해설** 건설기계 사업의 종류에는 매매업, 대여업, 폐기업, 정비업이 있다.

24 도로교통법에서 정하는 주차금지 장소가 아닌 곳은?

① 소방용 방화 물통으로부터 5m 이내인 곳
② 전신주로부터 20m 이내인 곳
③ 화재경보기로부터 3m 이내인 곳
④ 터널 안 및 다리 위

25 건설기계관리법령상 건설기계조종사면허의 취소처분 기준에 해당하지 않는 것은?

① 건설기계조종사면허증을 다른 사람에게 빌려 준 경우
② 술에 취한 상태(혈중 알코올농도 0.03% 이상 0.08%미만)에서 건설기계를 조종하다가 사고로 사람을 죽게 하거나 다치게 한 경우
③ 과실로 2명에게 중상을 입힌 경우
④ 술에 만취한 상태(혈중 알코올농도 0.08% 이상)에서 건설기계를 조종한 경우

> **해설** 건설기계조종사면허의 취소처분 기준은 ①,②, ④항 이외에 고의로 인명 피해(사망·중상·경상)를 입힌 경우

26 정기검사 신청을 받은 검사대행자는 며칠 이내에 검사일시 및 장소를 신청인에게 통지하여야 하는가?

① 3일 ② 20일
③ 15일 ④ 5일

해설 정기검사 신청을 받은 검사대행자는 5일 이내에 검사일시 및 장소를 신청인에게 통지하여야 한다.

27 건설기계관리법령상 건설기계의 범위로 옳은 것은?

① 덤프트럭 : 적재용량 10톤 이상인 것
② 공기압축기 : 공기토출량이 매분당 10세제곱미터 이상의 이동식인 것
③ 불도저 : 무한궤도식 또는 타이어식인 것
④ 기중기 : 무한궤도식으로 레일식일 것

해설 건설기계 범위
❶ 덤프트럭 : 적재용량 12톤 이상인 것. 다만, 적재용량 12톤 이상 20톤 미만의 것으로 화물운송에 사용하기 위하여 자동차관리법에 의한 자동차로 등록된 것을 제외한다.
❷ 기중기 : 무한궤도 또는 타이어식으로 강재의 지주 및 선회장치를 가진 것. 다만 궤도(레일)식은 제외한다.
❸ 공기압축기 : 공기토출량이 매분 당 2.83세제곱미터(매세제곱센티미터당 7킬로그램 기준)이상의 이동식인 것

28 도로교통법에 의한 통고처분의 수령을 거부하거나 범칙금을 기간 안에 납부하지 못한 자는 어떻게 처리되는가?

① 면허증이 취소된다.
② 즉결 심판에 회부된다.
③ 연기신청을 한다.
④ 면허의 효력이 정지된다.

해설 통고처분의 수령을 거부하거나 범칙금을 기간 안에 납부하지 못한 자는 즉결 심판에 회부된다.

29 고속도로 통행이 허용되지 않는 건설기계는?

① 콘크리트믹서트럭 ② 덤프트럭
③ 지게차 ④ 기중기(트럭적재식)

30 건설기계의 출장검사가 허용되는 경우가 아닌 것은?

① 너비가 2.5m 미만 건설기계
② 최고속도가 35km/h 미만인 건설기계
③ 도서지역에 있는 건설기계
④ 자체중량이 40톤을 초과 하거나 축중이 10톤을 초과하는 건설기계

해설 출장검사를 받을 수 있는 경우
❶ 도서지역에 있는 경우
❷ 자체중량이 40ton 이상 또는 축중이 10ton 이상인 경우
❸ 너비가 2.5m 이상인 경우
❹ 최고속도가 시간당 35km 미만인 경우

31 안전·보건표지에서 안내표지의 바탕색은?

① 백색 ② 적색
③ 흑색 ④ 녹색

해설 안내표지는 녹색바탕에 백색으로 안내대상을 지시하는 표지판이다.

32 굴착공사 시 도시가스배관의 안전조치와 관련된 사항 중 다음 ( )에 적합한 것은?

도시가스사업자는 굴착예정 지역의 매설배관 위치를 굴착공사자에게 알려주어야 하며, 굴착공사자는 매설배관 위치를 매설배관 (㉠)의 지면에 (㉡)페인트로 표시할 것

① ㉠ 우측부 ㉡ 황색
② ㉠ 직하부 ㉡ 황색
③ ㉠ 좌측부 ㉡ 적색
④ ㉠ 직상부 ㉡ 황색

해설 굴착공사자는 매설배관 위치를 매설배관 직상부의 지면에 황색페인트로 표시할 것

33 고압선로 주변에서 건설기계에 의한 작업 중 고압선로 또는 지지물에 접촉 위험이 가장 높은 것은?

① 장비 운전석 ② 하부 주행체
③ 붐 또는 권상로프 ④ 상부 회전체

34 화재의 분류기준으로 틀린 것은?

① A급 화재 : 고체 연료성 화재
② D급 화재 : 금속화재
③ B급 화재 : 액상 또는 기체상의 연료성 화재
④ C급 화재 : 가스화재

해설 C급 화재 : 전기화재

35 작업 시 일반적인 안전에 대한 설명으로 틀린 것은?

① 회전되는 물체에 손을 대지 않는다.
② 장비는 취급자가 아니어도 사용한다.
③ 장비는 사용 전에 점검한다.
④ 장비 사용법은 사전에 숙지한다.

36 가스 용접기에서 아세틸렌 용접장치의 방호장치는?

① 자동전격방지기 ② 안전기
③ 제동장치 ④ 덮개

37 공구사용 시 주의해야 할 사항으로 틀린 것은?

① 강한 충격을 가하지 않을 것
② 손이나 공구에 기름을 바른 다음에 작업할 것
③ 주위환경에 주의해서 작업할 것
④ 해머작업 시 보호안경을 쓸 것

38 구급처치 중에서 환자의 상태를 확인하는 사항과 거리가 먼 것은?

① 의식 ② 격리
③ 상처 ④ 출혈

39 자연적 재해가 아닌 것은?

① 방화 ② 홍수
③ 태풍 ④ 지진

40 벨트를 풀리(pulley)에 장착 시 작업 방법에 대한 설명으로 옳은 것은?

① 중속으로 회전시키면서 건다.
② 회전을 중지시킨 후 건다.
③ 저속으로 회전시키면서 건다.
④ 고속으로 회전시키면서 건다.

41 타이어식 굴착기로 길고 급한 경사 길을 운전할 때 반 브레이크를 오래 사용하면 어떤 현상이 생기는가?

① 라이닝은 페이드, 파이프는 스팀록
② 파이프는 증기폐쇄, 라이닝은 스팀록
③ 라이닝은 페이드, 파이프는 베이퍼록
④ 파이프는 스팀록, 라이닝은 베이퍼록

해설 길고 급한 경사 길을 운전할 때 반 브레이크를 사용하면 라이닝에서는 페이드가 발생하고, 파이프에서는 베이퍼록이 발생한다.

42 무한궤도식 굴착기에서 캐리어 롤러에 대한 내용으로 맞는 것은?

① 캐리어 롤러는 좌우 10개로 구성되어 있다.
② 트랙의 장력을 조정한다.
③ 장비의 전체 중량을 지지한다.
④ 트랙을 지지한다.

해설 캐리어 롤러(상부롤러)는 트랙 프레임 위에 한쪽만 지지하거나 양쪽을 지지하는 브래킷에 1~2개가 설치되어 프런트 아이들러와 스프로킷 사이에서 트랙이 처지는 것을 방지하는 동시에 트랙의 회전위치를 정확하게 유지한다.

43 추진축의 각도 변화를 가능하게 하는 이음은?

① 등속이음 ② 자재이음
③ 플랜지 이음 ④ 슬립이음

해설 자재이음(유니버설 조인트)은 두 축 간의 충격완화와 각도변화를 융통성 있게 동력 전달하는 기구이다.

44 굴착기의 작업 장치 중 콘크리트 등을 깰 때 사용되는 것으로 가장 적합한 것은?

① 마그넷 ② 브레이커
③ 파일 드라이버 ④ 드롭해머

해설 브레이커는 아스팔트, 콘크리트, 바위 등을 깰 때 사용하는 작업 장치이다.

45 휠식 굴착기에서 아워 미터의 역할은?

① 엔진 가동시간을 나타낸다.
② 주행거리를 나타낸다.
③ 오일량을 나타낸다.
④ 작동유량을 나타낸다.

해설 아워 미터(시간계)의 설치목적은 가동시간에 맞추어 예방정비 및 각종 오일교환과 각 부위 주유를 정기적으로 하기 위함이다.

46 굴착기를 크레인 등으로 들어 올릴 때 주의사항으로 틀린 것은?

① 굴착기 중량에 알맞은 크레인을 사용한다.
② 굴착기의 앞부분부터 들리도록 와이어로프로 묶는다.
③ 와이어로프는 충분한 강도가 있어야 한다.
④ 배관 등이 와이어로프에 닿지 않도록 한다.

47 굴착기를 주차시키고자 할 때의 방법으로 옳지 않은 것은?

① 단단하고 평탄한 지면에 굴착기를 정차시킨다.
② 작업 장치는 굴착기 중심선과 일치시킨다.
③ 유압계통의 압력을 완전히 제거한다.
④ 유압 실린더의 로드(rod)는 노출시켜 놓는다.

해설 굴착기를 주차시킬 때 유압 실린더 로드를 노출시키지 않도록 한다.

48 굴착기의 3대 주요 구성요소로 가장 적당한 것은?

① 상부회전체, 하부회전체, 중간회전체
② 작업장치, 하부추진체, 중간선회체
③ 작업장치, 상부회전체, 하부추진체
④ 상부조정 장치, 하부회전 장치, 중간동력 장치

해설 굴착기는 작업장치, 상부회전체, 하부추진체로 구성된다.

49 다음 중 굴착기 작업 장치의 구성요소에 속하지 않는 것은?

① 붐 ② 디퍼스틱
③ 버킷 ④ 롤러

해설 굴착기 작업 장치는 붐, 디퍼스틱(암, 투붐), 버킷으로 구성된다.

50 굴착기의 굴삭작업은 주로 어느 것을 사용하면 좋은가?

① 버킷 실린더 ② 디퍼스틱 실린더
③ 붐 실린더 ④ 주행 모터

해설 굴삭작업을 할 때에는 주로 디퍼스틱(암) 실린더를 사용하여야 한다.

51 굴삭작업 시 작업능력이 떨어지는 원인으로 맞는 것은?

① 트랙 슈에 주유가 안 됨
② 아워미터 고장
③ 조향핸들 유격과다
④ 릴리프 밸브 조정불량

해설 릴리프 밸브의 조정이 불량하면 작업능력이 떨어진다.

52 굴착기의 붐의 작동이 느린 이유가 아닌 것은?

① 기름에 이물질 혼입 ② 기름의 압력저하
③ 기름의 압력과다 ④ 기름의 압력부족

53 굴착기의 회전 로크장치에 대한 설명으로 알맞은 것은?

① 선회 클러치의 제동장치이다.
② 드럼 축의 회전 제동장치이다.
③ 굴착할 때 반력으로 차체가 후진하는 것을 방지하는 장치이다.
④ 작업 중 차체가 기우러져 상부회전체가 자연히 회전하는 것을 방지하는 장치이다.

해설 회전 로크장치(swing lock system, 선회고정 장치)는 상부회전체에 설치되어 있으며 작업 중 차체가 기우러져 상부회전체가 자연히 회전하는 것을 방지한다.

54 굴착기의 양쪽 주행레버를 조작하여 급회전하는 것을 무슨 회전이라고 하는가?

① 급회전 ② 스핀 회전
③ 피벗 회전 ④ 원웨이 회전

해설 굴착기의 회전방법
  ❶ 피벗 턴(pivot turn, 완 조향) : 좌·우측의 한쪽 주행레버만 밀거나, 당기면 한쪽 트랙만 전·후진시켜 조향을 하는 방법이다.
  ❷ 스핀 턴(spin turn, 급 조향) : 좌·우측 주행레버를 동시에 한쪽 레버를 앞으로 밀고, 한쪽 레버는 당기면 차체중심을 기점으로 급회전이 이루어진다.

55 타이어형 굴착기의 주행 전 주의사항으로 틀린 것은?

① 버킷 실린더, 암 실린더를 충분히 눌려 펴서 버킷이 캐리어 상면 높이 위치에 있도록 한다.
② 버킷 레버, 암 레버, 붐 실린더 레버가 움직이지 않도록 잠가 둔다.
③ 선회고정 장치는 반드시 풀어 놓는다.
④ 굴착기에 그리스, 오일, 진흙 등이 묻어 있는지 점검한다.

56 트랙형 굴착기의 주행 장치에 브레이크 장치가 없는 이유로 가장 적당한 것은?

① 주속으로 주행하기 때문이다.
② 트랙과 지면의 마찰이 크기 때문이다.
③ 주행제어 레버를 반대로 작용시키면 정지하기 때문이다.
④ 주행제어 레버를 중립으로 하면 주행 모터의 작동유 공급 쪽과 복귀 쪽 회로가 차단되기 때문이다.

57 덤프트럭에 상차작업 시 가장 중요한 굴착기의 위치는?

① 선회거리를 가장 짧게 한다.
② 암 작동거리를 가장 짧게 한다.
③ 버킷 작동거리를 가장 짧게 한다.
④ 붐 작동거리를 가장 짧게 한다.

해설 덤프트럭에 상차작업을 할 때 굴착기의 선회거리를 가장 짧게 하여야 한다.

58 굴착기 작업 시 작업 안전사항으로 틀린 것은?

① 기중작업은 가능한 피하는 것이 좋다.
② 경사지 작업 시 측면절삭을 행하는 것이 좋다.
③ 타이어형 굴착기로 작업 시 안전을 위하여 아웃트리거를 받치고 작업한다.
④ 한쪽 트랙을 들 때에는 암과 붐 사이의 각도는 90~110°범위로 해서 들어주는 것이 좋다.

해설 경사지에서 작업할 때 측면절삭을 해서는 안 된다.

59 굴착기로 작업 시 작동이 불가능하거나 해서는 안 되는 작동은 다음 중 어느 것인가?

① 굴삭하면서 선회한다.
② 붐을 들면서 버킷에 흙을 담는다.
③ 붐을 낮추면서 선회한다.
④ 붐을 낮추면서 굴삭 한다.

해설 굴착기로 작업할 때 굴삭하면서 선회를 해서는 안 된다.

60 굴착기로 작업할 때 주의사항으로 틀린 것은?

① 땅을 깊이 팔 때는 붐의 호스나 버킷 실린더의 호스가 지면에 닿지 않도록 한다.
② 암석, 토사 등을 평탄하게 고를 때는 선회관성을 이용하면 능률적이다.
③ 암 레버의 조작 시 잠깐 멈췄다가 움직이는 것은 펌프의 토출량이 부족하기 때문이다.
④ 작업 시는 실린더의 행정 끝에서 약간 여유를 남기도록 운전한다.

해설 암석, 토사 등을 평탄하게 고를 때는 선회관성을 이용하면 스윙모터에 과부하가 걸리기 쉽다.

제3회 모의고사 정답				
01.③	02.②	03.④	04.④	05.④
06.①	07.②	08.②	09.②	10.①
11.①	12.④	13.①	14.①	15.②
16.①	17.②	18.④	19.①	20.①
21.②	22.③	23.④	24.②	25.③
26.④	27.③	28.②	29.③	30.①
31.④	32.④	33.③	34.④	35.②
36.②	37.②	38.②	39.①	40.②
41.③	42.④	43.②	44.②	45.①
46.②	47.④	48.③	49.④	50.②
51.④	52.③	53.④	54.②	55.③
56.④	57.①	58.②	59.①	60.②

CBT기출복원문제

굴착기 운전기능사(2022년 제1회)

CBT 굴착기운전기능사 기출복원문제

2022년 기출복원문제 [1]

자격종목 및 등급(선택분야)	종목코드	시험시간	문제지형별	수검번호	성 명
굴착기 운전기능사	7862	1시간			

01 수공구 사용 시 안전수칙으로 바르지 못한 것은?

① 톱 작업은 밀 때 절삭되게 작업한다.
② 줄 작업으로 생긴 쇳가루는 브러시로 털어낸다.
③ 해머작업은 미끄러짐을 방지하기 위해서 반드시 면장갑을 끼고 작업한다.
④ 조정 렌치는 고정 조에 힘을 받게 하여 사용한다.

해설 면장갑을 끼고 해머 작업을 하면 손에서 미끄러져 위험을 초래할 수 있다.

02 건설기계 소유자는 건설기계를 도난당한 날로부터 얼마 이내에 등록 말소를 신청해야 하는가?

① 30일 이내   ② 2개월 이내
③ 3개월 이내   ④ 6개월 이내

해설 건설기계 소유자는 건설기계를 도난당한 날로부터 2개월 이내에 등록 말소를 신청하여야 한다.

03 교류 발전기에서 교류를 직류로 바꾸어주는 것은?

① 계자   ② 슬립링
③ 브러시   ④ 다이오드

해설 교류 발전기의 구조
① **스테이터** : 고정 부분으로 스테이터 코어 및 스테이터 코일로 구성되어 3상 교류가 유기된다.
② **로터** : 로터 코어, 로터 코일 및 슬립링으로 구성되어 있으며, 회전하여 자속을 형성한다.
③ **슬립 링** : 브러시와 접촉되어 축전지의 여자 전류를 로터 코일에 공급한다.
④ **브러시** : 로터 코일에 축전지 전류를 공급하는 역할을 한다.
⑤ **실리콘 다이오드** : 스테이터 코일에 유기된 교류를 직류로 변환시키는 정류 작용과 역류를 방지한다.

04 기관의 크랭크축 베어링의 구비조건으로 틀린 것은?

① 마찰계수가 클 것   ② 내피로성이 클 것
③ 매입성이 있을 것   ④ 추종 유동성이 있을 것

해설 베어링의 구비조건
① 하중 부담 능력이 있을 것(폭발 압력).
② 내피로성일 것(반복 하중).
③ 이물질을 베어링 자체에 흡수하는 매입성일 것.
④ 축의 얼라인먼트에 변화될 수 있는 금속적인 추종 유동성일 것.
⑤ 산화에 대하여 저항할 수 있는 내식성일 것.
⑥ 열전도성이 우수하고 셀에 융착성이 좋을 것.
⑦ 고온에서 강도가 저하되지 않는 내마멸성이어야 한다.

05 전압(Voltage)에 대한 설명으로 적당한 것은?

① 자유전자가 도선을 통하여 흐르는 것을 말한다.
② 전기적인 높이 즉, 전기적인 압력을 말한다.
③ 물질에 전류가 흐를 수 있는 정도를 나타낸다.
④ 도체의 저항에 의해 발생되는 열을 나타낸다.

해설 전류, 전압, 저항
① 전류 : 도선을 통하여 자유전자가 이동하는 것을 전류라 한다.

② 전압 : 전기적인 높이 즉, 전기적인 압력을 전압이라 한다.
③ 저항 : 물질에 전류가 흐를 수 있는 정도를 나타낸다.

06 축전지의 구비조건으로 가장 거리가 먼 것은?

① 축전지의 용량이 클 것
② 전기적 절연이 완전할 것
③ 가급적 크고 다루기 쉬울 것
④ 전해액의 누설방지가 완전할 것

해설 축전지의 구비조건
① 축전지의 용량이 클 것.
② 축전지의 충전, 검사에 편리한 구조일 것.
③ 소형이고 운반이 편리할 것.
④ 전해액의 누설 방지가 완전할 것.
⑤ 축전지는 가벼울 것.
⑥ 전기적 절연이 완전할 것.
⑦ 진동에 견딜 수 있을 것.

07 기관의 오일펌프 유압이 낮아지는 원인이 아닌 것은?

① 윤활유 점도가 너무 높을 때
② 베어링의 오일 간극이 클 때
③ 윤활유의 양이 부족할 때
④ 오일 스트레이너가 막혔을 때

해설 유압이 낮아지는 원인
① 윤활유의 점도가 낮을 경우
② 베어링의 오일 간극이 클 경우
③ 유압 조절 밸브 스프링의 장력이 작을 경우
④ 오일 스트레이너가 막혔을 경우
⑤ 오일펌프 설치 볼트의 조임이 불량할 경우
⑥ 오일펌프의 마멸이 과대할 경우
⑦ 오일 통로의 파손 및 오일의 누출될 경우
⑧ 윤활유의 양이 부족할 경우

08 디젤기관의 노킹 발생 원인과 가장 거리가 먼 것은?

① 착화기간 중 분사량이 많다.
② 노즐의 분무 상태가 불량하다.
③ 세탄가가 높은 연료를 사용하였다.
④ 기관이 과도하게 냉각되어 있다.

해설 디젤기관의 노크 발생원인
① 연료의 세탄가가 낮다.
② 연료의 분사 압력이 낮다.
③ 연소실의 온도가 낮다.
④ 착화지연 시간이 길다.
⑤ 분사노즐의 분무상태가 불량하다.
⑥ 기관이 과도하게 냉각 되었다.
⑦ 착화 지연기간 중 연료 분사량이 많다.
⑧ 연소실에 누적된 연료가 많아 일시에 연소할 때

09 먼지가 많은 장소에서 착용하여야 하는 마스크는?

① 방독 마스크   ② 산소 마스크
③ 방진 마스크   ④ 일반 마스크

10 특별 표지판을 부착하지 않아도 되는 건설기계는?

① 최소 회전반경이 13m인 건설기계
② 길이가 17m인 건설기계
③ 너비가 3m인 건설기계
④ 높이가 3m인 건설기계

> **해설** 특별표지판 부착대상 건설기계
> ① 길이가 16.7m를 초과하는 건설기계
> ② 너비가 2.5m를 초과하는 건설기계
> ③ 높이가 4.0m를 초과하는 건설기계
> ④ 최소 회전반경이 12m를 초과하는 건설기계
> ⑤ 총중량이 40톤을 초과하는 건설기계
> ⑥ 총중량 상태에서 축하중이 10톤을 초과하는 건설기계
> ⑦ 대형 건설기계에는 기준에 적합한 특별 표지판을 부착하여야 한다.

11 유압장치에서 피스톤 로드에 있는 먼지 또는 오염 물질 등이 실린더 내로 혼입되는 것을 방지하는 것은?

① 필터(filter)
② 더스트 실(dust seal)
③ 밸브(valve)
④ 실린더 커버(cylinder cover)

> **해설** 더스트 실은 피스톤 로드에 있는 먼지 또는 오염물질 등이 실린더 내로 혼입되는 것을 방지한다.

12 축압기(Accumulator)의 사용 목적으로 아닌 것은?

① 압력 보상
② 유체의 맥동 감쇄
③ 유압회로 내 압력제어
④ 보조 동력원으로 사용

> **해설** 축압기(Accumulator)의 용도
> ① 유압 에너지를 저장(축적)한다.
> ② 유압 펌프의 맥동을 제거(감쇄)해 준다.
> ③ 충격 압력을 흡수한다.
> ④ 압력을 보상해 준다.
> ⑤ 유압 회로를 보호한다.
> ⑥ 보조 동력원으로 사용한다.

13 다음의 유압기호가 나타내는 것은?

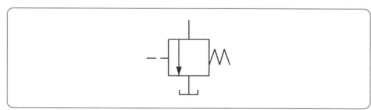

① 무부하 밸브
② 감압 밸브
③ 릴리프 밸브
④ 순차 밸브

14 차량이 남쪽에서부터 북쪽 방향으로 진행 중일 때 다음 표지판에서 잘못 해석한 것은?

① 연신내역 방향으로 가려는 경우 차량을 직진한다.
② 차량을 우회전하는 경우 '새문안길'로 진입할 수 있다.
③ 차량을 우회전하는 경우 '새문안길' 도로구간의 진입지점에 진입할 수 있다.
④ 차량을 좌회전하는 경우 '충정로' 도로구간의 시작지점에 진입할 수 있다.

15 건설기계 조종사의 적성검사 기준으로 가장 거리가 먼 것은?

① 언어 분별력이 80% 이상일 것
② 시각은 150도 이상일 것
③ 4데시벨(보청기를 사용하는 사람은 30데시벨)의 소리를 들을 수 있을 것
④ 두 눈을 동시에 뜨고 잰 시력이 0.7 이상, 각 눈의 시력이 각각 0.3 이상일 것

> **해설** 건설기계 적성검사 기준
> ① 두 눈을 동시에 뜨고 잰 시력(교정시력을 포함한다.)이 0.7 이상이고 두 눈의 시력이 각각 0.3이상일 것
> ② 55데시벨(보청기를 사용하는 사람은 40데시벨)의 소리를 들을 수 있을 것.
> ③ 언어 분별력이 80퍼센트 이상일 것
> ④ 시각은 150도 이상일 것

16 굴착공사를 위하여 가스배관과 근접하여 H 기둥을 설치하고자 할 때 가장 근접하여 설치할 수 있는 최소 수평거리는?

① 10cm
② 30cm
③ 5cm
④ 20cm

> **해설** 도시가스 배관과 수평거리 30cm 이내에서는 파일박기를 해서는 안 된다.

17 타이어에 주름이 있는 이유와 관련이 없는 것은?

① 타이어 내부의 열을 발산한다.
② 조향성, 안정성을 준다.
③ 타이어의 배수효과를 부여한다.
④ 노면과 간헐적으로 접촉되므로 마모, 슬립과 관련이 없다.

> **해설** 타이어에 주름(트레드 패턴)의 필요성
> ① 타이어의 배수효과를 위하여 필요하다.
> ② 타이어 내부의 열을 발산한다.
> ③ 제동력, 견인력, 구동력이 증가된다.
> ④ 조향성 및 안정성이 향상된다.

18 도로에서 굴착 작업 시 케이블 표지 시트가 발견되면 어떻게 조치하여야 하는가?

① 케이블 표지 시트를 걷어내고 계속 굴착한다.
② 굴착 작업을 중지하고 해당 시설 관련 기관에 연락한다.
③ 표지시트를 원상태로 다시 덮고 인근 부위를 굴착한다.
④ 표지시트를 제거하고 보호판이나 케이블이 확인될 때까지 굴착한다.

19 크롤러형 굴착기가 진흙에 빠져서 자력으로는 탈출이 거의 불가능하게 된 상태의 경우 견인하는 방법으로 가장 적당한 것은?

① 버킷으로 지면을 걸고 나온다.
② 하부기구 본체에 와이어 로프를 걸어 견인 장비로 당길 때 굴착기의 주행레버를 견인 방향으로 조종한다.
③ 견인과 피견인 굴착기 버킷을 서로 걸고 견인한다.
④ 작업장치로 잭업시킨 후 후진으로 밀면서 나온다.

20 타이어식 굴착기의 특징에 대한 설명으로 가리가 먼 것은?

① 접지압이 낮아 습지 작업에 유리하다.
② 자동차와 같이 고무 타이어로 된 형식이다.
③ 장거리 이동이 가능하고 기동성이 좋다.
④ 자력으로 이동이 가능하다.

> **해설** 무한궤도식 굴착기는 접지압이 낮아 습지 및 사지 작업에 유리하다.

21 교차로 통과 시 중간에 끼면 어떻게 하여야 하는가?

① 교차로에서 우회전으로 전환하여야 한다.
② 신속히 교차로 밖으로 진행한다.
③ 그 자리에 정지하여야 한다.
④ 일시 정지하여 녹색신호를 기다린다.

해설 교차로에 차마의 일부라도 진입한 경우에는 신속히 교차로 밖으로 진행하여야 한다.

22 편도 2차로일 때 건설기계는 어디로 가야하나?

① 1차로
② 주행 불가
③ 갓길
④ 2차로

23 화재의 분류에서 금속 화재의 등급은?

① B급 화재
② C급 화재
③ D급 화재
④ A급 화재

해설 화재의 분류
① A급 화재 : 나무, 석탄 등 연소 후 재를 남기는 일반적인 화재
② B급 화재 : 휘발유, 벤젠 등 유류화재
③ C급 화재 : 전기 화재
④ D급 화재 : 금속 화재

24 타이어식 굴착기의 운전 특성에 대한 설명으로 가장 거리가 먼 것은?

① 산악 지대의 작업이 유리하다.
② 이동을 할 경우 자체 동력에 의해 도로 주행이 가능하다.
③ 암석, 암반 작업을 할 경우 타이어가 손상될 수 있다.
④ 기동력은 좋으나 견인력은 약하다.

해설 타이어식 굴착기의 특징
① 기동력이 좋다.
② 주행 저항이 적다.
③ 이동할 경우 자체 동력으로 이동한다.
④ 도심지 등 근거리 작업에 효과적이다.
⑤ 평탄하지 않은 작업장소나 진흙땅 작업이 어렵다.
⑥ 암석, 암반지대에서 작업 시 타이어가 손상될 수 있다.
⑦ 견인력이 약하다.

25 건설기계 조종 중 고의로 사망 사고의 인명 피해를 입힌 때 면허의 처분 기준은?

① 면허효력 정지 15일
② 면허효력 정지 30일
③ 면허효력 정지 5일
④ 면허 취소

해설 면허 취소 사유
① 거짓이나 그 밖의 부정한 방법으로 건설기계 조종사 면허를 받은 경우
② 건설기계 조종사 면허의 효력정지 기간 중 건설기계를 조종한 경우
③ 건설기계 조종 상의 위험과 장해를 일으킬 수 있는 정신질환자 또는 뇌전증환자로서 국토교통부령으로 정하는 사람
④ 앞을 보지 못하는 사람, 듣지 못하는 사람, 그 밖에 국토교통부령으로 정하는 장애인
⑤ 건설기계 조종 상의 위험과 장해를 일으킬 수 있는 마약·대마·향정신성의약품 또는 알코올 중독자로서 국토교통부령으로 정하는 사람
⑥ 건설기계의 조종 중 고의 또는 과실로 중대한 사고를 일으킨 경우
⑦ 고의로 인명피해(사망·중상·경상 등을 말한다)를 입힌 경우
⑧ 정기적성검사를 받지 아니하거나 불합격한 경우
⑨ 약물(마약, 대마, 향정신성 의약품 및 환각물질을 말한다)을 투여한 상태에서 건설기계를 조종한 경우
⑩ 건설기계 조종사 면허증을 다른 사람에게 빌려 준 경우
⑪ 술에 취한 상태에서 건설기계를 조종하다가 사고로 사람을 죽게 하거나 다치게 한 경우
⑫ 술에 만취한 상태(혈중알코올농도 0.1% 이상)에서 건설기계를 조종한 경우
⑬ 2회 이상 술에 취한 상태에서 건설기계를 조종하여 면허 효력 정지를 받은 사실이 있는 사람이 다시 술에 취한 상태에서 건설기계를 조종한 경우

26 유압 작동유의 점도가 지나치게 낮을 때 나타날 수 있는 현상으로 알맞은 것은?

① 유압 실린더의 속도가 늦어진다.
② 압력이 상승한다.
③ 출력이 증가한다.
④ 유동저항이 증가한다.

해설 유압유의 점도가 너무 낮을 경우의 영향
① 유압 펌프의 효율이 저하된다.
② 실린더 및 컨트롤 밸브에서 누출 현상이 발생한다.
③ 계통(회로)내의 압력이 저하된다.
④ 유압 실린더의 속도가 늦어진다.

27 굴착 작업할 때 도시가스 배관의 위치 표시는 무슨 색으로 표시하는가?

① 노란색
② 청색
③ 녹색
④ 흰색

해설 도시가스 사업자와 굴착 공사자는 굴착공사로 인하여 도시가스 배관이 손상되지 않도록 다음 기준에 따라 도시가스 배관의 위치표시를 실시하여야 한다.
① 굴착 공사자는 굴착공사 예정지역의 위치를 흰색 페인트로 표시하며, 페인트로 표시하는 것이 곤란한 경우에는 굴착 공사자와 도시가스 사업자가 굴착공사 예정지역임을 인지할 수 있는 적절한 방법으로 표시할 것.
② 도시가스 사업자는 굴착공사로 인하여 위해를 받을 우려가 있는 매설배관의 위치를 매설배관 바로 위의 지면에 페인트로 표시하며, 페인트로 표시하는 것이 곤란한 경우에는 표시 말뚝·표시 깃발·표지판 등을 사용하여 적절한 방법으로 표시할 것.
③ 공사 진행 등으로 도시가스 배관 표시물이 훼손될 경우에도 지속적으로 표시할 것.

28 작업 중 기계장치에서 이상한 소리가 날 경우 작업자가 해야 할 조치로 가장 적합한 것은?

① 장비를 멈추고 열을 식힌 후 작업한다.
② 즉시 기계의 작동을 멈추고 점검한다.
③ 진행 중인 작업을 마무리 후 작업 종료하여 조치한다.
④ 속도를 줄이고 작업한다.

해설 작업 중 기계장치에서 이상한 소리가 날 경우 즉시 기계의 작동을 멈추고 점검하여야 한다.

29 건설기계를 이동하지 않고 검사하는 경우의 건설기계가 아닌 것은?

① 너비가 2.5미터를 초과하는 경우
② 도서지역에 있는 경우
③ 건설기계 중량이 20톤인 경우
④ 최고속도가 시간당 25킬로미터인 경우

해설 건설기계가 위치한 장소에서 검사하여야 하는 건설기계
① 도서지역에 있는 경우
② 자체중량이 40톤을 초과하거나 축중이 10톤을 초과하는 경우
③ 너비가 2.5m를 초과하는 경우
④ 최고속도가 시간당 35km 미만인 경우

30 시야가 100m일 때 속도는 최고 속도의 몇 %로 줄인 속도로 운행하여야 하는가?

① 100분의 50을 줄인 속도 ② 100분의 70을 줄인 속도
③ 100분의 30을 줄인 속도 ④ 100분의 20을 줄인 속도

> **해설** 최고속도의 100분의 50을 줄인 속도로 운행하여야 하는 경우
> ① 폭우·폭설·안개 등으로 가시거리가 100m 이내인 경우
> ② 노면이 얼어붙은 경우
> ③ 눈이 20mm 이상 쌓인 경우

31 굴착기로 나무를 옮길 때 사용하는 선택장치의 기구 이름은?

① 브레이커 ② 크러셔
③ 유압 셔블 ④ 그래플

> **해설** 굴착기의 주 작업 장치는 장비의 본체와 붐, 암, 버킷을 말하며, 굴착기의 선택장치는 굴착기의 암(arm)과 버킷에 작업 용도에 따라 옵션(option)으로 부착하여 사용하는 장치를 말한다.
> ① 브레이커(breaker) : 치즐의 머리부에 유압식 왕복 해머로 연속적으로 타격을 가해 암석, 콘크리트 등을 파쇄하는 장치로 유압식 해머라 부르기도 한다. 도로 공사, 빌딩 해체, 도로 파쇄, 터널 공사, 슬래그 파쇄, 쇄석 및 채석장의 돌 쪼개기 공사 등의 쇄석 및 해체 공사에 주로 적용한다.
> ② 크러셔(crusher) : 2개의 집게로 작업 대상물을 집고, 집게를 조여서 물체를 부수는 장치이다. 암반이나 콘크리트 파쇄 작업과 철근 절단 작업에 사용한다.
> ③ 유압 셔블(Hydraulic shovel) : 유압 셔블은 장비의 위치보다 높은 곳을 굴착하는데 알맞은 것으로 토사 및 암석을 트럭에 적재하기 쉽게 디퍼(버킷) 덮개를 개폐하도록 제작된 장비이다.
> ④ 그래플(grapple) 또는 그랩(grap) : 유압 실린더를 이용해서 2~5개의 집게를 움직여 돌, 나무 등의 작업물질을 집는 장치이다.

32 유압 모터의 장점이 될 수 없는 것은?

① 변속·역전의 제어도 용이하다.
② 소형·경량으로서 큰 출력을 낼 수 있다.
③ 공기나 먼지 등이 침투하여도 성능에는 영향이 없다.
④ 속도나 방향의 제어가 용이하다.

> **해설** 유압 모터의 장점
> ① 넓은 범위의 무단변속이 용이하다.
> ② 소형·경량으로서 큰 출력을 낼 수 있다.
> ③ 구조가 간단하며, 과부하에 대해 안전하다.
> ④ 정·역회전 변화가 가능하다.
> ⑤ 자동 원격조작이 가능하고 작동이 신속·정확하다.
> ⑥ 전동 모터에 비하여 급속정지가 쉽다.
> ⑦ 속도나 방향의 제어가 용이하다.
> ⑧ 회전체의 관성이 작아 응답성이 빠르다.

33 유체의 관로에 공기가 침입할 때 일어나는 현상이 아닌 것은?

① 공동 현상 ② 숨 돌리기 현상
③ 열화 현상 ④ 기화 현상

> **해설** 작동유에 공기가 유입되었을 때 발생되는 현상
> ① 실린더의 숨 돌리기 현상
> ② 작동유의 열화 촉진
> ③ 공동 현상(cavitation)

34 건설기계 관리법령상 건설기계에 대하여 실시하는 검사가 아닌 것은?

① 신규 등록 검사 ② 수시 검사
③ 예비 검사 ④ 정기 검사

> **해설** 건설기계 검사의 종류
> ① 신규 등록 검사 : 건설기계를 신규로 등록할 때 실시하는 검사
> ② 정기 검사 : 검사유효기간이 끝난 후에 계속하여 운행하려는 경우에 실시하는 검사와 운행차의 정기검사

③ 구조 변경 검사 : 건설기계의 주요 구조를 변경하거나 개조한 경우 실시하는 검사
④ 수시 검사 : 성능이 불량하거나 사고가 자주 발생하는 건설기계의 안전성 등을 점검하기 위하여 수시로 실시하는 검사와 건설기계 소유자의 신청을 받아 실시하는 검사

35 유압 모터의 특징 중 거리가 가장 먼 것은?

① 작동유가 인화되기 어렵다.
② 무단변속이 가능하다.
③ 작동유의 점도변화에 의하여 유압모터의 사용에 제약이 있다.
④ 속도나 방향의 제어가 용이하다.

> **해설** 유압 모터는 무단변속이 가능하고, 속도나 방향의 제어가 용이한 장점이 있으나 작동유의 점도변화에 의하여 유압 모터의 사용에 제약이 따르고, 작동유가 인화되기 쉬운 단점이 있다.

36 디젤기관의 윤활유 압력이 낮은 원인이 아닌 것은?

① 윤활유의 양이 부족할 때
② 윤활유 점도가 너무 높을 때
③ 베어링의 오일 간극이 클 때
④ 오일펌프의 마모가 심할 때

> **해설** 윤활유 압력이 낮은 원인
> ① 오일의 점도지수가 낮은 경우
> ② 베어링의 오일 간극의 과대한 경우
> ③ 유압 조절 밸브(릴리프밸브)가 열린 상태로 고착된 경우
> ④ 오일펌프의 마모가 심한 경우
> ⑤ 윤활유의 양이 부족한 경우

37 유압 에너지의 저장, 충격 흡수 등에 이용되는 것은?

① 오일탱크 ② 스트레이너
③ 펌프 ④ 축압기

> **해설** 어큐뮬레이터의 용도
> ① 유압 에너지 저장
> ② 유압 펌프의 맥동을 제거해 준다.
> ③ 충격 압력을 흡수한다.
> ④ 압력을 보상해 준다.
> ⑤ 기액(기체 액체)형 어큐뮬레이터에 사용되는 가스는 질소이다.
> ⑥ 종류 : 피스톤형, 다이어프램형, 블래더형

38 산업안전보건법령상 안전·보건표지의 종류 중 다음 그림에 해당하는 것은?

① 산화성 물질 경고 ② 인화성 물질 경고
③ 급성 독성 물질 경고 ④ 낙하물 경고

39 붐과 암에 회전 장치를 설치하고 굴착기의 이동 없이도 암이 360°회전할 수 있어 편리하게 굴착 및 상차 작업을 할 수 있 붐은?

① 투피스 붐 ② 백호 스틱 붐
③ 로터리(회전형) 붐 ④ 원피스 붐

> **해설** 붐의 종류
> ① 원피스 붐(one piece boom) : 백호(back hoe)버킷을 부착하여 175° 정도의 굴착 작업에 알맞으며, 훅(hook)을 설치할 수 있다.
> ② 투피스 붐(two piece boom) : 굴착 깊이가 깊으며, 토사의 이동, 적재, 클램셀 작업 등에 적합하며, 좁은 장소에서의 작업에 용이하다.
> ③ 백호 스틱 붐(back hoe sticks boom) : 암의 길이가 길어서 깊은

장소의 굴착이 가능하며, 도랑 파기 작업에 적합하다.
④ 로터리(회전형) 붐 : 붐과 암에 회전 장치를 설치하고 굴착기의 이동 없이도 암이 360°회전할 수 있어 편리하게 굴착 및 상차 작업을 할 수 있다. 제철 공장, 터널 내부 공사 등에서 주로 사용된다.

40 작업장에서 공동 작업으로 물건을 들어 이동할 때 잘못된 것은?

① 불안전한 물건은 드는 방법에 주의할 것
② 힘의 균형을 유지하여 이동 할 것
③ 이동 동선을 미리 협의하여 작업을 시작할 것
④ 무게로 인한 위험성 때문에 가급적 빨리 이동하여 작업을 종료할 것

41 드릴 작업 시 유의 사항으로 잘못된 것은?

① 균열이 있는 드릴은 사용을 금한다.
② 작업 중 칩 제거를 금지한다.
③ 작업 중 보안경 착용을 금한다.
④ 작업 중 면장갑 착용을 금한다.

> **해설** 드릴 작업 시 칩이 발생되므로 보안경을 착용하고 작업을 수행하여야 한다.

42 무한궤도식 굴착기가 주행 중 트랙이 벗어지는 원인이 아닌 것은?

① 전부 유동륜과 스프로킷의 중심이 맞지 않았을 경우
② 전부 유동륜과 스프로킷의 마모
③ 고속 주행 중 급선회하거나 경사가 큰 굴착지에서 작업할 경우
④ 리코일 스프링의 장력이 적당할 때

> **해설** 트랙이 벗겨지는 원인
> ① 트랙의 유격(긴도)이 너무 클 때
> ② 트랙의 정렬이 불량할 때(프런트 아이들러와 스프로킷의 중심이 일치되지 않았을 때)
> ③ 고속 주행 중 급선회를 하였을 때
> ④ 프런트 아이들러, 상·하부 롤러 및 스프로킷의 마멸이 클 때
> ⑤ 리코일 스프링의 장력이 부족할 때
> ⑥ 경사가 큰 굴착지에서 작업 할 때

43 유압 액추에이터의 기능에 대한 설명으로 맞는 것은?

① 유압의 방향을 바꾸는 장치이다.
② 유압을 일로 바꾸는 장치이다.
③ 유압의 빠르기를 조정하는 장치이다.
④ 유압의 오염을 방지하는 장치이다.

> **해설** 유압 액추에이터는 압력(유압) 에너지를 기계적 에너지(일)로 바꾸는 장치이다.

44 과급기에 대해 설명한 것 중 틀린 것은?

① 과급기를 설치하면 엔진 중량과 출력이 감소된다.
② 흡입 공기에 압력을 가해 기관에 공기를 공급한다.
③ 체적 효율을 높이기 위해 인터 쿨러를 사용한다.
④ 배기 터빈 과급기는 주로 원심식이 가장 많이 사용된다.

> **해설** 과급기를 설치한 엔진은 중량이 증가되며, 충진 효율이 향상되기 때문에 엔진의 출력 및 회전력이 증대된다.

45 다음 중 굴착기 작업장치의 종류가 아닌 것은?

① 그래플　　　　② 점화장치
③ 셔블　　　　　④ 버킷

> **해설** ① 그래플 : 유압 실린더를 이용해서 2~5개의 집게를 움직여 돌, 나무

등의 작업물질을 집는 장치이다.
② 셔블 : 셔블은 장비의 위치보다 높은 곳을 굴착하는데 알맞은 것으로 토사 및 암석을 트럭에 적재하기 쉽게 디퍼(버킷) 덮개를 개폐하도록 제작된 장비이다.
③ 버킷 : 직접 작업을 하는 부분으로 고장력의 강철판으로 제작되어 있으며, 버킷의 용량은 1회 담을 수 있는 용량을 m³(루베)로 표시한다. 버킷의 굴착력을 높이기 위해 투스를 부착한다.

46 다음 중 일반적인 재해 조사 방법으로 적절하지 않은 것은?

① 현장 조사는 사고 현장 정리 후에 실시한다.
② 사고 현장은 사진 등으로 촬영하여 보관하고 기록한다.
③ 현장의 물리적 흔적을 수집한다.
④ 목격자, 현장 책임자 등 많은 사람들에게 사고 시의 상황을 듣는다.

> **해설** 재해 조사 방법
> ① 재해 발생 직후에 실시한다.
> ② 재해 현장의 물리적 흔적을 수집한다.
> ③ 재해 현장을 사진 등으로 촬영하여 보관하고 기록한다.
> ④ 목격자, 현장 책임자 등 많은 사람들에게 사고시의 상황을 의뢰한다.
> ⑤ 재해 피해자로부터 재해 직전의 상황을 듣는다.
> ⑥ 판단하기 어려운 특수재해나 중대재해는 전문가에게 조사를 의뢰한다.

47 엔진 오일에 대한 설명으로 가장 거리가 먼 것은?

① 오일 교환 시기를 맞춘다.
② 엔진 오일이 검정색에 가깝다면 심한 오염의 여지가 있다.
③ 점도와 관련하여 계절에 관계없이 아무 오일을 사용한다.
④ 오일 필터가 막히면 오일 압력 경고등이 켜질 수 있다.

> **해설** 엔진 오일은 여름철에는 점도가 높은 것을 사용하고 겨울철에는 여름철보다 점도가 낮은 것을 사용한다.

48 디젤기관 연료라인에 공기빼기를 하여야 하는 경우가 아닌 것은?

① 연료 탱크 내의 연료가 결핍되어 보충한 경우
② 예열 플러그를 교환한 경우
③ 연료 필터의 교환, 분사 펌프를 탈 부착한 경우
④ 연료 호스나 파이프 등을 교환한 경우

> **해설** 공기빼기 작업을 하여야 하는 경우
> ① 연료 탱크 내의 연료가 결핍되어 보충한 경우
> ② 연료 호스나 파이프 등을 교환한 경우
> ③ 연료 필터의 교환
> ④ 분사 펌프를 탈·부착한 경우

49 순차 작동 밸브라고도 하며, 각 유압 실린더를 일정한 순서로 순차 작동시키고자 할 때 사용하는 것은?

① 릴리프 밸브　　　　② 감압밸브
③ 시퀀스 밸브　　　　④ 언로드 밸브

> **해설** 시퀀스 밸브는 두 개 이상의 분기회로에서 유압 실린더나 모터의 작동순서를 결정한다.

50 다음 수공구 사용 시의 주의사항 중 틀린 것은?

① 스크루 드라이버 사용할 때 공작물을 손으로 잡지 말 것
② 드라이버는 홈보다 약간 큰 것을 사용한다.
③ 작업 중 드라이버가 빠지지 않도록 한다.
④ 전기 작업 시에는 절연된 드라이버를 사용한다.

> **해설** 스크루 드라이버는 홈에 맞는 것을 사용하여야 한다.

51 회로 내 유체의 흐름 방향을 제어하는데 사용되는 밸브는?

① 감압 밸브
② 유압 액추에이터
③ 체크 밸브
④ 스로틀 밸브

해설 방향제어 밸브의 종류에는 스풀 밸브, 체크 밸브, 디셀러레이션 밸브, 셔틀 밸브 등이 있다.

52 유압식 브레이크에서 베이퍼 록의 원인과 관계없는 것은?

① 긴 내리막길에서 브레이크를 지나치게 사용하면 발생할 수 있다.
② 베이퍼 록 현상이 있을 경우 엔진 브레이크를 사용하는 것이 좋다.
③ 브레이크 작동이 원활하도록 도와주는 현상이다.
④ 오일에 수분이 포함되어 있으면 발생 원인이 될 수 있다.

해설 베이퍼 록이 발생하는 원인
① 지나친 브레이크 조작
② 드럼의 과열 및 잔압의 저하
③ 긴 내리막길에서 과도한 브레이크 사용
④ 라이닝과 드럼의 간극 과소
⑤ 오일의 변질에 의한 비점 저하
⑥ 불량한 오일 사용
⑦ 드럼과 라이닝의 끌림에 의한 가열

53 유압 모터를 이용한 스크루로 구멍을 뚫고 전신주 등을 박는 작업에 사용되는 굴착기의 작업 장치는?

① 그래플
② 브레이커
③ 오거
④ 리퍼

해설 굴착기의 작업장치
① 그래플(그랩) : 유압 실린더를 이용하여 2~5개의 집게를 움직여 작업물질을 집는 작업 장치이다.
② 브레이커 : 브레이커는 정(치즐)의 머리 부분에 유압 방식의 왕복해머로 연속적으로 타격을 가해 암석, 콘크리트 등을 파쇄 하는 작업 장치이다.
③ 리퍼 : 리퍼는 굳은 땅, 언 땅, 콘크리트 및 아스팔트 파괴 또는 나무뿌리 뽑기, 발파한 암석 파기 등에 사용된다.

54 타이어식 건설장비에서 조향바퀴의 얼라인먼트 요소와 관련 없는 것은?

① 부스터
② 캐스터
③ 토인
④ 캠버

해설 얼라인먼트의 요소는 캠버, 캐스터, 토인, 킹핀 경사각이다.

55 유압 탱크의 기능으로 알맞은 것은?

① 계통 내에 적정온도 유지
② 배플에 의한 기포발생 방지 및 소멸
③ 계통 내에 필요한 압력 확보
④ 계통 내에 필요한 압력의 조절

해설 오일탱크의 기능
① 계통 내의 필요한 유량확보
② 격판(배플)에 의한 기포발생 방지 및 제거
③ 스트레이너 설치로 회로 내 불순물 혼입 방지
④ 탱크 외벽의 방열에 의한 적정온도 유지

56 기관 냉각장치에서 비등점을 높이는 기능을 하는 것은?

① 물 펌프
② 라디에이터
③ 냉각관
④ 압력식 캡

해설 냉각장치 내의 비등점(비점)을 높이고, 냉각범위를 넓히기 위하여 압력식 캡을 사용한다.

57 안전장치에 관한 사항 중 틀린 것은?

① 안전장치는 효과가 있도록 사용한다.
② 안전장치의 점검은 작업 전에 실시한다.
③ 안전장치는 반드시 설치하도록 한다.
④ 안전장치는 상황에 따라 일시 제거해도 된다.

해설 안전장치는 반드시 설치하고 작업을 수행하여야 한다.

58 건설기계 엔진에 사용되는 시동모터가 회전이 안되거나 회전력이 약한 원인이 아닌 것은?

① 배터리 전압이 낮다
② 브러시가 정류자에 잘 밀착되어 있다.
③ 시동 스위치 접촉 불량이다.
④ 배터리 단자와 터미널의 접촉이 나쁘다.

해설 모터가 회전하지 않거나 회전력이 약한 원인
① 브러시와 정류자의 접촉이 불량하다.
② 시동 스위치의 접촉이 불량하다.
③ 배터리 터미널의 접촉이 불량하다.
④ 배터리 전압이 낮다.
⑤ 계자 코일이 단선되었다.

59 굴착기 등 건설기계 운전자가 전선로 주변에서 작업을 할 때 주의할 사항으로 틀린 것은?

① 전기 사고가 발생된 경우 관련 기관에 연락한 후 조치를 취하게 한다.
② 작업 전 감전 사고가 발생하지 않도록 지시한다.
③ 굴착기는 감전과 관련이 없으므로 굴착 작업자는 위험하지 않다.
④ 감전 및 전기 사고 발생 시 작업을 즉시 중단한다.

60 하부 추진체가 휠로 되어 있는 굴착기가 커브를 돌 때 선회를 원활하게 해주는 장치는?

① 변속기
② 차동장치
③ 최종 구동장치
④ 트랜스퍼 케이스

해설 차동장치는 타이어형 건설기계에서 선회할 때 바깥쪽 바퀴의 회전속도를 안쪽 바퀴보다 빠르게 하여 커브를 돌 때 선회를 원활하게 해주는 작용을 한다.

2022년 제1회 복원문제 정답

01.③	02.②	03.④	04.①	05.②
06.③	07.①	08.③	09.③	10.④
11.②	12.③	13.①	14.③	15.③
16.②	17.④	18.②	19.②	20.①
21.②	22.④	23.③	24.①	25.④
26.①	27.④	28.②	29.③	30.①
31.④	32.③	33.④	34.③	35.①
36.④	37.④	38.④	39.③	40.④
41.③	42.④	43.②	44.①	45.②
46.①	47.③	48.②	49.③	50.②
51.③	52.③	53.③	54.①	55.②
56.④	57.④	58.②	59.③	60.②

골든벨 동영상 굴착기운전기능사 필기 총정리

초 판 발 행 ┃ 2019년 1월 15일
제6판2쇄발행 ┃ 2025년 1월 10일

지 은 이 ┃ GB건설기계자격시험분석연구위원회
발 행 인 ┃ 김 길 현
발 행 처 ┃ (주) 골든벨
등   록 ┃ 제 1987—000018호   ⓒ 2019 Golden Bell
I S B N ┃ 979-11-5806-351-1
가   격 ┃ 13,000원

이 책을 만든 사람들

교 정 및 교 열 ┃ 이상호   디 자 인 ┃ 조경미, 박은경, 권정숙
제 작 진 행 ┃ 최병석   웹 매 니 지 먼 트 ┃ 안재명, 김경희
오 프 마 케 팅 ┃ 우병춘, 이대권, 이강연   공 급 관 리 ┃ 오민석, 정복순, 김봉식
회 계 관 리 ┃ 김경아

㉾ 04316 서울특별시 용산구 원효로 245(원효로1가 53-1) 골든벨빌딩 5~6F
• TEL : 도서 주문 및 발송 02-713-4135 / 회계 경리 02-713-4137
         내용 관련 문의 02-713-7452 / 해외 오퍼 및 광고 02-713-7453
• FAX_ 02-718-5510   • 홈페이지_ www.gbbook.co.kr   • E-mail_ 7134135@ naver.com